21世纪高等院校电子信息类本科规划教材

电路分析

劳五一 王淑仙 金传榆 编著

机械工业出版社
China Machine Press

图书在版编目（CIP）数据

电路分析 / 劳五一，王淑仙，金传榆编著. —北京：机械工业出版社，2014.3
（21世纪高等院校电子信息类本科规划教材）

ISBN 978-7-111-45241-6

Ⅰ. 电…　Ⅱ. ①劳…　②王…　③金…　Ⅲ. 电路分析-高等学校-教材　Ⅳ. TM133

中国版本图书馆 CIP 数据核字（2013）第 309417 号

本书是高等院校电类专业的电路课程教材，全书共10章，主要内容有：电路的基本概念与基本定律、电路的等效变换、电路的基本分析方法、电路定理、正弦稳态电路、耦合电感和理想变压器、三相电路、一阶电路和二阶电路、二端口网络和非线性电阻电路分析。

本书可作为高等院校电类专业本、专科生的电路教材，也可作为相关教学研究人员和工程技术人员的电路参考书。

机械工业出版社（北京市西城区百万庄大街22号　邮政编码　100037）
责任编辑：谢晓芳
北京诚信伟业印刷有限公司印刷
2014年2月第1版第1次印刷
185mm×260mm·12.75印张
标准书号：ISBN 978-7-111-45241-6
定　价：30.00元

凡购本书，如有缺页、倒页、脱页，由本社发行部调换
客服热线：(010) 88378991　88361066　投稿热线：(010) 88379604
购书热线：(010) 68326294　88379649　68995259　读者信箱：hzjsj@hzbook.com

教 学 建 议

本书所涉及的电路理论与其配套的《电路基础实验》构成一个完整的电路教学内容，旨在通过本课程的学习，使学生掌握电路的基本概念、基本规律、基本分析方法和定理，以及基本的实验原理、实验方法和实验技巧，为后续的专业课学习打下理论和实验的基础。

本书按内容大体分为三部分，即电路的稳态分析，包括直流电路的稳态分析和正弦交流电路的稳态分析、电路的动态分析和应用。根据不同学校的教学情况，我们对各章节给出了大致的学时安排。

教学内容	教学要点	课时安排	
		多学时	少学时
第 1 章 电路的基本概念与基本规律	• 集总电路的概念 • 电流和电压的参考方向 • 电功率和电能的计算 • 电阻、电容及电感元件的 VCR • 电压源和电流源的特性 • 受控源的四种类型 • 基尔霍夫定律 • 电路中的电位及其计算	12	8
第 2 章 电路的等效变换	• 等效变换的概念 • 单口网络的 VCR • 单口网络的等效变换 • 电阻的 T 形网络和 Π 形网络的等效变换	4	3
第 3 章 电路的基本分析方法	• 支路分析法 • 网孔分析法 • 节点分析法	6	4
第 4 章 电路定理	• 齐次定理和叠加定理 • 置换定理 • 戴维南定理和诺顿定理 • 互易定理 • 特勒根定理 • 对偶原理	12	10
第 5 章 正弦稳态电路	• 正弦量的基本概念 • 正弦量的相量表示 • 基尔霍夫定律和电路元件 VCR 的相量形式 • 正弦稳态电路的分析 • 正弦稳态电路的功率 • 谐振电路	12	10
第 6 章 耦合电感和理想变压器	• 耦合电感的 VCR • 空心变压器的 VCR • 理想变压器的 VCR	4	3
第 7 章 三相电路	• 对称三相电源 • 三相电路的分析 • 三相电路的功率	4	3

（续）

教学内容	教学要点	课时安排	
		多学时	少学时
第8章 一阶电路和二阶电路	• 一阶电路的分析——三要素法 • 二阶电路的分析	8	6
第9章 二端口网络	• 二端口网络的 VCR 及其等效电路 • 二端口网络各参数间的换算关系 • 二端口网络的连接 • 具有端接的二端口网络	4	3
第10章 非线性电阻电路分析	• 含二极管的电阻电路 • 含晶体管的电阻电路 • 含运算放大器的电阻电路	4	4
教学总学时		72， 其中机动 2学时	54

下面就部分教学内容谈一下教学思考。

1）电路的稳态分析是全书的重点内容，也是后续课程中应用较多的内容。因此，我们把直流电路的稳态分析和正弦交流电路的稳态分析集中在第1～7章中，而前者又是后者的基础。

第1章首先介绍了集总电路的概念及其条件，然后在引入电压、电流参考方向的基础上，重点讨论了电路的两类约束，其中元件约束分析了三种常用元件——电阻、电容和电感的 VCR，拓扑约束即为基尔霍夫定律。最后介绍了电子电路中常用的概念——电位。在这一章中，除了分析题外，还引入了电路设计例题。

在后续的章节中，均相对集中的介绍一类问题，比如第2章为电路的等效变换，第3章为电路的基本分析方法，第4章为电路定理等。这样有利于学生对知识的学习和把握。

2）第9章“二端口网络”和第10章“非线性电阻电路分析”，是与后续课程模拟电子电路衔接的内容，前者为建立放大电路模型打下基础，后者介绍了模拟电路中常见非线性元件的外部特性及其电路分析，以有助于模拟电路的学习。

前　　言

电路分析作为电类专业的一门重要的技术基础课，需要学习的知识点很多。如何在内容多，课时少的情况下，既要考虑到电路的基本概念、基本规律、基本分析方法和定理等内容的学习，又要兼顾后续课程的衔接，本教材的编写在这方面进行了尝试。全书分为电路的稳态分析、动态分析及应用三部分，其中，稳态分析包括直流电阻电路分析和正弦交流电路分析，前者是后者的基础，而稳态分析又是本课程的核心内容，包括第 1～7 章；动态分析为第 8 章，不仅需要学习动态分析的方法，而且要掌握一些结论性的知识点；最后两章是特意为后续课程知识的衔接而挑选的，第 9 章是模拟电路中建立放大电路模型所涉及的知识点，第 10 章选择了二极管电路、晶体管电路和运算放大器电路作为实例，介绍了利用非线性元件构建电路的基本思想和分析方法，为后续课程的学习奠定基础。

尽管本教材为“电路分析”，主要内容是在讲述如何分析一个给定的电路，但在实际问题中，我们需要的是如何能够设计一个电路，哪怕是最简单的一个电阻分压电路，而在后续课程中又没有相关内容的学习。鉴于此，本教材在部分章节中特意编写了电路设计的例题和习题，可使读者在这方面有所涉及，以便为以后的课程学习和实践打下基础。

本课程不应是一门纯理论课，还应该有相应的实验相辅相成，我们编写的与之配套的实验教材《电路基础实验》，其主要特点是，将电路实验“弱电”化，以有助于专业基础实验的起步和提升，做到了“仪器使用与基本训练相结合，仿真实验与实际操作相结合，验证实验与设计实验相结合”。

本书的特点是注重知识点的整合与衔接，注重仿真软件辅助理论分析，注重电路分析结合电路设计。

本书为华东师范大学专业核心课程建设项目，感谢华东师范大学教务处、信息学院和通信工程系的领导和有关老师对本书出版提供的支持。同时感谢机械工业出版社的大力支持和帮助。

由于作者水平有限，书中难免有不妥和错误之处，敬请读者批评指正。

编者

目　录

教学建议

前　言

第 1 章　电路的基本概念与基本定律 …… 1

1.1　集总电路模型 …… 1

1.1.1　实际电路 …… 1

1.1.2　集总电路模型 …… 3

1.2　电流和电压的参考方向 …… 4

1.2.1　电流及其参考方向 …… 5

1.2.2　电压及其参考方向 …… 6

1.2.3　电压和电流参考方向的关联性 …… 7

1.3　电功率和电能 …… 7

1.4　电阻、电容及电感元件 …… 10

1.4.1　电阻元件 …… 10

1.4.2　电容元件 …… 13

1.4.3　电感元件 …… 16

1.5　电压源和电流源 …… 20

1.5.1　电压源 …… 20

1.5.2　电流源 …… 21

1.6　受控源 …… 22

1.7　基尔霍夫定律 …… 24

1.7.1　基尔霍夫电流定律 …… 25

1.7.2　基尔霍夫电压定律 …… 26

1.8　电路中的电位及其计算 …… 27

1.8.1　电位的概念 …… 27

1.8.2　电位的计算 …… 29

习题 …… 30

第 2 章　电路的等效变换 …… 34

2.1　等效变换的概念 …… 34

2.2　单口网络的 VCR …… 34

2.3　单口网络的等效变换 …… 36

2.3.1　电阻的串联与并联 …… 36

2.3.2　理想电源的串联与并联 …… 39

2.3.3　实际电压源与实际电流源的等效变换 …… 41

2.3.4　含受控源电路的等效变换 …… 44

2.4　电阻的 T 形网络和 Π 形网络的等效变换 …… 46

习题 …… 49

第 3 章　电路的基本分析方法 …… 54

3.1　KCL 和 KVL 的独立方程数 …… 54

3.2　支路分析法 …… 55

3.3　网孔分析法 …… 57

3.4　节点分析法 …… 61

习题 …… 66

第 4 章　电路定理 …… 69

4.1　齐次定理 …… 69

4.2　叠加定理 …… 70

4.3　置换定理 …… 73

4.4　戴维南定理和诺顿定理 …… 75

4.4.1　戴维南定理 …… 75

4.4.2　诺顿定理 …… 79

4.5　互易定理 …… 81

4.6　特勒根定理 …… 84

4.7　对偶原理 …… 85

习题 …… 87

第 5 章　正弦稳态电路 …… 91

5.1　正弦量的基本概念 …… 91

5.1.1　正弦量的三要素 …… 91

5.1.2　正弦量的有效值 …… 92

5.2　相量表示与相量变换 …… 93

5.2.1　正弦量的相量表示 …… 93

5.2.2　相量变换的性质 …… 95

5.3　基尔霍夫定律和电路元件 VCR 的相量形式 …… 95

5.3.1　基尔霍夫定律的相量形式 …… 95

5.3.2　电路元件 VCR 的相量形式 …… 96

5.4 正弦稳态电路与电阻电路 ………… 100
5.4.1 阻抗和导纳的引入 ……… 100
5.4.2 相量模型的引入 ………… 102
5.5 正弦稳态电路的分析 ………… 102
5.6 正弦稳态电路的功率 ………… 107
5.6.1 正弦稳态单口网络的功率 …… 107
5.6.2 复功率 ………………… 110
5.6.3 功率因数的提高 ………… 111
5.6.4 最大功率传输 ………… 113
5.7 谐振电路 ………………… 115
5.7.1 串联谐振 ……………… 115
5.7.2 并联谐振 ……………… 119
习题 ……………………… 120
第6章 耦合电感和理想变压器 …… 125
6.1 耦合电感 ………………… 125
6.1.1 基本概念 ……………… 125
6.1.2 耦合电感的 VCR ……… 126
6.1.3 互感电路分析 ………… 128
6.2 空心变压器 ……………… 131
6.3 理想变压器 ……………… 133
习题 ……………………… 135
第7章 三相电路 ……………… 137
7.1 对称三相电源 …………… 137
7.1.1 三相电源电压 ………… 137
7.1.2 三相电源的联结 ……… 138
7.2 三相电路的分析 ………… 139
7.2.1 三相电路中的负载 …… 139
7.2.2 负载为三角形联结 …… 140
7.2.3 负载为星形联结 ……… 140
7.3 三相电路的功率 ………… 142
习题 ……………………… 143
第8章 一阶电路和二阶电路 ……… 145
8.1 电路初始值的确定 ……… 145
8.2 一阶电路的分析 ………… 147
8.2.1 一阶电路的全响应 ……… 147
8.2.2 一阶电路的零输入响应 ……… 151
8.2.3 一阶电路的零状态响应 ……… 153
8.2.4 一阶电路的阶跃响应 ……… 155
8.2.5 一阶电路的冲激响应 ……… 156
8.3 二阶电路的分析 ………… 158
8.3.1 二阶电路的零输入响应 ……… 158
8.3.2 二阶电路的零状态响应 ……… 161
习题 ……………………… 163
第9章 二端口网络 ……………… 166
9.1 二端口网络的 VCR 及其等效电路 ……………… 166
9.1.1 z 模型 ……………… 167
9.1.2 y 模型 ……………… 167
9.1.3 h 模型 ……………… 168
9.1.4 g 模型 ……………… 169
9.2 二端口网络各参数间的换算关系 … 172
9.3 二端口网络的连接 ………… 173
9.3.1 二端口网络的串联 ……… 173
9.3.2 二端口网络的并联 ……… 174
9.3.3 二端口网络的级联 ……… 174
9.4 具有端接的二端口网络 ……… 175
9.4.1 输入阻抗 ……………… 175
9.4.2 开路电压与输出阻抗 …… 176
9.4.3 电流传输函数和电压传输函数 ……………… 176
习题 ……………………… 176
第10章 非线性电阻电路分析 …… 179
10.1 含二极管的电阻电路 ……… 179
10.2 含晶体管的电阻电路 ……… 185
10.3 含运算放大器的电阻电路 …… 187
习题 ……………………… 194
参考文献 ……………………… 196

第 1 章　电路的基本概念与基本定律

电路分析是电气信息类专业的重要基础，是连接基础知识与专业知识的桥梁。学习电路的基本概念与基本定律，可为我们掌握电路的基本理论、基本分析方法打下基础。

本章首先介绍电路的概念和描述电路的基本物理量，再介绍组成电路的基本元件，以及电路中的独立源、受控源，并通过仿真了解它们的特性。电路的基本定律是本章的重点，也是学习后续内容的基础。最后，介绍电子电路中常用概念电位及其计算。

1.1　集总电路模型

将实际问题模型化是人们研究客观世界的一种基本方法，比如，在力学中研究物体运动时引入了质点、刚体等模型，从而得到了反映物体运动基本规律的定理和定律。研究实际电路问题也同样采用了模型化的方法。

1.1.1　实际电路

说起电路，我们曾在中学里就有所接触，比如简单的串并联电路，从日常生活中的许多电气设备(如电视机、音响设备、计算机、电话机、手机等)和工农业生产、科学研究等领域中的通信系统、电力网络等，都可以看到具有各种功能的电路。虽说这些电路的特性和功能各不相同，但就其功能来说，大致分为两种：一是实现电能的传输和转换，如电力网络将电能从发电厂输送到各个用户，为各种电气设备供电；二是实现电信号的传输、处理和存储，如通信系统、计算机电路等。

概括起来，这些电路是由一些电器设备或元器件，按其所要完成的功能，用一定方式连接而成的，它们称为实际电路。一个实际电路构成了电流流通的路径。

为了研究的方便，实际电路中的电气元器件可以用图形符号来表示，采用这些符号便可以绘出实际电路的连线图，即电气图。表 1-1 列出了一些我国国家标准中的电气图形符号。

表 1-1　部分电气图形符号

名称	符号	名称	符号	名称	符号
导线		传声器		可变电阻器	
连接的导线		扬声器		电容器	
接地		二极管		电感器、线圈	
接机壳	或	稳压二极管		变压器	
开关		隧道二极管		铁心变压器	

（续）

名称	符号	名称	符号	名称	符号
熔断丝		晶体管		直流发电机	G
灯		电池		直流电动机	M
电压表	V	电阻器			

以最简单的实际电路手电筒为例，它由干电池、小灯泡、开关、连接导体组成。手电筒的实体图、电气图分别如图 1-1a、b 所示。

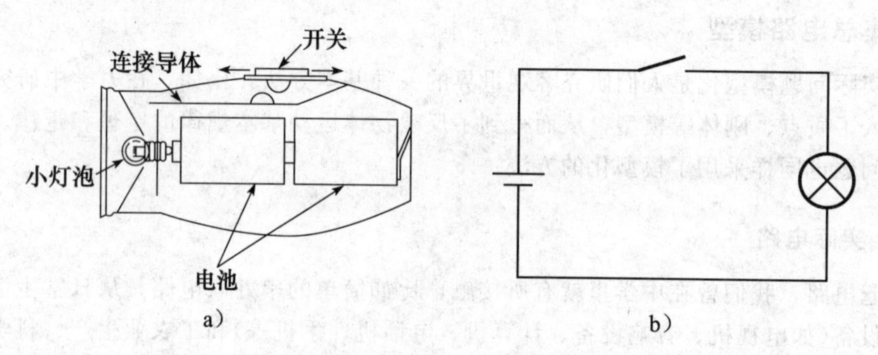

图 1-1 手电筒的实体图和电气图

一个实际电路由电源、负载和中间环节三部分组成。其中，电源(如发电机、电池等电能供应设备)可将非电能(如化学能、机械能、原子能、光能等)转换成电能，为电路提供能量；负载(如小灯泡、电动机、电炉丝、扬声器等电能取用设备)可将电路的电能转换为非电能；中间环节是指将电源与负载连接成闭合电路的导线、开关等。

根据实际电路的几何尺寸(d)与电路工作信号的波长(λ)将电路分为两大类。

集总参数电路：实际电路的几何尺寸与作用于电路工作信号的波长相比小得多，即

$$d \ll \lambda \tag{1.1}$$

或者说，作用于电路上的信号从一端传到另一端所需要的时间 τ 远小于该信号的周期 T，即

$$\tau \ll T \tag{1.2}$$

此时，可认为电路集中于空间的一点，其中的电磁过程是在瞬间完成的，这样的电路可按集总参数电路来处理，它满足一般的电路定律，分析、求解相关电路参数比较简单。

分布参数电路：电路的几何尺寸与工作信号的波长相比不可忽略，也就是说，在分析电路各个参数时，不能只在理想状态下考虑，要顾及到实际电路尺寸对相关电路参数的影响。

例如，工频频率为 50Hz，对应的波长为 6×10^6m，显然，对以此为工作频率的用电设备来说，其尺寸远小于这一波长，因此可以按集总参数电路处理。而对于 10^6m 量级的远距离输电线来说，则不满足集总参数电路条件，就须考虑电场、磁场沿线的分布。在工程中，当电路的各向尺寸小于 $\lambda/10$ 时，一般可按集总参数电路处理。

再比如，一个 20kHz 的音频信号，对应的波长为 15km，音频放大器的实际尺寸远远小于此波长，所以可以按集总参数电路处理。

又如，当信号频率为 400MHz 时，其对应波长为 0.75m，所以，若接收该信号的天线为 0.1m，则不能按集总参数电路处理。

本书将着重讨论集总参数电路，在以后的章节中，若无特别说明，均简称为电路。

1.1.2　集总电路模型

任何实际电路是由多种电气元器件组成的，电路在运行过程中，这些元器件都包含能量的消耗、电场能量的储存和磁场能量的储存，所表征的电磁现象和能量转换的特征都很复杂，比如小灯泡中的灯丝，它不仅对电流呈现电阻的性质，当电流通过时还会产生磁场，表现为电感的性质等。可见，按照实际电气元器件绘出的电气图来分析电路是有困难的。因此，我们必须在一定条件下，对电路中的各个电气元器件，忽略其次要因素，用一个足以表征其主要性质的模型来表示，即建立一个理想化模型，类似于力学中研究物体运动规律的方法，将实际物体视为质点、刚体等。

对于集总参数电路来说，可以用集总参数元件来构成各个电气元器件的模型。集总参数元件是只反映单一电磁性质的电路元件，且可以用严格的数学方法来定义。比如，电阻元件只涉及电能的消耗；电容元件只涉及与电场有关的现象；电感元件只涉及与磁场有关的现象，另外，还有电压源、电流源等元件，它们均可以用图形符号来表示，如在中学里曾经学过的电阻、电容、电感等符号。

在不同的条件下，同一个电气元器件的模型也不同，有时比较简单，只需涉及一种集总参数元件，而有时则需几种来构成。比如，线圈是我们经常用到的电路元件，现在来看看线圈的不同电路模型。在图 1-2 中，a 图是线圈的实体图，b 图是线圈的图形符号，c 图是线圈通过低频交流的模型，d 图则是线圈通过高频交流的模型。这是因为对应不同的工作频率，线圈表现出来的特性不同。值得注意，没有哪一个模型可以完美呈现电路在不同工作模式下表现出来的不同特性。

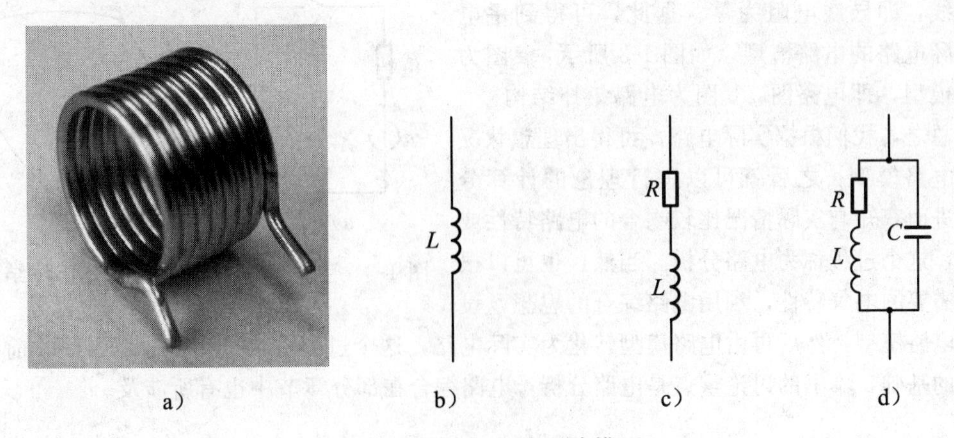

图 1-2　线圈的几种电路模型

由集总参数元件组成的电路，即为实际电路的集总电路模型(或集总电路)，它可以近似地描述实际电路的电气特性。我们往往根据实际电路的不同工作条件和对模型精确度的不同要求，用不同的电路模型模拟同一个实际电路。电路分析的对象是电路模型而不是实际电路，电路图则是用元器件图形符号所表示的电路模型。表 1-2 给出了电路模型中常用电路元器件的符号。

表 1-2 电路模型中常用电路元器件符号

名称	符号	名称	符号
理想导线		理想二极管	
连接的导线		独立电压源	
理想开关		独立电流源	
接地点		受控电压源	
电阻		受控电流源	
可变电阻		理想运算放大器	
非线性电阻		理想变压器和耦合电感	
电容			
电感		回转器	

现在回到手电筒的例子中。如何将这个实际电路抽象为电路模型呢？具体做法是：忽略小灯泡的电感等性质，只用一个电阻元件 R_L 作为小灯泡的模型；以电压源元件 U_S 与电阻元件 R_1 串联作为干电池的模型；开关为理想开关 S，即闭合时电阻为零、断开时电阻为无穷大，且开、闭动作时间为零；导线为理想导线，即导线电阻为零。据此，可得到手电筒实际电路的电路模型，如图 1-3 所示，a 图为电路模型，即电路图，b 图为电路拓扑结构。

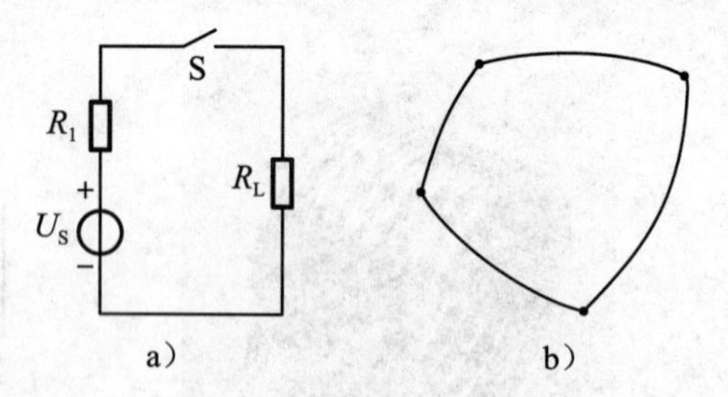

图 1-3 手电筒的电路模型及其拓扑结构

总之，我们根据实际电路，可得出理想状况下的电路模型，之后就可以进行理论的计算分析，进而获知与实际情况比较吻合的电路特性或参数，这个过程称为电路分析。当然，也可以根据所需要的电气特性，利用电路综合的思想，设计出电路模型，然后再由电路模型转化为实际电路，这个过程称为电路综合(设计)。前者是后者的基础，本书的讨论重点是电路分析，电路综合在部分章节中也有所涉及。

1.2 电流和电压的参考方向

前一节讨论了如何将一个实际电路转换为电路模型的问题，接下来的主要任务是如何计算、分析电路模型，解得描述电路电性能的若干变量，比如，电流、电压和功率等，从而能够得出给定电路的电性能。

其实，在中学曾经学过简单电路的电流、电压和功率的计算，如图 1-4a 所示，是一个简单的串并联集总电路模型，电路中各处的电流方向可根据电源来判断，电流大小的计算可根据欧姆定律求得，方向判断和大小计算可分别进行。但是，如果计算图 1-4b 所示电路中流过 R_5 的电流值，就不是那么简单了。看来，在分析和计算复杂电路时，往往难以事先判断电流或电压的实际方向，那该如何解决这个问题呢？

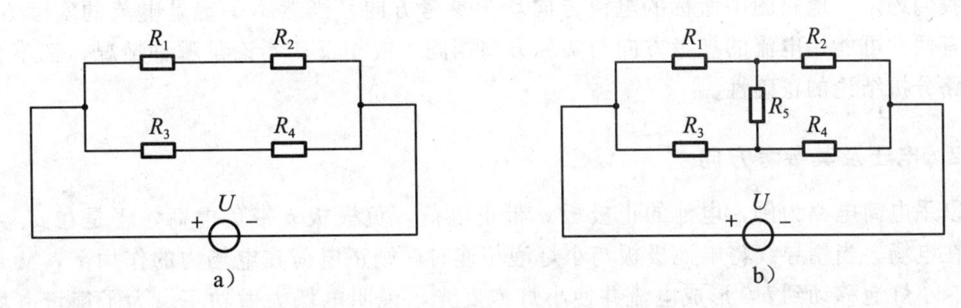

图 1-4　简单电路和复杂电路实例

1.2.1　电流及其参考方向

我们知道，电流是由电荷作定向运动而形成的，习惯上把正电荷运动的方向定为电流的实际方向，即由高电位向低电位运动的方向。计量电流大小的物理量叫做电流强度，简称电流。其定义是：单位时间内通过导体横截面的电量，即

$$i(t)=\frac{\mathrm{d}q}{\mathrm{d}t} \tag{1.3}$$

如果电流的大小和方向都不随时间变化，则这种电流称为恒定电流，简称直流，$i(t)$ 以 I 表示。如果电流随时间变化，则 $i(t)$ 为瞬时电流值，这种电流称为时变电流。若时变电流的大小和方向都随时间作周期性变化，则称为交变电流，简称交流。

在国际单位制中，电流的单位为安(A)。对于很大的电流可用千安(kA)，而对于很小的电流可用毫安(mA)或微安(μA)甚至纳安(nA)等单位，它们的关系为

$$1\mathrm{kA}=10^3\mathrm{A},\quad 1\mathrm{A}=10^3\mathrm{mA}=10^6\mu\mathrm{A}=10^9\mathrm{nA}$$

人们习惯上把正电荷运动的方向规定为电流的实际方向，但在分析电路时，往往不能事先确定电流的实际方向，如图 1-4b 所示电路中流过 R_5 电流的方向，如果电路中的电流为交流(见第 6 章)，其电流的实际方向是随着时间不断变化的，显然，我们无法在电路图上标出一个固定的箭头来表示电流的实际方向。

为了解决这个问题，引入了参考方向的概念。参考方向可任意设定，在电路图中以箭头表示，也可以采用双下标来表示电流的参考方向(又称电流的正方向)，如图 1-5 所示。

规定：*若电流的实际方向与参考方向一致，电流为正值；若二者相反，电流为负值。*这样就可以根据参考方向和电流值的正负，来说明电流的实际方向及其大小。因此，分析电路时的第一件事是在电路图中任意标出电流的参考方向，然后进行分析计算，再得

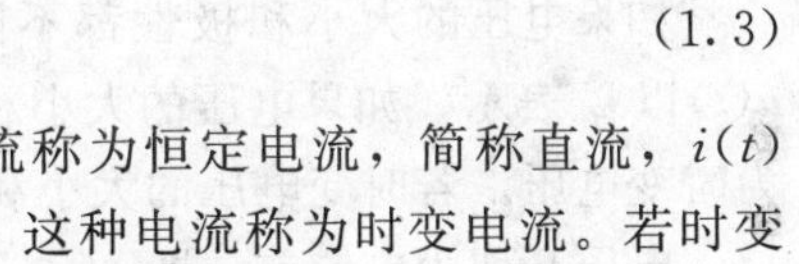

a　b
$i=i_{ab}=2\mathrm{A}$
a)
a　b
$i=i_{ba}=-2\mathrm{A}$
b)

图 1-5　电流的参考方向

出结论。必须指出，在没有标出参考方向的前提下，讨论电流的正负是没有意义的。

在图 1-5 所示的二端元件中，如果电流实际方向为由 a 点指向 b 点，当规定电流参考方向也是由 a 点指向 b 点，该电流 $i=2\text{A}$，如图 1-5a 所示；若规定电流参考方向由 b 点指向 a 点，则电流 $i=-2\text{A}$，如图 1-5b 所示，或者写为 $i_{ab}=2\text{A}$ 或 $i_{ba}=-2\text{A}$。

显然，有

$$i_{ab}=-i_{ba}$$

我们约定，电路图中所标的电流方向均为参考方向，当然不一定是电流的实际方向，但只有两种可能，电流的参考方向与实际方向相同，或相反；不论是哪种情况，都不会影响电路分析结论的正确性。

1.2.2 电压及其参考方向

以手电筒电路为例，电池的正极板 a 带正电荷，负极板 b 带负电荷，于是在 a、b 之间存在电场。当用导线将电池极板与小灯泡相连时，则正电荷在电场力的作用下，从 a 经导线、小灯泡移动到 b，形成电流并使小灯泡发光，说明电场力做功了。为了衡量电场力对电荷做功能力的大小，引入了物理量“电压”。其定义为：电路中 a、b 两点间的电压在数值上等于把单位正电荷从 a 点移到 b 点时电场力所做的功，或者说，单位正电荷的电位能差，即

$$u_{ab}(t)=\frac{\mathrm{d}w}{\mathrm{d}q} \tag{1.4}$$

其中，$\mathrm{d}q$ 为由 a 点移动到 b 点的电量，$\mathrm{d}w$ 为电场力移动电荷 $\mathrm{d}q$ 所做的功，也等于 $\mathrm{d}q$ 移动过程中所获得或者失去的能量。

如果电压的大小和极性都不随时间变化，则这样的电压称为恒定电压或直流电压，$u(t)$ 以 U 表示。如果电压的大小和极性都随时间变化，则 $u(t)$ 为瞬时电压值，这种电压称为时变电压。若时变电压的大小和方向都随时间作周期性变化，则称为交流电压。

电压又称为电位差，即

$$u_{ab}=u_a-u_b \tag{1.5}$$

式中，u_a、u_b 分别为 a、b 两点的电位。在上例中，正电荷在电场力作用下从 a 经小灯泡移到 b，将电源的电能转换为灯丝的热能，即电源损失了电能，这说明正电荷在 a 点的电能大于 b 点。也就是说，a 点电位高于 b 点电位，即高电位与低电位之差(即电位差)为正电压值，据此，规定电压的方向为电位降的方向，即由高电位端指向低电位端，并且高电位端标以“+”，低电位端标以“−”。在电路中用箭头标出电压方向。

在国际单位制中，电压的单位为伏(V)。对于很高的电压可用千伏(kV)，而对于微小的电压可用毫伏(mV)或微伏(μV)等单位，它们的关系为

$$1\text{kV}=10^3\text{V},\quad 1\text{V}=10^3\text{mV}=10^6\mu\text{V}$$

与电流类似，电路中电压的实际方向往往也不能事先确定，所以在电路分析时，必须首先规定电压的参考方向(又称参考极性)。参考方向可任意设定，在电路图中以箭头表示，参考极性则以“+”、“−”符号来表示。也可以采用双下标来表示电压的参考方向。同样有

$$u_{ab}=-u_{ba}$$

规定：如果计算出来的 $u_{ab}(t)>0$，则表明该电压的实际极性与参考极性相同，即 a

点的电位比 b 点的电位高；若 $u_{ab}(t)<0$，则表明该电压的实际极性与参考极性相反，即 a 点的电位比 b 点的电位低。

类似地，根据参考方向和电压值的正负，来说明电压的实际方向及其大小。必须指出，在没有标出参考方向的前提下，讨论电压的正负也是没有意义的。

1.2.3　电压和电流参考方向的关联性

上面分别讨论了电压的参考方向和电流的参考方向，两者之间是什么关系呢？实际上，二者是可以独立无关地任意假定的，于是，对于一个二端元件来说，电压的参考极性和电流参考方向的选择可能有 4 种方式，如图 1-6 所示。

在图 1-6 中，a 图和 b 图电压与电流的参考方向一致，即所谓关联的参考方向，而 c 图和 d 图则是非关联的参考方向。为了电路分析和计算的简便，常常采用电压、电流关联的参考方向，即当电压的参考极性已经规定时，电流参考方向从“＋”指向“－”；当电流的参考方向已经规定时，电压参考极性的“＋”标示在电流参考方向的始端，“－”标示在电流参考方向的末端。在这种情况下，电路图上只需标出电流的参考方向或电压的参考方向即可。

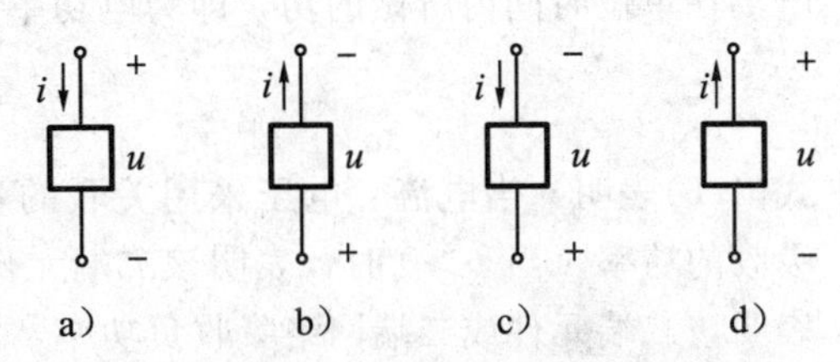

图 1-6　电压参考极性和电流参考方向的选择

【例 1.1】　在图 1-7a 中，5 个元件上的电流与电压的参考方向设定为关联参考方向，其中标出了电流的参考方向。已知 $u_1=100\text{V}$，$u_2=-70\text{V}$，$u_3=60\text{V}$，$u_4=-40\text{V}$，$u_5=10\text{V}$，$i_1=-4\text{A}$，$i_2=2\text{A}$，$i_3=6\text{A}$。试标出各电流的实际方向和电压的实际极性。

解： 已知各元件上电流 i、电压 u 的参考方向，根据 i、u 值的正负，判断 i、u 的实际方向与参考方向是否一致。i、u 值为正，表明实际方向与参考方向一致；i、u 值为负，表明实际方向与参考方向相反。据此，标出各元件的电流、电压的实际方向如图 1-7b 所示。

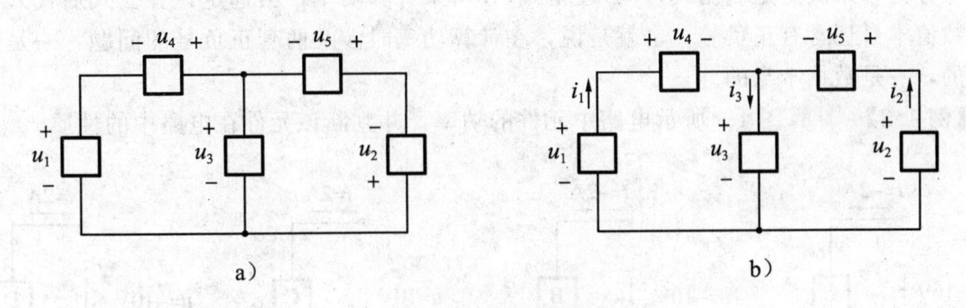

图 1-7　例 1.1 的图

1.3　电功率和电能

我们知道，当电流通过一段电路时，电场力对电荷做功，在这个过程中，电位能转化为其他形式的能量。比如手电筒电路，电位能转化为热能，由导线和灯丝释放；若将小灯泡以直流电动机取代，电位能的一小部分转化为热能，大部分转化为机械能，由电动机对外做机械功等。正因为电路在工作状况下总是伴随有电能与其他形式能量的转换，所以在电路的分析计算中，电功率和能量的计算就显得十分重要。

下面讨论一个二端元件或二端网络的电功率，如图 1-8所示。其中的电流、电压采用关联的参考方向。

根据电压的定义可知，若二端元件或二端网络两端的电压为 u，则当 dq 电量通过该电路时，它的电位能的减少等于在此过程中电场力所做的功，也就是在此过程中该电路吸收的能量，即

$$\mathrm{d}w = u\mathrm{d}q$$

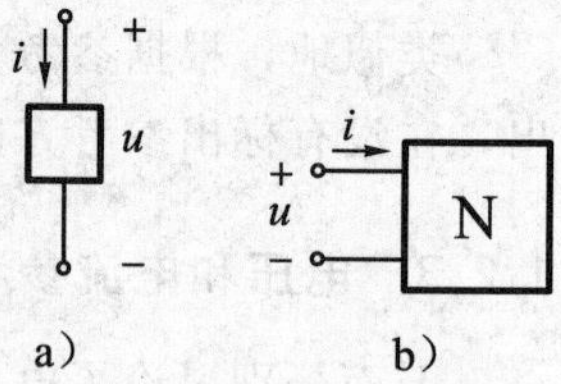

图 1-8　二端元件和二端网络

因为 dq=idt，所以上式可写成

$$\mathrm{d}w = ui\,\mathrm{d}t$$

电场在单位时间内所做的功，即为电功率，以 p 来表示，有

$$p = \frac{\mathrm{d}w}{\mathrm{d}t} = ui \tag{1.6}$$

式(1.6)表明，当电流、电压采用关联的参考方向时，$p=ui$ 表示二端元件或二端网络所吸收的功率。当 $p>0$ 时，表明该二端元件或二端网络确实吸收(消耗)功率；当 $p<0$ 时，表明该二端元件或二端网络吸收负功率，即实际发出(产生)功率。

当电流电压采用非关联的参考方向时，则有

$$p = -ui \tag{1.7}$$

表示二端元件或二端网络所吸收的功率。当 $p>0$ 时，表明该二端元件或二端网络确实吸收(消耗)功率；当 $p<0$ 时，表明该二端元件或二端网络实际发出(产生)的功率。

由此可见，根据功率的正负值，可以判定该元件在电路中的性质。以图 1-7a 为例，当电流电压为关联的参考方向时，需用式(1.6)计算其功率；电流电压为非关联的参考方向时，需用式(1.7)计算其功率。如果 $p>0$，说明该元件在电路中消耗功率，为负载性质，它可以是负载电阻或处于充电状态的电源；如果 $p<0$，说明该元件产生功率，即为电源。

必须提醒，在进行电路分析时，根据参考方向的设定，是关联的参考方向还是非关联的参考方向，来决定是利用式(1.6)还是式(1.7)来计算功率；当选定计算公式后代入数值时，数值本身还含有正负号，也就是说，在计算功率时涉及两套正负号的问题，一是公式本身的，一是数据本身的。

【例 1.2】　计算图 1-9 所示电路中元件的功率，并判断该元件在电路中的性质。

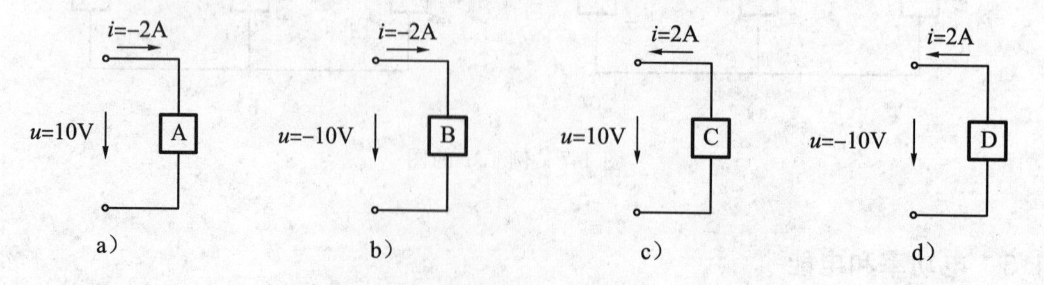

图 1-9　例 1.2 的图

解：在图 a 中，电流、电压为关联的参考方向，因此有
$p=ui=10\times(-2)=-20\mathrm{W}<0$，A 产生电能，是电源。

在图 b 中，电流、电压为关联的参考方向，因此有

$p=ui=(-10)\times(-2)=20\text{W}>0$，B 消耗电能，是负载。

在图 c 中，电流、电压为非关联的参考方向，因此有

$p=-ui=-10\times2=-20\text{W}<0$，C 产生电能，是电源。

在图 d 中，电流、电压为非关联的参考方向，因此有

$p=-ui=-(-10)\times2=20\text{W}>0$，A 消耗电能，是负载。

【例 1.3】 在图 1-8a 中，已知 $u=-9\text{V}$，元件吸收功率 45W，求 i。

解： 由于 u、i 为关联的参考方向，且 $p>0$，因此

$$p=ui=(-9)i=45$$

得

$$i=\frac{45}{-9}=-5A$$

根据能量守恒定律，在一个电路中，有的元件消耗能量，有的元件产生能量，在任意一个时刻，所有吸收和产生功率之和应为零。

若电路由 n 个二端元件组成，且全部采用关联的参考方向，则有：

$$\sum_{k=1}^{n}u_k i_k=0 \tag{1.8}$$

每个二端元件在 $t_0\sim t$ 时间内所吸收的电能可表达为：

$$w(t_0,t)=\int_{t_0}^{t}p(\xi)\mathrm{d}\xi=\int_{t_0}^{t}u(\xi)i(\xi)\mathrm{d}\xi \tag{1.9}$$

在国际单位制中，功率的单位为瓦〔特〕(W)，能量的单位为焦〔耳〕(J)。

为了让大家熟悉 SI 单位，常用的部分国际单位制的单位列于表 1-3 中。

表 1-3　部分国际单位制的单位(SI 单位)

量的名称	单位名词	单位符号	量的名称	单位名词	单位符号
长度	米	m	电荷[量]	库[仑]	C
时间	秒	s	电位、电压	伏[特]	V
电流	安[培]	A	电容	法[拉]	F
频率	赫[兹]	Hz	电阻	欧[姆]	Ω
能量、功	焦[耳]	J	电导	西[门子]	S
功率	瓦[特]	W	电感	亨[利]	H

在实际应用中，有时会感到这些单位太大或太小，所以国际单位制还设定了一些“词头”，如表 1-4 所示，用以表示这些单位被一个以 10 为底的正次幂或负次幂相乘后所得的 SI 单位的倍数单位，以用来表示更大或更小的单位。

表 1-4　部分国际单位制词头

因数	10^9	10^6	10^3	10^{-3}	10^{-6}	10^{-9}	10^{-12}
名称	吉	兆	千	毫	微	纳	皮
符号	G	M	k	m	μ	n	p

比如：$2\text{mA}=2\times10^{-3}\text{A}$，$2\mu\text{s}=2\times10^{-6}\text{s}$，$8\text{kW}=8\times10^{3}\text{W}$。

在实际情况中，电功率和电能的计算是很重要的，它是评估一个电路的重要指标之一。另外，由于电气设备、电路部件本身都有一定的功率限制，因此，在使用时要特别注意其电压值或电流值是否超过额定值，如果超过额定值，就会使得设备或者部件损坏，但如果电压电流太低，也会使设备无法工作。

1.4 电阻、电容及电感元件

前面讨论了描述电路电性能的变量——电流、电压和功率，特别是参考方向的引入，为分析计算电路带来了方便。集总参数电路是由集总参数元件连接而成的，这些元件有精确的定义和确定的电压电流关系，即元件的 VCR(voltage current relation)。了解每个元件的 VCR，是分析集总电路的基础。在研究具体电路之前，先介绍组成电路的三个基本元件——电阻、电容和电感元件。

1.4.1 电阻元件

1. 电阻元件的 VCR

电阻元件是由实际电阻器抽象而来的模型，它只反映实际元件对电流的阻碍作用，由欧姆定律定义，其阻值 R 为

$$R=\frac{u(t)}{i(t)}$$

即

$$u(t)=Ri(t) \tag{1.10}$$

或

$$i(t)=Gu(t) \tag{1.11}$$

此二式即为电阻元件的 VCR。式中，u 为电阻元件的端电压，单位为伏(V)；i 为流过电阻元件的电流，单位为安(A)；R 为电阻，单位为欧(Ω)；G 为电导，单位为西〔门子〕(S)。电阻 R 与电导 G 互为倒数，即 $G=1/R$。R 和 G 均可用来表征电阻元件的特性。

值得注意，由于电阻元件对电流呈现阻力的性质，电流流过电阻就必然要消耗能量，所以，沿电流方向就会出现电压降，这个电压降可由式(1.10)或式(1.11)来确定，且电流与电压降的真实方向总是一致的，即只有在关联参考方向的前提下，式(1.10)或式(1.11)才是成立的。对于非关联的参考方向来说，应改为

$$u(t)=-Ri(t) \tag{1.12}$$

或

$$i(t)=-Gu(t) \tag{1.13}$$

如果式(1.10)～式(1.13)中的 R、G 为常数，即 u 与 i 成正比，亦即电阻元件的 VCR 是线性的，由此定义的电阻元件称为线性电阻元件，这里的 u 和 i 可以是时变量，也可以是常量。线性电阻元件的电路符号见表 1-2，重画于图 1-10。

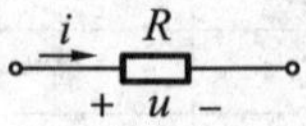

除了采用公式来表示外，电阻元件的 VCR 还可以绘出 i-u 平面上的曲线，称为电阻元件的伏安特性曲线。线性电阻元件的伏安特性曲线是一条经过坐标原点的直线。

i R + u −

图 1-10 电阻元件的符号

利用 Multisim 仿真可以得到电阻元件的伏安特性曲线，其做法是：在仿真界面上创

建图 1-11c 所示电路，其中接入直流电源 $V1$，是为了通过对 $V1$ 的扫描，即当 $R1$ 的端电压变化时，得到流过 $R1$ 电流的变化，由此得到 $R1$ 的伏安特性曲线。

选择 Simulate→Analyses→DC Sweep，在 DC Sweep Analysis 对话框里，在 Source 1 下，设置 Start value 为 -1，这样，$V1$ 的变化范围即为 $-1\sim1\text{V}$，把 Increment 设置为 0.05；在 Output 下，选择 I($R1$)，即流过 $R1$ 的电流，如图 1-11a、b 所示。单击 Simulate 按钮，即可得到 $R1$ 的伏安特性曲线如图 1-11d 所示。求解伏安特性曲线的斜率，可得到该电阻值。

2. 电阻元件特性分析

从电阻元件的 VCR 可以看出，在任意时刻，线性电阻的电压(电流)是由同一时刻的电流(电压)决定的，即线性电阻的电压(电流)不能“记忆”电流(电压)在“过去”所起的作用。其实，任何一个二端元件只要它的伏安特性是一个代数关系，都具有这种“无记忆”的性质。

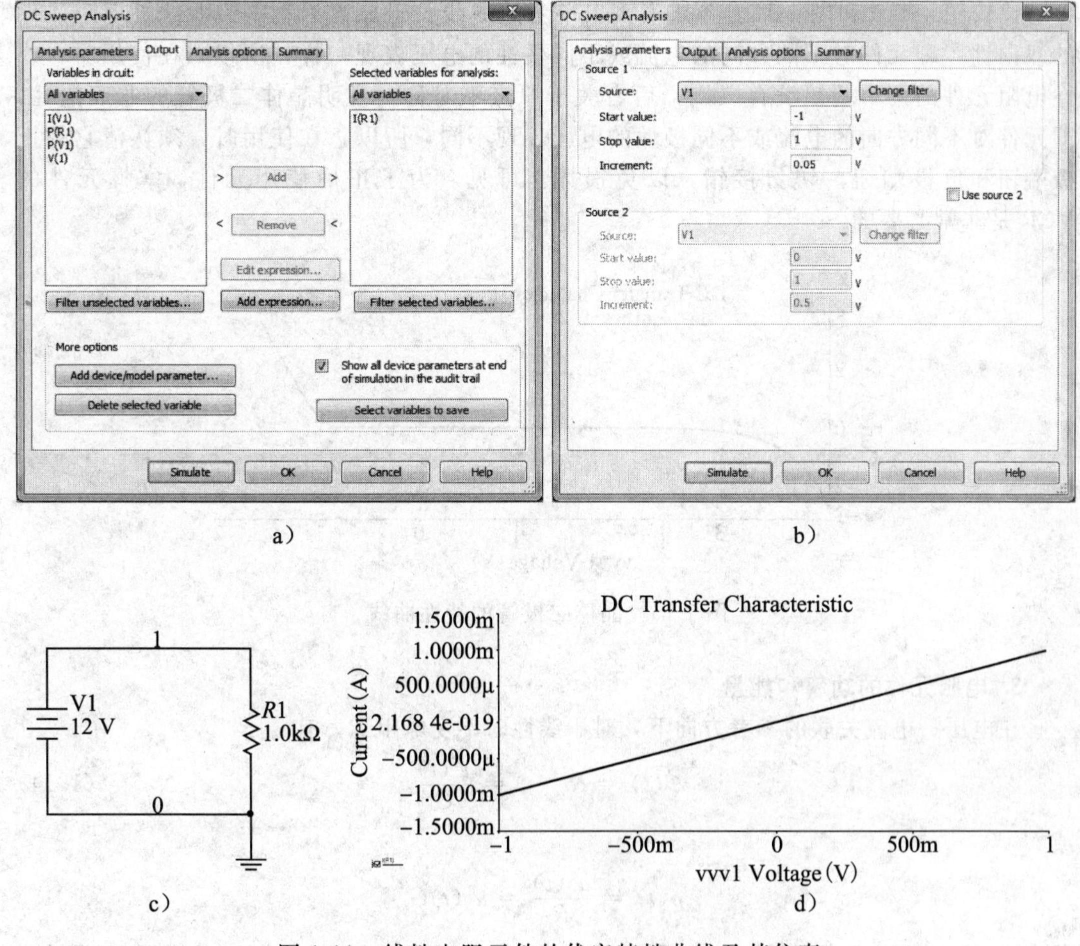

a)　b)　c)　d)

图 1-11　线性电阻元件的伏安特性曲线及其仿真

按照电阻元件的 VCR 是线性的还是非线性的，可分为线性电阻和非线性电阻；根据其 VCR 与时间的关系，还可以分为时变电阻和时不变电阻。图 1-11d 是线性时不变电阻的特性曲线，其他三种特性曲线分别如图 1-12、图 1-13 和图 1-14 所示。

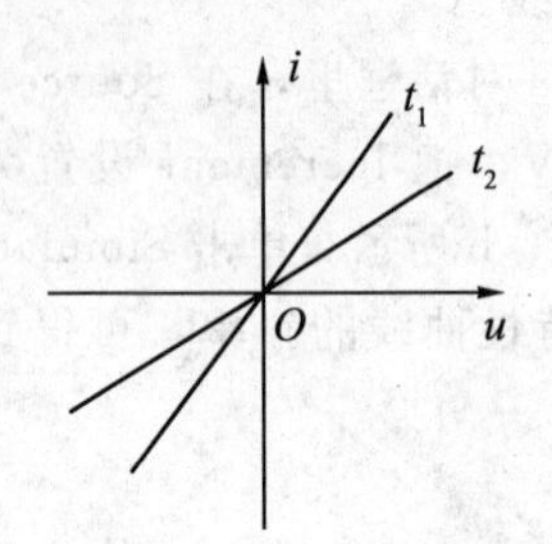

图 1-12　线性时变电阻的特性曲线

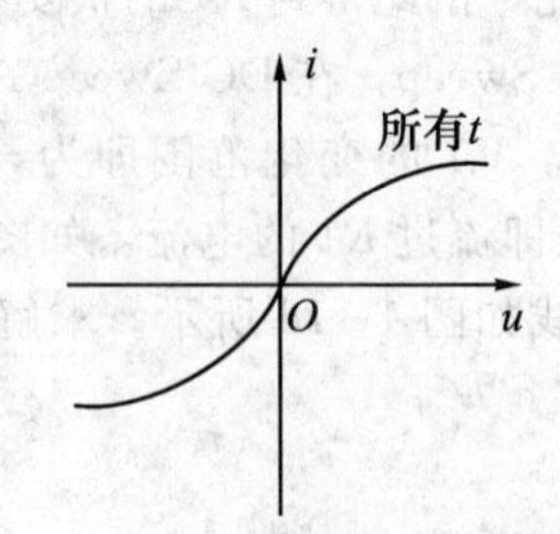

图 1-13　非线性时不变电阻的特性曲线

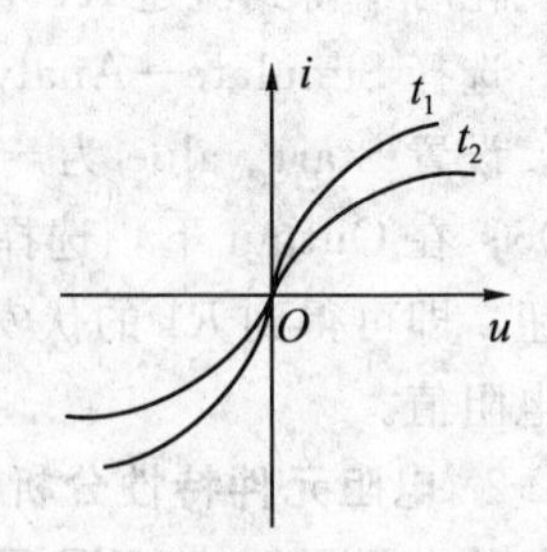

图 1-14　非线性时变电阻的特性曲线

在电子电路中常见的晶体二极管就是一个典型的非线性电阻，利用 Multisim 仿真得到的特性曲线如图 1-15 所示。

比较图 1-11d 和图 1-15，不难发现，前者的曲线关于原点对称，说明线性电阻元件的双向性，即元件对不同方向的电流或不同极性的电压表现一样，所以，在使用时，线性电阻元件的两个端钮没有区别；后者关于原点不对称，说明晶体二极管的非双向性，即元件对不同方向的电流或不同极性的电压表现不同，所以，在使用时，须认清它的正极端钮和负极端钮，切勿接错，以免损坏。可见，为了正确使用元件，掌握元件的 VCR 是非常必要的。

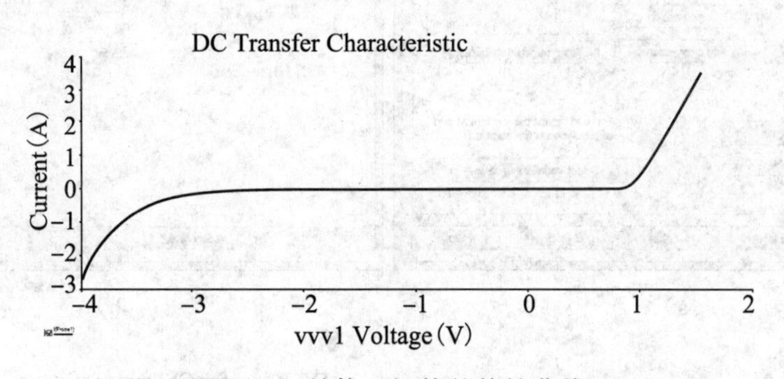

图 1-15　晶体二极管的特性曲线

3. 电阻元件的功率和能量

在电压、电流关联的参考方向下，对于线性时不变电阻 R，有

$$p(t) = Ri^2(t) = \frac{i^2(t)}{G} \tag{1.14}$$

或

$$p(t) = \frac{u^2(t)}{R} = u^2(t)G \tag{1.15}$$

式中，$i(t)$是流过 R 的电流，$u(t)$是 R 的端电压。当 $R>0$ 时，$p(t)>0$，说明 R 消耗功率，即此时 R 是一个耗能元件。

R 从时刻 t_0 到时刻 t 所吸收的能量为

$$w(t_0,t)=R\int_{t_0}^{t} i^2(\xi)\mathrm{d}\xi = G\int_{t_0}^{t} u^2(\xi)\mathrm{d}\xi \tag{1.16}$$

需要说明，电阻的 VCR 也可以是一条位于 i-u 平面的第二、四象限的直线，此时的 R 为负值，称为负电阻元件。这样，根据式(1.14)或式(1.15)求得的功率为负值，即负电阻是提供功率的，可对外电路提供能量。在电子电路中，不仅可以实现负电阻，还可以利用负电阻，设计不同功能的电子电路，其中，负电阻提供的能量来自电子电路工作时的供电电源。

另外，电路元件有无源元件和有源元件之分。如果元件在所有 $t\geqslant-\infty$ 时和对于所有 $i(t)$、$u(t)$的可能组合，只吸收能量而不提供能量，则该元件为无源元件。如果二端元件不是无源的，则该元件为有源元件。前述的电阻 $R>0$，为正电阻元件，属于无源元件；负电阻元件属于有源元件。

4. 电阻器的使用

作为实际电路中的电阻元件——电阻器，在使用时需注意一些问题。

1) 在国际单位制中，电阻的单位为欧(Ω)。对于阻值很大的电阻可用千欧(kΩ)或兆欧(MΩ)为单位；阻值很小的可用毫欧(mΩ)为单位。它们的关系是：

$$1\mathrm{M}\Omega = 10^3\mathrm{k}\Omega = 10^6\Omega,\quad 1\mathrm{m}\Omega = 10^{-3}\Omega$$

2) 在选用电阻时，原则上要选取标称阻值与所需电阻阻值相差最小的电阻，同时也要注意电阻阻值的误差范围——最好在 5%以内。当对误差的要求不是太高时，可选误差范围在 10%～20%以内的电阻器。

3) 在设计电路时，要考虑到电阻消耗的功率。比如，一个标有 1W、100Ω 的电阻，即表示该电阻的阻值为 100Ω，额定功率为 1W，据此，可求得它的额定电流为 0.1A，额定电压为 10V。因为额定值是规定元件运行时所允许的上限值，超过额定值运行，元件将遭到毁坏或缩短寿命。所以，该电阻在使用中的电流值超过 0.1A 时，就会使电阻过热，甚至损坏。一般所选电阻器的额定功率应大于实际承受功率的两倍以上，才能保证电阻器在电路中长期工作的可靠性。此外，还应考虑电路的特点以及电路板的大小，选取规格不一的电阻器。

1.4.2　电容元件

1. 电容元件的 VCR

电容元件是实际电容器的理想化模型，它只反映实际元件储存电场能量或储存电荷的能力。当电容器的两块极板上分别储存等量异性电荷时，在电容器中将建立起电场，所以，电容器应该是一种电荷与电压相约束的元件。我们把电容器两极板间的电势差增加 1 伏所需的电量，叫做电容器的电容，表示为

$$C=\frac{q(t)}{u(t)}$$

即

$$q(t)=Cu(t) \tag{1.17}$$

此式即为电容元件的库伏关系。式中，u 为电容元件的端电压，单位为伏(V)；q 为电容器极板上储存电荷量的大小，单位为库(C)；C 为电容，单位为法(F)。

值得注意，式(1.17)是在采用关联参考方向情况下得出的，即正电位极板上为正电

荷，这与真实情况总是一致的。对于非关联的参考方向来说，应改为

$$q(t) = -Cu(t) \tag{1.18}$$

如果式(1.17)或式(1.18)中的 C 为常数，即 q 与 u 成正比，亦即电容元件的库伏关系是线性的，由此定义的电容元件称为线性电容元件。线性电容元件的电路符号见表 1-2，重画于图 1-16a。

电容元件的库伏关系除了采用公式来表示外，还可以绘出 q-u 平面上的曲线，称为电容元件的库伏特性曲线。线性电容元件的库伏特性曲线是一条经过坐标原点的直线，如图 1-16b所示。

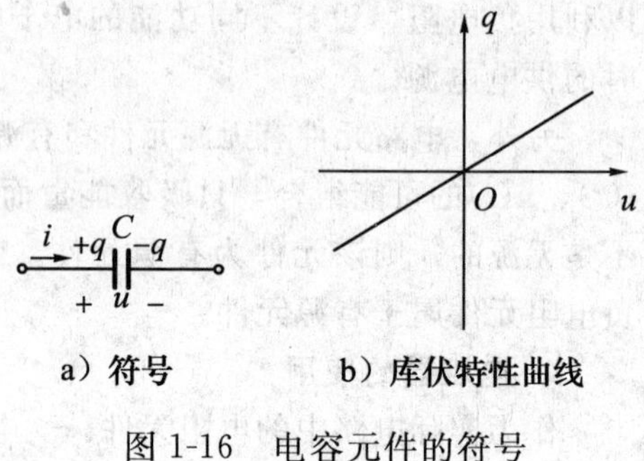

a）符号　　b）库伏特性曲线

图 1-16　电容元件的符号

在电路分析中，我们往往更关注元件的 VCR。

以图 1-16a 为例，电容元件上的电压 u、电流 i 和电荷 q 为关联参考方向，流过电容元件的电流可表示为

$$i(t) = \frac{\mathrm{d}q}{\mathrm{d}t} \tag{1.19}$$

利用式(1.17)，可得

$$i(t) = C\frac{\mathrm{d}u}{\mathrm{d}t} \tag{1.20}$$

这就是电容元件的 VCR。当电容元件上的电压 u、电流 i 为非关联参考方向时，则有

$$i(t) = -C\frac{\mathrm{d}u}{\mathrm{d}t} \tag{1.21}$$

可以看出，任一时刻流过电容元件上的电流与该时刻电容两端电压的变化率成正比，这与电阻元件的 VCR 截然不同，这使得电容元件在电子、电力领域中有着独特的用途，比如，用于电路中的电源滤波、信号滤波、信号耦合、谐振、隔直流等。

2. 电容元件特性分析

1）根据式(1.20)可知，若电压 u 不变，则 $\frac{\mathrm{d}u}{\mathrm{d}t}$ 为零，说明对于恒定电压，流过电容元件的电流为零，即电容有隔直流的作用。反之，若电压 u 变化越快，$\frac{\mathrm{d}u}{\mathrm{d}t}$ 越大，则电流也越大，说明电容有通交流的作用。

2）由式(1.20)还可知，当任一时刻电容元件的电流为有限值时，若 $\Delta t \to 0$，必有 $\Delta u \to 0$，即电容元件的电压不能跃变。否则，导致 $i(t) = C\frac{\mathrm{d}u}{\mathrm{d}t} \to \infty$。以电容电压 $u_C(t)$ 可表示为

$$u_C(0_+) = u_C(0_-) \tag{1.22}$$

这里 $t=0_-$ 表示 $t=0$ 前终了时刻，$t=0_+$ 表示 $t=0$ 后初始时刻，$t=0_-$ 和 $t=0_+$ 的时间间隔为无穷小量。式(1.22)即为研究含电容元件动态电路时的**换路定则**，它表明电容电压的连续性质(详见第 5 章)。

3）利用式(1.20)将电容的电压 u 表示为

$$u(t) = \frac{1}{C}\int_{-\infty}^{t} i(\xi)\mathrm{d}\xi = \frac{1}{C}\int_{-\infty}^{t_0} i(\xi)\mathrm{d}\xi + \frac{1}{C}\int_{t_0}^{t} i(\xi)\mathrm{d}\xi = u(t_0) + \frac{1}{C}\int_{t_0}^{t} i(\xi)\mathrm{d}\xi \quad t \gg t_0 \tag{1.23}$$

式中，$u(t_0)=\frac{1}{C}\int_{-\infty}^{t_0}i(\xi)\mathrm{d}\xi$ 是 $t=t_0$ 时刻电容元件上已有的电压，称为初始值。式(1.23)的第一个等式说明在任一时刻 t 电容元件上电压的值取决于从 $-\infty$ 到 t 所有时刻的电流值，即与电流过去的全部历史状态有关；式(1.23)的第三个等式又说明电流在 $t=t_0$ 以前的全部历史由初始值表示，可不必考虑 $t=t_0$ 以前电流的具体情况，而 $\frac{1}{C}\int_{t_0}^{t}i(\xi)\mathrm{d}\xi$ 则是 $t=t_0$ 以后在电容元件上形成的电压。可见，电容元件有记忆电流的作用，因此电容元件是一种记忆元件。

3. 电容元件的储能

在电压、电流关联参考方向下，线性电容元件 L 吸收的瞬时功率为

$$p(t)=ui=Lu\frac{\mathrm{d}u}{\mathrm{d}t} \tag{1.24}$$

若 $p>0$，表明该元件吸收功率，即此时 C 处于充电状态；若 $p<0$，表明该元件释放功率，即此时 C 处于放电状态。

从时刻 t_0 到时刻 t 对 C 充电，所吸收的能量为

$$w(t_0,t)=\int_{t_0}^{t}p(\xi)\mathrm{d}\xi=\int_{t_0}^{t}u(\xi)i(\xi)\mathrm{d}\xi=\int_{t_0}^{t}Cu(\xi)\frac{\mathrm{d}u(\xi)}{\mathrm{d}\xi}\mathrm{d}\xi=\frac{1}{2}Cu^2(t)-\frac{1}{2}Cu^2(t_0) \tag{1.25}$$

表明在 t_0 到 t 期间电容吸收的能量只与 t_0、t 时刻的电压值有关，式中，$\frac{1}{2}Cu^2(t_0)$ 与 $\frac{1}{2}Cu^2(t)$ 分别代表了 t_0 与 t 时刻电容储存的能量。因此，电容元件的储能公式可表示为

$$w(t)=\frac{1}{2}Cu^2(t) \tag{1.26}$$

表明电容电压反映了电容的储能状态。

4. 电容器的使用

作为实际电路中的电容元件——电容器，在使用时需注意一些问题：

1）在国际单位制中，电容的单位是法拉，简称法，符号为 F。常用的电容单位有毫法(mF)、微法(μF)、纳法(nF)和皮法(pF)，其换算关系是：

1 法拉(F)＝10^3 毫法(mF)＝10^6 微法(μF)；

1 微法(μF)＝10^3 纳法(nF)＝10^6 皮法(pF)。

2）跟电阻一样，电容也有很多类型，例如，电解电容、瓷介电容、云母电容、玻璃釉电容等，这些电容由于具有各自不同的特性，因而广泛应用于各种不同类型的电路中。有兴趣的读者可以查询电容的相关内容，了解这些电容可以在哪些电路中得到应用。

当选用电容时，应该充分考虑电路的频率特性。低频电路中电容使用的范围较宽，可以使用高频特性比较差的电容器；但高频电路对电容有很大的限制，一旦选择不当，就将会影响电路的整体工作状态。比如，在一般的低频电路中可以使用电解电容、瓷片电容等，但是在高频情况下就要使用云母等高频特性好的电容，而不可以使用涤纶电容和电解电容，因为它们在高频情况下会呈现一定的电感性。

此外，在设计电路时，所选电容器的主要参数，包括标称容量、允许偏差、额定工作电压、绝缘电阻以及外形尺寸等要符合应用电路的要求。

1.4.3 电感元件

1. 电感元件的VCR

电感元件是实际电感器的理想化模型，它只反映实际元件储存磁场能量的能力。在理想情况下，当电感线圈中通以电流 $i(t)$时，将在线圈的每一匝中产生磁通 $\phi(t)$，$\phi(t)$与 $i(t)$满足右手螺旋关系。对于一个具有 N 匝的线圈，其磁通链为 $\Psi(t)=N\phi(t)$。所以，电感器应该是一种磁通链与电流相约束的元件。磁通链 $\Psi(t)$与产生它的电流 $i(t)$之间满足如下关系

$$\Psi(t) = Li(t) \tag{1.27}$$

此式即为电感元件的韦安关系。式中，$i(t)$为流过电感元件的电流，单位为安(A)；$\Psi(t)$为电感线圈的磁通链，单位为韦伯(Wb)；L 为自感系数，单位为亨利(H)。常用的电感单位还有毫亨(mH)、微亨(μH)，其换算关系是：

$$1\ 亨(\mathrm{H}) = 10^3\ 毫亨(\mathrm{mH}) = 10^6\ 微亨(\mu\mathrm{H})$$

如果式(1.27)中的 L 为常数，即 $\Psi(t)$与 $i(t)$成正比，亦即电感元件的韦安关系是线性的，由此定义的电感元件称为线性电感元件。线性电感元件的电路符号见表 1-2，重画于图 1-17a。

除了采用公式来表示外，电感元件的韦安关系还可以绘出 Ψ-i 平面上的曲线，称为电感元件的韦安特性曲线。线性电感元件的韦安特性曲线是一条经过坐标原点的直线，如图 1-17b所示。

同样，在电路分析中，我们往往更关注电感元件的 VCR。

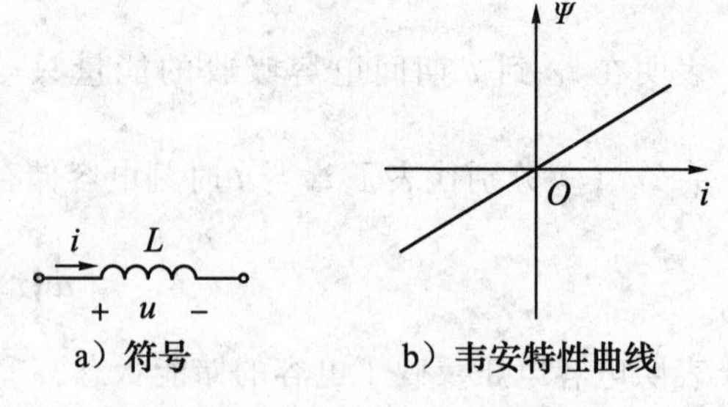

图 1-17 电感元件的符号

以图 1-17a 为例，当变化的电流 i 通过电感线圈时，线圈中将产生变化的磁通链，从而在线圈两端出现感应电压 u，当 u 与 i 为关联参考方向时，根据电磁感应定律，可得

$$u(t) = \frac{\mathrm{d}\phi}{\mathrm{d}t} \tag{1.28}$$

利用式(1.27)，可得

$$u(t) = L\frac{\mathrm{d}i}{\mathrm{d}t} \tag{1.29}$$

这就是电感元件的 VCR。当电感元件上的电压 u、电流 i 为非关联参考方向时，则有

$$u(t) = -L\frac{\mathrm{d}i}{\mathrm{d}t} \tag{1.30}$$

可以看出，任一时刻电感元件上的电压与该时刻流过电感的电流变化率成正比，这与电阻元件和电容元件的 VCR 也不相同。

2. 电感元件特性分析

1）根据式(1.29)可知，若电流 i 不变，则 $\frac{\mathrm{d}i}{\mathrm{d}t}$ 为零，说明对于恒定电流，电感元件的端电压为零，即电感对直流相当于短路。反之，若电流 i 变化越快，$\frac{\mathrm{d}i}{\mathrm{d}t}$ 越大，则 u 也越大，说明电感有阻交流的作用。

2）由式(1.29)还可知，当任一时刻电感元件的电压为有限值时，若 $\Delta t\to 0$，必有$\Delta i\to 0$，即电感元件的电流不能跃变。否则，导致 $u(t)=L\dfrac{\mathrm{d}i}{\mathrm{d}t}\to\infty$。以电感电流 $i_L(t)$可表示为

$$i_L(0_+) = i_L(0_-) \tag{1.31}$$

这里 $t=0_-$ 表示 $t=0$ 前终了时刻，$t=0_+$ 表示 $t=0$ 后初始时刻，$t=0_-$ 和 $t=0_+$ 的时间间隔为无穷小量。式(1.31)即为研究含电感元件动态电路时的**换路定律**，它表明电感电流的连续性质(详见第 5 章)。

3）利用式(1.29)，将电感的电流 i 表示为

$$\begin{aligned} i(t) &= \frac{1}{L}\int_{-\infty}^{t} u(\xi)\mathrm{d}\xi = \frac{1}{L}\int_{-\infty}^{t_0} u(\xi)\mathrm{d}\xi + \frac{1}{L}\int_{t_0}^{t} u(\xi)\mathrm{d}\xi \\ &= i(t_0) + \frac{1}{L}\int_{t_0}^{t} u(\xi)\mathrm{d}\xi \quad t \gg t_0 \end{aligned} \tag{1.32}$$

式中，$i(t_0)=\dfrac{1}{L}\displaystyle\int_{-\infty}^{t_0}u(\xi)\mathrm{d}\xi$ 是 $t=t_0$ 时刻电感元件中已有的电流，称为初始值。式(1.32)的第一个等式说明在任一时刻 t 电感元件中的电流值取决于从 $-\infty$ 到 t 所有时刻的电压值，即与电压过去的全部历史状态有关；式(1.32)的第三个等式又说明电压在 $t=t_0$ 以前的全部历史由初始值表示，可不必考虑 $t=t_0$ 以前电压的具体情况，而 $\dfrac{1}{L}\displaystyle\int_{t_0}^{t}u(\xi)\mathrm{d}\xi$ 则是 $t=t_0$ 以后在电感元件中形成的电流。可见，电感元件有记忆电压的作用，因此电感元件也是一种记忆元件。

3. 电感元件的储能

在电压电流关联参考方向下，线性电感元件 L 吸收的瞬时功率为

$$p(t) = ui = Li\,\frac{\mathrm{d}i}{\mathrm{d}t} \tag{1.33}$$

若 $p>0$，表明该元件吸收功率；若 $p<0$，表明该元件释放功率。

从时刻 t_0 到时刻 t，L 所吸收的能量为

$$\begin{aligned} w(t_0,t) &= \int_{t_0}^{t} p(\xi)\mathrm{d}\xi = \int_{t_0}^{t} u(\xi)i(\xi)\mathrm{d}\xi = \int_{t_0}^{t} Li(\xi)\frac{\mathrm{d}i(\xi)}{\mathrm{d}\xi}\mathrm{d}\xi \\ &= \frac{1}{2}Li^2(t) - \frac{1}{2}Li^2(t_0) \end{aligned} \tag{1.34}$$

表明在 t_0 到 t 期间电感吸收的能量只与 t_0、t 时刻的电流值有关，式中，$\frac{1}{2}Li^2(t_0)$ 和 $\frac{1}{2}Li^2(t)$ 分别代表 t_0 与 t 时刻电感储存的能量。因此，电容元件的储能公式可表示为

$$w(t) = \frac{1}{2}Li^2(t) \tag{1.35}$$

表明电感电流反映了电感的储能状态。

4. 电感器的使用

作为实际电路中的电感元件——电感器，由于其具有功能多、用途广、结构形式多样等特点，限于篇幅在这里就不一一介绍了，有兴趣的读者可以查询相关资料，以便对电感器作进一步的了解。

以上介绍了电路中常用的三个基本元件，特别感兴趣的是，描述它们基本特性的

VCR。由电阻元件的 VCR 可知，电阻元件是无记忆元件；而电容元件和电感元件的 VCR 都涉及对电流、电压的微分或积分，所以它们是有记忆的，称之为动态元件。在后续章节中，我们将电路分为两大类进行研究，一类是只含电阻元件的电阻电路，以此研究电路的基本规律，得出电路分析的基本方法和基本定理，在此基础上，再研究含有动态元件的动态电路。不管研究哪一类电路，元件的 VCR 是必不可少的。

【例 1.4】 将图 1-18 所示的三角波电压作用于电容元件或电感元件两端，分析流过电容元件或电感元件电流的变化规律，并通过仿真加以验证。

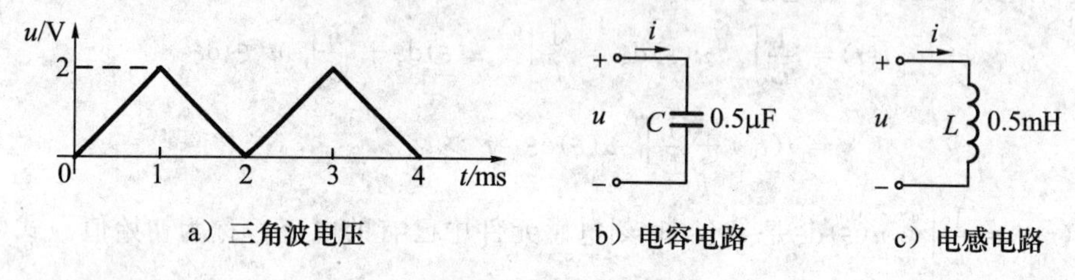

a）三角波电压　　b）电容电路　　c）电感电路

图 1-18　例 1.4 的图

解： 根据图 1-18a，三角波电压 u 表示为

$$u(t)=\begin{cases}2\times10^3t & 0\leqslant t<1\times10^{-3}\\-2\times10^3t+4 & 1\times10^{-3}\leqslant t<2\times10^{-3}\\2\times10^3t-4 & 2\times10^{-3}\leqslant t<3\times10^{-3}\\-2\times10^3t+8 & 3\times10^{-3}\leqslant t\leqslant 4\times10^{-3}\end{cases}$$

1）流过电容的电流 i：由图 1-18b 可知，u、i 为关联参考方向，根据式(1.20)，有

$$i(t)=C\frac{\mathrm{d}u}{\mathrm{d}t}=\begin{cases}1\times10^{-3} & 0\leqslant t<1\times10^{-3}\\-1\times10^{-3} & 1\times10^{-3}\leqslant t<2\times10^{-3}\\1\times10^{-3} & 2\times10^{-3}\leqslant t<3\times10^{-3}\\-1\times10^{-3} & 3\times10^{-3}\leqslant t\leqslant 4\times10^{-3}\end{cases}$$

利用 Multisim 中的瞬态分析，观察电容的 u 和 i，得到的仿真波形图分别如图 1-19a 和图 1-19b 所示，可以看出，与理论分析结果一致。

2）流过电感的电流 i：由图 1-18c 可知，u、i 为关联参考方向，根据式(1.32)，有

$$i(t)=\frac{1}{L}\int_{-\infty}^{t}u(\xi)\mathrm{d}\xi=2\times10^3\int_0^t2\times10^3\xi\mathrm{d}\xi=2\times10^6t^2\qquad 0\leqslant t<1\times10^{-3}$$

$$\begin{aligned}i(t)&=i(1\times10^{-3})+2\times10^3\int_{1\times10^{-3}}^{t}(-2\times10^3\xi+4)\mathrm{d}\xi\\&=-2\times10^6t^2+8\times10^3t-4\qquad 1\times10^{-3}\leqslant t<2\times10^{-3}\end{aligned}$$

$$\begin{aligned}i(t)&=i(2\times10^{-3})+2\times10^3\int_{2\times10^{-3}}^{t}(2\times10^3\xi-4)\mathrm{d}\xi\\&=2\times10^6t^2-8\times10^3t+12\qquad 2\times10^{-3}\leqslant t<3\times10^{-3}\end{aligned}$$

$$\begin{aligned}i(t)&=i(3\times10^{-3})+2\times10^3\int_{3\times10^{-3}}^{t}(-2\times10^3\xi+8)\mathrm{d}\xi\\&=-2\times10^6t^2+16\times10^3t-24\qquad 3\times10^{-3}\leqslant t\leqslant 4\times10^{-3}\end{aligned}$$

利用 Multisim 中的瞬态分析，观察电感的 u 和 i，得到的仿真波形图如图 1-20 所示，其中，细线和粗线分别为 u 与 i 的波形，与理论分析结果一致。

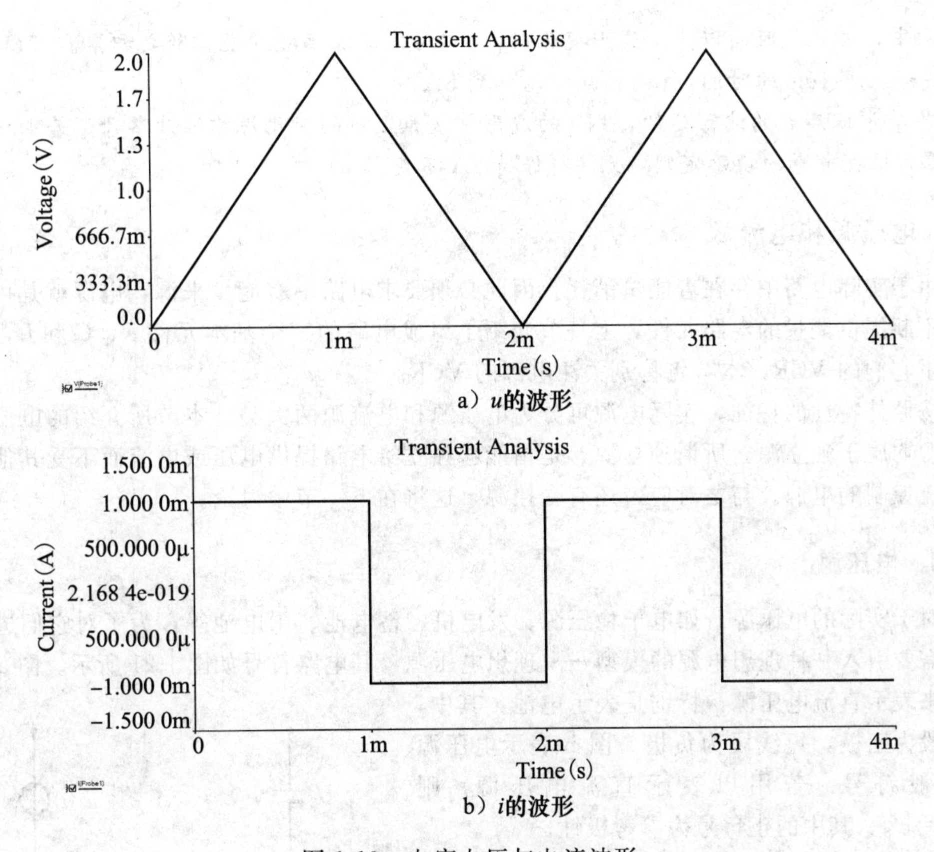

a）u的波形

b）i的波形

图 1-19　电容电压与电流波形

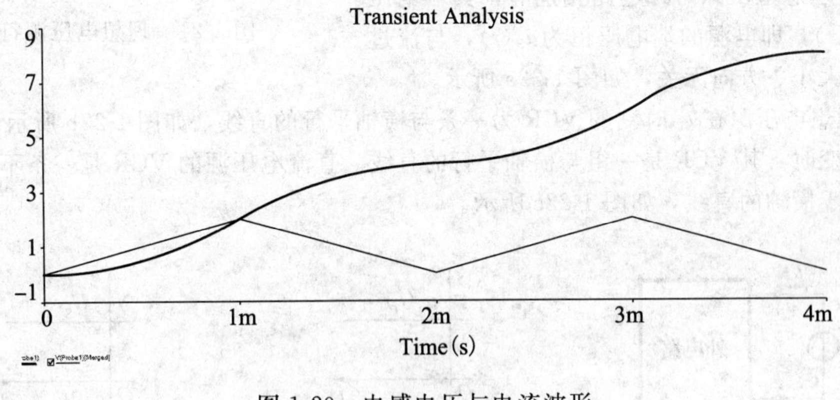

图 1-20　电感电压与电流波形

讨论：

1）根据电容元件的 VCR 可知，流过电容的电流 i 与其端电压 u 的变化率成正比。当 $\frac{du}{dt}$ 恒定时，i 也恒定，所以，在 u 波形的 0～1ms 期间，i 的值恒定。类似地，可以分析其他三个时间段。据此，我们得到的电流波形为方波。

若 4ms 以后 u 的波形延续，则 i 的波形也延续；若 4ms 以后 u 为零，则 i 也为零。

2）根据电感元件的 VCR 可知，流过电感的电流 i 与其端电压 u 对时间的积分成正比。

在本例中，当 u 随时间以三角波形变化时，i 以时间二次函数的规律随之积累。可以看出，u 的波形经历 4ms 的时间，i 的值从 0 增加到 8A。

若 4ms 以后 u 的波形延续，则 i 的波形将按照之前的变化规律继续攀升；若 4ms 以后 u 为零，根据电感的换路定则，则 i 将保持 8A 不变。

1.5　电压源和电流源

由于实际电路中存在着能量消耗，因此必须要求电路中有能量来源，电源就是可以为电路不断提供能量的电路元件。上一节介绍了组成电路的三个基本元件 R、C 和 L，重点讨论了它们的 VCR，本节将特别关注电源的 VCR。

按照外特性的特征，实际电源可分为电压源和电流源两大类。本节所介绍的电压源和电流源均属于独立源。所谓独立源，是指能够独立给电路提供电压或电流而不受其他电压或电流控制的电源。与之对应，还有受控源，这将在下一节中讨论。

1.5.1　电压源

对于实际的电压源，如电子稳压源、发电机、蓄电池、干电池等，为了对它们进行研究，需要引入一种理想电源的模型——理想电压源，其电路符号如图 1-21 所示。图 a 所示常用来表示直流电压源，特别是表示电池，其中，长线段为正极，短线段为负极。图 b 表示电压源的一般符号，若用以表示直流电压源，则 $u_S(t)=U_S$。其中的正负号为参考极性。

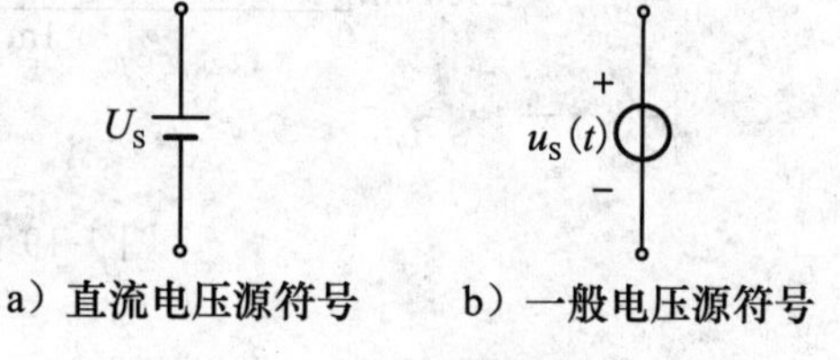

图 1-21　理想电压源符号

理想电压源具有以下特点。

1）当理想电压源与外电路相连时，其端电压 $u(t)=u_S(t)$，即电源的端电压恒为 $u_S(t)$，与流过它的电流大小、方向无关，如图 1-22a 所示。

2）理想电压源在 t_1 时刻的 VCR 为一条与横轴平行的直线，如图 1-22b 所示。当 $u_S(t)$ 随时间改变时，其 VCR 是一组与横轴平行的直线。直流电压源的 VCR 是一条不随时间改变且平行于横轴的直线，如图 1-22c 所示。

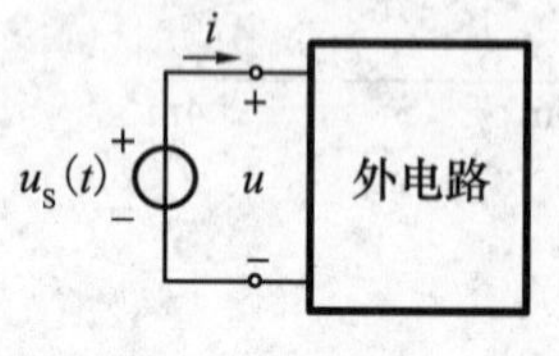

a）理想电压源与外电路相连

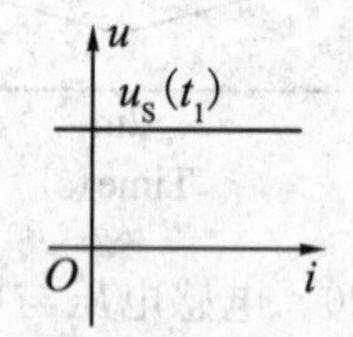

b）$u_S(t)$ 在 t_1 时刻的VCR

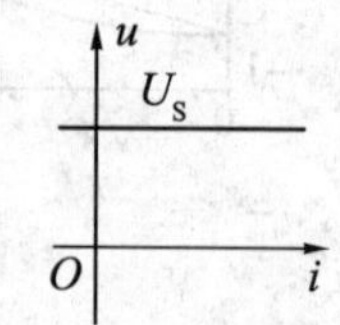

c）直流电压源的VCR

图 1-22　理想电压源的 VCR

3）理想电压源的电压由它本身确定，与外部电路无关，流过它的电流由 $u_S(t)$ 和外电路共同决定。根据不同的外电路，电流可以流出或流入理想电压源，所以电压源可以作为电源对电路提供能量，也可以作为其他电源的负载从外电路接受能量，这取决于电流的实际方向。

利用理想电压源，就可以构建实际电压源的模型了。

比如，对实际直流电压源进行实验测试，得到其外特性，如图 1-23a 所示。可以看出，其中直线有两个主要参数，即纵轴截距 U_S 和直线的斜率($-R_S$)。这里的 U_S 是实际直流电压源在 $i=0$ 时的电压，即开路电压；R_S 表示电源内部消耗，称为电源内阻。由于在实际电压源向外电路供电的过程中，电源内部存在能量的消耗，所以，其端电压在一定范围内随着输出电流的增大而逐渐下降。据此，可得外特性的数学表达式为

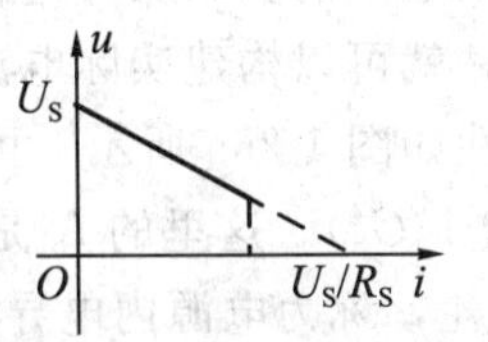

a）实际电压源的VCR

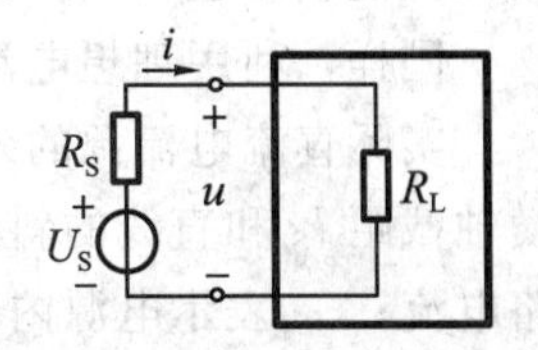

b）实际电压源与负载相连

图 1-23　实际电压源及其 VCR

$$u = U_S - R_S i \tag{1.36}$$

根据式(1.36)画出相应的电路模型如图 1-23b 左边部分所示，即一个实际直流电压源的电路模型可以表示为一个理想直流电压源 U_S 与一个电阻 R_S 的串联，这里理想直流电压源的电压 U_S 等于实际直流电压源的电动势 E。

实际直流电压源向负载 R_L 供电的连线图如图 1-23b 所示。可以看出，当 R_L 开路时，$i=0$，$u=U_S$；随着 i 的增大，R_S 上的压降增大，u 随之下降的值增大。R_S 越大，在同样的 i 值下，u 下降越大，说明该电源的外特性越差。

需要说明，理想电压源实际上是不存在的，当实际电压源的内阻远小于负载电阻时，可近似看作理想电压源。

1.5.2　电流源

对于实际的电流源，如电子稳流源、光电池等，类似地，需要引入一种理想电源的模型——理想电流源，其电路符号如图 1-24所示。其中，$i_S(t)$ 为理想电流源的电流，箭头代表该电流的参考方向。若 $i_S(t)=I_S$，则表示直流电流源。

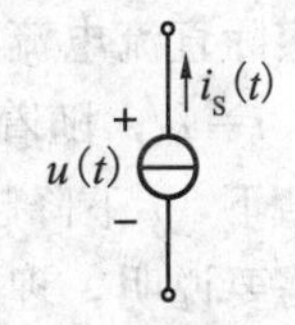

图 1-24　理想电流源符号

理想电流源具有以下特点。

1）当理想电流源与外电路相连时，其输出电流 $i(t)=i_S(t)$，即电源输出的电流恒为 $i_S(t)$，与其两端的电压大小、方向无关，如图 1-25a 所示。

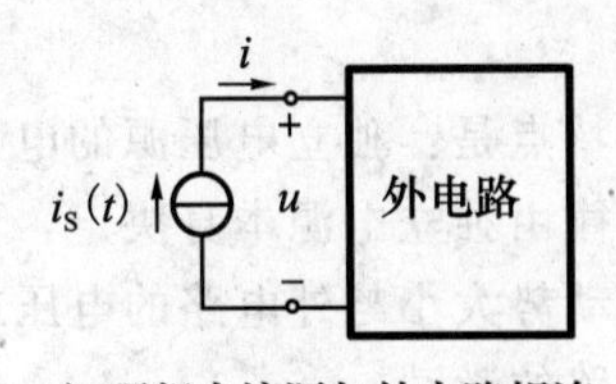

a）理想电流源与外电路相连

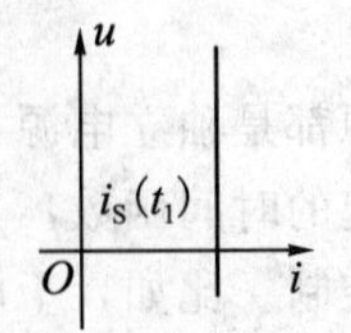

b）$i_S(t)$ 在 t_1 时刻的VCR

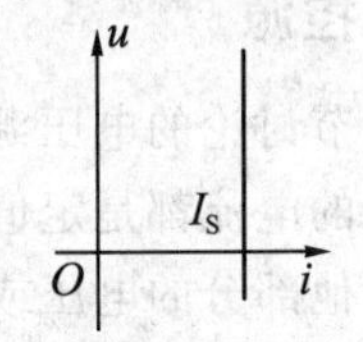

c）直流电流源的VCR

图 1-25　理想电流源的 VCR

2）理想电流源在 t_1 时刻的 VCR 为一条与纵轴平行的直线，如图 1-25b 所示。当 $i_S(t)$ 随时间改变时，其 VCR 是一组与纵轴平行的直线。直流电流源的 VCR 是一条不随时间改变且平行于纵轴的直线，如图 1-25c 所示。

3）理想电流源的电流由它本身确定，与外部电路无关，它两端的电压由 $i_S(t)$ 和外电路共同决定。因为理想电流源的端电压可以有不同的极性，所以电流源可以作为电源对电路提供能量，也可以作为其他电源的负载从外电路接受能量，这取决于电压的实际方向。

同样，利用理想电流源，就可以构建实际电流源的模型了。

实际直流电流源的外特性如图 1-26a 所示。可以看出，其中直线有两个主要参数，即横轴截距 I_S 和直线的斜率 $(-1/G_S)$。这里的 I_S 是实际直流电流源在 $u=0$ 时的电流，即短路电流；G_S 表示电源内部消耗，称为电源内电导，也可用电源内阻 R_S 表示，两者的关系为 $G_S=1/R_S$。实际电流源供给外电路的电流在一定范围内随着端电压的增大而逐渐下降。由此，可得外特性的数学表达式为

$$i = I_S - G_S u \tag{1.37}$$

根据式(1.37)画出相应的电路模型如图 1-26b 左边部分所示，即一个实际直流电流源的电路模型可以表示为一个理想直流电流源 I_S 与一个电导 G_S 的并联。

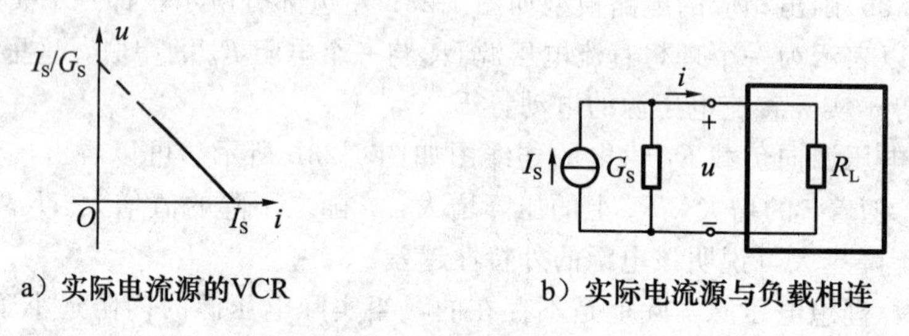

a）实际电流源的VCR　　b）实际电流源与负载相连

图 1-26　实际电流源及其 VCR

实际直流电流源向负载 R_L 供电的连线图如图 1-26b 所示。可以看出，当 R_L 短路时，$u=0$，$i=I_S$；随着 u 的增大，G_S 上的电流增大，i 随之下降的值增大。G_S 越大，在同样的 u 值下，i 下降越大，说明该电源的外特性越差。

需要说明，理想电流源实际上是不存在的，当实际电流源的内阻远大于负载电阻时，可近似看作理想电流源。

接下来的章节重点介绍以直流电压源和直流电流源作为电路的输入(或电路的激励)所构成的电路。第 6 章将介绍正弦电压源和正弦电流源(即 $u_S(t)$ 和 $i_S(t)$ 随时间按正弦或余弦规律变化)的电路。

1.6 受控源

上一节讨论的电压源和电流源都是独立电源，它们的特点是：独立电压源的电压和独立电流源的电流都是定值或是确定的时间函数，其变化规律由独立电源本身决定，而不受电路中其他部分的电压或电流的控制。比如，干电池的电动势大小与外电路的电压或电流值无关，它是独立源。独立源通常可作为电路的输入或电路的激励。

在电子电路的研究中，根据器件的特点，人们引入了受控源的电路模型，主要表现为，受控源的电压或电流受电路中其他部分的电压或电流的控制。所以，它不能在电路中独立存在。比如，双极型晶体管的集电极电流受基极电流的控制；场效应管的漏极电流受栅源电压的控制；集成运放的输出电压受输入电压的控制等。

受控源由两个端口构成，其中一个为输入端口，另一个为输出端口。输入端口施加控

制的电压或电流，输出端口则输出被控制的电压或电流。因此，受控源可分为4种类型：

- 电压控制电压源(VCVS)；
- 电流控制电压源(CCVS)；
- 电压控制电流源(VCCS)；
- 电流控制电流源(CCCS)。

四种理想受控源的电路模型如图1-27所示。为了区别于独立源，用菱形符号表示受控源。其中的 u_1 和 i_1 分别表示控制电压与控制电流，μ、r、g 和 β 分别为相关的控制系数。图1-27a所示为VCVS，μ 是一个无量纲的数，称为转移电压比或电压放大系数；图1-27b所示为VCCS，g 具有电导的量纲，称为转移电导；图1-27c所示为CCVS，r 具有电阻的量纲，称为转移电阻；图1-27d所示为CCCS，β 是一个无量纲的数，称为转移电流比或电流放大系数。

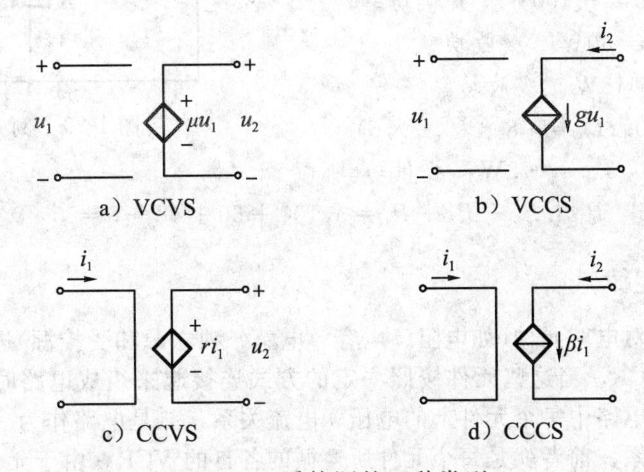

图1-27　受控源的四种类型

当控制系数 μ、r、g 和 β 为常数时，被控制量和控制量成正比，这种受控源则为线性受控源，否则为非线性受控源。我们以后提到的受控源都是指线性受控源。

理想线性受控源输出端口的特性方程分别为：

$$\begin{aligned}\text{VCVS}: u_2 &= \mu u_1 \\ \text{VCCS}: i_2 &= g u_1 \\ \text{CCVS}: u_2 &= r i_1 \\ \text{CCCS}: i_2 &= \beta i_1\end{aligned} \tag{1.38}$$

在分析含受控源的电路时，应注意以下几个问题。

1）在图1-27中将受控源明显地表示为具有两个端口的电路模型，在实际电路图中不一定专门标出控制量所在处的端口，但控制量和受控量须明确标出。

2）要明确受控源是受控电压源还是受控电流源，受控源的控制量在何处，控制量是电压还是电流。

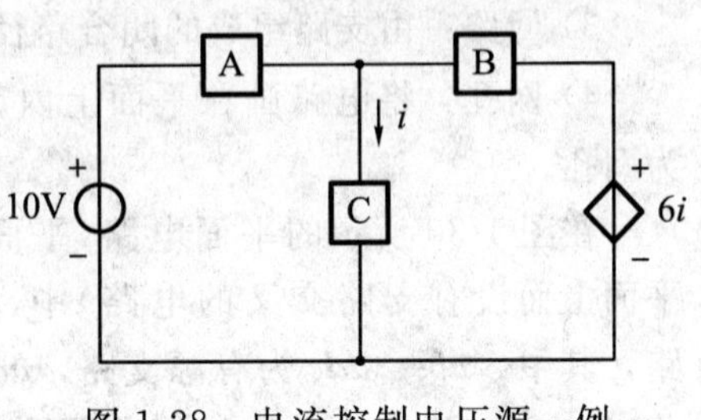

图1-28　电流控制电压源一例

例如，图1-28中给出了一个电流控制型电压

源 $6i$，它与通过 C 元件的电流 i 有关。

3）图 1-27 中所示的受控源为理想受控源，若电路中的受控电压源串联了电阻或受控电流源并联了电阻，则为实际受控源。

4）在电路中，受控源的处理方法与独立源相似，但应注意，受控源与独立源在本质上不同。独立源在电路中直接起激励作用，而受控源则不是直接起激励作用，也就是说，独立源本身能向电路提供能量，受控源向电路提供的能量来自于使该受控源正常工作的外加独立源。受控源仅表示“控制”与“被控制”的关系，控制量存在，则受控源就存在；若控制量为零，则受控源也为零。

【例 1.5】 计算图 1-29 中每个元件上的功率。

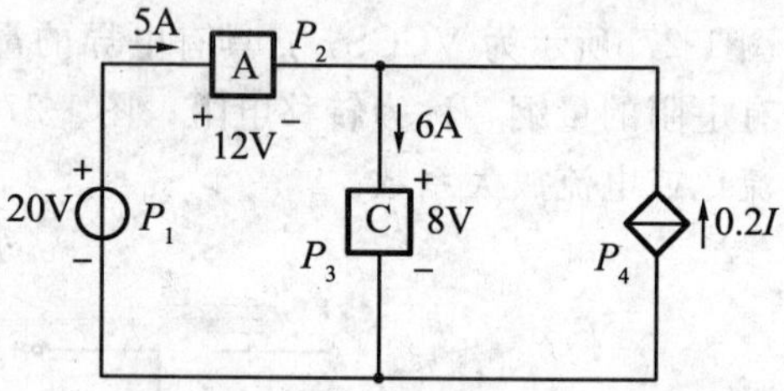

图 1-29　例 1.5 的图

解：根据图 1-29 中的数据，可得

$P_1 = -20 \times 5 = -100\text{W}$　提供功率

$P_2 = 12 \times 5 = 60\text{W}$　吸收功率

$P_3 = 8 \times 6 = 48\text{W}$　吸收功率

$P_4 = -8 \times (0.2I) = -8 \times (0.2 \times 5)$

$= -8\text{W}$　提供功率

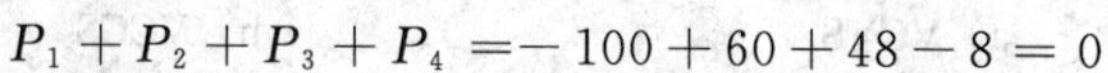

且　$P_1 + P_2 + P_3 + P_4 = -100 + 60 + 48 - 8 = 0$

1.7 基尔霍夫定律

前面几节只针对电路元件（如电阻、电容、电感、独立源和受控源）进行讨论，得到了描述它们特性的 VCR。当这些元件按照一定的方式连接起来组成电路时，自然会涉及两方面的问题，一是电路中每个元件上的电压、电流关系，二是电路作为一个整体来看，其中的电流、电压关系。前者就是每个元件所遵循的各自的 VCR。由于元件的 VCR 只取决于元件性质的约束，而与电路结构无关，因此称为元件约束。除了这些元件以外，一个电路的构成就是元件之间的连接方式了，这种电路结构图称为电路拓扑。可见，后者是来自这些元件之间的互连方式对电流、电压形成的约束，称为拓扑约束。

基尔霍夫定律概括了电路拓扑中电流、电压所遵循的基本规律，分为描述电路中各电流约束关系的基尔霍夫电流定律和描述电路中各电压约束关系的基尔霍夫电压定律。基尔霍夫定律既适用于线性直流电路和交流电路，也适用于非线性电路。

下面我们先来了解一下描述电路拓扑的几个名词。

1）支路：通常把通有同一个电流的一段电路视为一条支路，其电流与电压分别称为支路电流和支路电压。含电源元件的支路称为有源支路，不含电源元件的支路称为无源支路。

2）节点：三条或三条以上的支路的连接点称为节点。

3）回路：由支路组成的闭合路径称为回路。

4）网孔：将电路画在平面上内部不含有支路的回路，称为网孔。

在图 1-30 所示的平面电路（平面电路是指能够画在一个平面上而没有支路交叉的电路）中，有 abc、ac、adc 三条支路，其中，abc、adc 为有源支路，ac 为无源支路；a、c 两个节点；$abca$、$acda$、$abcda$ 三个回路；$abca$、$acda$ 两个网孔。

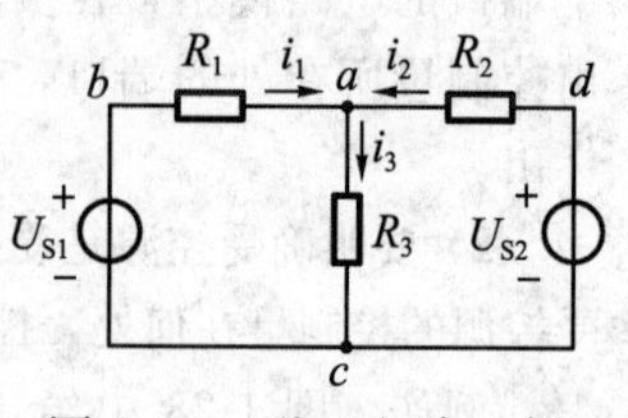

图 1-30　平面电路一例

需要说明，网孔与平面电路的画法有关，例如，若将图示电路中的支路 ac 和支路 adc 交换位置，则两个网孔变为 $abcda$、$adca$。

1.7.1　基尔霍夫电流定律

当若干条支路汇集为一个节点时，经过节点的各支路电流之间有什么关系呢？根据电流的稳恒条件可知，对于任意集总电路中的任意节点，在任意时刻，流出(或流入)该节点的所有支路电流的代数和为零，其数学表达式为

$$\sum_{k=1}^{m} i_k(t) = 0 \tag{1.39}$$

这就是基尔霍夫电流定律(Kirchhoff's Current Law)，简写为 KCL。

在对电路应用 KCL 时，应注意以下几点。

1) 在应用 KCL 时，应首先在电路图上设定电流的参考方向。根据各支路电流的参考方向，对电路节点列写 KCL 方程时，既可规定流出该节点的支路电流取正号，也可规定流入该节点的支路电流取正号，两种取法任选一种。

例如，对图 1-30 所示电路应用 KCL，取流出节点的电流为正，可得节点的 KCL 方程

对于节点 a
$$-i_1 - i_2 + i_3 = 0 \tag{1.40}$$

对于节点 b
$$i_1 + i_2 - i_3 = 0 \tag{1.41}$$

也可取流入该节点的支路电流为正，列写 a、c 两节点的 KCL 方程，两种结果是等效的。

2) KCL 方程是对连接到节点的各支路电流施加的线性约束条件。根据 KCL，可以从一些已知电流求出另一些未知电流。

例如，在图 1-30 中，若已知 $i_2 = -1\text{A}$，$i_3 = 2\text{A}$，则由式或式可求得：

$$i_1 = 3\text{A}$$

3) 在运用 KCL 分析电路时，会遇到两套正负号问题。在 1)、2)中的例子里可以看出，一是列写方程时，方程中各项前有正负号，这取决于电流的参考方向；二是电流本身数值有正负号，它取决于参考方向与实际方向的关系，要注意区分。

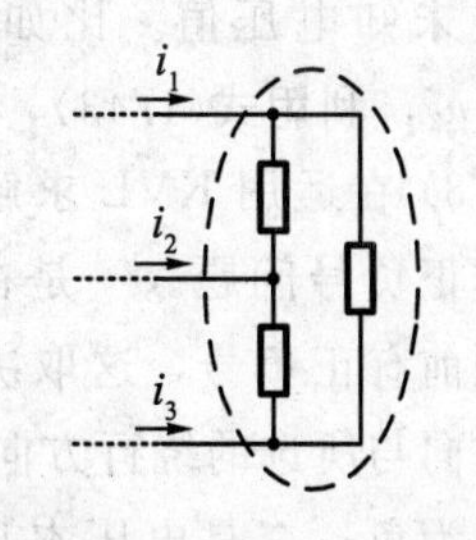

图 1-31　闭合面的 KCL

4) KCL 不仅适用于电路中的节点，还适用于电路中任何假想的封闭面，即流出任一封闭面的全部支路电流的代数和等于零。

例如，对图 1-31 电路中虚线表示的封闭面，写出的 KCL 方程为：$i_1 + i_2 + i_3 = 0$。

【例 1.6】 电路如图 1-32 所示。已知 $i_1 = -2\text{A}$，$i_2 = 3\text{A}$，$i_4 = 4\text{A}$，$i_5 = -5\text{A}$，参考方向如图 1-32 所示。试求 i_3 和 i_6。

解： 先标出 i_3 和 i_6 的参考方向如图 1-32 所示。

对节点 a 列写 KCL 方程，可得

$$i_1 + i_2 + i_3 = 0$$

即

$$i_3 = -i_1 - i_2 = -(-2) - 3 = -1\text{A}$$

对节点 b 列写 KCL 方程，可得

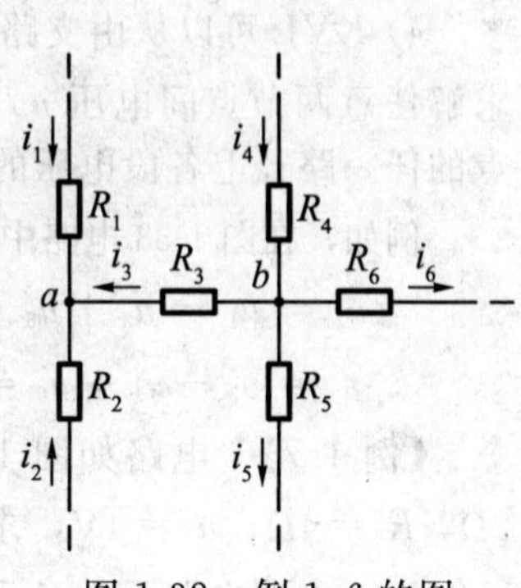

图 1-32　例 1.6 的图

$$i_4 - i_3 - i_5 - i_6 = 0$$

即

$$i_6 = i_4 - i_3 - i_5 = 4 - (-1) - (-5) = 10\text{A}$$

1.7.2 基尔霍夫电压定律

当若干条支路构成一个回路时，环绕回路的各支路电压之间又有什么关系呢？根据稳恒电场的环路定理可知，对于任意集总电路中的任意回路，在任意时刻，沿着该回路的所有电压降的代数和为零。其数学表达式为

$$\sum_{k=1}^{m} u_k(t) = 0 \tag{1.42}$$

这就是基尔霍夫电压定律(Kirchhoff's Voltage Law)，简写为 KVL。

在对电路应用 KVL 时，应注意以下几点。

1）在应用 KVL 时，同样应首先对电路中各支路设定电流的参考方向和元件端电压的参考方向，然后，应指定回路的绕行方向。绕行方向可任意选取，取顺时针方向或逆时针方向。当电压的参考方向与回路的绕行方向一致时，该电压取正号；反之，取负号。

例如，对图 1-33 所示电路中的三个回路，沿顺时针方向绕行一周，写出的 KVL 方程为

对于回路 l_1 $$u_1 - u_2 - u_6 = 0 \tag{1.43}$$

对于回路 l_2 $$u_2 - u_3 + u_4 = 0 \tag{1.44}$$

对于回路 l_3 $$-u_4 + u_5 + u_6 = 0 \tag{1.45}$$

2）KVL 方程是对支路电压施加的线性约束。根据 KVL，可以从一些已知电压求出另一些未知电压值。比如，在图 1-33 中，已知 u_1、u_2，利用式(1.43)，可求得 u_6。

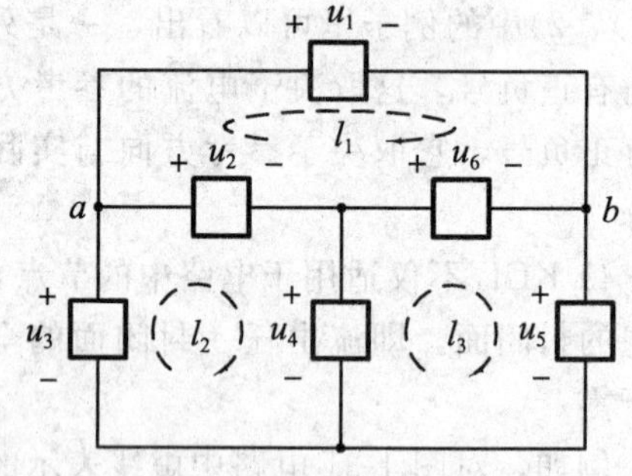

图 1-33 具有 6 条支路和 4 个节点的电路

3）在运用 KVL 求解问题时，也同样遇到两套正负号问题。一是在列写方程时，方程中各项前有正负号，这取决于各元件电压降的参考方向与所选的绕行方向是否一致，一致为正，反之为负；二是电压本身数值有正负号，这取决于电压降的实际方向与参考方向是否一致。

4）KVL 可以从由支路组成的回路，推广到求解任意两节点间电压 u_{ab}。u_{ab} 等于从 a 点到 b 点的任一路径上各段电压的代数和。

例如，在图 1-33 电路中，电压 u_{ab} 可以表示为

$$\begin{aligned} u_{ab} &= u_1 = u_2 + u_6 = u_3 - u_5 \\ &= u_3 - u_4 + u_6 = u_2 + u_4 - u_5 \end{aligned}$$

【例 1.7】 电路如图 1-34 所示。已知 $R_1 = 2\Omega$，$R_2 = 4\Omega$，$u_3 = 4\text{V}$，求 i_1、i_2、i_3、i_4、u_1、u_4、u_{ac}，说明电路元件 A 和 B 是电源还是负载。

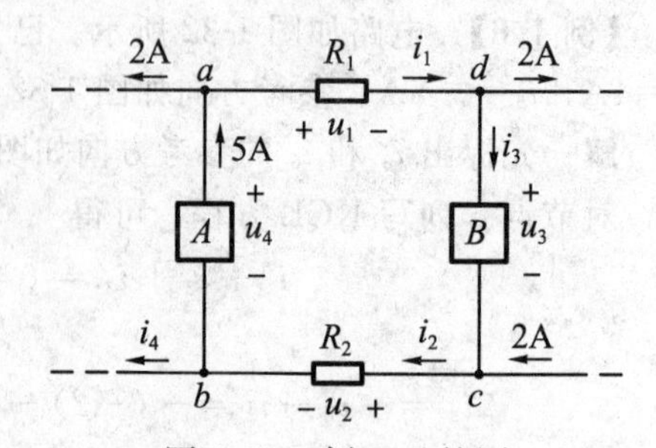

图 1-34 例 1.7 的图

解：根据 KCL，求电流：

对于节点 a　　　$5-2-i_1=0 \Rightarrow i_1=3\text{A}$

对于节点 d　　　$3-2-i_3=0 \Rightarrow i_3=1\text{A}$

对于节点 c　　　$1+2-i_2=0 \Rightarrow i_2=3\text{A}$

对于节点 b　　　$3-5-i_4=0 \Rightarrow i_4=-2\text{A}$

根据 KVL，按照 $adcba$ 绕回路一周，有

$$u_1+u_3+u_2-u_4=0 \Rightarrow u_4=u_1+u_3+u_2$$

而 $u_1=i_1R_1=6\text{V}$，$u_2=i_2R_2=12\text{V}$，于是

$$u_4=u_1+u_3+u_2=6+4+12=22\text{V}$$

根据 KVL 在任意两节点间电压的求解方法，可得

$$u_{ac}=u_1+u_3 \text{ 或 } u_{ac}=u_4-u_2, \quad \text{均可得 } u_{ac}=10\text{V}$$

A 元件的功率为 $p_A=-5\times22<0$，因此 A 元件为电源；

B 元件的功率为 $p_B=1\times4>0$，因此 B 元件为负载。

【例 1.8】 求图 1-35 所示电路中各元件的功率，并分析功率平衡关系。

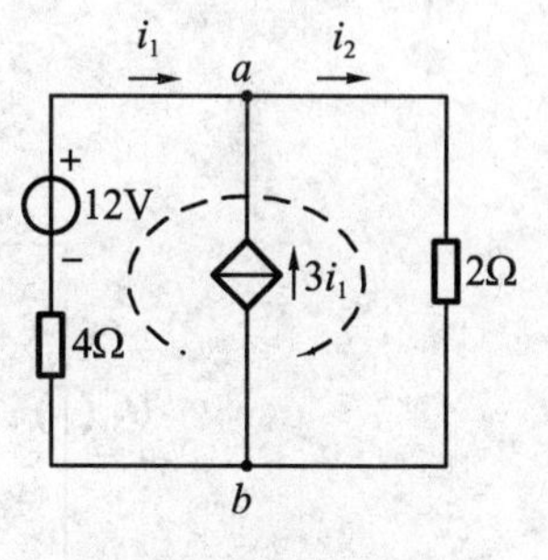

图 1-35　例 1.8 的图

解：求电流：

对于节点 a，有　　$i_1+3i_1-i_2=0$

即　　$i_2=4i_1$

对图 1-35 中绕行回路，有　$2i_2+4i_1-12=0$

可求得　　$i_1=1\text{A}$，$i_2=4\text{A}$

求功率：

12V 电压源的功率　　$p_1=-12i_1=-12\text{W}$（产生功率）

CCCS 的功率　　$p_2=-2i_2\times3i_1=-24\text{W}$（产生功率）

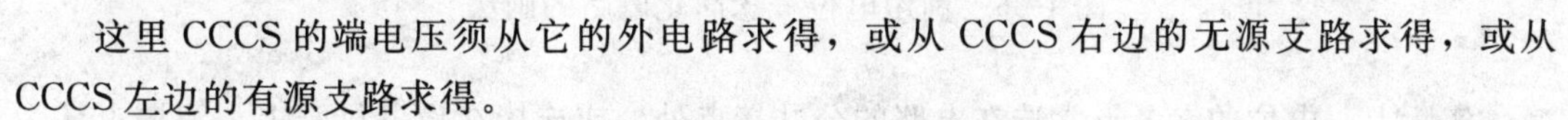

这里 CCCS 的端电压须从它的外电路求得，或从 CCCS 右边的无源支路求得，或从 CCCS 左边的有源支路求得。

4Ω 电阻的功率　　$P_3=4i_1^2=4\text{W}$（吸收功率）

2Ω 电阻的功率　　$P_4=2i_2^2=32\text{W}$（吸收功率）

可见，此电路中产生的功率和消耗的功率符合功率平衡关系。

1.8　电路中的电位及其计算

在电子电路中，常应用电位的概念简化电路图的画法，并用电位来分析电路中元件的工作状态。通过本节的学习，可为以后研究电子电路打下基础。

1.8.1　电位的概念

我们知道，电路中两点间的电压就是该两点间的电位差，即两点间的电位之差。那么，电路中某点的电位又如何确定呢？

当计算电路中各点的电位时，应首先在电路中任选一点作为电位参考点，用图符“⊥”表示，并规定参考点的电位为零，因此电位参考点又称零电位点。

定义：电路中任一点与参考点之间的电压即为该点的电位。电路中某一点 A 的电位，

用 u_A(或 U_A)表示。

利用电位的概念，如何简化电路图的画法呢？比如，在图 1-36a 所示的电路中，若选节点 b 为参考点，则在节点 b 以"⊥"标出，于是图 1-36a 可简化为图 1-36b，其中两个电源不再明显表示，而改为标出其电位的极性和数值。又比如，图 1-36c 可简化为图 1-36d，其中可不用标出参考点"⊥"。在电子电路中，常用这种习惯画法绘出线路图。

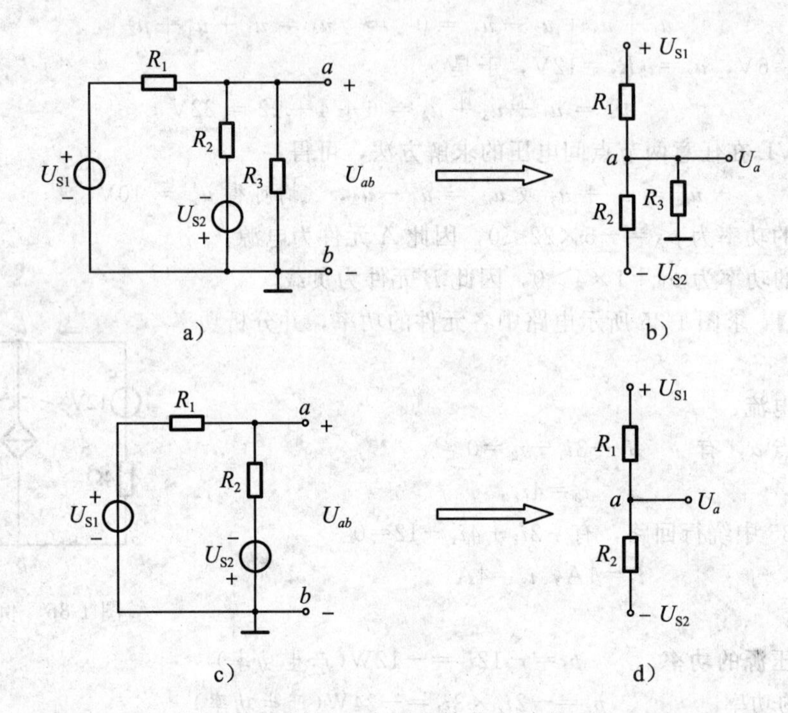

图 1-36　利用电位概念简化电路的画法

实际上，电位的参考点常选在电路的公共接点处，或连接在设备机壳上。习惯上认为大地的电位为零，如机壳需要保护接地，电路图中以"⏚"来表示，此时，凡与机壳相连的各点的电位均为零电位。若设备的机壳不与大地相连，则选其内部电路的公共端为参考点，以"⊥"来表示，此时，规定该点为零电位。

【例 1.9】 电路如图 1-37 所示，已知 $U_1=2\text{V}$，$U_2=4\text{V}$，$I_1=-0.2\text{A}$，$I_2=0.8\text{A}$，$I_3=0.6\text{A}$，$R_1=R_2=2\Omega$，$R_3=4\Omega$。分别选择 a、b 为参考点，求电路中其他各点的电位。

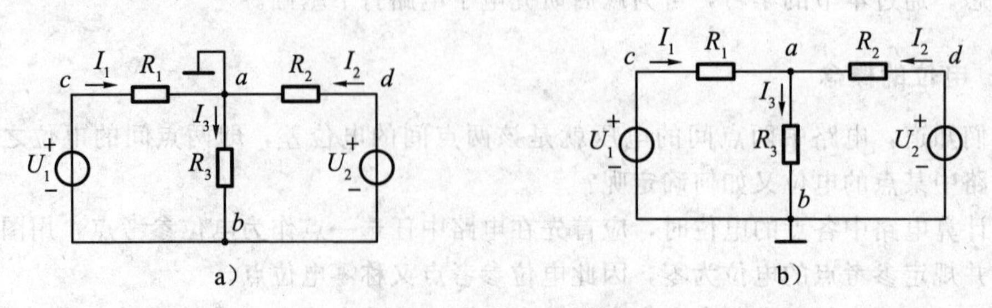

图 1-37　例 1.9 的图

解：1）选 a 为参考点，如图 1-37a 所示，则有

$$U_b = U_{ba} = -I_3R_3 = -0.6\times4 = -2.4\text{V}$$
$$U_c = U_{ca} = I_1R_1 = -0.2\times2 = -0.4\text{V}$$
$$U_d = U_{da} = I_2R_2 = 0.8\times2 = 1.6\text{V}$$

2）选 b 为参考点，如图 1-37b 所示，则有

$$U_a = U_{ab} = I_3R_3 = 0.6\times4 = 2.4\text{V}$$

或

$$U_a = U_{ac} + U_{cb} = -I_1R_1 + U_1 = -(-0.2)\times2+2 = 2.4\text{V}$$

或

$$U_a = U_{ad} + U_{db} = -I_2R_2 + U_2 = -(0.8)\times2+4 = 2.4\text{V}$$
$$U_c = U_{cb} = U_1 = 2\text{V}$$
$$U_d = U_{db} = U_2 = 4\text{V}$$

从本例题中可以看出：

1）求电路中某一点的电位，即求该点与参考点之间的电压。高于参考点的电位为正电位，取正值；低于参考点的电位为负电位，取负值。

2）参考点不同，电路中各点的电位随之改变。但任意两点之间的电位差（即电压）不变。在上例中，当选 a 为参考点时，$U_c=-0.4\text{V}$，$U_d=1.6\text{V}$，$U_{cd}=-0.4-1.6=-2\text{V}$；当选 b 为参考点时，$U_c=2\text{V}$，$U_d=4\text{V}$，$U_{cd}=2-4=-2\text{V}$。可见，电路中各点电位的高低是相对的，而两点间的电压值是绝对的。

在电子电路中，常以电位的形式标注于各个点上，这样，就可以方便地求出任意两点间的电压了。在对电路进行电压测量时，一般情况下，将仪器仪表的一个测试端接地（参考点），另一个测试端依次接触各被测点，测得各被测点与地之间的电压，即各点的电位。

1.8.2　电位的计算

当电路中以电位的形式标出后，可使运算过程简化。下面通过例题加以说明。

【例 1.10】　电路如图 1-38 所示，其中 $R_1=2\Omega$，$R_2=4\Omega$，已知 A、C 两点的电位值。求 B 点的电位。

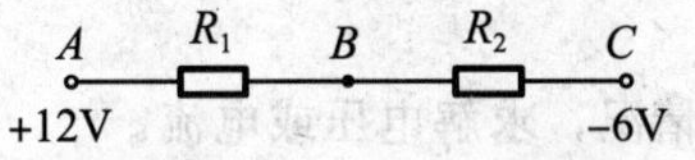

A　R1　B　R2　C
+12V　　　　-6V

图 1-38　例 1.10 的图

解：方法一，先求电流，再求电位。

AC 支路的电流
$$I_{AC} = \frac{U_A-U_C}{R_1+R_2} = \frac{12-(-6)}{2+4} = 3\text{A}$$

B 点的电位
$$I_{AC} = I_{AB} = \frac{U_A-U_B}{R_1}$$
$$U_B = U_A - I_{AC}R_1 = 12-3\times2 = 6\text{V}$$

或者
$$I_{AC} = I_{BC} = \frac{U_B-U_C}{R_2}$$
$$U_B = U_C + I_{AC}R_2 = -6+3\times4 = 6\text{V}$$

方法二，利用已知电位，求未知电位。

因为流过 R_1 和 R_2 的电流相等，所以有

$$\frac{U_A-U_B}{R_1}=\frac{U_B-U_C}{R_2}$$

代入数据，得
$$\frac{12-U_B}{2}=\frac{U_B-(-6)}{4}$$

解之，得
$$U_B=6\text{V}$$

【例 1.11】 电路如图 1-39 所示。要求：当开关 K 断开和闭合时，A 点电位分别为－2V 和 2V。试确定电阻 R_1 和 R_2 的值。

解：当 K 闭合时，$U_\text{B}=0$，$U_\text{A}=2\text{V}$，此时，流过 R_2 和 20kΩ 电阻的电流相等，据此，可得

$$\frac{12-U_A}{20\times10^3}=\frac{U_A-U_B}{R_2}$$

求得
$$R_2=\frac{U_A-U_B}{12-U_A}\times20\times10^3=4\times10^3\Omega=4\text{k}\Omega$$

当 K 断开时，$U_\text{A}=-2\text{V}$，此时，流过 R_1、R_2 和 20kΩ 电阻的电流相等，据此，可得

$$\frac{12-U_A}{20\times10^3}=\frac{U_A-(-9)}{R_1+R_2}$$

求得
$$R_1=\frac{U_A-(-9)}{12-U_A}\times20\times10^3-R_2=6\times10^3\Omega=6\text{k}\Omega$$

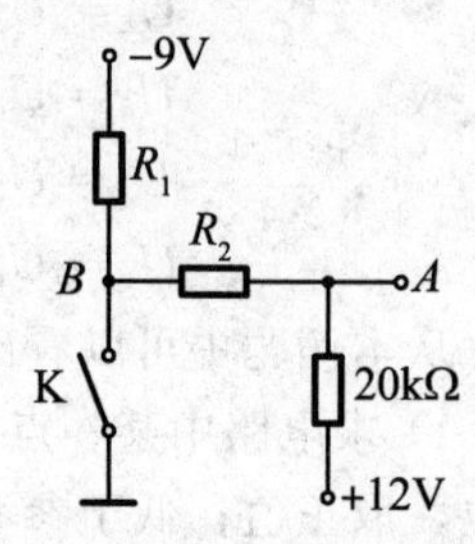

图 1-39　例 1.11 的图

习题

1-1　求图 1-40 中各元件吸收或产生的功率。

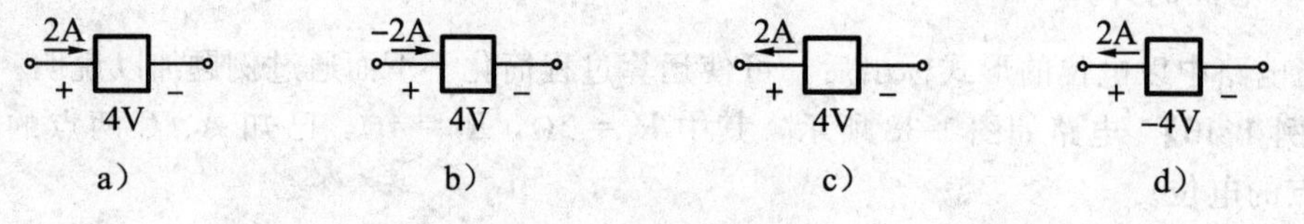

图 1-40　题 1-1 的图

1-2　根据图 1-41 中各元件的情况，求解电压或电流。

(1) 图 a 中元件吸收 10W 功率；　(2) 图 b 中元件产生 10W 功率；

(3) 图 c 中元件吸收 10W 功率；　(4) 图 d 中元件产生 10W 功率。

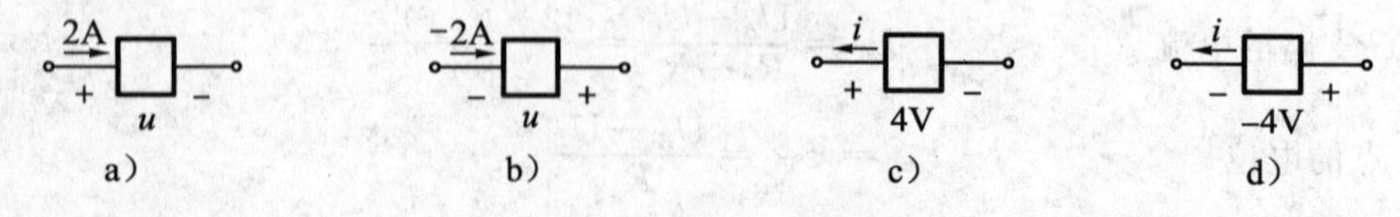

图 1-41　题 1-2 的图

1-3　电路如图 1-42 所示，其中标出了 A、B、C 三个元件上的电压和电流的参考方向，已知 $I_1=3\text{A}$，$I_2=-3\text{A}$，$I_3=-3\text{A}$，$U_1=50\text{V}$，$U_2=10\text{V}$，$U_3=-40\text{V}$。

(1) 试标出各元件电压、电流的实际方向；

(2) 计算各元件的功率，并指出各元件的性质(电源或负载)。

1-4　设电容元件的电压 u 和电流 i 为关联参考方向，u 的波形如图 1-43 所示，已知 $C=1\mu F$。试绘出 i 和该电容吸收功率 p 的波形，并计算该元件在 0～2s 期间所吸收的能量。

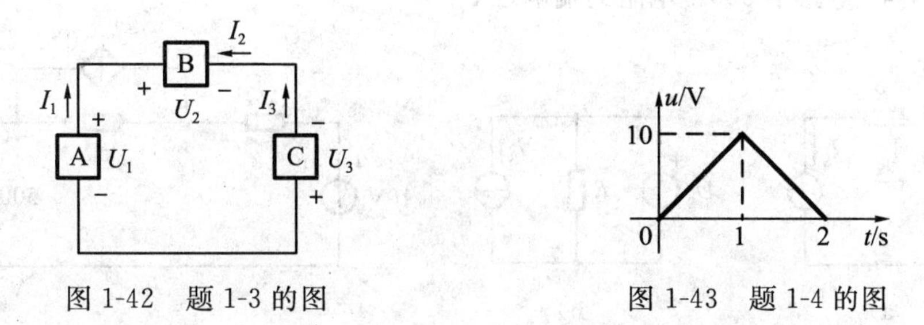

图 1-42　题 1-3 的图　　图 1-43　题 1-4 的图

1-5　设电容元件的电压 u 和电流 i 为关联参考方向，i 的波形如图 1-44 所示，已知 $C=10\mu F$，$u_C(0)=0$。试绘出 u 的波形。

1-6　设电容元件的电压 u 和电流 i 为关联参考方向，i 随时间按正弦规律变化，即 $i=I_m\sin\omega t$，式中，$I_m=1A$，$\omega=2\pi f$，这里 $f=1kHz$。已知 $C=100\mu F$，$u_C(0)=0$。试绘出 i 和 u 的波形。

1-7　设电感元件的电压 u 和电流 i 为关联参考方向，u 的波形如图 1-45 所示，已知 $L=1mH$，$i_L(0)=0$。试求 $t=1s$、2s 和 4s 时 i 的值。

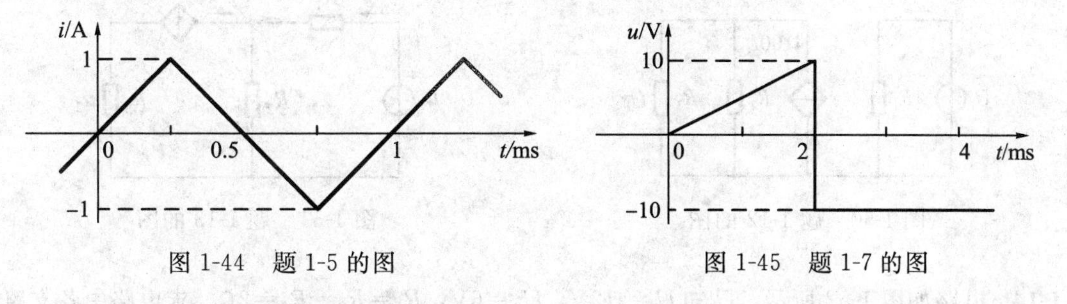

图 1-44　题 1-5 的图　　图 1-45　题 1-7 的图

1-8　求图 1-46 所示电路中的电压 U_{ab} 和 U_{bc}。

1-9　估算图 1-47 电路中的电流 I。

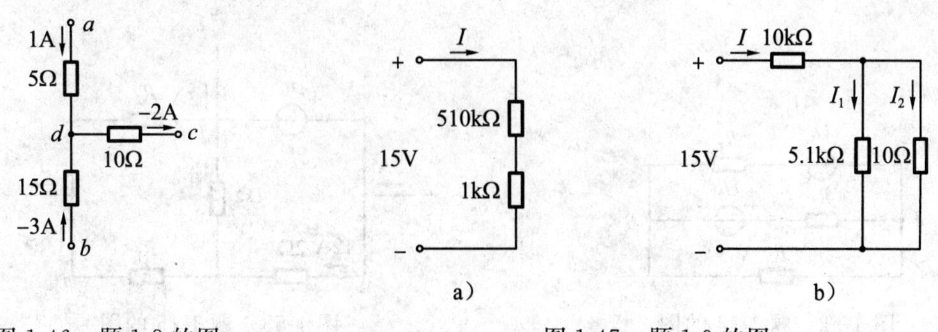

图 1-46　题 1-8 的图　　图 1-47　题 1-9 的图

1-10　电路如图 1-48 所示，已知 $U_S=3V$，$I_S=4A$，$R=5\Omega$。试求：

(1) 通过理想电压源的电流和理想电流源的端电压，以及两个理想电源的功率，并

说明它们的性质(电源或负载);

(2) 电阻 R 的端电压 U 及 R 中的电流 I;

(3) 分析电路的功率平衡关系。

1-11 求图 1-49 电路中 500Ω 电阻的端电压 U。

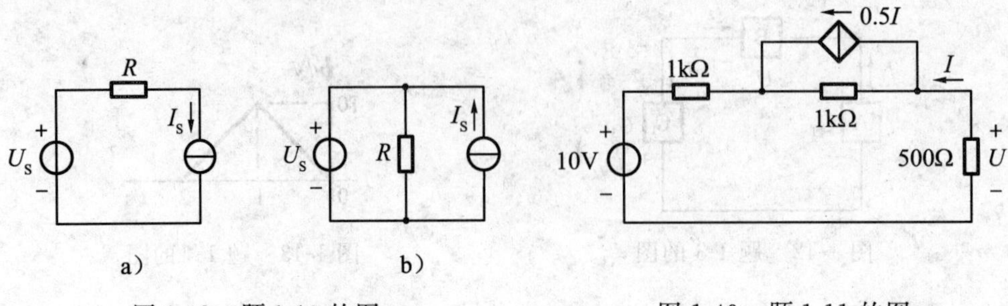

图 1-48 题 1-10 的图　　图 1-49 题 1-11 的图

1-12 图 1-50 给出了共发射极晶体管放大器的电路模型。已知 $U_i = 10\text{mV}$,$R_1 = 1\text{k}\Omega$,$R_2 = R_3 = 10\text{k}\Omega$,求输出电压 U_o。

1-13 图 1-51 给出了带负反馈的共发射极晶体管放大器的电路模型。已知 u_1、R_1、R_2、R_3 和 β。求输出电压 u_2。

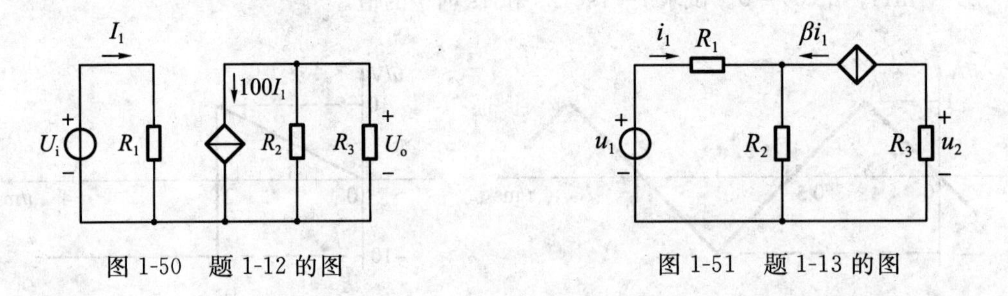

图 1-50 题 1-12 的图　　图 1-51 题 1-13 的图

1-14 电路如图 1-52 所示,已知 $U_1 = 12\text{V}$,$U_2 = 6\text{V}$,$R_1 = R_2 = R_3 = 2\Omega$。求电路中各支路电流。

1-15 求图 1-53 所示电路中的 u_s 和 i。

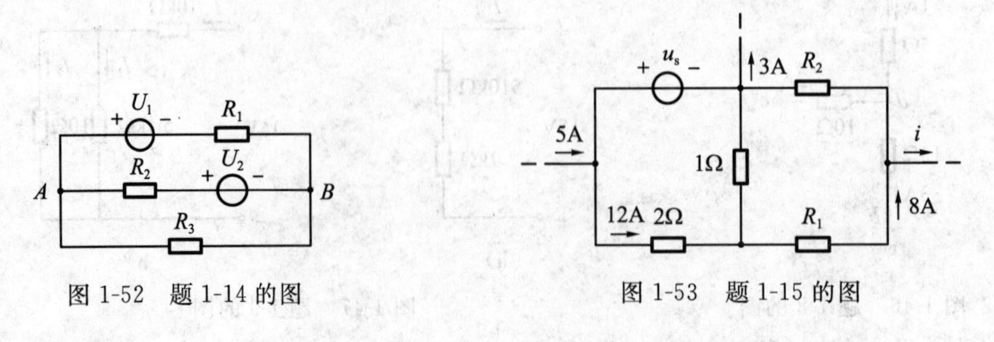

图 1-52 题 1-14 的图　　图 1-53 题 1-15 的图

1-16 电路如图 1-54 所示,试求 u_1、u_2、i_1 和 i_2,判断元件 X 的性质。

1-17 求图 1-55 所示电路中的 i。

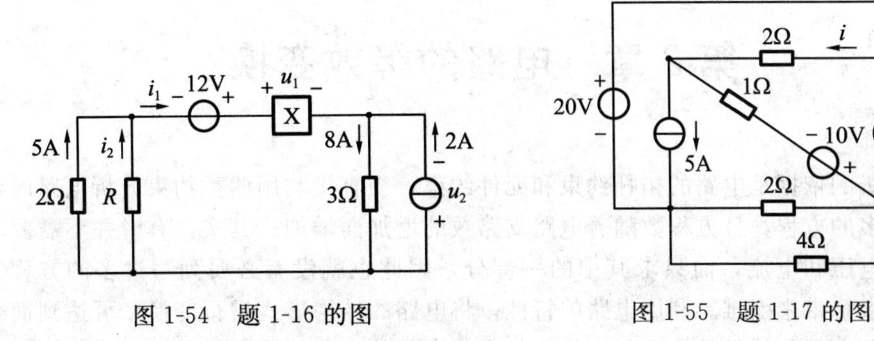

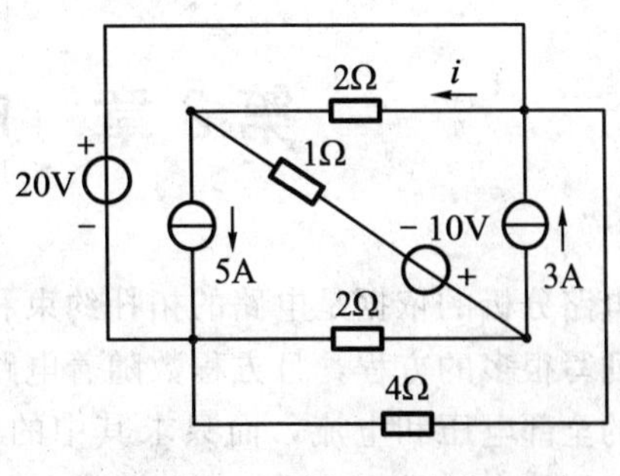

图 1-54　题 1-16 的图　　图 1-55　题 1-17 的图

1-18　求图 1-56 所示电路中的 i。

1-19　如图 1-57 所示，求电路中 A、B、C 各点的电位。

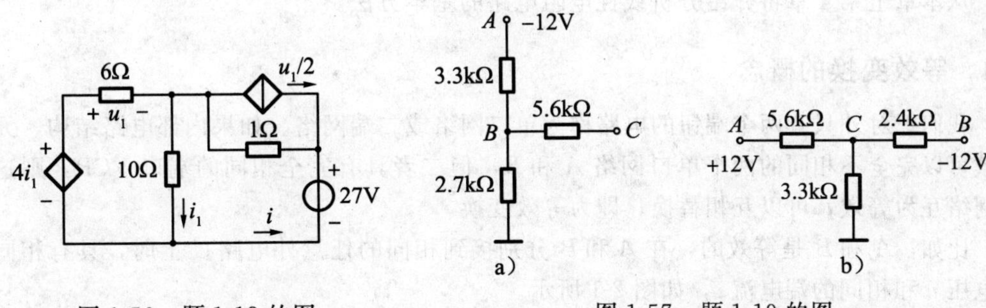

图 1-56　题 1-18 的图　　图 1-57　题 1-19 的图

1-20　设计一个简易电阻电路，要求：当开关 K 断开或闭合时，输出电压在－1～＋1V 之间跳动。

1-21　设计一个简易电阻电路，要求：当输入电压在 0～5V 之间连续变化时，输出电压在 2～6V 之间连续变化。

第2章　电路的等效变换

电路分析的依据是电路的拓扑约束和元件约束，当直接利用两类约束分析电路时，会需要列写很多的方程，且方程数随着电路支路数的增加而增加。其实，有时并不需要求出电路的全部电压和电流，而只求其中的一部分，因此也就没有必要列写过多的方程，否则，反倒给求解带来困难。利用电路的特性，将电路的结构形式进行变换，可达到简化电路、减少求解方程数的目的。比如，将不包含待求量的电路部分进行变换，可使原电路简化，避免列写不必要的方程，更利于求解。本章介绍的电路等效变换就是简化电路的一种方法，这在分析电路时尤为重要。

从本章至第4章将介绍分析线性电阻电路的基本方法。

2.1　等效变换的概念

我们把对外只有两个端钮的电路称为单口网络或二端网络。如果内部电路结构、元件参数可以完全不相同的两个单口网络 A 和 B，但二者具有完全相同的端口 VCR，则这两个网络互为等效，可以互相替换，即为等效变换。

比如，A 和 B 是等效的，在 A 和 B 分别接到相同的任意外电路 C 上时，具有相同的端电压 u 和相同的端电流 i，如图 2-1 所示。

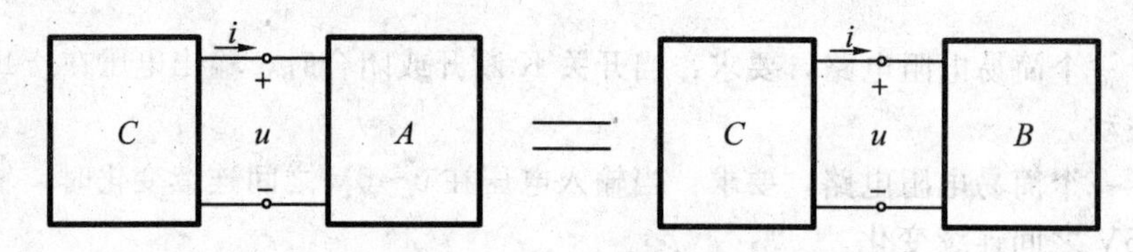

图 2-1　A、B 电路等效

特别说明：

1）等效是指对任意的外电路等效，而不是指对某一特定的外电路等效；

2）等效的两个单口网络可以具有完全不同的结构，但对任意外电路来说，它们却具有完全相同的端电压和相同的端电流，即要求两个网络的 VCR 完全相同。

由此可见，利用等效的概念，可以用一个结构简单的单口网络替换一个结构复杂的单口网，从而简化电路的计算。而求一个单口网络的等效电路，实质上就是求该网络的 VCR。

2.2　单口网络的 VCR

我们知道，一个元件的 VCR 是由这个元件本身性质所决定的，与外接电路无关。同样，一个单口网络的 VCR 也是由这个单口网络本身性质所决定的，与外接电路也无关。因此，可以选择最简单的外接电路来求解其 VCR。比如，选择外接电路为电压源或电流源，这就是求单口网络 VCR 常用的两种基本方法，即外加电压源求电流法简称“加压求流法”和外加电流源求电压法简称“加流求压法”。这也是在实验中确定电路 VCR 的方法。

【例 2.1】 试求图 2-2a 所示单口网络的 VCR，并画出该网络的最简等效电路。

解： 采用加压求流法。显然，所加电压源的电压即为单口网络的端口 U，所求的电流即为该网络的端口电流 I。根据 KCL，可列写节点电流方程

$$I=\frac{12-U}{3}-\frac{U}{6}$$

整理，可得

$$U=8-2I$$

这就是在图 2-2 中所设 U、I 参考方向下的单口网络的 VCR。

根据该网络的 VCR，可画出由两个元件组成的最简等效电路形式之一，如图 2-2b 所示。还可以将该网络的 VCR 变形为

$$I=4-\frac{U}{2}$$

据此可画出另一个由两个元件组成的最简等效电路，如图 2-2c 所示。

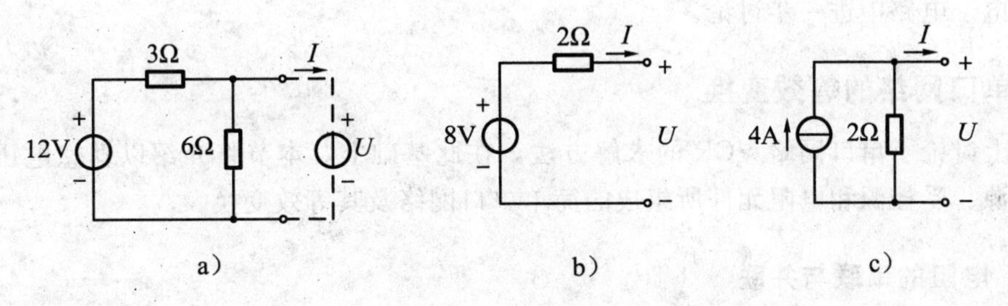

图 2-2　例 2.1 的图

【例 2.2】 试求图 2-3a 所示单口网络的 VCR，并画出该网络的最简等效电路。

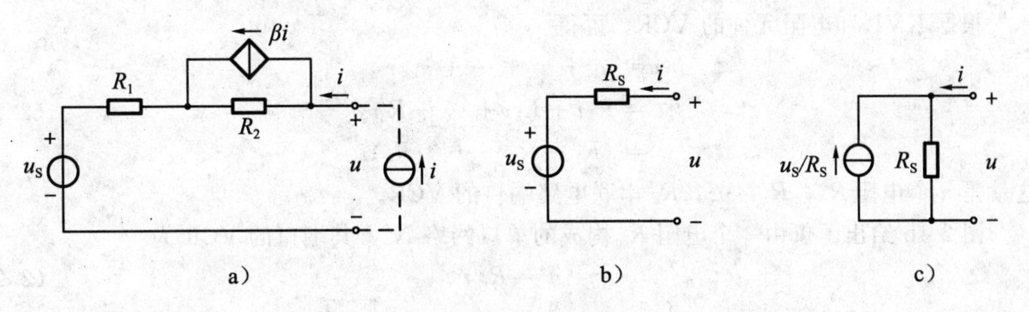

图 2-3　例 2.2 的图

解： 采用加流求压法。根据图 2-3a 中所示，直接列写 u 的表达式

$$u=(i-\beta i)R_2+iR_1+u_S=u_S+[R_1+(1-\beta)R_2]i=u_S+R_Si$$

或者表示为

$$i=\frac{u}{R_S}-\frac{u_S}{R_S}$$

这就是所求单口网络的 VCR，式中 $R_S=R_1+(1-\beta)R_2$。据此可画出该网络的两种最简等效电路如图 2-3b 和 c 所示。

从上述例题中可以看出，例 2.1 讨论的是独立源与电阻元件组成的单口网络，例 2.2 则是独立源、受控源与电阻元件组成的单口网络，它们均可等效为理想电压源与电阻元件的串联或理想电流源与电阻元件的并联，第 4 章还会涉及这个问题。

从例 2.2 中还可以看出，如果令其中的独立源 u_S 为零，即，图 2-3a 变为一个只含受控源和电阻元件的单口网络，此时其 VCR 为

$$u=[R_1+(1-\beta)R_2]i=R_S i$$

表明一个只含受控源和电阻元件的单口网络可以等效为一个电阻 R_S，这与一个只含电阻元件的单口网络是一样的。

对于只含受控源和电阻元件，或只含电阻元件的单口网络，定义其端口电压与端口电流的比值为该网络的输入电阻。这可以用求该网络 VCR 的方法来求得其输入电阻。比如，上述只含受控源和电阻元件的单口网络，其输入电阻可表示为

$$R_i=\frac{u}{i}=R_1+(1-\beta)R_2$$

特别说明，当电路中含受控源时，其等效电阻可能为正值、负值或零。有关负电阻及其应用将在电子电路中进一步讨论。

2.3 单口网络的等效变换

以上讨论了单口网络 VCR 的求解方法，在此基础上，本节将介绍以理想电压源、理想电流源、受控源和电阻元件所组成的简单单口网络及其等效变换。

2.3.1 电阻的串联与并联

1. 电阻的串联

图 2-4a 给出了由 n 个电阻 R_1，R_2，…，R_n 串联组成的单口网络 N。采用加压求流法，即可求得 N 的 VCR。

根据 KVL 和电阻元件的 VCR，可得

$$\begin{aligned}u&=u_1+u_2+\cdots+u_n\\&=R_1 i+R_2 i+\cdots+R_n i\\&=(R_1+R_2+\cdots+R_n)i\end{aligned}\tag{2.1}$$

这就是 n 个电阻 R_1，R_2，…，R_n 串联电路端口的 VCR。

图 2-4b 给出了仅由一个电阻 R_{eq} 构成的单口网络 N'，其端口的 VCR 为

$$u=R_{eq}i\tag{2.2}$$

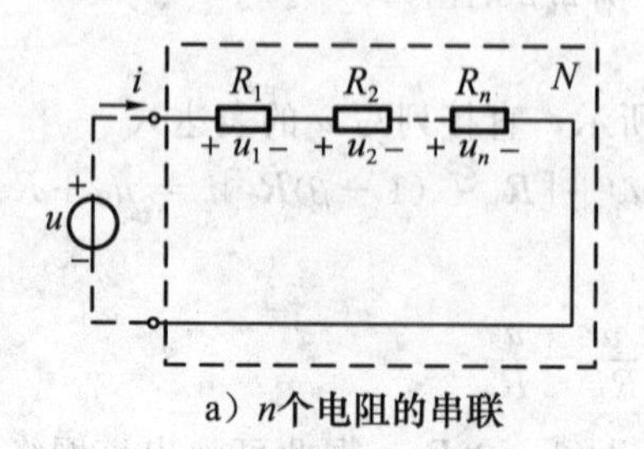

a) n个电阻的串联

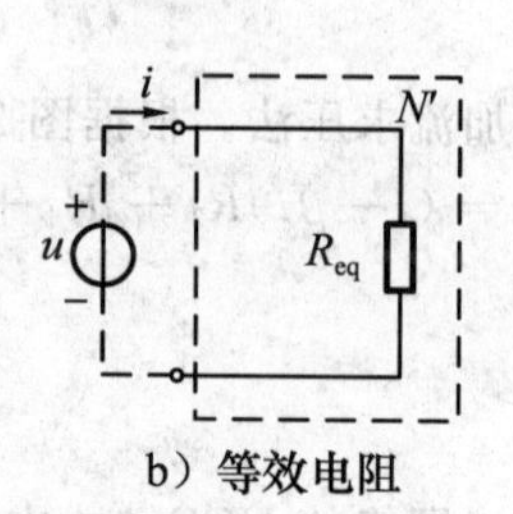

b) 等效电阻

图 2-4 电阻的串联及其等效电阻

如果

$$R_{\mathrm{eq}} = R_1 + R_2 + \cdots + R_n = \sum_{k=1}^{n} R_k \tag{2.3}$$

则 N 和 N' 的端口 VCR 完全相同，即二者是等效的。也就是说，用 R_{eq} 替换 n 个串联电阻，对其任意外电路来说，都具有相同的端电压和相同的端电流。

式(2.3)就是人们熟知的串联电阻的等效电阻公式，它表明 R_{eq} 大于 R_1，R_2，…，R_n 中任意一个电阻，即电阻串联的越多，其等效电阻值越大。

利用式(2.2)，可求得电阻串联时各个电阻上的端电压

$$u_k = R_k i = \frac{R_k}{R_{\mathrm{eq}}} u = \frac{R_k}{\sum\limits_{k=1}^{n} R_k} u \quad (k = 1, 2, \cdots, n) \tag{2.4}$$

表明每个串联电阻的端电压 u_k 是按照其阻值 R_k 与等效电阻 R_{eq} 的比值来分配总电压 u 的，且与其电阻值 R_k 成正比。可见，利用电阻串联可实现电压的分压，式(2.4)称为分压公式。

2. 电阻的并联

图 2-5a 给出了由 n 个电导 G_1，G_2，…，G_n 并联组成的单口网络 N(电阻并联以电导形式易于分析)。采用加压求流法，即可求得 N 的 VCR。

根据 KCL 和电阻元件的 VCR，可得

$$\begin{aligned} i &= i_1 + i_2 + \cdots + i_n \\ &= G_1 u + G_2 u + \cdots + G_n u \\ &= (G_1 + G_2 + \cdots + G_n) u \end{aligned} \tag{2.5}$$

这就是 n 个电导 G_1，G_2，…，G_n 并联电路端口的 VCR。

图 2-5b 给出了仅由一个电导 G_{eq} 构成的单口网络 N'，其端口的 VCR 为

$$i = G_{\mathrm{eq}} u \tag{2.6}$$

如果

$$G_{\mathrm{eq}} = G_1 + G_2 + \cdots + G_n = \sum_{k=1}^{n} G_k \tag{2.7}$$

则 N 和 N' 的端口 VCR 完全相同，即二者是等效的。也就是说，用 G_{eq} 替换 n 个并联电导，对其任意外电路来说，都具有相同的端电压和相同的端电流。

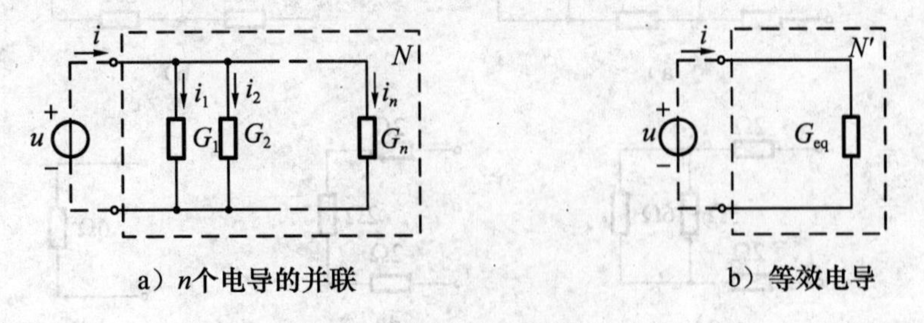

图 2-5　电导的并联及其等效电导

式(2.7)就是人们熟知的并联电导的等效电导公式，它表明 G_{eq} 大于 G_1，G_2，…，G_n 中任意一个电导，即电导并联的越多，其等效电导值越大，相应的等效电阻越小。

与 n 个电导并联的等效电导 G_{eq} 相应的等效电阻 R_{eq} 为

$$R_{eq}=\frac{1}{G_{eq}}=\frac{1}{\sum_{k=1}^{n}G_k}=\frac{1}{\sum_{k=1}^{n}\frac{1}{R_k}} \tag{2.8a}$$

或

$$\frac{1}{R_{eq}}=\sum_{k=1}^{n}\frac{1}{R_k} \tag{2.8b}$$

利用式(2.6)，可求得电导并联时各个电导上的电流

$$i_k=G_k u=\frac{G_k}{G_{eq}}i=\frac{G_k}{\sum_{k=1}^{n}G_k}i \quad (k=1,2,\cdots,n) \tag{2.9}$$

表明每个并联电导的电流 i_k 是按照其电导值 G_k 与等效电导 G_{eq} 的比值来分配总电流 i 的，且与其电导值 G_k 成正比。可见，利用电导并联可实现电流的分流，式(2.9)称为分流公式。

需要说明，以上我们利用求单口网络 VCR 的方法讨论了电阻串联和并联的等效问题，当然，这是基于等效变换定义的，以下的小节仍以类似的方法讨论问题。但在实际问题中，我们可以直接使用由此得出的一些结论和公式，而不必每次重复这个分析过程，这样对解决问题更方便、快捷。

电阻的串联和并联只是众多电阻性单口网络中最简单的结构形式，更多的结构形式是既有串联又有并联，即电阻的串并联，或称电阻的混联。显然，电阻混联的单口网络可等效为一个电阻。简化混联电路的方法是先将电路的串联部分和并联部分单独进行等效简化，然后再对简化后的电路继续进行电阻串联和并联的单独等效简化，如此下去，直到简化为一个等效电阻为止。

【例 2.3】 求图 2-6a 所示电路的等效电阻 R_{eq}。

解：可以看出，这是一个电阻混联电路，根据上述方法，先将图 2-6a 中 3Ω 和 6Ω 的并联简化为 2Ω，如图 2-6b 所示，其中，三个 2Ω 的串联又简化为 6Ω，如图 2-6c 所示，如此下去，最后得到一个等效电阻为 6Ω，如图 2-6e 所示。

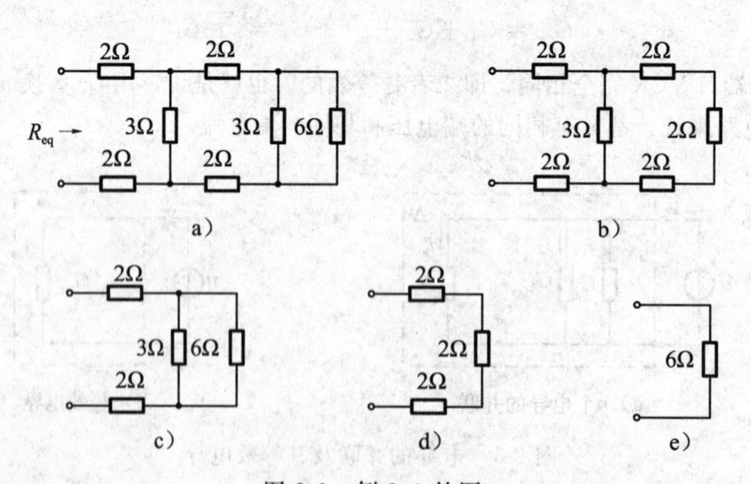

图 2-6 例 2.3 的图

【例 2.4】 如图 2-7a 所示，这是一个无限电阻单口网络，其中各电阻的阻值均为 R。试求 A、B 之间的等效电阻 R_{eq}。

解：因为该网络是无限的，所以 AB 之间的等效电阻 $R_{eq}=R_{AB}$ 与从 CD 向右看入的等效电阻 R_{CD} 相等，即 $R_{eq}=R_{AB}=R_{CD}$。于是，原网络可简化为图 2-7b 所示形式。

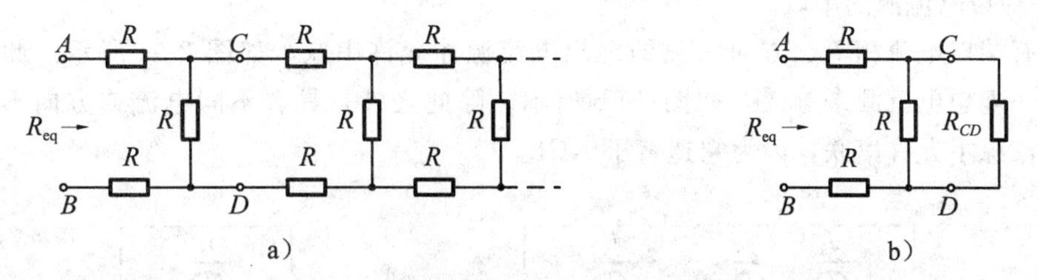

图 2-7　例 2.4 的图

据此可得到以下关系

$$R_{eq}=2R+R\,/\!/\,R_{eq}=2R+\frac{RR_{eq}}{R+R_{eq}}$$

整理，得到关于 R_{eq} 的一元二次方程

$$R_{eq}^2-2RR_{eq}-2R^2=0$$

解之，并取正根，得到 AB 之间的等效电阻

$$R_{eq}=(1+\sqrt{3})R$$

2.3.2　理想电源的串联与并联

1. 理想电源的串联

1）理想电压源的串联

n 个理想电压源串联的单口网络 N 如图 2-8a 所示，在任何外电路 X 的情况下，均可求得 N 的 VCR。

根据 KVL，有

$$u=u_{S1}+u_{S2}+\cdots+u_{Sn}=\sum_{k=1}^{n}u_{Sk}\quad \text{对所有电流 } i \tag{2.10}$$

这就是 n 个理想电压源串联电路端口的 VCR。

图 2-8b 给出了仅有一个理想电压源构成的单口网络 N'，其端口 VCR 为

$$u=u_S\quad \text{对所有电流 } i \tag{2.11}$$

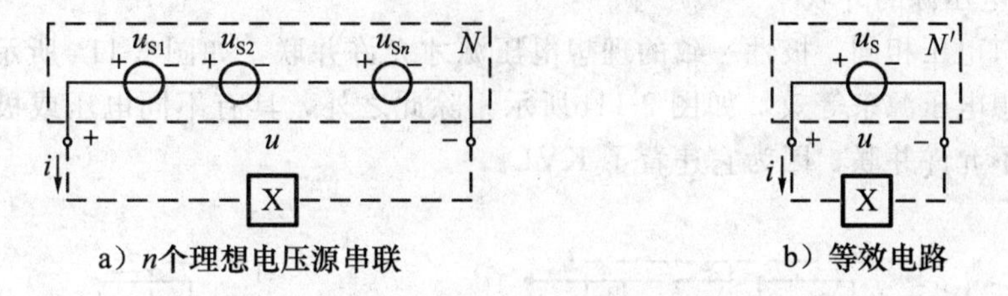

a）n个理想电压源串联　　b）等效电路

图 2-8　理想电压源的串联及其等效变换

如果

$$u_S=u_{S1}+u_{S2}+\cdots+u_{Sn}=\sum_{k=1}^{n}u_{Sk} \tag{2.12}$$

则 N 和 N' 的端口 VCR 完全相同，即二者是等效的，表明等效理想电压源的电压 u_S 等于 n 个串联的理想电压源电压的代数和。

2）理想电流源的串联

只有端口电流相等、方向一致的理想电流源才允许串联，如图 2-9a 所示。此时可用其中任一理想电流源来等效，如图 2-9b 所示。除此之外，具有不同电流或方向不一致的理想电流源不允许串联，因为它违背了 KCL。

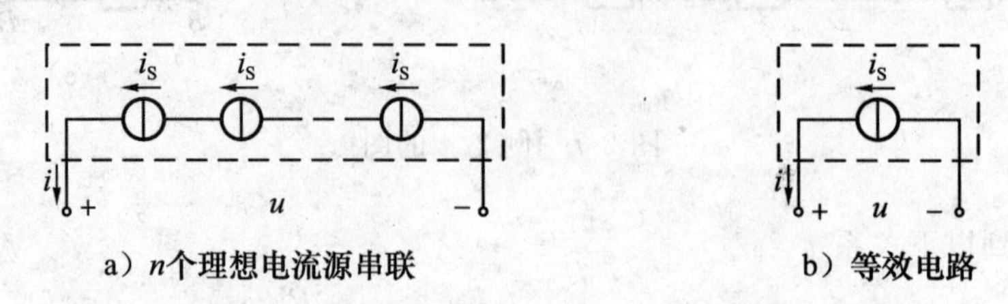

图 2-9　理想电流源的串联及其等效变换

3）理想电压源和理想电流源的串联

理想电压源和理想电流源的串联如图 2-10a所示。

根据 KCL，有

$$i = i_S \quad \text{对所有电压 } u \tag{2.13}$$

表明图 2-10a 所示电路可用图 2-10b 所示的一个电流为 i_S 的理想电流源来等效。

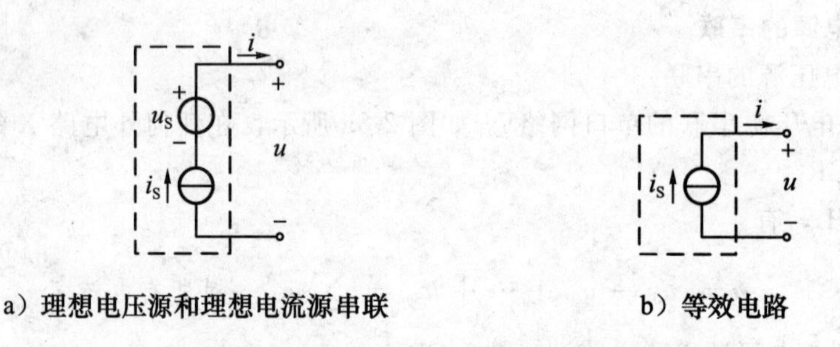

图 2-10　理想电压源和理想电流源串联及其等效变换

2. 理想电源的并联

1）理想电压源的并联

只有端口电压相同、极性一致的理想电压源才允许并联，如图 2-11a 所示。此时可用其中任一理想电压源来等效，如图 2-11b所示。除此之外，具有不同电压或极性不一致的理想电压源不允许并联，因为它违背了 KVL。

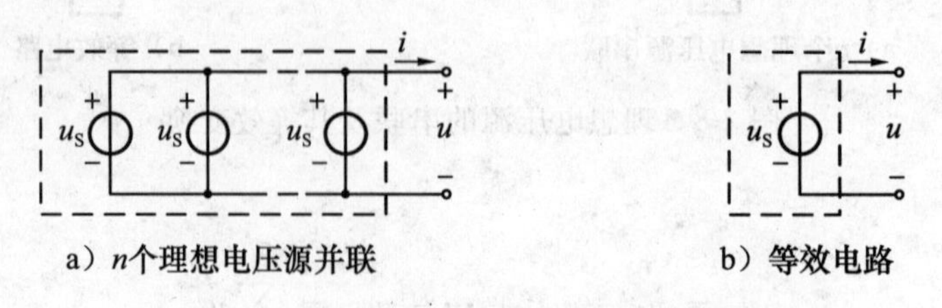

图 2-11　理想电压源的并联及其等效变换

2）理想电流源的并联

n 个理想电流源并联的单口网络如图 2-12a 所示。

根据 KCL，有

$$i = i_{S1} + i_{S2} + \cdots + i_{Sn} = \sum_{k=1}^{n} i_{Sk} \quad \text{对所有电压 } u \tag{2.14}$$

n 个并联的理想电流源等效为一个理想电流源，如图 2-11b 所示，其值为

$$i_S = i_{S1} + i_{S2} + \cdots + i_{Sn} = \sum_{k=1}^{n} i_{Sk} \quad \text{对所有电压 } u \tag{2.15}$$

即等效理想电流源的电流 i_S 等于 n 个并联的理想电流源电流的代数和。

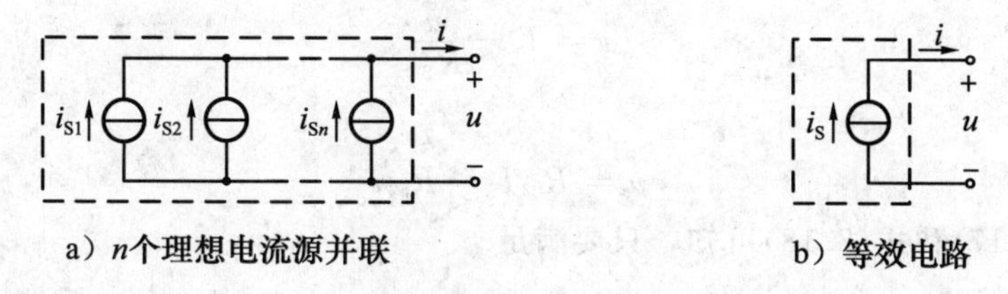

图 2-12　理想电流源的并联及其等效变换

3）理想电压源和理想电流源的并联

理想电压源和理想电流源的并联如图 2-13a 所示。

根据 KVL，有

$$u = u_S \quad \text{对所有电流 } i \tag{2.16}$$

表明图 2-13a 所示电路可用图 2-13b 所示的一个电压为 u_S 的理想电压源来等效。

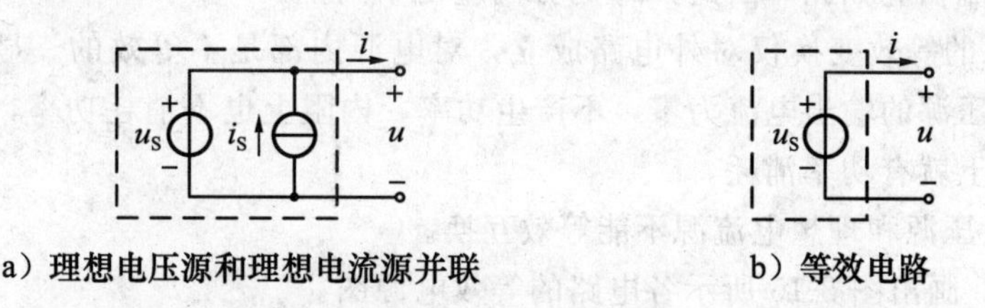

图 2-13　理想电压源和理想电流源并联及其等效变换

2.3.3　实际电压源与实际电流源的等效变换

以上仅讨论了电阻串并联和理想电源串并联的等效变换问题，当一个理想电压源与一个电阻串联或一个理想电流源与一个电阻并联时，就是曾经在 1.5 节中介绍的实际电压源或实际电流源的模型。现重画于图 2-14a 和 b。

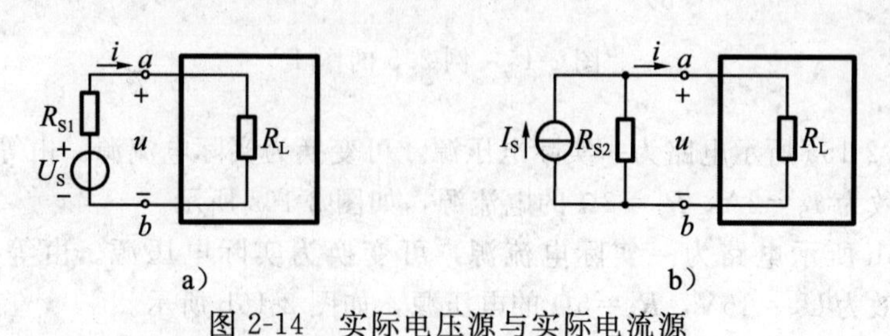

图 2-14　实际电压源与实际电流源

我们说，如果一个实际电压源与一个实际电流源的外特性相同，则对任意外电路它们都是等效的。具有等效条件的电源互为等效电源，在电路分析中，利用等效电源间的互换可使问题简化。

根据图 2-14a，可得实际电压源的外特性方程(见式(1.31))为

$$u = U_S - R_{S1} i \tag{2.17a}$$

或

$$i = \frac{U_S}{R_{S1}} - \frac{u}{R_{S1}} \tag{2.17b}$$

根据图 2-14b，可得实际电流源的外特性方程(见式(1.32))为

$$i = I_S - \frac{u}{R_{S2}} \tag{2.18a}$$

或

$$u = R_{S2} I_S - R_{S2} i \tag{2.18b}$$

比较式(2.17)和式(2.18)可知，只要满足

$$I_S = \frac{U_S}{R_{S1}}(\text{或 } U_S = R_{S1} I_S) \text{ 和 } R_{S1} = R_{S2} \tag{2.19}$$

两种源的外特性方程就完全相同，即它们的端口 VCR 相同，亦即两个模型对外等效，式(2.19)即为两种源的等效变换条件。

当两种源等效变换时需注意以下几点：

1) 两种源的参考方向在变换前后应保持对外电路是等效的。比如，图 2-14a 中 U_S 的极性为上正下负，对外电路来说，电流 i 由 a 流出经负载后由 b 流入。变换后的电流源在外电路中的电流仍应如此。因此，I_S 的方向应由下向上。

2) 两种源的等效变换仅对外电路成立，对电源内部是不等效的。显然，当外电路开路时，实际电压源的输出电流为零，不产生功率，内阻上也不消耗功率，而实际电流源则不然，其内阻上就有功率消耗。

3) 理想电压源和理想电流源不能等效互换。

【例 2.5】 画出图 2-15 所示各电路的等效电源图。

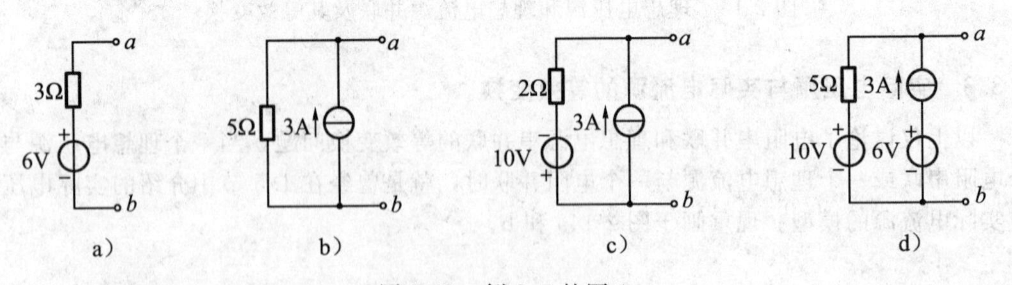

图 2-15 例 2.5 的图 1

解： 1) 图 2-15a 所示电路为一实际电压源，可变换为实际电流源。由等效变换条件式(2.19)，可等效为 $I_S = 2\text{A}$，$R_S = 3\Omega$ 的电流源，如图 2-16a 所示。

2) 图 2-15b 所示电路为一实际电流源，可变换为实际电压源。由等效变换条件式(2.19)，可等效为 $U_S = 15\text{V}$，$R_S = 5\Omega$ 的电压源，如图 2-16b 所示。

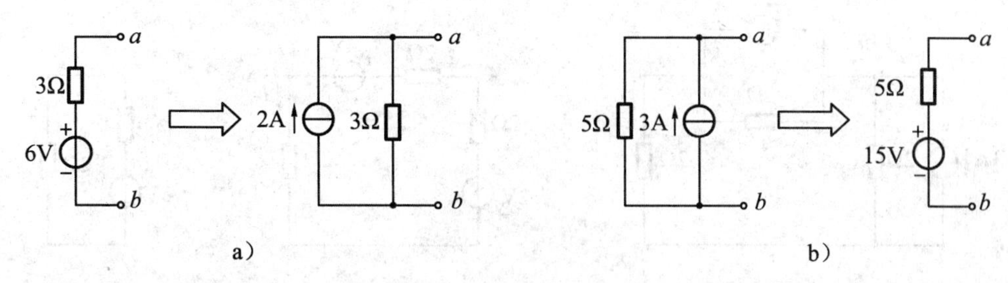

图 2-16　例 2.5 的图 2

3）先将图 2-15c 中的实际电压源变换为实际电流源，再与 3A 理想电流源并联等效为一个实际电流源，或者再变换为实际电压源，如图 2-17 所示。

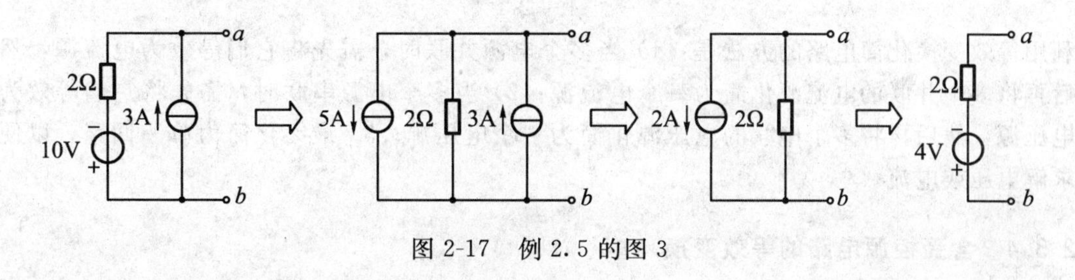

图 2-17　例 2.5 的图 3

4）图 2-15d 的变换过程如图 2-18 所示。

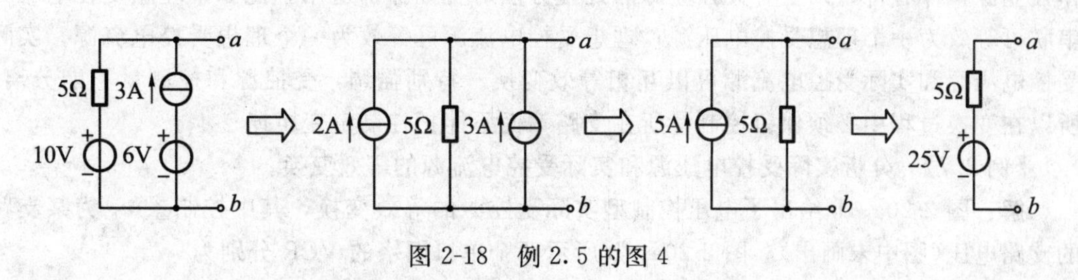

图 2-18　例 2.5 的图 4

【例 2.6】　求图 2-19a 所示电路中的 I。

解：将图 2-19a 所示电路经过图 2-19b 到图 2-19e 的等效变换，得到一个单一回路，由此可得

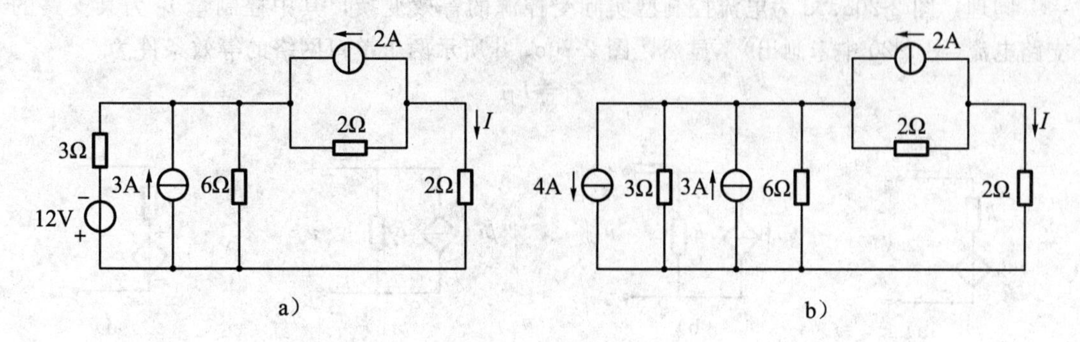

图 2-19　例 2.6 的图

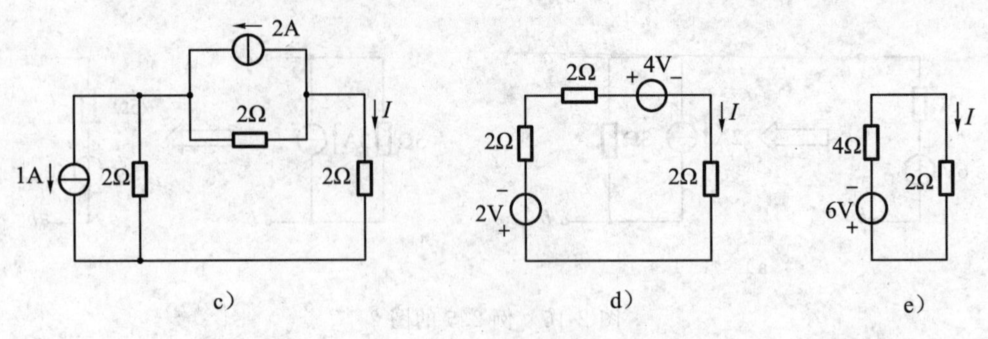

图 2-19 （续）

$$I=-\frac{6}{4+2}=-1\text{A}$$

利用等效变换化简电路的方法是：1）当多个电源并联时，需先将它们等效为电流源，然后再将多个并联的电流源化简为一个电流源；2）当多个电源串联时，需先将它们等效为电压源，然后再将多个串联的电压源化简为一个电压源；3）最终化简为单一回路，以便求解电压或电流。

2.3.4 含受控源电路的等效变换

求解含受控源电路时需注意的是：在列写电路方程和进行等效变换时，可将受控源当作独立源一样看待，以上有关独立源的处理方法对受控源都适用。比如，理想受控电压源串联可等效为一个理想受控电压源；理想受控电流源可等效为一个理想受控电流源；实际受控电压源和实际受控电流源可以互相等效变换。特别强调，受控源和控制量不能分离，所以在变换过程中必须保留控制量所在支路，而不能把控制量变换掉。

【例 2.7】 分析实际受控电压源和实际受控电流源的等效变换。

解： 图 2-20a、b 给出了电压控制型实际受控源的等效变换，其中控制量 u_1 为某支路的支路电压(图中未画出)。图 2-20a、b 所示两个单口网络的 VCR 分别为

$$u=Ri+\mu u_1 \quad 和 \quad u=Ri+Rgu_1$$

如果

$$\mu=Rg$$

则二网络互为等效。$\mu=Rg$ 为它们的等效条件。

同理，图 2-20c、d 为电流控制型实际受控源的等效变换，其中控制量 i_1 为某支路的支路电流(图 2-20 中未画出)。显然，图 2-20c、d 所示两个单口网络的等效条件为

$$r=R\beta$$

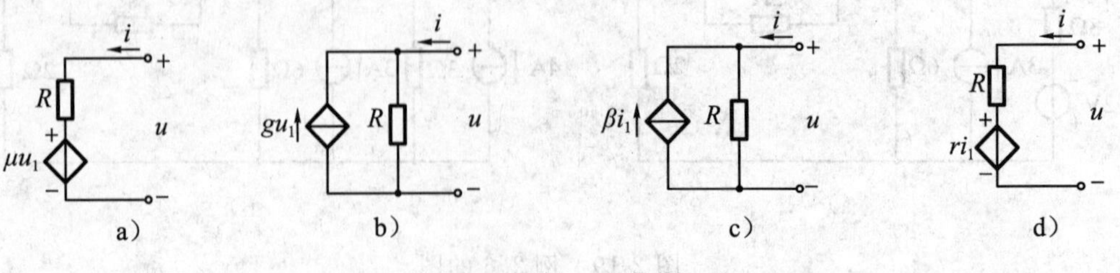

a)　b)　c)　d)

图 2-20 例 2.7 的图

【例 2.8】 求图 2-21a 所示电路中的 u。

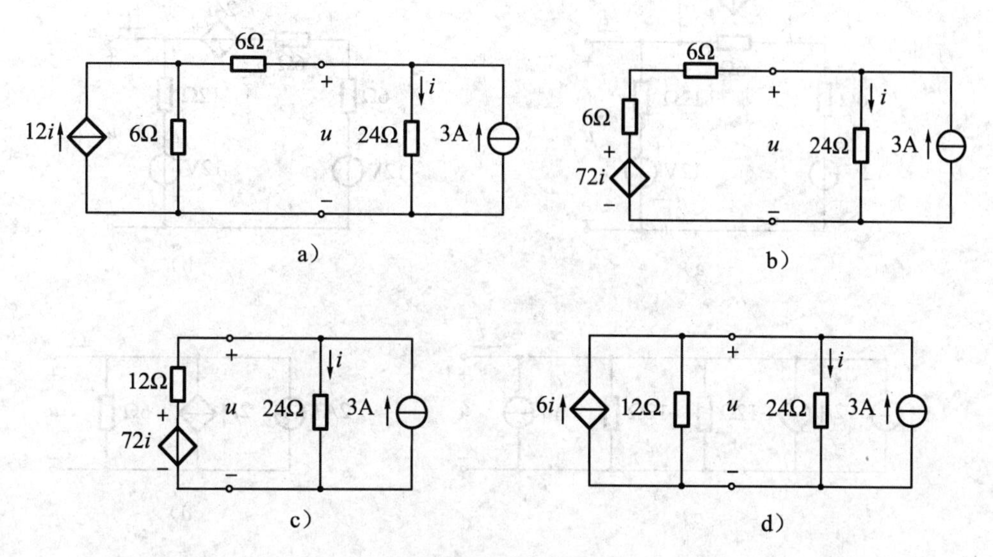

图 2-21　例 2.8 的图

解： 图 2-21a 中的实际受控源的等效变换方法与实际独立源的一样，但要注意保留控制量。所以，在变换过程中，控制量 i 所在的 24Ω 电阻支路须始终保留。

经变换后得到图 2-21d，然后对其中的节点列写 KCL 方程，得

$$6i+3=i+\frac{u}{12},\quad 且\ u=24i$$

解之，得

$$i=-1A,\quad u=-24V$$

【例 2.9】 画出图 2-22a 所示电路的最简电路。

解： 经过图 2-22b 到图 2-22f 的等效变换，得到图 2-22a 所示电路的最简电路如图 2-22f所示。

在变换过程中需注意以下几点：

1) 由于图 2-22a 左边支路为实际电压源与实际受控电流源串联，因此先将实际受控电流源变换为实际受控电压源，如图 2-22b 所示。

2) 图 2-22b 中左边支路为 $24i$ 受控电压源、12V 独立电压源和 12Ω(＝6Ω＋6Ω)电阻三者串联，再与右边支路并联，所以，两条支路都需要变换为电流源，如图 2-22c 所示。

3) 经合并后，图 2-22c 变换为图 2-22d，或再变换为图 2-22e。

4) 因为图 2-22d 或图 2-22e 所示不是电路的最简形式，所以需按照这两个电路中的任一个，写出电路端口的 VCR 并化简，以求得最简电路。

图 2-22d 或图 2-22e 所示电路的端口 VCR 为

$$u=12+12i-6i=12+6i$$

由此，可画出图 2-22a 所示电路的最简电路，如图 2-22f 所示。

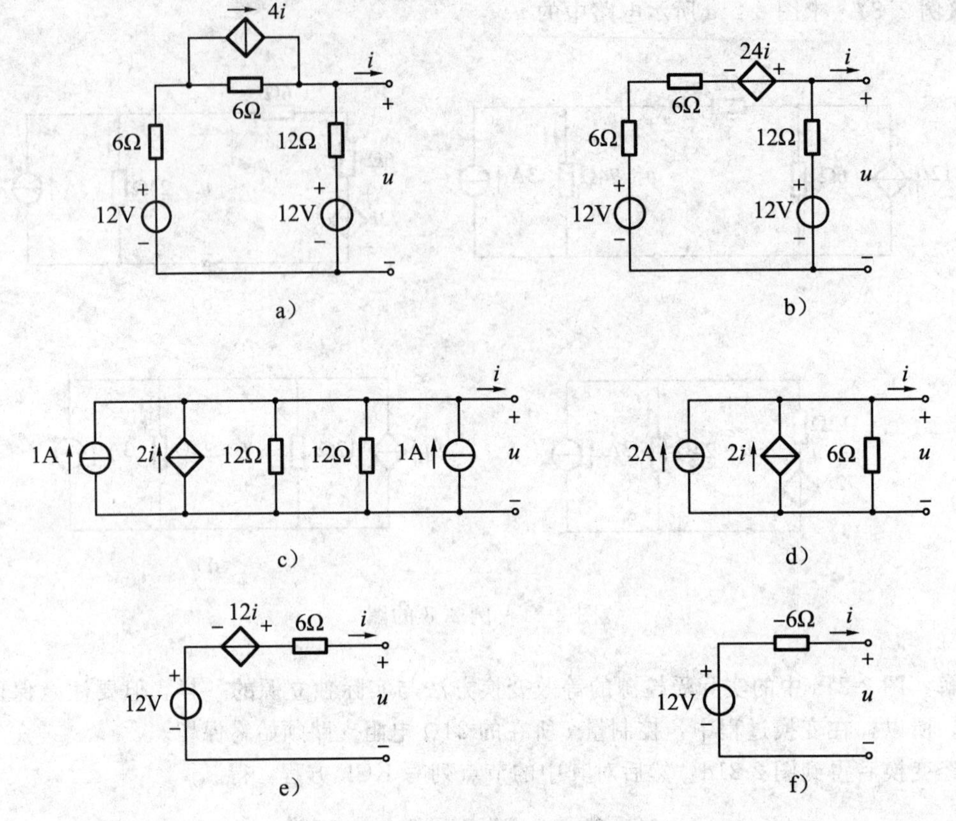

图 2-22　例 2.9 的图

2.4　电阻的 T 形网络和 Π 形网络的等效变换

第 1 章介绍的图 1.4a 为我们熟知的电阻混联电路，属于简单电路，而图 1-4b 既不是串联也不是并联，则属于复杂电路，现重画于图 2-23a 或图 2-23b 中。比如，其中的 R_1、R_3、R_5 构成 Π 形网络，也称三角形(△形)网络；R_1、R_2、R_5 构成 T 形网络，也称星形(Y 形)网络等。如果能将图 2-23a 或 b 中虚线框里的 Π 形网络等效变换为图 2-23c 中虚线框里的 T 形网络，该电路就可以利用电阻的串并联来求解了。

现在讨论 T 形网络和 Π 形网络的等效变换问题。为了使得到的结论具有一定的规律性，先对两个网络中的电阻编号，然后，在两个网络相对应的端钮上采用加流求压，如图 2-24所示，导出它们的端口 VCR。

由图 2-24a，可得

$$\begin{cases} u_{13} = R_1 i_1 + R_3(i_1 + i_2) \\ u_{23} = R_2 i_2 + R_3(i_1 + i_2) \end{cases}$$

整理，得到 T 形网络端口的 VCR：

$$\begin{cases} u_{13} = (R_1 + R_3)i_1 + R_3 i_2 \\ u_{23} = R_3 i_1 + (R_2 + R_3)i_2 \end{cases} \tag{2.20}$$

由图 2-24b，可得

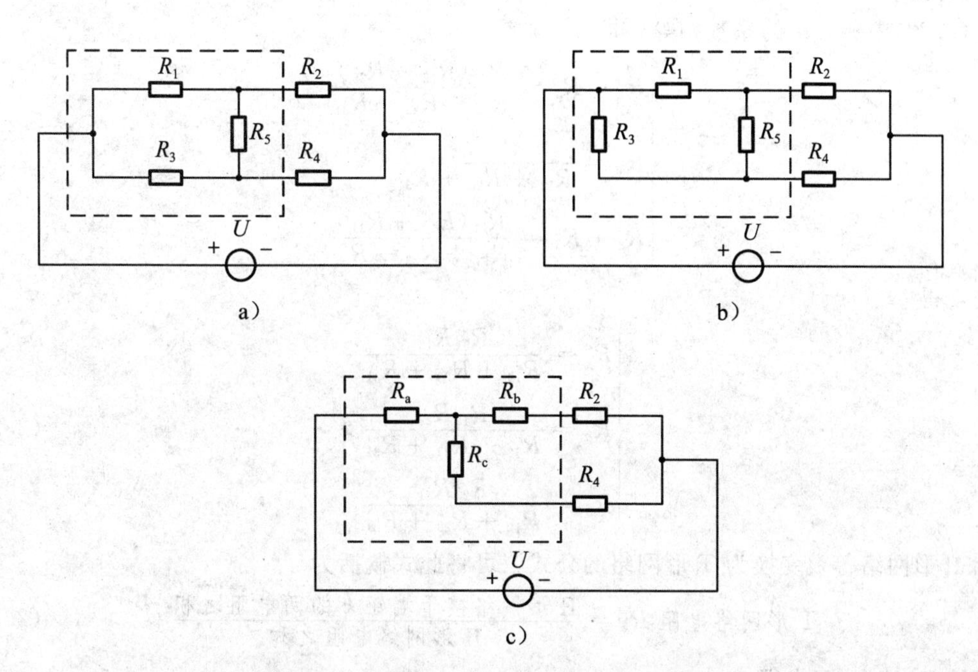

图 2-23　电阻的 T 形网络和 Π 形网络实例

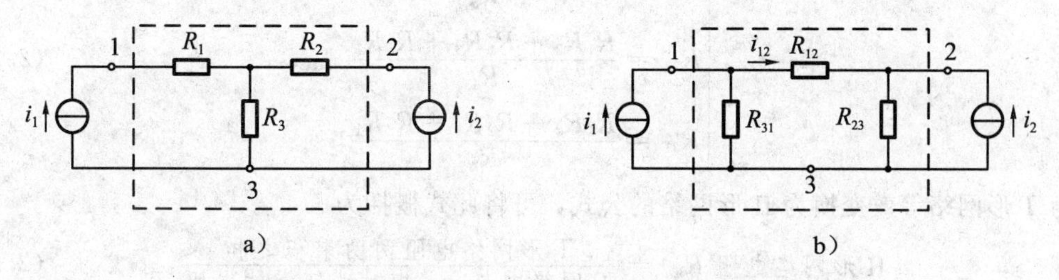

图 2-24　加流求压法用于 T 形网络和 Π 形网络

$$\begin{cases} u_{13}=R_{31}(i_1-i_{12}) \\ u_{23}=R_{23}(i_2+i_{12}) \end{cases} \tag{2.21}$$

为了求得 i_{12}，将图 2-24b 中的电流源等效变换为电压源，如图 2-25 所示。于是可直接写出 i_{12} 的表达式

$$i_{12}=\frac{R_{31}i_1-R_{23}i_2}{R_{12}+R_{23}+R_{31}} \tag{2.22}$$

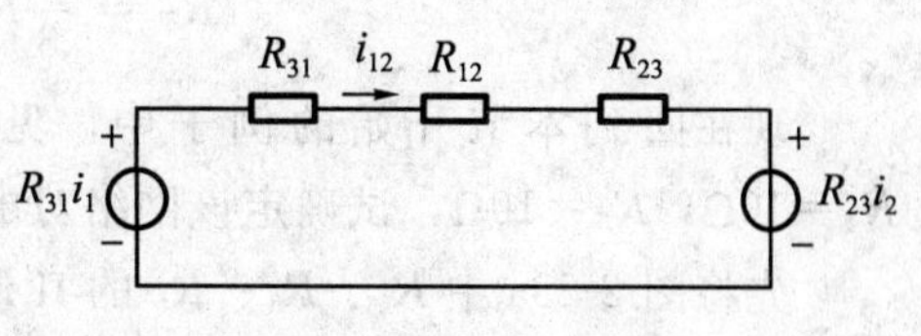

图 2-25　求 i_{12} 用图

代入式(2.21)，并整理，得到 Π 形网络端口的 VCR：

$$\begin{cases} u_{13}=\dfrac{R_{31}(R_{12}+R_{23})}{R_{12}+R_{23}+R_{31}}i_1+\dfrac{R_{23}R_{31}}{R_{12}+R_{23}+R_{31}}i_2 \\ u_{23}=\dfrac{R_{23}R_{31}}{R_{12}+R_{23}+R_{31}}i_1+\dfrac{R_{23}(R_{12}+R_{31})}{R_{12}+R_{23}+R_{31}}i_2 \end{cases} \tag{2.23}$$

当 T 形网络和 Π 形网络的端口 VCR 完全相同时，二网络互为等效网络，且式(2.22)

和式(2.23)中 i_1、i_2 的系数相等，即

$$\begin{cases} R_1+R_3=\dfrac{R_{31}(R_{12}+R_{23})}{R_{12}+R_{23}+R_{31}} \\ R_3=\dfrac{R_{23}R_{31}}{R_{12}+R_{23}+R_{31}} \\ R_2+R_3=\dfrac{R_{23}(R_{12}+R_{31})}{R_{12}+R_{23}+R_{31}} \end{cases} \tag{2.24}$$

解之，得

$$\begin{cases} R_1=\dfrac{R_{31}R_{12}}{R_{12}+R_{23}+R_{31}} \\ R_2=\dfrac{R_{12}R_{23}}{R_{12}+R_{23}+R_{31}} \\ R_3=\dfrac{R_{23}R_{31}}{R_{12}+R_{23}+R_{31}} \end{cases} \tag{2.25}$$

即为Π形网络等效变换为T形网络的公式，可将此式概括为

$$\text{T形网络电阻 } R_k=\frac{\text{Π形网络接于端钮 } k \text{ 的两电阻之积}}{\text{Π形网络电阻之和}} \tag{2.26}$$

利用式(2.25)，可求得

$$\begin{cases} R_{12}=\dfrac{R_1R_2+R_2R_3+R_3R_1}{R_3} \\ R_{23}=\dfrac{R_1R_2+R_2R_3+R_3R_1}{R_1} \\ R_{31}=\dfrac{R_1R_2+R_2R_3+R_3R_1}{R_2} \end{cases} \tag{2.27}$$

即为T形网络等效变换为Π形网络的公式，可将此式概括为

$$\text{Π形网络电阻 } R_{mn}=\frac{\text{T形网络电阻两两乘积之和}}{\text{T网络中与 } mn \text{ 相对端钮上的电阻}} \tag{2.28}$$

特殊情况下，T形网络中三个电阻或Π形网络中三个电阻的阻值相等，即

$$R_1=R_2=R_3=R_Y \quad \text{或} \quad R_{12}=R_{23}=R_{31}=R_\triangle$$

则称为对称T形网络或对称Π形网络，且有

$$R_\text{T}=\frac{1}{3}R_\triangle \quad \text{或} \quad R_\triangle=3R_\text{T} \tag{2.29}$$

现在回到本节开始的例子中，见图 2-23a。如果 $R_1=10\Omega$，$R_2=8\Omega$，$R_3=5\Omega$，$R_4=10\Omega$，$R_5=10\Omega$，试确定该网络对电源 U 的输入电阻 R_i。

先将图 2-23a 中 R_1、R_3、R_5 的Π形网络变换为图 2-23c 中 R_a、R_b、R_c 的T形网络。根据式(2.25)，可得

$$R_a=\frac{10\times 5}{10+10+5}=2\Omega,\quad R_b=\frac{10\times 10}{10+10+5}=4\Omega,\quad R_c=\frac{10\times 5}{10+10+5}=2\Omega$$

再利用电阻的串并联化简，得到输入电阻 R_i

$$R_i=R_a+(R_b+R_2)\,/\!/\,(R_c+R_4)=2+(4+8)\,/\!/\,(2+10)=8\Omega$$

或者，把图 2-23a 中 R_1、R_2、R_5 的T形网络变换为 R_{12}、R_{25}、R_{51} 的Π形网络，如图 2-26所示。

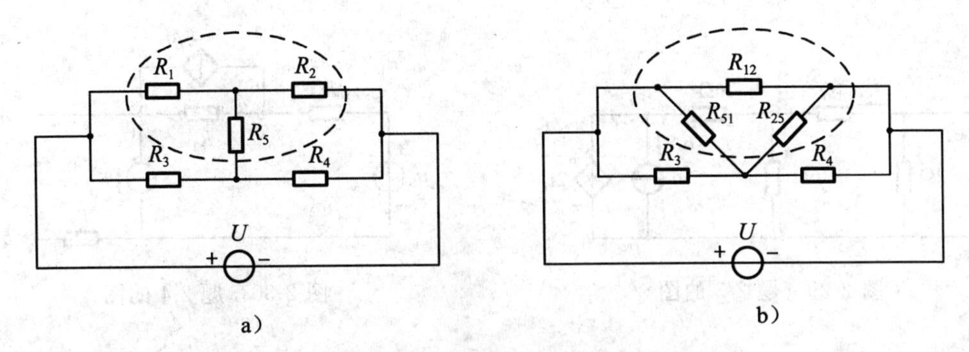

图 2-26　T 形网络变换为 Π 形网络

根据式(2.27)，可得

$$R_{12}=\frac{10\times 8+8\times 10+10\times 10}{10}=26\Omega,$$

$$R_{25}=\frac{10\times 8+8\times 10+10\times 10}{10}=26\Omega,$$

$$R_{51}=\frac{10\times 8+8\times 10+10\times 10}{8}=32.5\Omega$$

再利用电阻的串并联化简，得到输入电阻 R_i

$$R_i=R_{12}\ /\!/\ (R_3\ /\!/\ R_{51}+R_4\ /\!/\ R_{25})=26\ /\!/\ (5\ /\!/\ 32.5+10\ /\!/\ 26)=8\Omega$$

显然，两种变换方法的计算结果相同。但在后者变换后的电路中，由于所含并联支路较前者多，因此在进行串并联化简时会繁一些，易导致计算误差。

可见，对于仅含电阻的单口网络，可利用电阻的串并联和 T－Π 形网络等效变换来求它的输入电阻。

习题

2-1　电路如图 2-27 所示，其中，所有电阻的阻值均为 R，试求电路 ab 端口的 VCR。

2-2　电路如图 2-28 所示，其中，所有电阻的阻值均为 3Ω，试求电路 ab 端口的输入电阻 R_i。

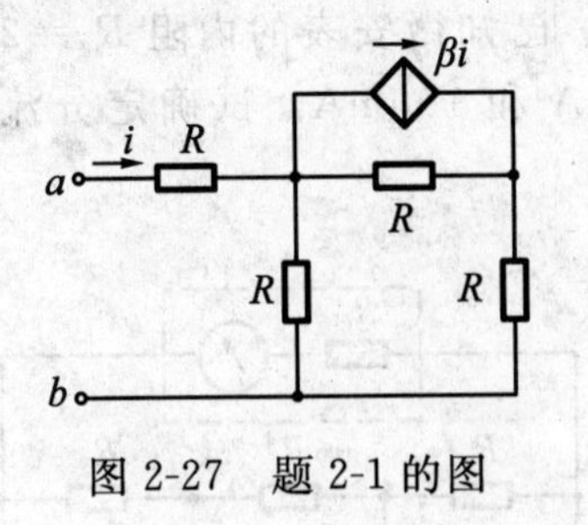

图 2-27　题 2-1 的图

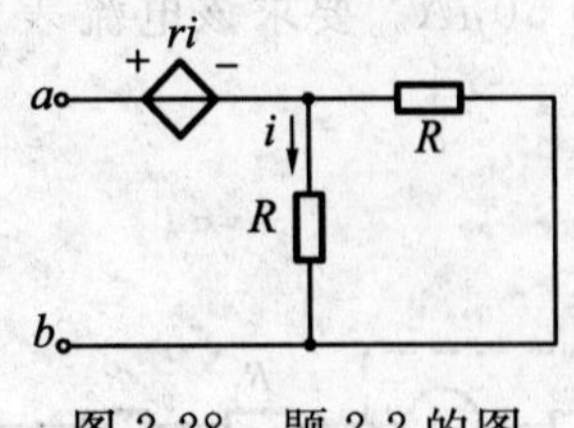

图 2-28　题 2-2 的图

2-3　试求图 2-29 所示电路 ab 端口的输入电阻 R_i。

2-4　试求图 2-30 所示单口网络 ab 端口的 VCR，画出其最简等效电路。

2-5　化简如图 2-31 所示的单口网络。

2-6　电路如图 2-32 所示，其中，$i_S=19\text{mA}$，$R_S=3\text{k}\Omega$，$R_1=25\text{k}\Omega$，$R_2=10\text{k}\Omega$，$R_3=20\text{k}\Omega$，求三个电阻的分流 i_1、i_2 和 i_3。

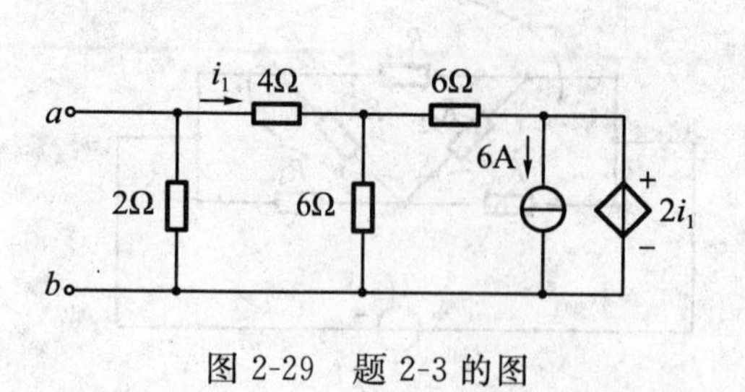

图 2-29 题 2-3 的图

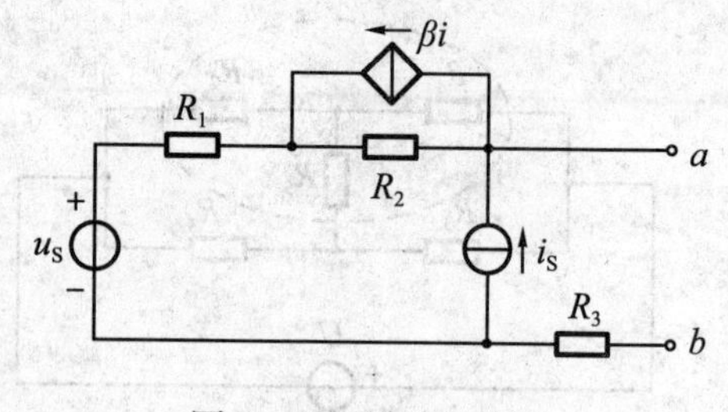

图 2-30 题 2-4 的图

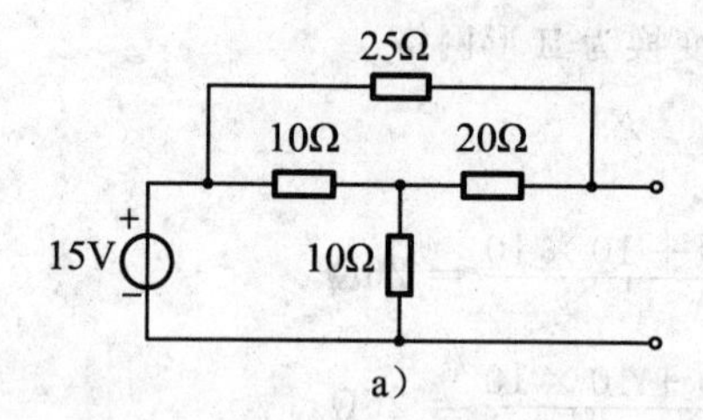

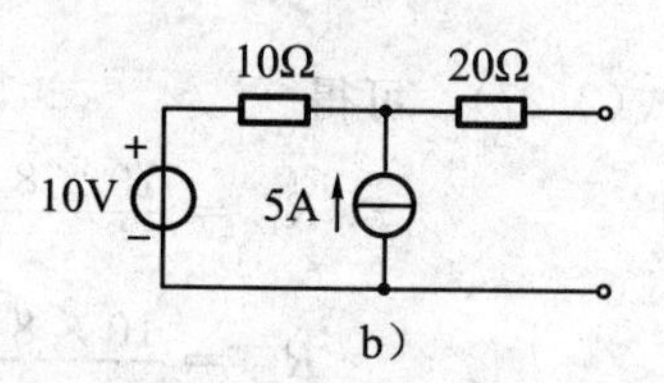

图 2-31 题 2-5 的图

2-7 电路如图 2-33 所示，其中，$u_S=20\text{V}$，$R_1=6\text{k}\Omega$，$R_2=3\text{k}\Omega$，$R_3=2\text{k}\Omega$，求三个电阻的分压和分流。

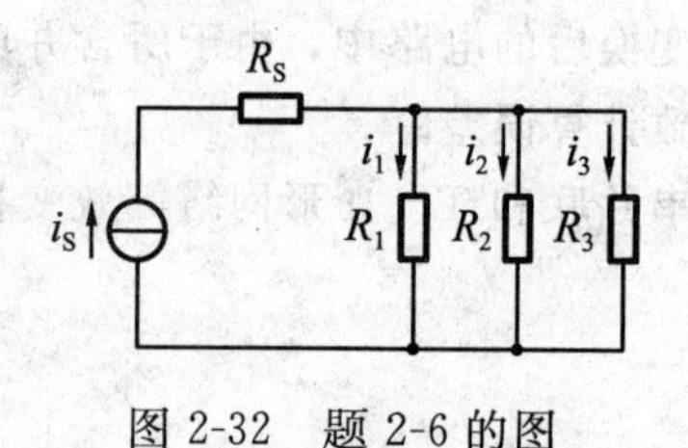

图 2-32 题 2-6 的图

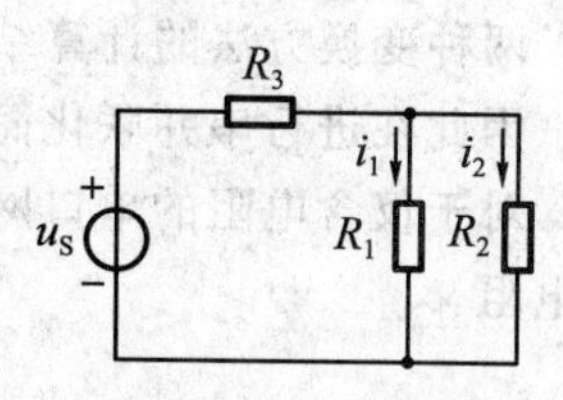

图 2-33 题 2-7 的图

2-8 图 2-34 所示电路为多量程电压表的电原理图。已知微安表的内阻 $R_g=2\text{k}\Omega$，量程为 $50\mu\text{A}$。要求该电压表能测量 1V、10V 和 100V。试确定分压电阻的阻值。

2-9 图 2-35 所示电路为多量程电流表的电原理图。已知微安表的内阻 $R_g=2\text{k}\Omega$，量程为 $50\mu\text{A}$。要求该电流表能测量 1mA、10mA 和 100mA。试确定分流电阻的阻值。

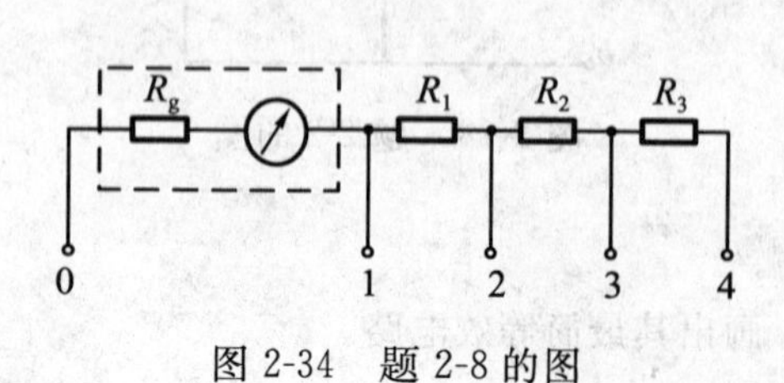

图 2-34 题 2-8 的图

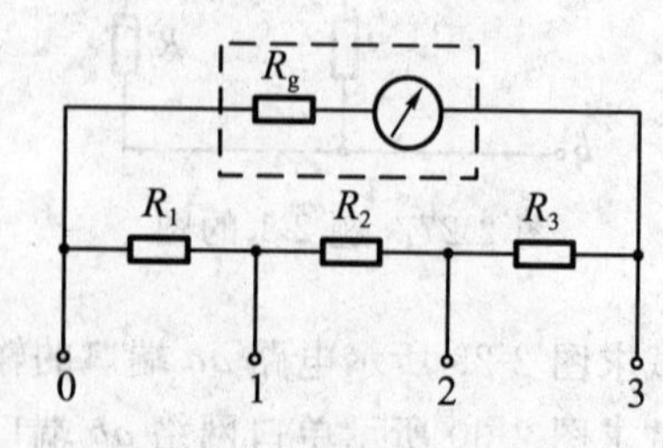

图 2-35 题 2-9 的图

2-10 化简图 2-36 所示各电路。

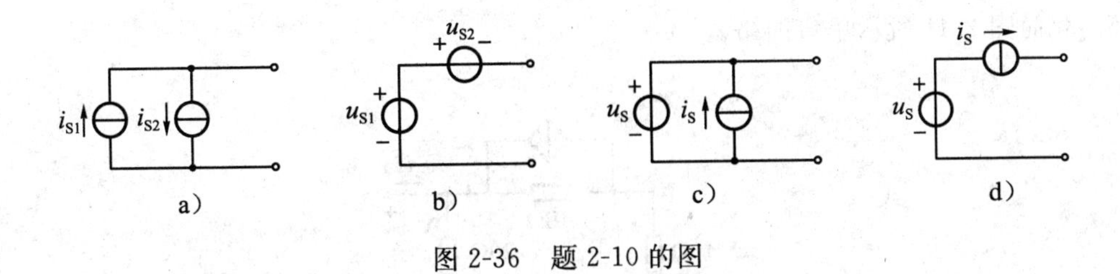

图 2-36　题 2-10 的图

2-11　求图 2-37 所示各电路的等效电源。

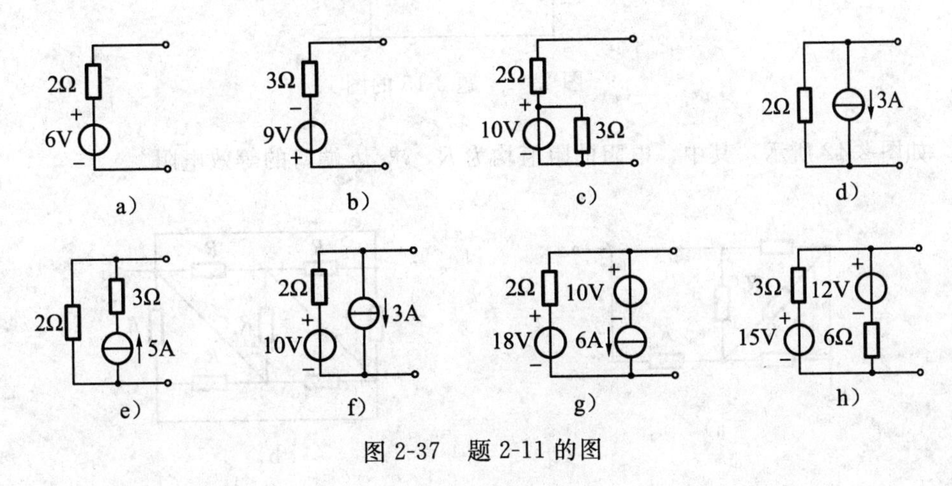

图 2-37　题 2-11 的图

2-12　求图 2-38 所示电路中的电流 I。

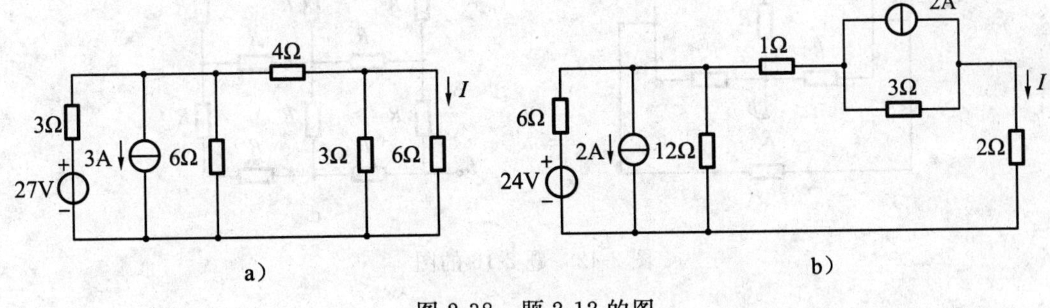

图 2-38　题 2-12 的图

2-13　如图 2-39 所示，确定电路 ab 端口的 VCR，画出其最简等效电路。

2-14　如图 2-40 所示，分别确定电路 ab 端口的 VCR 和 cd 端口的 VCR。

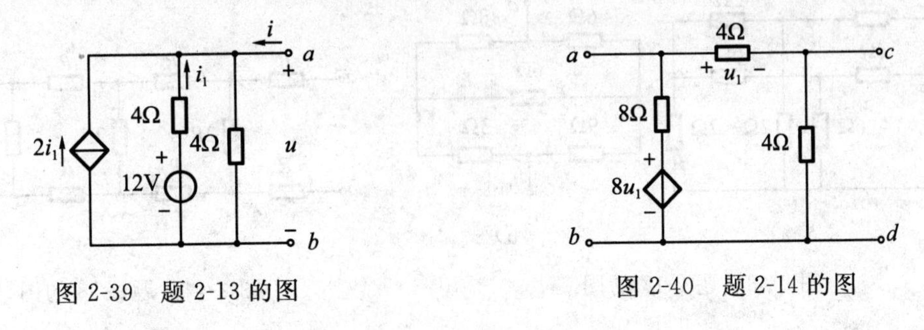

图 2-39　题 2-13 的图　　图 2-40　题 2-14 的图

2-15　化简图 2-41 所示单口网络。

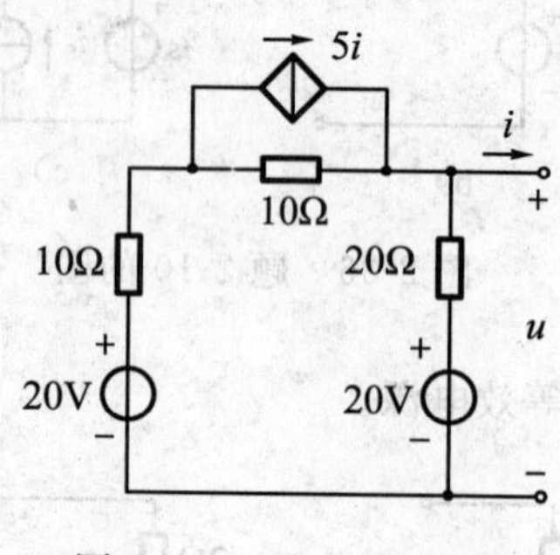

图 2-41　题 2-15 的图

2-16　如图 2-42 所示，其中，电阻的阻值均为 R，求 ab 端口的等效电阻。

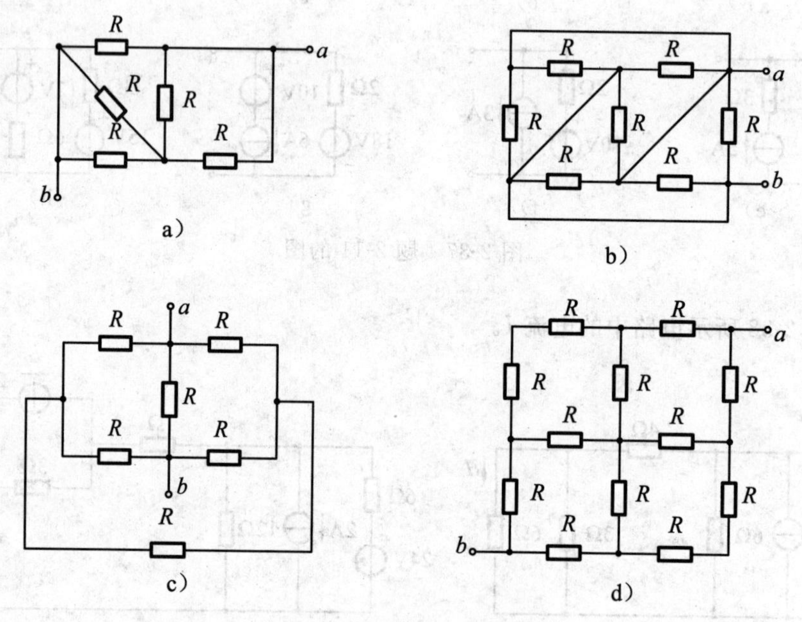

图 2-42　题 2-16 的图

2-17　求图 2-43 所示单口网络 ab 端口的等效电阻。

2-18　求图 2-44 所示无限电阻网络 ab 端口的等效电阻。

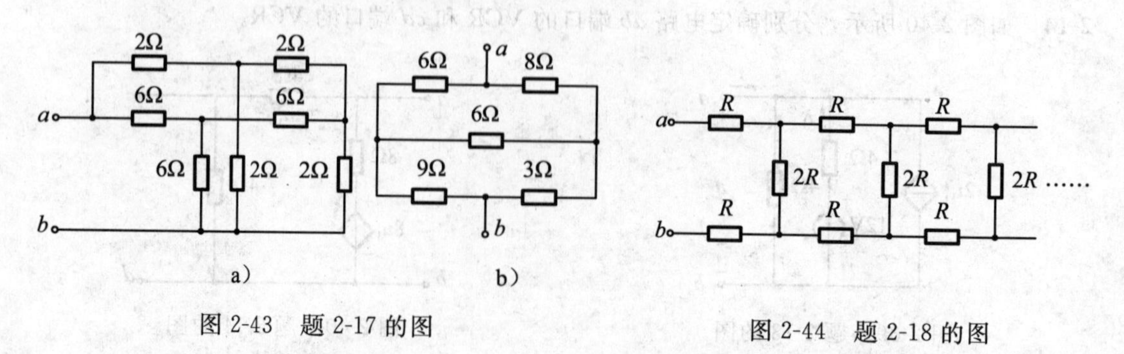

图 2-43　题 2-17 的图　　图 2-44　题 2-18 的图

2-19 图 2-45 所示为一传感器电路，其中，R_0 为温度传感器。当温度在给定范围内变化时，R_0 的值变为 $R\pm\Delta R$。已知$U_S=6\text{V}$，$R=100\text{k}\Omega$。要求：当 $\Delta R=\pm1\%$时，负载 R_L 的端电压(输出电压)$U_o=\pm5\text{V}$。试确定 μ 的值。

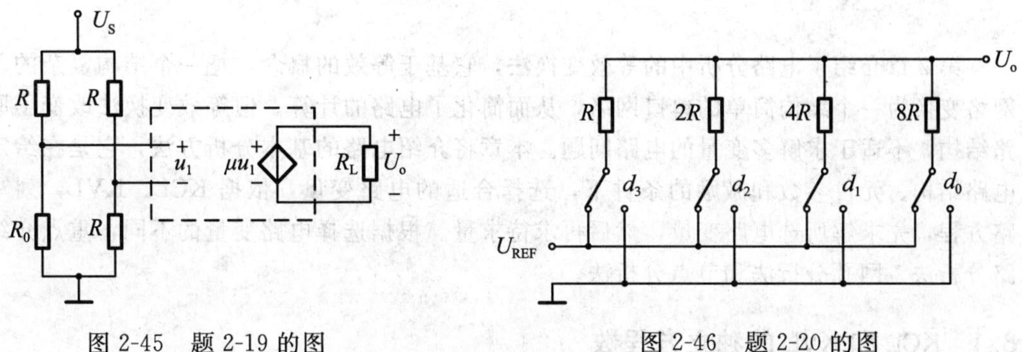

图 2-45　题 2-19 的图　　　　图 2-46　题 2-20 的图

2-20 图 2-46 所示为一简易数字–模拟转换器电路。每个电阻支路通过开关与基准电压源 U_{REF}或地接通。当 $d_i=1(i=0、1、2、3)$时，开关与 U_{REF} 接通；当 $d_i=0(i=0、1、2、3)$时，开关与地接通。每个开关有“1”或“0”两个状态，4 个开关 $d_3d_2d_1d_0$ 从“0000”到“1111”共计 16 个状态。要求 4 个开关的状态与输出电压 U_o 满足表 2-1，试确定 U_{REF}的值。

表 2-1　4 个开关的状态与输出电压 U_o 的关系

0000	0V	0100	4V	1000	8V	1100	12V
0001	1V	0101	5V	1001	9V	1101	13V
0010	2V	0110	6V	1010	10V	1110	14V
0011	3V	0111	7V	1011	11V	1111	15V

第 3 章　电路的基本分析方法

第 2 章介绍了电路分析中的等效变换法，它基于等效的概念，把一个结构复杂的单口网络变换为一个结构简单的单口网络，从而简化了电路的计算。但等效变换法改变了原电路结构，不适于求解多变量的电路问题。本章将介绍电路的基本分析方法，它是在给定了电路结构、元件参数和激励的条件下，选择合适的电路变量，依据 KCL、KVL，列写电路方程，先求解所选电路变量，然后再求待求量。根据选择电路变量的不同，重点介绍支路分析法、网孔分析法和节点分析法。

3.1　KCL 和 KVL 的独立方程数

我们知道，拓扑约束和元件约束是对电路中各电压变量、电流变量施加的全部约束。根据这两类约束，可以列写求解电路中所有电压变量和电流变量的独立方程组。比如，对于一个具有 b 条支路的电路，可列出联系 b 个支路电流变量和 b 个支路电压变量的 $2b$ 个独立方程式。

现以图 3-1 所示电路为例来说明。该电路有 4 个节点，6 条支路，7 个回路，3 个网孔，共有 6 个支路电流变量和 6 个支路电压变量。

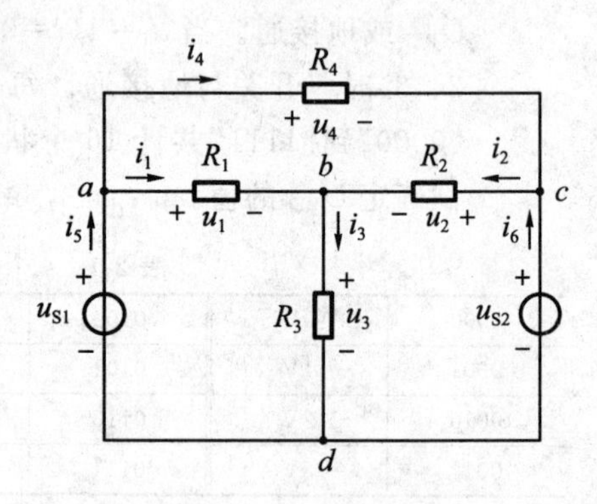

图 3-1　电阻电路

根据 KCL，对节点 a、b、c、d 分别列写节点电流方程，有

$$\begin{cases} i_5 - i_1 - i_4 = 0 \\ i_1 + i_2 - i_3 = 0 \\ i_4 + i_6 - i_2 = 0 \\ i_3 - i_5 - i_6 = 0 \end{cases} \tag{3.1}$$

显然，将式(3.1)中任意 3 个方程相加，可得到剩余的第 4 个方程，说明这 4 个方程式中只有 3 个是独立的。也就是说，对所有节点列写的 KCL 方程不是独立的。因此，对图 3-1 所示电路来说，只需对任意 3 个节点列写 KCL 方程即可。

一般来说，当对具有 n 个节点的电路应用 KCL 列写方程式时，只能写出 $(n-1)$ 个独立方程，且为任意的 $(n-1)$ 个。这 $(n-1)$ 个节点称为独立节点。

根据 KVL，对 7 个回路分别列写回路电压方程，有

$$\begin{cases} u_1 + u_3 - u_{S1} = 0 \\ -u_2 + u_{S2} - u_3 = 0 \\ u_4 + u_2 - u_1 = 0 \\ u_4 + u_{S2} - u_{S1} = 0 \\ u_1 - u_2 + u_{S2} - u_{S1} = 0 \\ u_4 + u_{S2} - u_3 - u_1 = 0 \\ u_4 + u_2 + u_3 - u_{S1} = 0 \end{cases} \tag{3.2}$$

将式(3.2)中第 1、2 个方程相加，可得到第 5 个方程；第 1、3 个方程相加，可得到第 7 个方程；第 2、4 个方程相加，可得到第 6 个方程；第 1、2、3 个方程相加，可得到第 4 个方程，说明这 7 个方程式中只有 3 个是独立的。也就是说，对所有回路列写的 KVL 方程不是独立的。因此，对图 3-1 所示电路来说，只需对 3 个网孔列写 KVL 方程即可。

对于一个给定的平面电路来说，其中含有$[b-(n-1)]$个网孔，且$[b-(n-1)]$个网孔的 KVL 方程是独立的。能提供独立的 KVL 方程的回路称为独立回路。

需要说明，在电路中，将 KVL 应用于每一个网孔，得到了独立的 KVL 方程，这只是一种方法，且此方法只能用于平面电路，能获得 KVL 独立方程还有其他的方法，但独立 KVL 方程的数目仍为$[b-(n-1)]$个。

再利用元件的 VCR，可得到 6 条支路的 VCR，即

$$\begin{cases} u_1 = R_1 i_1 \\ u_2 = R_2 i_2 \\ u_3 = R_3 i_3 \\ u_4 = R_4 i_4 \\ u_{S1} = \text{给定值} \\ u_{S2} = \text{给定值} \end{cases} \tag{3.3}$$

式(3.3)所示方程均为独立的。

总之，对于具有 b 条支路、n 个节点的电路来说，有 b 个支路电流变量和 b 个支路电压变量，需要 $2b$ 个独立方程式联立求解。其中，b 条支路的 VCR 可得到 b 个方程，其余的 b 个独立方程，分别为$(n-1)$个 KCL 方程和$[b-(n-1)]$个 KVL 方程。

由此可见，在给定电路结构、元件特性和各独立源参数的情况下，欲求出电路中所有的支路电压和支路电流，或部分的支路电压和支路电流，需要列写 $2b$ 个方程式联立求解。如上例中则需要联立 $2\times6=12$ 个方程式。为了避免求解大量的联立方程式，需寻求减少联立方程式的分析方法。比如，先求得支路电流或支路电压，再去求解支路电压或支路电流，即不同时求出这些电压和电流，这样，所涉及的联立方程数会减少一半。又比如，先选择一些特定的电流或电压来列写方程组，求解之后，再利用这些特定的电流或电压，求出所求量，这可使联立方程数进一步减少。这些电路分析方法的思路是将求解过程分两步进行，这使得每一步求解过程都相对容易了很多。

3.2　支路分析法

以支路电流为变量，列写联立方程组求解电路的方法，称为支路电流法；以支路电压为变量，列写联立方程组求解电路的方法，称为支路电压法。这两种分析方法的依据是电路的两类约束，均属于支路分析法。所以，当这两种分析法应用于具有 b 条支路的电路中时，需要联立的方程数为 b 个。本节通过实例重点介绍支路电流法。

1. 电路中只含独立源

【例 3.1】 如图 3-2 所示，用支路电流法求解电路中所标出的电流和电压。已知 $R_1=3\Omega$，$R_2=2\Omega$，$R_3=6\Omega$，$u_{S1}=12\text{V}$，$u_{S2}=4\text{V}$。

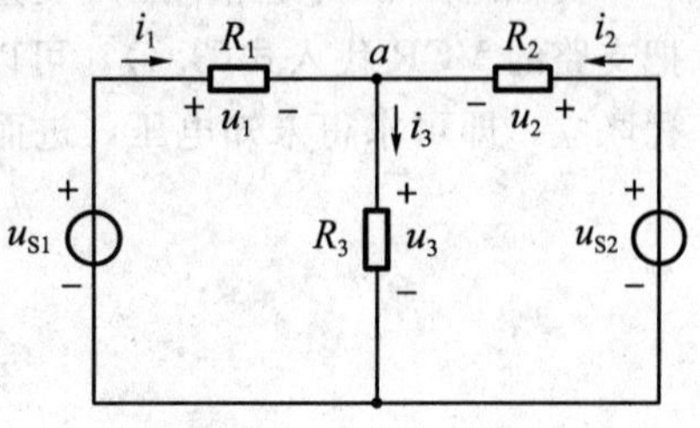

图 3-2　例 3.1 的图

解： 选定各支路的电流，并标出它们的参考方向。

以支路电流为变量列写方程：

图 3-2 中有独立节点 1 个，选节点 a 列写 KCL 方程，有

$$i_1+i_2-i_3=0 \tag{3.4}$$

图 3-2 中有网孔 2 个，为独立回路，根据 KVL 和元件约束，有

$$\begin{cases}i_1R_1+i_3R_3-u_{S1}=0\\-i_2R_2-i_3R_3+u_{S2}=0\end{cases} \tag{3.5}$$

联立式(3.4)和式(3.5)，代入数据，得

$$\begin{cases}i_1+i_2-i_3=0\\3i_1+6i_3=12\\2i_2+6i_3=4\end{cases} \tag{3.6}$$

解之，可求得 3 个支路的电流 i_1、i_2、i_3。即

$$i_1=\frac{\begin{vmatrix}0&1&-1\\12&0&6\\4&2&6\end{vmatrix}}{\begin{vmatrix}1&1&-1\\3&0&6\\0&2&6\end{vmatrix}}=\frac{24-24-72}{-6-18-12}=\frac{-72}{-36}=2\text{A} \tag{3.7}$$

$$i_2=\frac{\begin{vmatrix}1&0&-1\\3&12&6\\0&4&6\end{vmatrix}}{\begin{vmatrix}1&1&-1\\3&0&6\\0&2&6\end{vmatrix}}=\frac{72-12-24}{-36}=\frac{36}{-36}=-1\text{A} \tag{3.8}$$

$$i_3=\frac{\begin{vmatrix}1&1&0\\3&0&12\\0&2&4\end{vmatrix}}{\begin{vmatrix}1&1&-1\\3&0&6\\0&2&6\end{vmatrix}}=\frac{-12-24}{-36}=\frac{-36}{-36}=1\text{A} \tag{3.9}$$

最后，分别求解 3 个电阻上的端电压，即

$$u_1=2\times3=6\text{V},\quad u_2=(-1)\times2=-2\text{V},\quad u_3=1\times6=6\text{V} \tag{3.10}$$

类似地，若以支路电压为变量建立方程组来求解电路，则为支路电压法。在上例中，把支路的 VCR 代入式(3.4)，可以得到以 u_1、u_2、u_3 为变量的方程，再与网孔的 KVL 方程联立，即可求得未知电压，进而求得未知电流。以 u_1、u_2、u_3 为变量的方程组为

$$\begin{cases}\dfrac{u_1}{R_1}+\dfrac{u_2}{R_2}-\dfrac{u_3}{R_3}=0\\u_1+u_3-u_{S1}=0\\-u_2-u_3+u_{S2}=0\end{cases}$$

求得 u_1、u_2、u_3 后，再由 $i_1=\dfrac{u_1}{R_1}$，$i_2=\dfrac{u_2}{R_2}$，$i_3=\dfrac{u_3}{R_3}$求得三个未知电流。

2. 电路中含有受控源

【例 3.2】 用支路电流法分析图 3-3 中的功率平衡问题。

解： 标出各支路电流参考方向。由于左边支路为给定电流源，其支路电流为已知，因此图 3-3中只有两个未知的支路电流，这样只需对任意一个节点和右边网孔各列写一个方程式，即

$$\begin{cases} 6 - i_1 - i_2 = 0 \\ 4i_2 + 6i_1 - 4i_1 = 0 \end{cases} \tag{3.11}$$

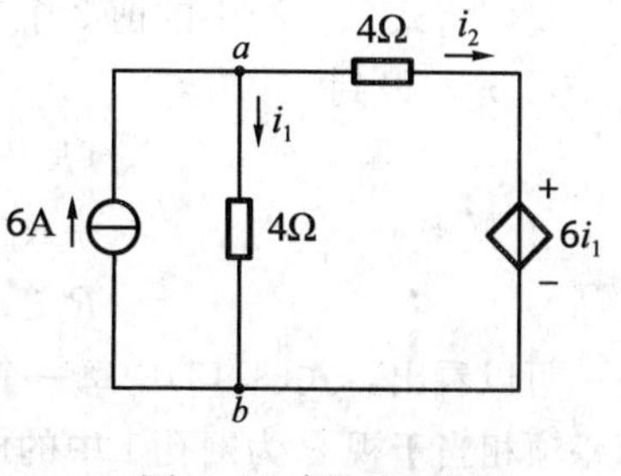

图 3-3　例 3.2 的图

解之，得

$$i_1 = 12\text{A}, \quad i_2 = -6\text{A}$$

据此，求得各元件的功率分别为

两个 4Ω 电阻的功率分别为

$$4i_1^2 = 4 \times 12^2 = 576\text{W}, \quad 4i_2^2 = 4 \times (-6)^2 = 144\text{W} \quad \text{均为吸收功率}$$

受控电压源的功率为

$$6i_1 \times i_2 = 6 \times 12 \times (-6) = -432\text{W} \quad \text{提供功率}$$

独立电流源的功率为

$$-6 \times u_{ab} = -6 \times 4i_1 = -6 \times 4 \times 12 = -288\text{W} \quad \text{提供功率}$$

且 $576 + 144 + (-432) + (-288) = 0$，因此电路的功率平衡。

支路电流法分析电路的一般步骤：

1）在给定电路中，设各支路电流，并标明参考方向。任取$(n-1)$个节点，依据 KCL 列写独立节点电流方程。

2）选取独立回路（平面电路一般选网孔），并选定绕行方向，依据 KVL 和元件的 VCR，列写以支路电流为变量的$[b-(n-1)]$个独立回路电压方程。

3）若电路中含有受控源，应将控制量用未知电流表示，增加一个辅助方程。

注意： 若电路中的受控源的控制量就是某一支路电流（如上例），那么方程组中方程个数可以不增加。若受控源的控制量是另外的变量，那么需对含受控源电路先按前面的步骤 1）、2）列写方程（把受控源先作为独立源一样看待），然后再增加一个控制量用未知电流表示的辅助方程。

4）联立求解 1）、2）、3）步列写的方程组，得到各支路电流。

5）根据其他电路变量与支路电流的关系，计算电路中的电压、功率。

3.3　网孔分析法

上一小节介绍了支路电流法，它使求解的方程数由 $2b$ 个减少到 b 个，但对于图 3-1 来说，仍需要列写一个六元一次方程组，来求解电路中的 6 个支路电流。能不能使方程的数目更少一些呢？这就是这一节所要讨论的问题。

先看一个例子。将图 3-1 重新画于图 3-4，利用支路电流法，列写的方程组如下

$$\begin{cases} i_5 - i_1 - i_4 = 0 \\ i_1 + i_2 - i_3 = 0 \\ i_4 + i_6 - i_2 = 0 \\ i_4 R_4 + i_2 R_2 - i_1 R_1 = 0 \\ i_1 R_1 + i_3 R_3 - u_{S1} = 0 \\ -i_2 R_2 - i_3 R_3 + u_{S2} = 0 \end{cases} \tag{3.12}$$

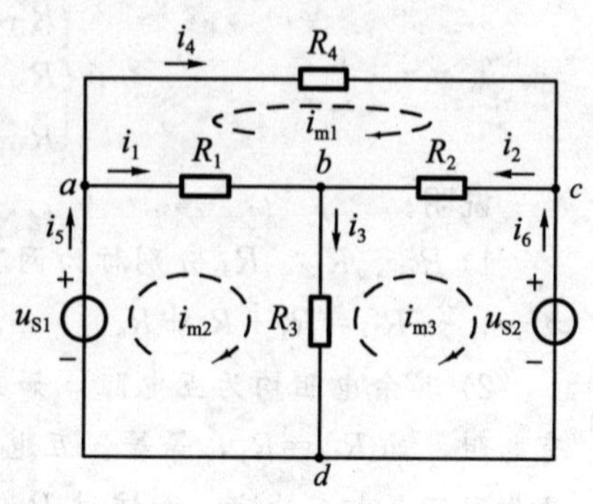

图 3-4　网孔分析法

这是一个关于6个支路电流的六元一次方程组。下面我们通过整理该方程组，会发现一些规律，从而得出分析电路的一种方法——网孔分析法。

我们将式(3.12)中的前3个节点电流方程代入后3个网孔电压方程中，消去支路电流 i_1、i_2、i_3，得到

$$\begin{cases}(R_1+R_2+R_4)i_4-R_1i_5+R_2i_6=0\\-R_1i_4+(R_1+R_3)i_5+R_3i_6=u_{S1}\\R_2i_4+R_3i_5+(R_2+R_3)i_6=u_{S2}\end{cases}\tag{3.13}$$

可以看出，式(3.13)中每一个方程式都具有相同的规律。以第一个方程式为例，其中，第一项相当于视 i_4 为网孔1中的电流，$(R_1+R_2+R_4)i_4$ 即为 i_4 在网孔1中所有电阻上的压降；第二、三项相当于视 i_5、i_6 分别为相邻网孔2、3中的电流，R_1i_5 为 i_5 在 R_1 上的压降，前面的"－"号表示 i_5 与 i_4 在 R_1 上的方向相反，R_2i_6 为 i_6 在 R_2 上的压降，前面的"＋"号表示 i_6 与 i_4 在 R_2 上的方向相同。第二、三个方程式分别对网孔2、3而言，具有与网孔1类似的规律。由此我们可以建立一个立足于网孔的电路分析方法，即网孔分析法，又称网孔电流法。显然，与式(3.12)相比较，式(3.13)只是网孔电压方程，需要求解的方程数减少了。

网孔电流法是以网孔电流作为第一求解对象，所以，首先设想一种沿着网孔边界流动的电流，如图3-4中以虚线表示的 i_{m1}、i_{m2}、i_{m3}，箭头表示网孔电流的参考方向，其中各支路电流可以网孔电流来表示，比如，$i_4=i_{m1}$，$i_3=i_{m2}-i_{m3}$ 等。

因为一个平面电路有 $[b-(n-1)]$ 个网孔，所以也有 $[b-(n-1)]$ 个网孔电流。

对图3-4中3个网孔以网孔电流可列写如下方程组

$$\begin{cases}R_4i_{m1}+R_2(i_{m1}-i_{m3})+R_1(i_{m1}-i_{m2})=0\\R_1(i_{m2}-i_{m1})+R_3(i_{m2}-i_{m3})-u_{S1}=0\\R_2(i_{m3}-i_{m1})+R_3(i_{m3}-i_{m2})+u_{S2}=0\end{cases}\tag{3.14}$$

整理，可得

$$\begin{cases}(R_1+R_2+R_4)i_{m1}-R_1i_{m2}-R_2i_{m3}=0\\-R_1i_{m1}+(R_1+R_3)i_{m2}-R_3i_{m3}=u_{S1}\\-R_2i_{m1}-R_3i_{m2}+(R_2+R_3)i_{m3}=-u_{S2}\end{cases}\tag{3.15}$$

这就是利用网孔电流法对图3-4所列写的方程组，相当于用网孔电流 i_{m1}、i_{m2}、i_{m3} 替换了式(3.13)中的 i_4、i_5、i_6。

将式(3.15)写为一般形式

$$\begin{cases}R_{11}i_{m1}+R_{12}i_{m2}+R_{13}i_{m3}=u_{Sm1}\\R_{21}i_{m1}+R_{22}i_{m2}+R_{23}i_{m3}=u_{Sm2}\\R_{31}i_{m1}+R_{32}i_{m2}+R_{33}i_{m3}=u_{Sm3}\end{cases}\tag{3.16}$$

说明：

1）R_{11}、R_{22}、R_{33} 分别称为网孔1、2、3的自电阻，其值分别为各自网孔内所有电阻之和，如 $R_{11}=R_1+R_2+R_4$。

2）其余电阻均为互电阻，如 R_{12} 称为网孔1与网孔2的互电阻，它是这两个网孔的公有电阻，如 $R_{12}=R_1$，等等。互电阻前面的正负号由该两个网孔电流流过公有电阻的方向是相同还是相反决定，如流过 R_1 的网孔电流 i_{m1} 与 i_{m2} 方向相反。若各网孔电流的参考方向均取顺时针或逆时针，则所有互电阻取负值。

3）u_{Sm1}、u_{Sm2}、u_{Sm3}分别为网孔 1、2、3 中各电压源电压升的代数和。

具有 k 个网孔的电路，网孔方程的形式为

$$\begin{cases} R_{11}i_{m1}+R_{12}i_{m2}+\cdots+R_{1k}i_{mk}=u_{Sm1} \\ R_{21}i_{m1}+R_{22}i_{m2}+\cdots+R_{2k}i_{mk}=u_{Sm2} \\ \vdots \\ R_{k1}i_{m1}+R_{k2}i_{m2}+\cdots+R_{kk}i_{mk}=u_{Smk} \end{cases} \tag{3.17}$$

式(3.17)中各符号的意义参见式(3.16)的说明。

网孔分析法只适用于平面电路。

【例 3.3】 利用网孔电流法求解图 3-5 所示电路的各支路电流。已知 $R_1=3\Omega$，$R_2=2\Omega$，$R_3=6\Omega$，$u_{S1}=12V$，$u_{S2}=4V$。

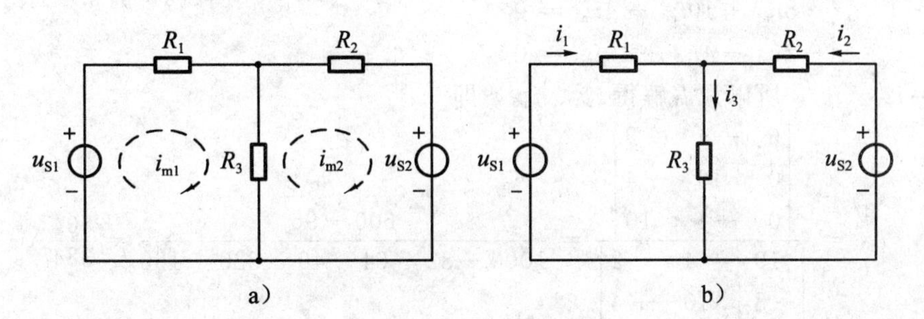

图 3-5　例 3.3 的图

解： 设题图 3-5 中两个网孔电流分别为 i_{m1} 与 i_{m2}，并假定它们的参考方向均为顺时针方向，如图 3-5a 所示。

网孔 1 的自电阻为 $R_{11}=R_1+R_3$，网孔 1、2 的互电阻为 $R_{12}=R_{21}=-R_3$，网孔 2 的自电阻为 $R_{22}=R_2+R_3$。

按照网孔电流法，列写网孔方程为

$$\begin{cases} (3+6)i_{m1}-6i_{m2}=12 \\ -6i_{m1}+(2+6)i_{m2}=-4 \end{cases} \Rightarrow \begin{cases} 9i_{m1}-6i_{m2}=12 \\ -6i_{m1}+8i_{m2}=-4 \end{cases}$$

解之，得

$$i_{m1}=\frac{\begin{vmatrix} 12 & -6 \\ -4 & 8 \end{vmatrix}}{\begin{vmatrix} 9 & -6 \\ -6 & 8 \end{vmatrix}}=\frac{96-24}{72-36}=\frac{72}{36}=2A$$

$$i_{m2}=\frac{\begin{vmatrix} 9 & 12 \\ -6 & -4 \end{vmatrix}}{\begin{vmatrix} 9 & -6 \\ -6 & 8 \end{vmatrix}}=\frac{-36+72}{72-36}=\frac{36}{36}=1A$$

设各支路电流如图 3-5b 所示，于是，有

$$i_1=i_{m1},\quad i_2=i_{m2},\quad i_3=i_{m1}-i_{m2}$$

即

$$i_1=2A,\quad i_2=1A,\quad i_3=2-1=1A$$

【例 3.4】 用网孔电流法求解图 3-6 所示电路中的 i_2。

解： 三个网孔电流及其参考方向如图 3-6 所示。为方便起见，网孔电流的参考方向均取顺时针方向。另外，图中所含受控源作独立源处理，受控源的控制量以网孔电流来表示，需引入附加方程。于是，有

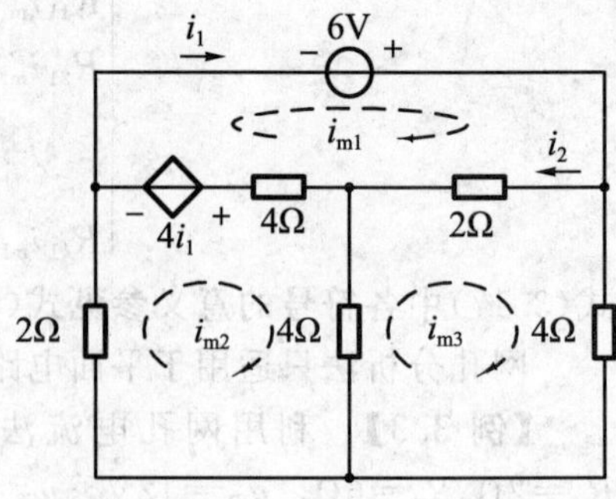

图 3-6 例 3.4 的图

$$\begin{cases}(2+4)i_{m1}-4i_{m2}-2i_{m3}=6-4i_1\\-4i_{m1}+(2+4+4)i_{m2}-4i_{m3}=4i_1\\-2i_{m1}-4i_{m2}+(2+4+4)i_{m3}=0\\i_1=i_{m1}\end{cases}$$

整理，得

$$\begin{cases}10i_{m1}-4i_{m2}-2i_{m3}=6\\-8i_{m1}+10i_{m2}-4i_{m3}=0\\-2i_{m1}-4i_{m2}+10i_{m3}=0\end{cases}$$

因为 $i_2=i_{m1}-i_{m3}$，所以只需解得 i_{m1}、i_{m3}，即

$$i_{m1}=\frac{\begin{vmatrix}6&-4&-2\\0&10&-4\\0&-4&10\end{vmatrix}}{\begin{vmatrix}10&-4&-2\\-8&10&-4\\-2&-4&10\end{vmatrix}}=\frac{600-96}{1000-32-64-40-320-160}=\frac{504}{384}\text{A}$$

$$i_{m3}=\frac{\begin{vmatrix}10&-4&6\\-8&10&0\\-2&-4&0\end{vmatrix}}{\begin{vmatrix}10&-4&-2\\-8&10&-4\\-2&-4&10\end{vmatrix}}=\frac{192+120}{1000-32-64-40-320-160}=\frac{312}{384}\text{A}$$

因此有 $i_2=i_{m1}-i_{m3}=0.5\text{A}$。

【例 3.5】 用网孔电流法计算图 3-7 所示电路中的电流 i。

解： 三个网孔电流及其顺时针的参考方向如图 3-7 所示。因为网孔电流法实质上列写的是电压方程，所以需假设图 3-7 中独立电流源的端电压，设为 u，参考方向如图 3-7 所示。这样在列写的网孔电流方程里出现了第 4 个未知数，所以，须引入附加方程。

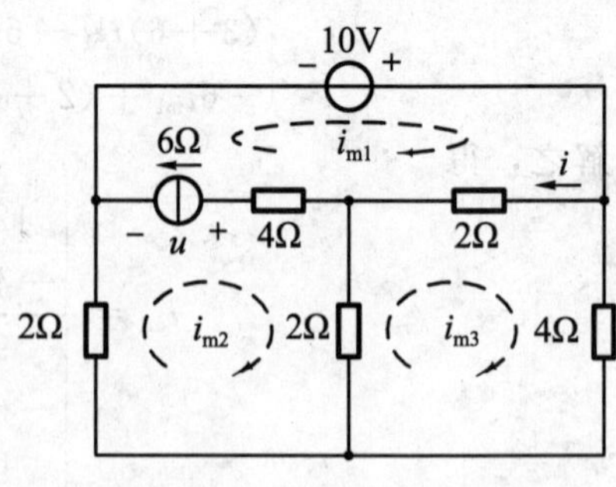

图 3-7 例 3.5 的图

利用网孔电流法列写的方程组和附加方程如下：

$$\begin{cases}(2+4)i_{m1}-4i_{m2}-2i_{m3}=10-u\\-4i_{m1}+(2+2+4)i_{m2}-2i_{m3}=u\\-2i_{m1}-2i_{m2}+(2+2+4)i_{m3}=0\\i_{m1}-i_{m2}=6\end{cases}\Rightarrow\begin{cases}u+2i_{m1}-2i_{m3}=-14\\-u+4i_{m1}-2i_{m3}=48\\-4i_{m1}+8i_{m3}=-12\end{cases}$$

解之，得

$$i_{m1}=\frac{\begin{vmatrix}1 & -14 & -2\\ -1 & 48 & -2\\ 0 & -12 & 8\end{vmatrix}}{\begin{vmatrix}1 & 2 & -2\\ -1 & 4 & -2\\ 0 & -4 & 8\end{vmatrix}}=\frac{384-24+112-24}{32-8+16-8}=\frac{224}{32}=7\text{A}$$

$$i_{m3}=\frac{\begin{vmatrix}1 & 2 & -14\\ -1 & 4 & 48\\ 0 & -4 & -12\end{vmatrix}}{\begin{vmatrix}1 & 2 & -2\\ -1 & 4 & -2\\ 0 & -4 & 8\end{vmatrix}}=\frac{-48-56-24+192}{32-8+16-8}=\frac{64}{32}=2\text{A}$$

因此有 $i=i_{m1}-i_{m3}=5\text{A}$。

网孔电流法分析电路的一般步骤：

1）标出每个网孔电流及其参考方向；

2）计算每个网孔的自电阻、互电阻以及沿网孔电流绕行方向电压源电压升的代数和，据此写出$[b-(n-1)]$个网孔方程；

3）若电路中含受控源，则将其作为独立源处理，需引入相应的附加方程；

4）若电流源位于两个网孔的公共支路，则需设该电流源的端电压，并引入相应的附加方程；若电流源位于网孔外围，则该网孔的网孔电流取该电流源的电流值；

5）联立求解上述方程式，求得网孔电流；

6）根据电路中待求量与网孔电流的关系，进一步求解。

3.4　节点分析法

从上两节的讨论中我们知道，对于具有 b 条支路、n 个节点的电路来说，如果采用支路分析法，或以支路电流或以支路电压为第一求解对象，均需要列写 b 个方程；如果采用网孔分析法，则以网孔电流为第一求解对象，需要列写$[b-(n-1)]$个方程，从而使求解过程变得简单。本节将从电路中的节点入手讨论一种电路分析方法——节点分析法。

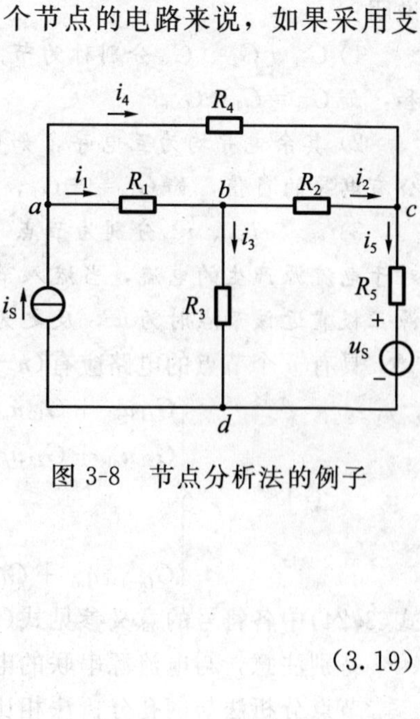

我们先来看一个例子。电路如图 3-8 所示，其中有 4 个节点 a、b、c、d，只有 3 个节点是独立的。比如，若列写 a、b、c 三个独立节点的 KCL，则有

$$\begin{cases}i_S-i_1-i_4=0\\ i_1-i_2-i_3=0\\ i_2+i_4-i_5=0\end{cases}\tag{3.18}$$

图 3-8　节点分析法的例子

根据元件约束，将式(3.18)以元件端电压来表示，则有

$$\begin{cases}i_S-\dfrac{u_{ab}}{R_1}-\dfrac{u_{ac}}{R_4}=0\\[2ex] \dfrac{u_{ab}}{R_1}-\dfrac{u_{bc}}{R_2}-\dfrac{u_{bd}}{R_3}=0\\[2ex] \dfrac{u_{bc}}{R_2}+\dfrac{u_{ac}}{R_4}-\dfrac{u_{cd}-u_S}{R_5}=0\end{cases}\tag{3.19}$$

或者

$$\begin{cases} i_S - G_1 u_{ab} - G_4 u_{ac} = 0 \\ G_1 u_{ab} - G_2 u_{bc} - G_3 u_{bd} = 0 \\ G_2 u_{bc} + G_4 u_{ac} - G_5 (u_{cd} - u_S) = 0 \end{cases} \tag{3.20}$$

以式(3.20)为例，这是以 a、b、c 三个独立节点列写的 KCL，现把节点 d 设为电路的电位参考点，定义 a、b、c 三个节点对节点 d 的电压为节点电压(在 1.8 节中称为电位)，并假定节点电压为电压降，分别表示为 u_a、u_b、u_c。于是，式(3.20)可以三个节点电压表示为

$$\begin{cases} i_S - G_1(u_a - u_b) - G_4(u_a - u_c) = 0 \\ G_1(u_a - u_b) - G_2(u_b - u_c) - G_3 u_b = 0 \\ G_2(u_b - u_c) + G_4(u_a - u_c) - G_5(u_c - u_S) = 0 \end{cases} \tag{3.21}$$

整理，得

$$\begin{cases} (G_1 + G_4)u_a - G_1 u_b - G_4 u_c = i_S \\ -G_1 u_a + (G_1 + G_2 + G_3)u_b - G_2 u_c = 0 \\ -G_4 u_a - G_2 u_b + (G_2 + G_4 + G_5)u_c = G_5 u_S \end{cases} \tag{3.22}$$

这就是以节点电压 u_a、u_b、u_c 为第一求解对象的三个方程，即图 3-8 的节点电压方程组。显然，这三个方程是独立方程组，并且解得这三个节点电压，便可以求出电路中所有的支路电压和支路电流。

将式(3.22)写为一般形式

$$\begin{cases} G_{11} u_{n1} + G_{12} u_{n2} + G_{13} u_{n3} = i_{Sn1} \\ G_{21} u_{n1} + G_{22} u_{n2} + G_{23} u_{n3} = i_{Sn2} \\ G_{31} u_{n1} + G_{32} u_{n2} + G_{33} u_{n3} = i_{Sn3} \end{cases} \tag{3.23}$$

说明：

1) G_{11}、G_{22}、G_{33} 分别称为节点 1、2、3 的自电导，其值分别为各节点上所有电导之和，如 $G_{11} = G_1 + G_4$。

2) 其余电导均为互电导，如 G_{12} 称为节点 1 与节点 2 的互电导，它是这两个节点间的公有电导的负值，如 $G_{12} = -G_1$，等等，所有互电导取负值。

3) i_{Sn1}、i_{Sn2}、i_{Sn3} 分别为节点 1、2、3 由电流源和电压源所流入电流的代数和。其中，对于电流源产生的电流，当流入节点时为正，反之为负；对于电压源产生的电流，当电压源正极靠近该节点时为正，反之为负。

具有 n 个节点的电路应有$(n-1)$个节点电压，节点方程的形式为

$$\begin{cases} G_{11} u_{n1} + G_{12} u_{n2} + \cdots + G_{1(n-1)} u_{n(n-1)} = i_{Sn1} \\ G_{21} u_{n1} + G_{22} u_{n2} + \cdots + G_{2(n-1)} u_{n(n-1)} = i_{Sn2} \\ \qquad \vdots \\ G_{(n-1)1} u_{n1} + G_{(n-1)2} u_{n2} + \cdots + G_{(n-1)(n-1)} u_{n(n-1)} = i_{Sn(n-1)} \end{cases} \tag{3.24}$$

式(3.24)中各符号的意义参见式(3.23)的说明。

特别注意，与电流源串联的电阻不能计入自电导和互电导之中。

节点分析法与网孔分析法相比，当电路的独立节点数少于网孔数时，前者联立的方程数少些，易于求解；当电路中的已知电源为电流源时，前者较为方便；当电路中的已知电

源为电压源时，后者较为方便。另外，节点分析法对平面和非平面电路都适用，而网孔分析法只适用于平面电路。

【例 3.6】 电路如图 3-4 所示。已知 $R_1=5\Omega$，$R_2=2\Omega$，$R_3=R_4=10\Omega$，$u_{S1}=10V$，$u_{S2}=4V$。用节点分析法，求各支路电流。

解： 观察可知电路中有 4 个节点，若选节点 d 为零电位参考点，则节点 a、b、c 为独立节点，且节点 a、c 的电位 u_a、u_c 为已知，因此，只需求出节点 b 的电位 u_b，便可求得各支路电流，如图 3-9 所示。

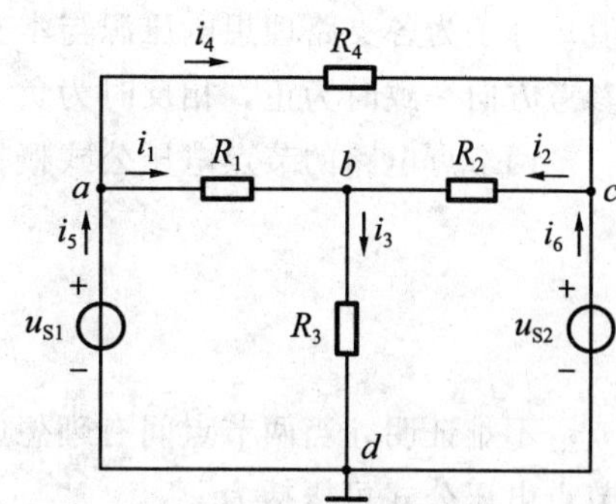

图 3-9　例 3.6 的图

节点 b 的节点方程为

$$-\frac{1}{R_1}u_a+\left(\frac{1}{R_1}+\frac{1}{R_2}+\frac{1}{R_3}\right)u_b-\frac{1}{R_2}u_c=0$$

整理，得

$$u_b=\frac{\dfrac{1}{R_1}u_a+\dfrac{1}{R_2}u_c}{\dfrac{1}{R_1}+\dfrac{1}{R_2}+\dfrac{1}{R_3}}$$

将 $u_a=u_{S1}=10V$，$u_c=u_{S2}=4V$，以及各电阻值代入上式，得

$$u_b=\frac{\dfrac{1}{5}\times 10+\dfrac{1}{2}\times 4}{\dfrac{1}{5}+\dfrac{1}{2}+\dfrac{1}{10}}=\frac{4}{0.8}=5V$$

各支路电流分别为

$$i_1=\frac{u_a-u_b}{R_1}=\frac{10-5}{5}=1A;$$

$$i_2=\frac{u_c-u_b}{R_2}=\frac{4-5}{2}=-0.5A;$$

$$i_3=\frac{u_b}{R_3}=\frac{5}{10}=0.5A;$$

$$i_4=\frac{u_a-u_c}{R_4}=\frac{10-4}{10}=0.6A;$$

$$i_5=i_1+i_4=1+0.6=1.6A;$$

$$i_6=i_2-i_4=-0.5-0.6=-1.1A。$$

可见，恰当选择零电位参考点，可简化求解过程。

【例 3.7】 多支路两节点电路如图 3-10 所示，试确定电路的节点电压 u_a。

解： 电路有 a、b 两个节点，选节点 b 为零电位参考点。设 R_1、R_2 所在支路的电流分别为 i_1、i_2。根据节点分析法，节点 a 的节点电压方程为

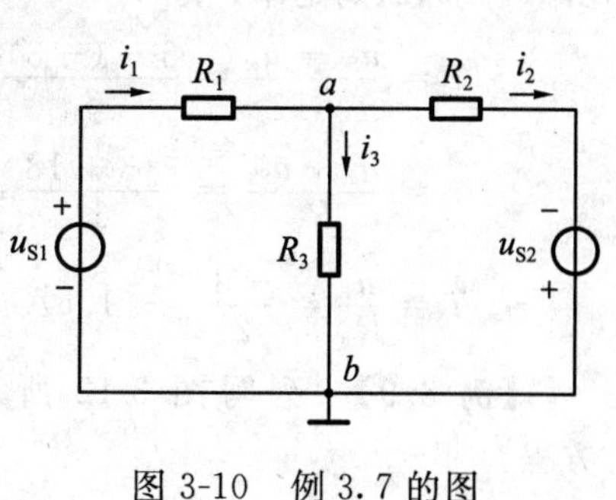

图 3-10　例 3.7 的图

$$\frac{1}{R_3}u_a=i_1-i_2$$

而 $i_1=\dfrac{u_{S1}-u_a}{R_1}$ 和 $i_2=\dfrac{u_a+u_{S2}}{R_2}$，代入上式，整理，得

$$\left(\frac{1}{R_1}+\frac{1}{R_2}+\frac{1}{R_3}\right)u_a=\frac{u_{S1}}{R_1}-\frac{u_{S2}}{R_2}$$

也可以按照列写节点电压方程的方法直接得到此式。因此电路的节点电压 u_a 为

$$u_a=\frac{\dfrac{u_{S1}}{R_1}-\dfrac{u_{S2}}{R_2}}{\dfrac{1}{R_1}+\dfrac{1}{R_2}+\dfrac{1}{R_3}} \tag{3.25}$$

多支路两节点电路是较常见的一种电路结构，式(3.25)给出了该电路节点电压的计算公式，即，式中分母为两节点间各支路的理想电压源为零后的电阻的倒数之和，且均为正值；分子为各支路理想电压源与本支路电阻之比的代数和——当理想电压源与节点电压的参考方向一致时为正，相反时为负。

两节点电路的节点电压公式概括为

$$u=\frac{\sum\dfrac{u_S}{R}}{\sum\dfrac{1}{R}} \tag{3.26}$$

不难证明，当两节点间有理想电流源支路或理想电流源与电阻串联时，两节点电路的节点电压公式可概括为

$$u=\frac{\sum\dfrac{u_S}{R}+\sum i_S}{\sum\dfrac{1}{R}} \tag{3.27}$$

式中，分子中的 $\sum i_S$ 为理想电流源的代数和——当理想电流源流入节点时为正，当流出节点时为负；分母中不计入与理想电流源串联的电阻。

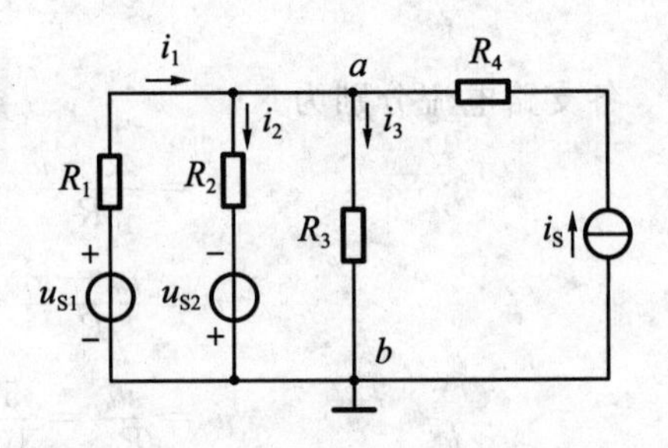

图 3-11 例 3.8 的图

【例 3.8】 用节点分析法求图 3-11 电路中各支路的电流。已知 $u_{S1}=6V$，$u_{S2}=18V$，$i_S=-2A$，$R_1=3\Omega$，$R_2=6\Omega$，$R_3=R_4=2\Omega$。

解：取电路中 b 点为参考点，以 u_a 表示节点 a 的节点电压，根据式(3.27)，可求得节点电压 u_a 为

$$u_a=\frac{\dfrac{u_{S1}}{R_1}-\dfrac{u_{S2}}{R_2}+i_S}{\dfrac{1}{R_1}+\dfrac{1}{R_2}+\dfrac{1}{R_3}}=\frac{\dfrac{6}{3}-\dfrac{18}{6}-2}{\dfrac{1}{3}+\dfrac{1}{6}+\dfrac{1}{2}}=-3V$$

由 KVL 和欧姆定律，得

$$i_1=\frac{u_{S1}-u_a}{R_1}=\frac{6-(-3)}{3}=3A$$

$$i_2=\frac{u_a+u_{S2}}{R_2}=\frac{-3+18}{6}=2.5A$$

$$i_3=\frac{u_a}{R_3}=\frac{-3}{2}=-1.5A$$

【例 3.9】 列写图 3-12 所示电路的节点方程。

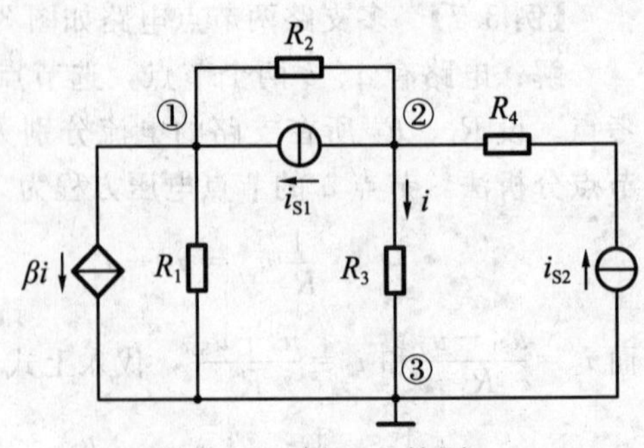

图 3-12 例 3.9 的图

解：节点 3 选为参考点，列写节点 1、2 的节点方程。在列写节点方程时需注意，电路中的受控源可作为独立源处理，但需找出受控源的控制量与节点电压之间的关系，即附加方程；电阻 R_4 与电流源 i_{S2} 串联，R_4 视为多余电阻。据此，可得节点方程

$$\begin{cases}\left(\dfrac{1}{R_1}+\dfrac{1}{R_2}\right)u_{n1}-\dfrac{1}{R_2}u_{n2}=i_{S1}-\beta i\\ -\dfrac{1}{R_2}u_{n1}+\left(\dfrac{1}{R_2}+\dfrac{1}{R_3}\right)u_{n2}=i_{S2}-i_{S1}\end{cases}$$

附加方程

$$i=\frac{u_{n2}}{R_3}$$

三个方程联立求解，先将附加方程代入节点方程，消去 i，即可解得节点电压 u_{n1} 和 u_{n2}。

【例 3.10】 列写图 3-13 所示电路的节点方程。

解：若选择节点 d 为参考点，则节点 a 的节点电压为已知，$u_a=u_S$。若受控电压源处于两独立节点之间，则需设该电压源的电流为 i_x。节点 b、c 的节点电压方程为

$$\begin{cases}-\dfrac{1}{R_1}u_S+\left(\dfrac{1}{R_1}+\dfrac{1}{R_2}\right)u_b=i_x\\ \dfrac{1}{R_3}u_c=\beta i-i_x\end{cases}$$

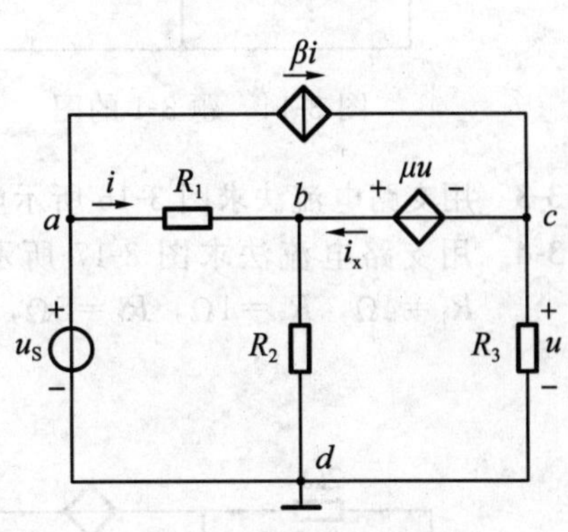

图 3-13　例 3.10 的图

两个受控源需两个附加方程，增设电流 i_x 需一个附加方程，共计三个附加方程，即

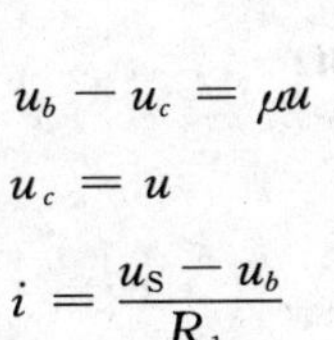

$$u_b-u_c=\mu u$$

$$u_c=u$$

$$i=\frac{u_S-u_b}{R_1}$$

这样，使总的方程数等于总的未知量数，即可求解。

节点电压法分析电路的一般步骤：

1）选取电路中的一个节点为参考点，其他节点的电压分别记为 u_{n1}，u_{n2}，…；

2）计算每个节点的自电导、互电导以及与相应节点相连的电流源流入的代数和，据此写出$(n-1)$个节点方程；

3）若电路中含受控源，则将其作为独立源处理，需将控制量用待求的节点电压来表示，以作为相应的附加方程；

4）a)若理想电压源位于两个独立节点之间，则需设该电压源的电流 i，并用该电压源的电压等于这两个节点的节点电压之差作为相应的附加方程；b)若理想电压源位于独立节点和参考点之间时，则该独立节点的节点电压取该电压源的电压值，即为已知量，这样电路的节点方程数可以减少一个；c)若支路中为实际电压源，即理想电压源与电阻串联，则需将其等效变换为实际电流源，即理想电流源与电阻并联；

5）联立求解上述方程式，求得节点电压；

6）根据电路中待求量与节点电压的关系，进一步求解。

习题

3-1 用支路电流法求图 3-14 所示电路的各支路电流。已知 $u_{S1}=10V$，$u_{S2}=15V$，$R_1=4\Omega$，$R_2=18\Omega$，$R_3=4\Omega$。

3-2 用支路电流法求图 3-15 所示电路中的各支路电流，分析电路的功率平衡问题。

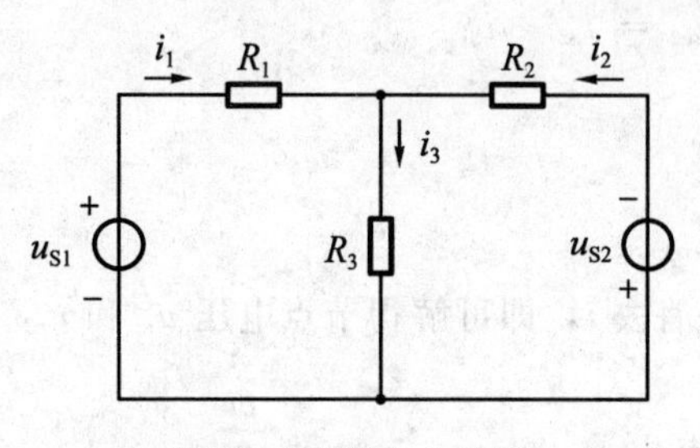

图 3-14 题 3-1 的图

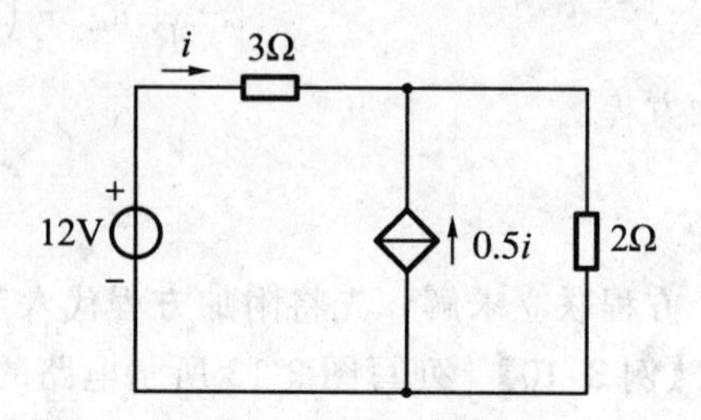

图 3-15 题 3-2 的图

3-3 用支路电流法求图 3-16 所示电路中的各支路电流和电压 u。

3-4 用支路电流法求图 3-17 所示电路中的各支路电流。已知 $u_{S1}=10V$，$u_{S2}=20V$，$R_1=4\Omega$，$R_2=1\Omega$，$R_4=5\Omega$，$R_3=R_5=R_6=3\Omega$。

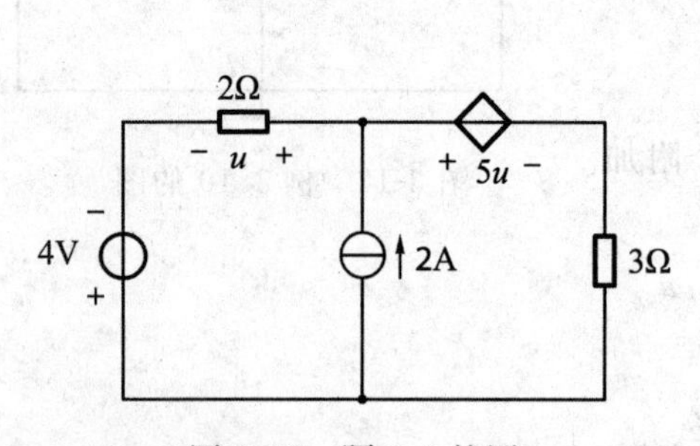

图 3-16 题 3-3 的图

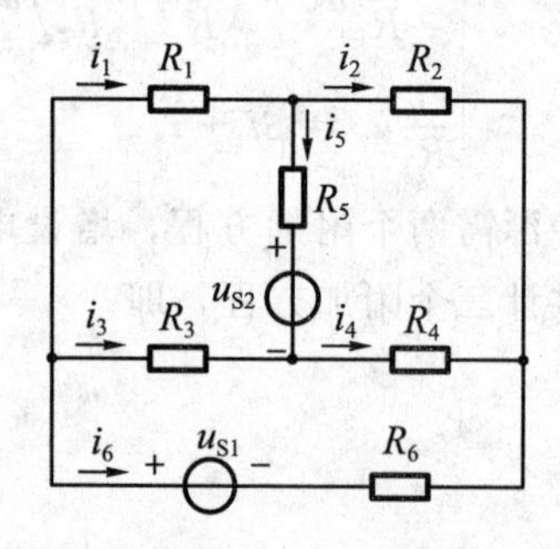

图 3-17 题 3-4 的图

3-5 电路如图 3-18 所示，试求 ab 两点的短路电流 I_{ab}。已知 $U=30V$，$R_1=R_4=10\Omega$，$R_2=R_3=20\Omega$。

3-6 用网孔分析法求解图 3-17 所示电路中的各支路电流。

3-7 用网孔分析法求解图 3-19 所示电路中的各支路电流。已知 $R_1=2\Omega$，$R_2=4\Omega$，$R_3=6\Omega$，$R_4=3\Omega$，$i_{S1}=1A$，$i_{S2}=3.6A$。

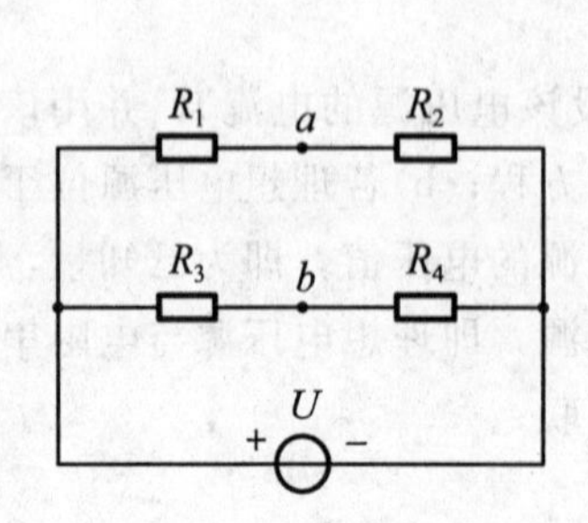

图 3-18 题 3-5 的图

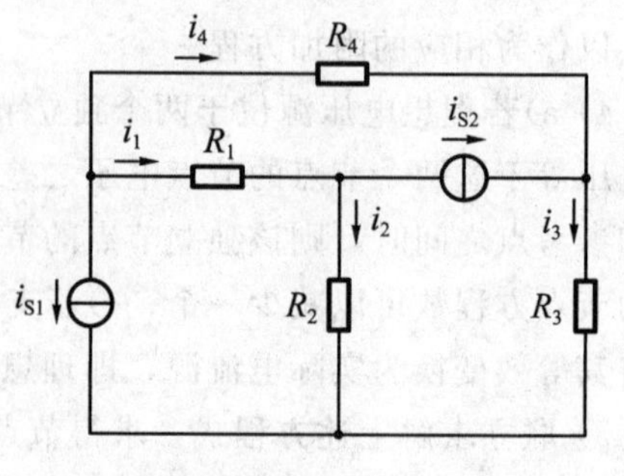

图 3-19 题 3-7 的图

3-8　用网孔分析法求图 3-20 所示电路中的电压 u_1 和 u_2。

3-9　试根据电路的网孔方程，画出相应的最简电路。

$$\begin{cases}(R_1+R_3+R_4)i_{m1}-R_3i_{m2}-R_4i_{m3}=0\\-R_3i_{m1}+(R_2+R_3+R_5)i_{m2}-R_5i_{m3}=u_{S1}\\-R_4i_{m1}-R_5i_{m2}+(R_4+R_5+R_6)i_{m3}=u_{S2}\end{cases}$$

3-10　用网孔分析法求图 3-21 所示电路中的电流 I。

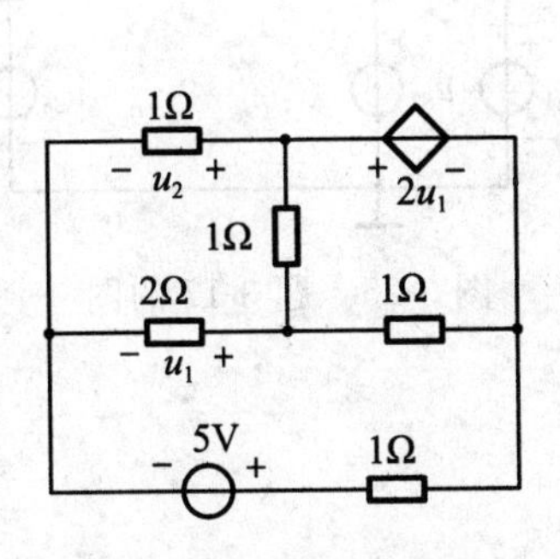

图 3-20　题 3-8 的图

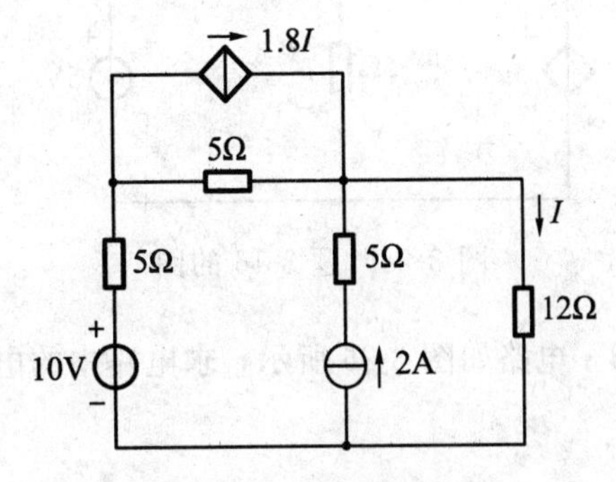

图 3-21　题 3-10 的图

3-11　用节点分析法求解题 3-2。

3-12　用节点分析法求解题 3-3。

3-13　试根据电路的节点方程，画出相应的最简电路。

$$\begin{cases}(G_1+G_4)u_1-G_1u_2-G_4u_3=i_{S1}\\-G_1u_1+(G_1+G_2+G_3)u_2-G_3u_3=0\\-G_4u_1-G_3u_2+(G_3+G_4)u_3=i_{S2}\end{cases}$$

3-14　用节点分析法求图 3-22 所示电路中 a 点的电位。

3-15　用节点分析法求图 3-23 所示电路中的电压 u 和电流 i。

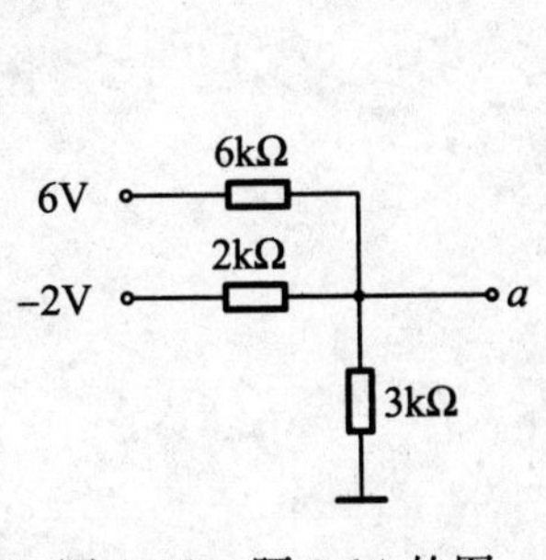

图 3-22　题 3-14 的图

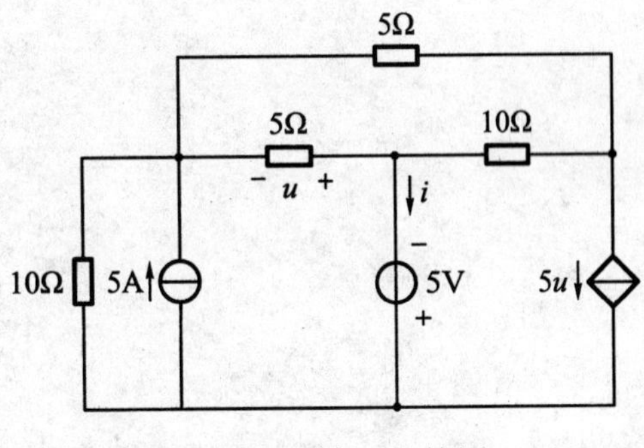

图 3-23　题 3-15 的图

3-16　用节点分析法求图 3-24 所示电路中的电压 u 和电流 i。

3-17　电路如图 3-25 所示，证明电路的节点电压为

$$u_n=\frac{\sum_{i=1}^{n}G_iu_{Si}}{\sum_{i=1}^{n}G_i}$$

式中，$G_i=\dfrac{1}{R_i}$。此式为弥尔曼定理。

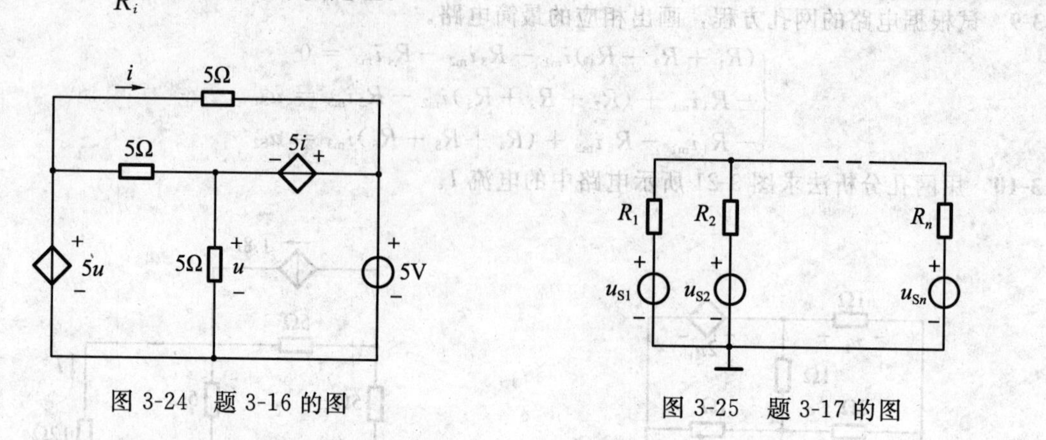

图 3-24 题 3-16 的图

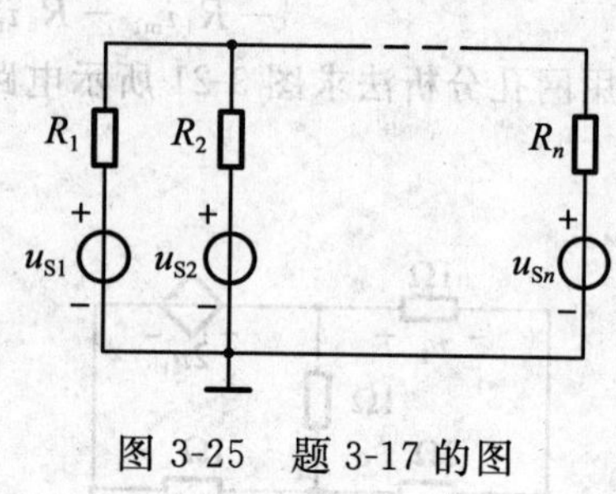

图 3-25 题 3-17 的图

3-18 电路如图 3-26 所示，求电路中的电压 u 和电流 i。

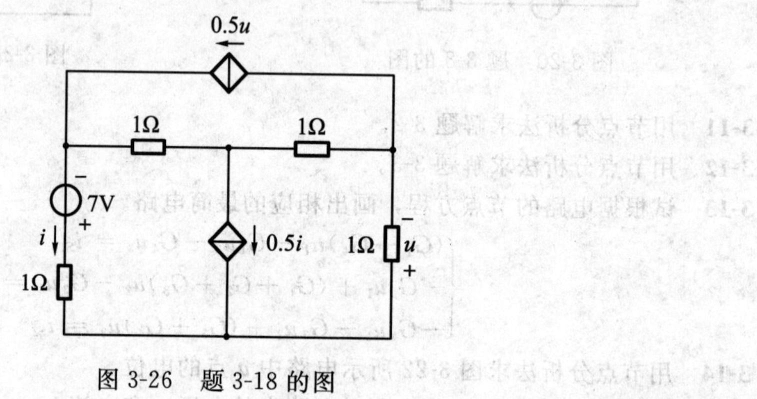

图 3-26 题 3-18 的图

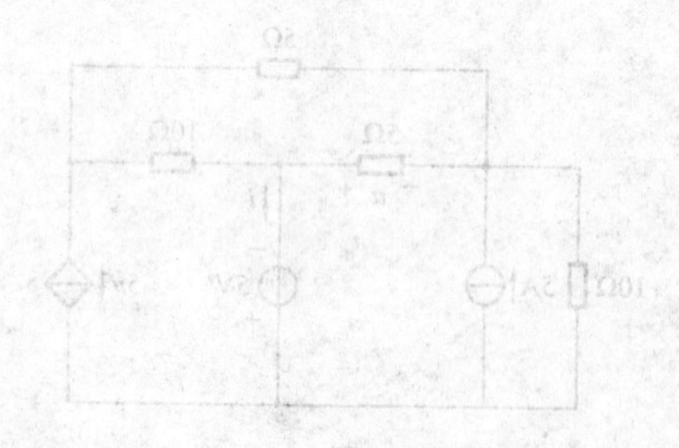

第4章　电路定理

前面章节讲述了电路的两类约束，它是解决集总电路问题的基本依据，在此基础上，讨论了电路分析的基本方法，并对线性电阻电路进行了分析和计算，掌握了处理任何集总电路的原则和思路。但在实际问题中，我们还需要掌握线性电路的性质，以便能够更好地分析、计算电路。本章根据线性电路的性质，将介绍由此总结出来的一些电路定理，主要有齐次定理、叠加定理、置换定理、戴维南定理、诺顿定理、互易定理、对偶原理和特勒根定理等。

4.1　齐次定理

由线性元件和独立源组成的电路称为线性电路，其中的独立源作为电路的输入，对电路起激励作用，所有其他线性元件的电压、电流则为激励引起的响应(输出)。那么，线性电路中的响应与激励(或输出与输入)之间是什么关系呢？

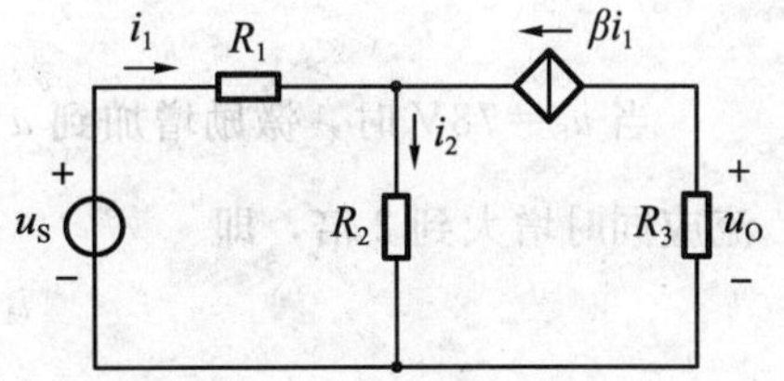

【例 4.1】　如图 4-1 所示，这是一个单一激励的线性电路，试求电路中的输出电压 u_O。

图 4-1　例 4.1 的图

解：根据图 4-1 容易写出

$$u_O = -\beta i_1 R_3$$

$$u_S = i_1 R_1 + (1+\beta) i_1 R_2$$

由此二式，可得输出电压与输入电压的关系为

$$u_O = -\frac{\beta R_3}{R_1 + (1+\beta) R_2} u_S \tag{4.1}$$

由于 R_1、R_2、R_3 和 β 为常数，因此式(4.1)为线性关系，可表示为

$$u_O = K u_S \tag{4.2}$$

式中，K 为常数。同理，可求得该电路中其他的电压或电流对激励也是线性关系。

例 4.1 表明，在线性电路中，当激励 u_S 增大 m 倍时，电路中的响应(即其他的电压或电流)也随之增大 m 倍。这样的性质称为线性电路的“比例性”或“齐次性”。

齐次定理：在单一激励(独立电压源或独立电流源)的线性电路中，其任意支路的响应(电压或电流)与该激励成正比。

若以 w 表示单一激励，以 y 表示任意支路的响应，则有

$$y = Hw \tag{4.3}$$

式中，H 为一实数，称为网络函数。

对于多个激励的线性电路，齐次定理表述为：在多个激励的线性电路中，当所有激励同时增大到 a(a 为任意常数)倍时，其电路中任何处的响应(电压或电流)亦增大到 a 倍。

利用线性电路的齐次定理，可以很方便地求解 T 形电路。

【例 4.2】　如图 4-2 所示，已知 u_S=78V 以及各电阻值，求此 T 形电路中各支路电流。

解：各支路电流及其参考方向如图 4-2 所示。假设 $i_5 = i_5' = 1\text{A}$，则有

$$i_4' = \frac{(3+3)i_5'}{3} = 2i_5' = 2\text{A}$$

$$i_3' = i_4' + i_5' = 1 + 2 = 3\text{A}$$

$$i_2' = \frac{3i_3' + (3+3)i_5'}{3} = \frac{3\times3+6\times1}{3} = 5\text{A}$$

$$i_1' = i_2' + i_3' = 5 + 3 = 8\text{A}$$

$$u_S' = 3i_1' + 3i_3' + (3+3)i_5' = 3\times8 + 3\times3 + 6\times1 = 39\text{V}$$

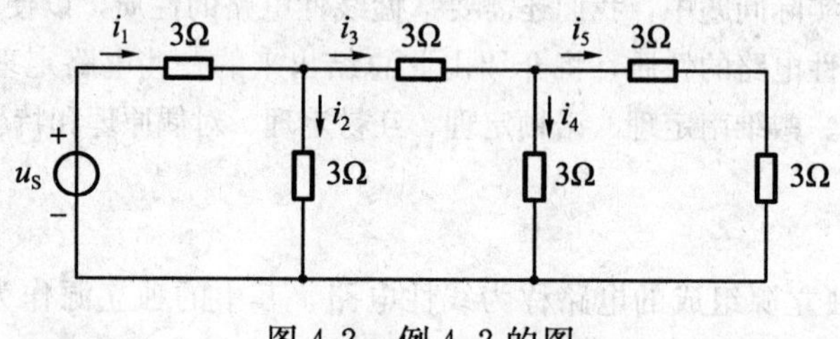

图 4-2 例 4.2 的图

当 $u_S=78\text{V}$ 时，激励增加到 $a=\frac{u_S}{u_S'}=\frac{78}{39}=2$ 倍，根据线性电路的齐次定理，各支路电流应同时增大到 2 倍，即

$$i_1 = 2i_1' = 2\times8 = 16\text{A}$$

$$i_2 = 2i_2' = 2\times5 = 10\text{A}$$

$$i_3 = 2i_3' = 2\times3 = 6\text{A}$$

$$i_4 = 2i_4' = 2\times2 = 4\text{A}$$

$$i_5 = 2i_5' = 2\times1 = 2\text{A}$$

4.2 叠加定理

上一节讨论了线性电路的齐次性，本节将讨论在多个激励的线性电路中响应与激励的关系，即线性电路的叠加性。

【例 4.3】 如图 4-3 所示，这是一个双激励的线性电路，试确定响应 u_O 与双激励的关系。

解：根据节点分析法，直接写出 u_O 为

$$u_O = \frac{\frac{u_S}{R_1}+i_S}{\frac{1}{R_1}+\frac{1}{R_2}} = \frac{R_2}{R_1+R_2}u_S + \frac{R_1R_2}{R_1+R_2}i_S \quad (4.4)$$

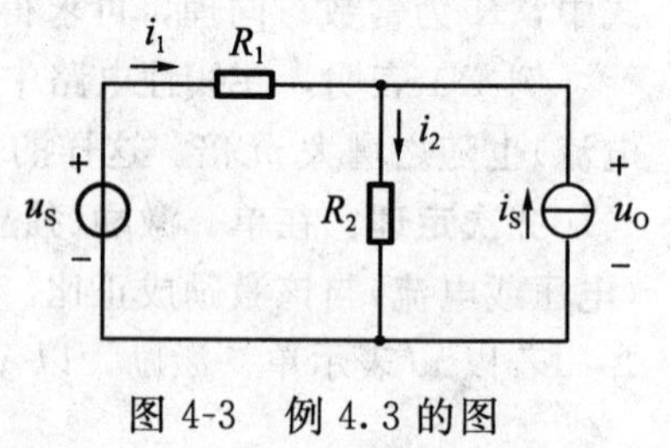

图 4-3 例 4.3 的图

式(4.4)即为响应 u_O 与双激励的关系。

可以看出，u_O 由两项组成，其中每一项又只与某个激励成比例，如第一项是在 $i_S=0$ (即 u_S 单独作用)时所产生的电压 $u_O'=\frac{R_2}{R_1+R_2}u_S=H_1u_S$，$u_O'$ 正比于激励 u_S，如图 4-4a 所示；第二项是在 $u_S=0$(即 i_S 单独作用)时所产生的电压 $u_O''=\frac{R_1R_2}{R_1+R_2}i_S=H_2i_S$，$u_O''$ 正比于激励 i_S，如图 4-4b 所示。式(4.4)也可用网络函数表示为

$$u_O = u'_O + u''_O = H_1 u_S + H_2 i_S \tag{4.5}$$

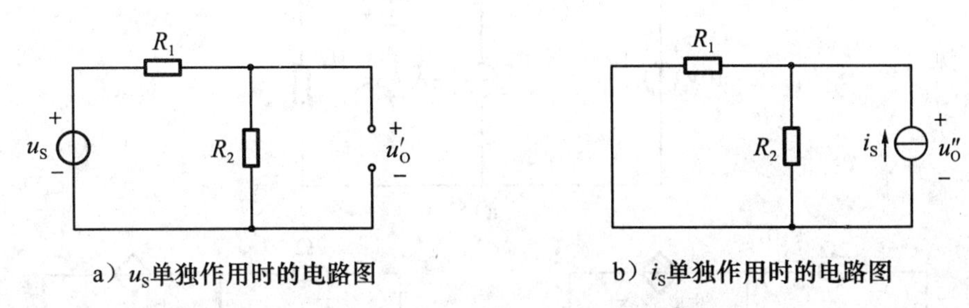

a) u_S单独作用时的电路图　　b) i_S单独作用时的电路图

图 4-4　u_S、i_S 单独作用时的电路图

式中，H_1、H_2 分别为响应 u_O 对激励 u_S、i_S 的网络函数。同理，可确定电路中其他电压或电流对双激励都存在类似的线性关系。

例 4.3 表明，由双激励产生的响应是每一个激励单独作用时产生的响应的和，这样的性质称为线性电路的“叠加性”。

叠加定理：由线性元件、线性受控源及独立源组成的电路中，每一条支路的响应(电压或电流)都可以看成是各个独立源单独作用时，在该支路中产生响应的代数和。

若以 y 表示电路的响应，以 x 表示电路中的各个激励，则有

$$y = \sum_M H_m x_m \tag{4.6}$$

式中，表明电路的独立源的总数为 M，相应的网络函数为 H_m。

叠加的方法作为电路分析的一大基本方法，可使多个激励问题简化为单一激励问题。在应用叠加定理时应注意以下几点。

1）叠加定理仅适用于线性电路求解电压和电流，而不能用来计算功率。

2）应用叠加定理求电压、电流是代数量的叠加，应特别注意各代数量的符号。在叠加时，各分电路中的电压和电流的参考方向若与原电路中的相同，则取正号；若相反，则取负号。分电路中的电压和电流应与原电路中的有所区别，比如，例 4.3 中在符号上加“$'$”或例 4.4 中在符号上加“$^{(1)}$”等。

3）当某一独立源单独作用时，其他独立源都应置零，即独立理想电压源短路，独立理想电流源开路。

4）若电路中含有受控源，当应用叠加定理时，受控源不能单独作用。在独立源每次单独作用时受控源要保留其中，其数值随每一独立源单独作用时控制量数值的变化而变化。

5）叠加的方式是任意的，可以一次使一个独立源单独作用，也可以一次使几个独立源同时作用，方式的选择取决于对分析计算问题简便与否。

【例 4.4】 如图 4-5a 所示，用叠加定理求电路中的电流 i。

解：1）根据各独立源的单独作用，画出各个分电路图，分别如图 4-5b、c 所示。注意受控源保留其中及其受控量和控制量的关系。

2）分别计算各个分电路图。

对图 4-5b，根据 KVL，有

$$10 = 2i^{(1)} + 2i^{(1)} + 1i^{(1)}$$

解之，得

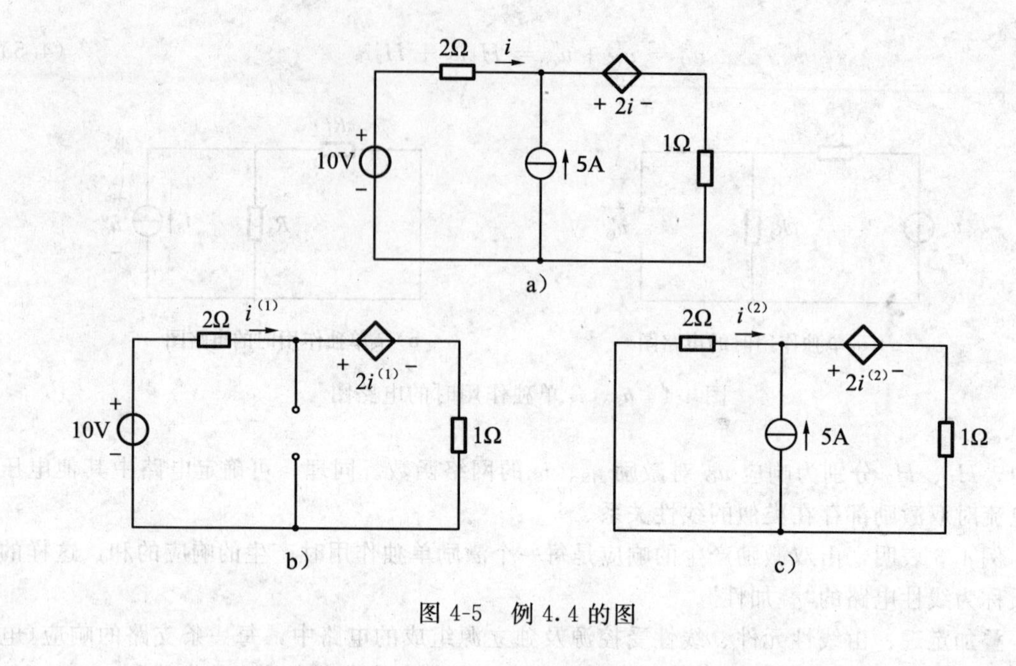

图 4-5 例 4.4 的图

$$i^{(1)} = 2\text{A}$$

对图 4-5c，根据 KVL，有

$$2i^{(2)} = -2i^{(2)} - (5 + i^{(2)}) \times 1$$

解之，得

$$i^{(2)} = -1\text{A}$$

3) 对所求量进行叠加，要注意正负号。由于 $i^{(1)}$ 和 $i^{(2)}$ 与原图中的 i 参考方向一致，因此在叠加时取正号，但代入数据时，其本身还有正负号。

$$i = i^{(1)} + i^{(2)} = 2 + (-1) = 1\text{A}$$

【例 4.5】 用叠加定理求图 4-6 所示电路中的支路电流 i。

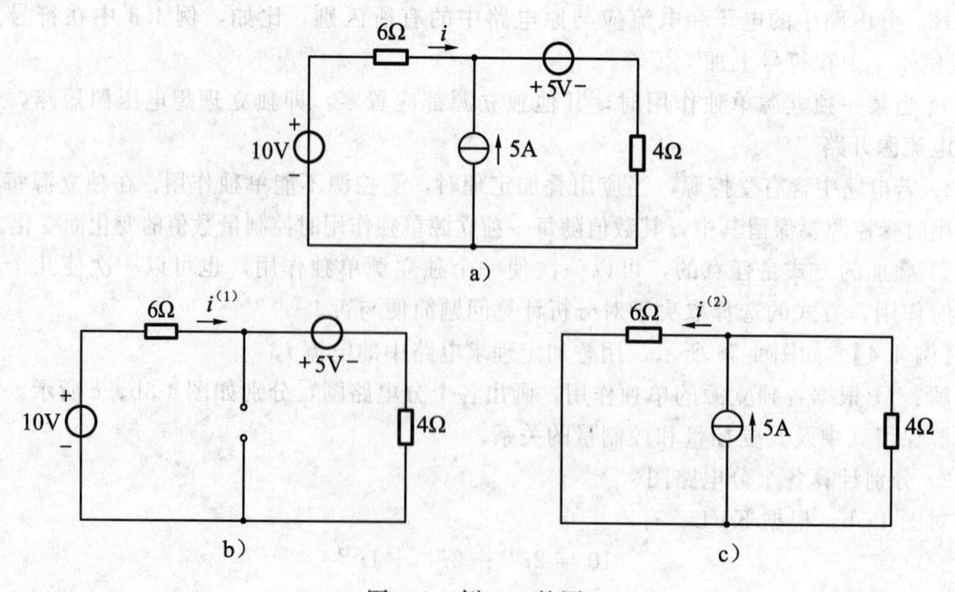

图 4-6 例 4.5 的图

解：选择两个独立电压源为一组单独作用，构成一个电压源串联回路，比较容易计算电流 $i^{(1)}$；选择独立电流源为一组单独作用，构成一个电阻并联电路，也比较易于计算电流 $i^{(2)}$，分别如图 4-6b 和 c 所示。注意分电路中的电流方向与原电路的有所不同。

对图 4-6b，根据 KVL，有

$$i^{(1)} = \frac{10-5}{6+4} = 0.5\text{A}$$

对图 4-6c，根据分流公式，有

$$i^{(2)} = \frac{4}{6+4} \times 5 = 2\text{A}$$

对所求量进行叠加，注意正负号。由于 $i^{(1)}$ 与原图中的 i 参考方向一致，因此在叠加时取正号，而 $i^{(2)}$ 与原图中的 i 参考方向相反，因此在叠加时取负号。

$$i = i^{(1)} - i^{(2)} = 0.5 - 2 = -1.5\text{A}$$

【例 4.6】 如图 4-7 所示，N_0 为不含独立源的线性电阻网络。当 $U_S=5\text{V}$，$I_S=10\text{A}$ 时，$U=60\text{V}$；当 $U_S=-5\text{V}$，$I_S=2\text{A}$ 时，$U=0\text{V}$。画出 N_0 的一种最简电路结构，求当 $U_S=10\text{V}$，$I_S=4\text{A}$ 时，$U=$？并通过仿真验证。

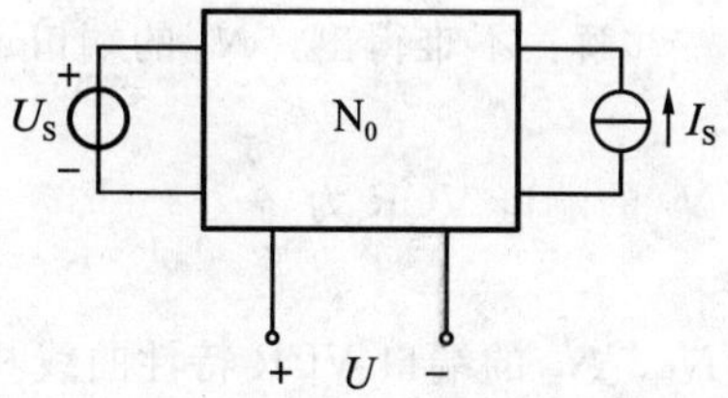

解：由于电路中只有两个独立源，根据式(4.6)，因此有

$$U = H_1U_S + H_2I_S$$

代入已知条件，可得

$$\begin{cases} 5H_1 + 10H_2 = 60 \\ -5H_1 + 2H_2 = 0 \end{cases}$$

图 4-7　例 4.6 的图 1

解之，得 $H_1=2$，$H_2=5$，所以，$U=2U_S+5I_S$。

当 $U_S=10\text{V}$，$I_S=4\text{A}$ 时，有

$$U = 2 \times 10 + 5 \times 4 = 40\text{V}$$

根据 $U=2U_S+5I_S$，画出 N_0 的一种最简电路及其仿真验证，如图 4-8 所示。

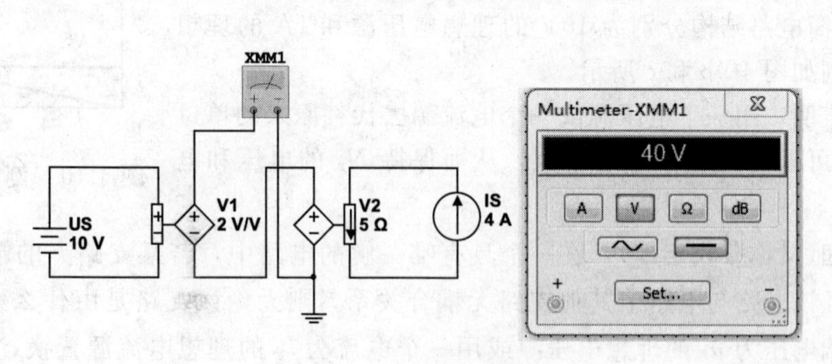

图 4-8　例 4.6 的图 2

4.3　置换定理

上一节讨论了电路的叠加方法，它可使多个激励电路的求解问题化为简单激励电路的求解问题，本节将研究如何使结构复杂电路的求解问题化为结构简单电路的求解问题。前者只适用于线性电路，后者也可用于非线性电路。

先通过一个简单的例子，来说明我们研究问题的思路。

【例 4.7】 如图 4-9 所示，将电路分为 N_1、N_2 两个单口网络，其中，N_1 由 12V 理想电压源和 2Ω 电阻串联组成，N_2 由 10Ω 电阻组成。若保持 N_2 的电压、电流不变，问 N_1 的最简电路结构。

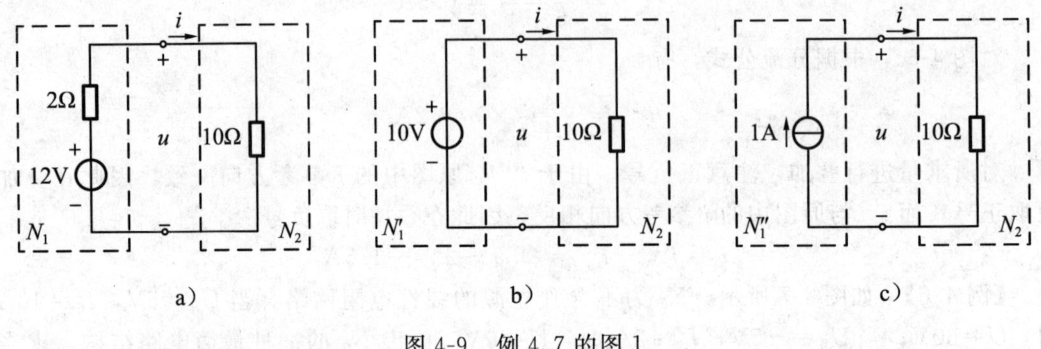

图 4-9 例 4.7 的图 1

解： 不难得出，N_1 的端口 VCR 为

$$u = 12 - 2i$$

N_2 的端口 VCR 为

$$u = 10i$$

N_1、N_2 的端口 VCR 特性曲线相交于 Q 点，该 Q 点称为工作点，如图 4-10 所示，Q 点的坐标为(10V，1A)，即，N_1、N_2 的端口电压和端口电流。我们还可以过 Q 点做出很多斜率不同的直线，用与这些直线对应的电路代替 N_1，都可以保持 N_2 的电压、电流不变。其中 N_1' 和 N_1'' 两条直线所对应的电路是结构最简单的，N_1' 对应的电路为一个理想电压源，N_1'' 对应的电路为一个理想电流源。也就是说，N_1 的最简电路结构分别为 10V 的理想电压源和 1A 的理想电流源，分别如图 4-9b 和 c 所示。

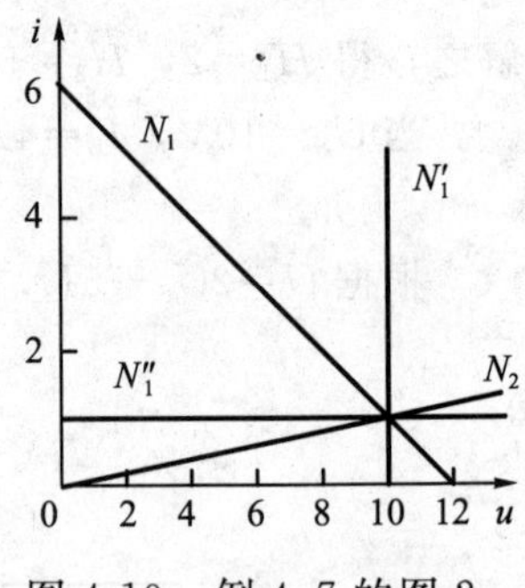

图 4-10 例 4.7 的图 2

例 4.7 表明，用一个电压源或一个电流源去代替原来的单口网络 N_1，都可以使电路的 Q 点不变，从而保持 N_2 的电压和电流不变。

置换定理(又称**替代定理**)：在一个具有唯一解的电路中，若某支路 k 的端电压为 u_k，电流为 i_k，且该支路与电路中其他支路无耦合关系，则无论该支路是由什么元件组成的，都可用一个端电压为 u_k 的理想电压源或用一个电流为 i_k 的理想电流源置换，而不影响原电路中各支路电压、电流的原有数值。

在应用置换定理时应强调以下几点：

1）置换定理对线性和非线性电路均成立，置换前后的电路必须有唯一解；

2）被置换电路可以是单一元件的支路，也可以是由复杂电路构成的单口网络。

3）被置换电路的端口电压或端口电流必须是已知的；

4）被置换电路应与电路中其他支路不存在耦合关系；

5）除被置换的电路以外，电路的其余部分在置换前后应保持不变。

【例 4.8】 电路如图 4-11a 所示，已知 $u=2\text{V}$，试求电阻 R 的阻值。

解：根据题意，只要求得流过 R 中的电流，便可求出其阻值。现用 2V 的理想电压源置换 R，在置换时注意电压的极性，如图 4-11b 所示。

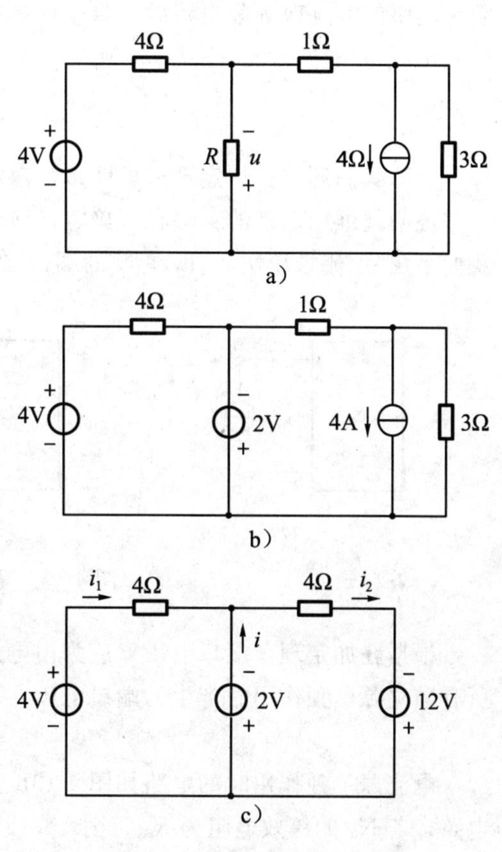

图 4-11 例 4.8 的图

为了求得电流 i，对电路的右边部分进行等效变换，如图 4-11c 所示。据此，可得

$$i=i_2-i_1=\frac{12-2}{4}-\frac{4+2}{4}=1\text{A}$$

于是，有

$$R=\frac{u}{i}=\frac{2}{1}=2\Omega$$

4.4 戴维南定理和诺顿定理

在第 2 章中我们曾经看到，一个含独立源的电阻性二端网络可以经过等效变换，得到该网络的最简形式——理想电压源与电阻的串联或理想电流源与电阻的并联。本节中的戴维南定理和诺顿定理，分别介绍了将一个含独立源的电阻性二端网络转化为其最简形式的更为直接的方法。因此，这两个定理是网络计算的有力工具，其应用十分广泛。

4.4.1 戴维南定理

戴维南定理：任何线性含源二端电阻性网络 N，如图 4-12a 所示，对外部电路而言，可以用一个理想电压源 u_{OC} 与一个电阻 R_{eq} 的串联组合来等效，如图 4-12b 所示，这个串联组合称为戴维南等效电路。其中，电压源的电压 u_{OC} 等于网络 N 的开路电压，如图 4-12c 所示；电阻 R_{eq} 等于将 N 内的所有独立源置零(理想电压源短路，理想电流源开路)后所得网络 N_0 的等效电阻，如图 4-12d 所示。

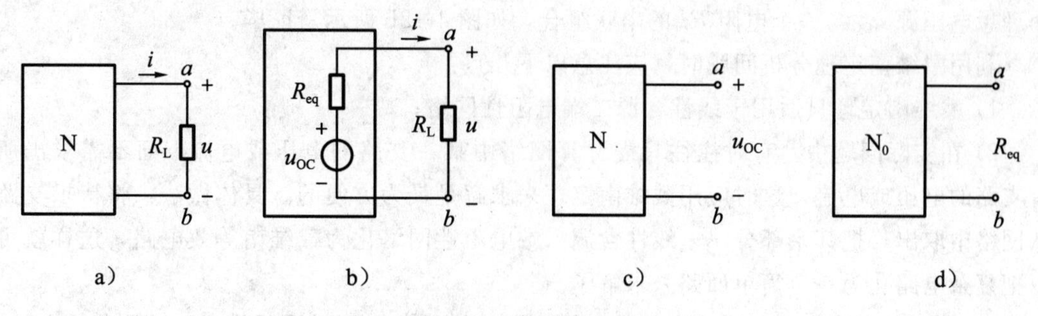

图 4-12 戴维南定理

戴维南定理不仅给出了任何线性含源二端电阻性网络的最简等效电路结构，还说明了

如何确定等效电路中元件的参数。显然，当我们利用戴维南定理求得一个线性含源二端电阻性网络的戴维南等效电路后，再来计算负载 R_L 中的电流就非常容易。比如，在图 4-12b 中，R_L 中的电流为

$$i=\frac{u_{OC}}{R_{eq}+R_L}$$

下面我们利用叠加定理来证明戴维南定理。

证明戴维南定理的关键在于确定任何线性含源二端电阻性网络 N 的端口特性，为此，我们采用“加流求压法”，即在 N 的端口接入电流源 i，如图 4-13a 所示。

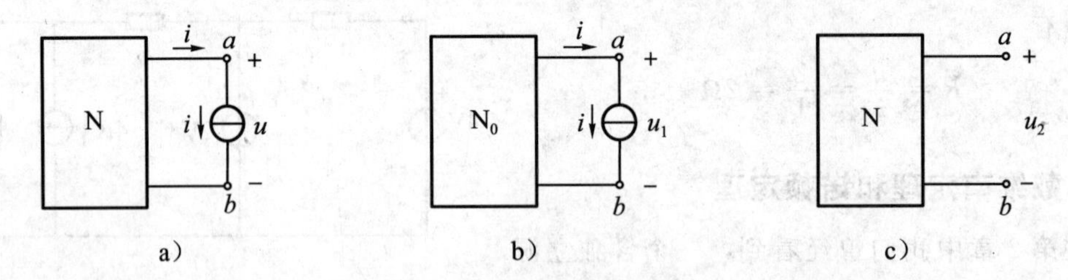

图 4-13　戴维南定理的证明

根据叠加定理，端口电压 u 应为由电流源单独作用时产生的端口电压 u_1 与网络 N 的所有独立源单独作用时产生的端口电压 u_2 的叠加，即

$$u=u_1+u_2 \tag{4.7}$$

电流源单独作用时的电路如图 4-13b 所示，其中的 N_0 恰为 N 所有独立源都置零后的电路。若 N_0 的等效电阻为 R_{eq}，则

$$u_1=-R_{eq}i \tag{4.8}$$

N 的所有独立源单独作用时的电路如图 4-13c 所示，此时的端口电压 u_2 即为端口的开路电压 u_{OC}，即

$$u_2=u_{OC} \tag{4.9}$$

将式(4.8)和式(4.9)代入式(4.7)，可得

$$u=u_{OC}-R_{eq}i \tag{4.10}$$

此式即为任何线性含源二端电阻性网络 N 的端口特性，由此特性得出 N 的等效电路为一个理想电压源 u_{OC}与一个电阻 R_{eq}的串联组合，如图 4-12b 所示。证毕。

利用戴维南定理分析问题时，应注意以下几点：

1）戴维南定理只适用于线性含源二端电阻性网络；

2）在实际问题中，有时往往只需计算网络中某一支路的电压或电流，而不需求出所有支路的电压或电流，这时应用戴维南定理来求解是最为方便的。具体做法：将待求支路从网络中取出，把其余部分——线性含源二端电阻性网络化为戴维南等效电路，这样就可以把复杂电路化为一个简单回路来求解了。

3）戴维南等效电路中的开路电压 u_{OC}和电阻 R_{eq}的求解，可采用前面学过的各种方法，详见例题。

【例 4.9】 电路如图 4-14a 所示，求解流过 R_3 的电流 i_3。

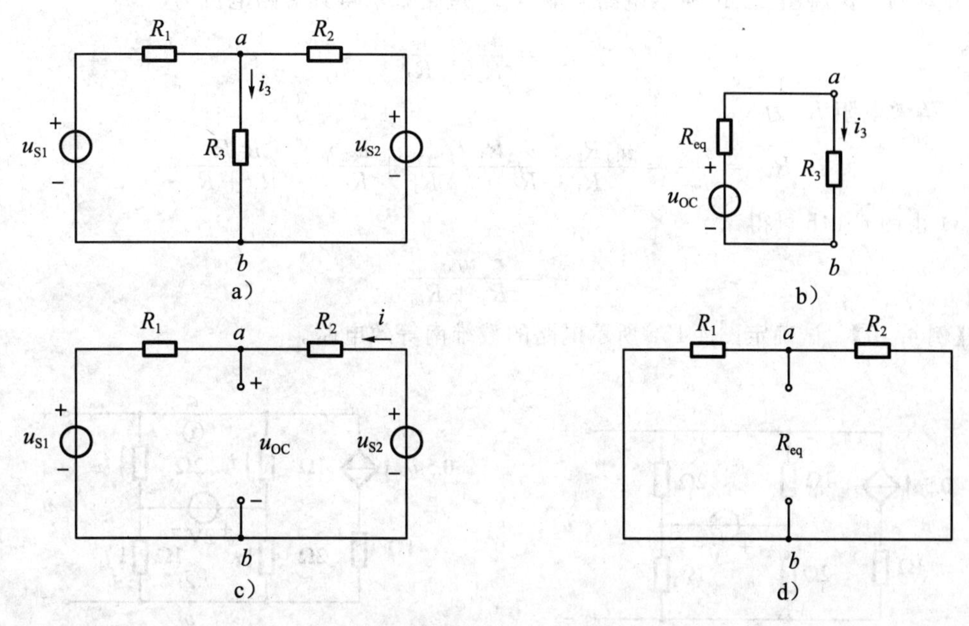

图 4-14　例 4.9 的图

解：该题目属于求解电路中某一支路的电压或电流的问题，适于用戴维南定理来求解。

1）将原电路中的待求支路和其余部分分开，并转换为待求支路与戴维南等效电路构成的简单回路，如图 4-14b 所示；

2）求解开路电压 u_{OC} 和等效电阻 R_{eq}。由图 4-14c，可得

$$i = \frac{u_{S2} - u_{S1}}{R_1 + R_2}$$

根据 KVL，开路电压 u_{OC} 为

$$u_{OC} = u_{S1} + iR_1 = u_{S2} - iR_2 = \frac{u_{S1}R_2 + u_{S2}R_1}{R_1 + R_2}$$

或者，利用节点分析法，直接可得

$$u_{OC} = \frac{\dfrac{u_{S1}}{R_1} + \dfrac{u_{S2}}{R_2}}{\dfrac{1}{R_1} + \dfrac{1}{R_2}} = \frac{u_{S1}R_2 + u_{S2}R_1}{R_1 + R_2}$$

将独立电压源短路，得到图 4-14d，由此，等效电阻 R_{eq} 为

$$R_{eq} = R_1 // R_2 = \frac{R_1 R_2}{R_1 + R_2}$$

这是直接利用电阻的串并联来求解 R_{eq}，称为串并联法。

根据式(4.10)，当 $u=0$，即端口短路时，此时的电流 i 即为端口的短路电流 i_{SC}，于是，有

$$R_{eq} = \frac{u_{OC}}{i_{SC}} \tag{4.11}$$

也就是说，求出端口的开路电压和端口的短路电流，二者之比即可求得电路的等效电阻，

称为开路短路法。

在本例中，将图 4-14c 所示电路的端口 ab 短路，求得其短路电流为

$$i_{SC}=\frac{u_{S1}}{R_1}+\frac{u_{S2}}{R_2}$$

于是，等效电阻 R_{eq} 为

$$R_{eq}=\frac{u_{OC}}{i_{SC}}=\frac{u_{S1}R_2+u_{S2}R_1}{R_1+R_2}\bigg/\left(\frac{u_{S1}}{R_1}+\frac{u_{S2}}{R_2}\right)=\frac{R_1R_2}{R_1+R_2}$$

3）由图 4-14b 可得

$$i_3=\frac{u_{OC}}{R_3+R_{eq}}$$

【例 4.10】 试确定图 4-15a 所示电路的戴维南等效电路。

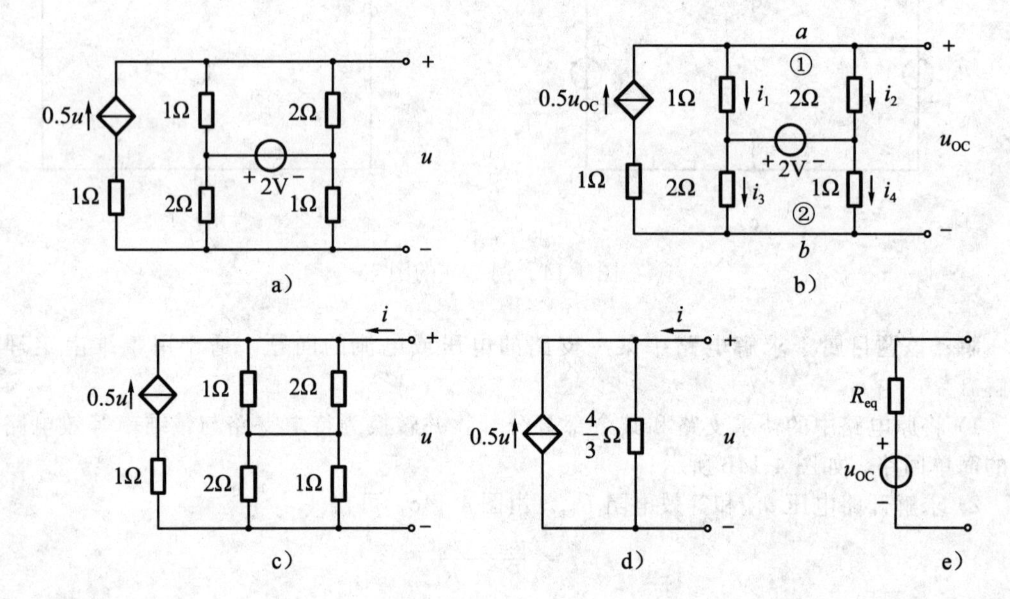

图 4-15 例 4.10 的图

解： 图 4-15a 所示电路的戴维南等效电路如图 4-15e 所示。

求开路电压 u_{OC}。如图 4-15b 所示，开路电压 u_{OC} 为

$$u_{OC}=2i_2+i_4 \tag{4.12}$$

对于网孔①、②，根据 KVL，可得

$$\begin{cases}-i_1+2i_2=2\\2i_3-i_4=2\end{cases} \tag{4.13}$$

对于节点 a、b，根据 KCL，可得

$$\begin{cases}i_1+i_2=0.5u_{OC}\\i_3+i_4=0.5u_{OC}\end{cases} \tag{4.14}$$

由式(4.13)和式(4.14)，可得

$$\begin{cases}3i_2=0.5u_{OC}+2\\3i_4=u_{OC}-2\end{cases} \tag{4.15}$$

即

$$\begin{cases} i_2 = \dfrac{1}{6}u_{OC} + \dfrac{2}{3} \\ i_4 = \dfrac{1}{3}u_{OC} - \dfrac{2}{3} \end{cases} \tag{4.16}$$

将式(4.16)代入式(4.12)，解得

$$u_{OC} = 2V \tag{4.17}$$

求等效电阻 R_{eq}。将图 4-15a 所示电路中的 2V 电压源置零，并采用加压求流法，如图 4-15c 所示。为简化计算，将图 4-15c 所示电路变换为图 4-15d 所示电路，于是，有

$$i + 0.5u = \frac{u}{4/3} \tag{4.18}$$

整理，有

$$i = 0.25u \tag{4.19}$$

由此，等效电阻 R_{eq} 为

$$R_{eq} = \frac{u}{i} = 4\Omega \tag{4.20}$$

【例 4.11】 试确定图 4-16a 所示电路的戴维南等效电路。

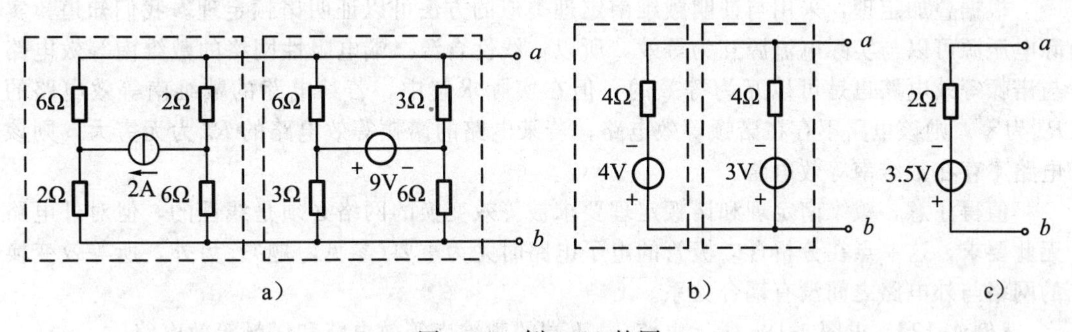

图 4-16　例 4.11 的图

解：可以将图 4-16a 所示电路划分为相对简单的两个子电路，如图 4-16b 中的左右两个虚线框所示。先分别求出每个子电路的戴维南等效电路，再求最终的戴维南等效电路。

图 4-16a 所示电路中左侧子电路的戴维南等效电路如图 4-16b 左虚线框所示，其中：

开路电压：$u_{ab左} = -6\times\dfrac{2}{2}+2\times\dfrac{2}{2} = -4V$，等效电阻：$R_{ab左} = (6+2)//(6+2) = 4\Omega$

图 4-16a 所示电路中右侧子电路的戴维南等效电路如图 4-16b 右虚线框所示，其中：

开路电压：$u_{ab右} = -6\times\dfrac{9}{6+3}+3\times\dfrac{9}{6+3} = -3V$，等效电阻：$R_{ab右} = (6//3)+(6//3) = 4\Omega$

于是，图 4-16a 所示电路可等效为图 4-16b 所示电路，最终得到的戴维南等效电路如图 4-16c 所示。

4.4.2　诺顿定理

诺顿定理：任何线性含源二端电阻性网络 N，如图 4-17a 所示，对外部电路而言，可以用一个理想电流源 i_{SC} 与一个电阻 R_{eq} 的并联组合来等效，如图 4-17b 所示，这个并联组合称为诺顿等效电路。其中，电流源的电流 i_{SC} 等于网络 N 的短路电流，如图 4-17c 所示；电阻 R_{eq} 等于将 N 内的所有独立源置零(理想电压源短路，理想电流源开路)后所得网络 N_0

的等效电阻，如图 4-17d 所示。

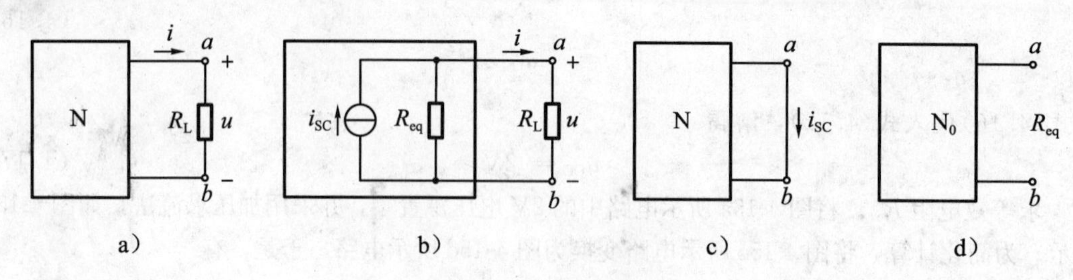

图 4-17 诺顿定理

诺顿定理不仅给出了任何线性含源二端电阻性网络的最简等效电路的另一种结构，还说明了如何确定等效电路中元件的参数。同样，当利用诺顿定理求得一个线性含源二端电阻性网络的诺顿等效电路后，再来计算负载 R_L 中的电流也很容易。比如，在图 4-17b 中，R_L 中的电流为

$$i=\frac{R_{eq}}{R_{eq}+R_L}i_{SC}$$

根据叠加定理，采用与证明戴维南定理类似的方法可以证明诺顿定理。我们知道，实际电压源可以与实际电流源互为等效，所以，线性含源二端电阻性网络的戴维南等效电路与诺顿等效电路也是可以互为等效的。但在实际求解中，若某电路的戴维南等效电路的 R_{eq} 为零，则该电路不存在诺顿等效电路；若某电路的诺顿等效电路的 R_{eq} 为无穷大，则该电路不存在戴维南等效电路。

值得注意，戴维南定理和诺顿定理要求被等效变换的网络必须是线性的，但对外电路无此要求，这一点在分析含二极管的电子电路时尤为重要(参见习题)。另外，所等效变换的网络与外电路之间没有耦合关系。

【例 4.12】 求图 4-18a 所示电路 a、b 端的戴维南等效电路和诺顿等效电路。

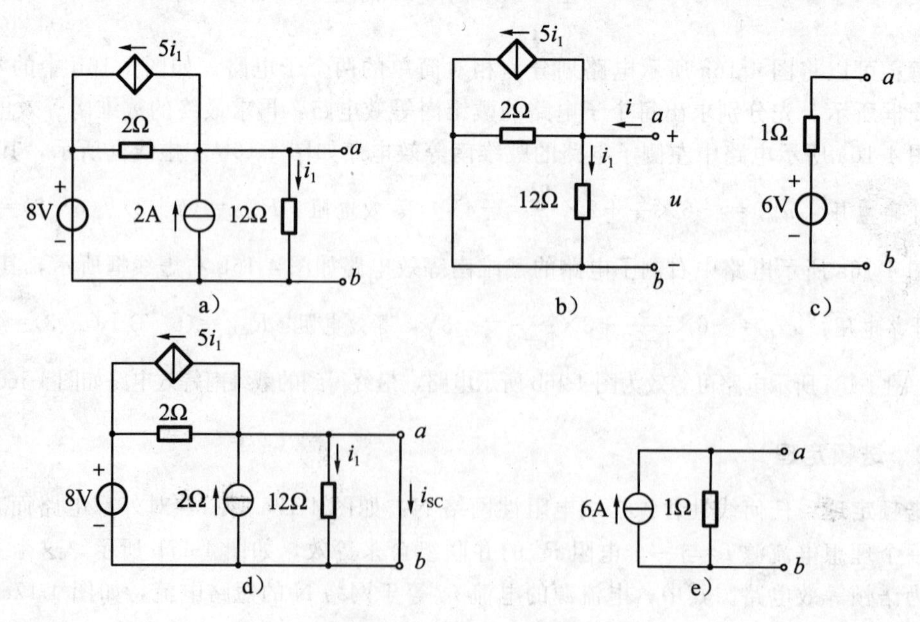

图 4-18 例 4.12 的图

解：1）求开路电压 u_{OC}。

根据 KCL，对图 4-18a 所示电路中的节点 a 列方程，有

$$i_1 + 5i_1 + \frac{u_{OC} - 8}{2} = 2$$

而 $u_{OC} = 12i_1$，因此有 $u_{OC} = 6\text{V}$。

2）求等效电阻 R_{eq}。

将图 4-18a 中的独立源置零，采用加压求流法，如图 4-18b 所示。根据 KCL，有

$$i = \frac{u}{12} + \frac{u}{2} + 5i_1$$

而 $u = 12i_1$，故有 $u = i$，据此，得到

$$R_{eq} = \frac{u}{i} = 1\Omega$$

由此得到的戴维南等效电路如图 4-18c 所示。

3）求短路电流 i_{SC}。

将图 4-18a 所示电路中的 a、b 端短路，如图 4-18d 所示。由于 $i_1 = 0$，因此受控电流源的电流 $5i_1 = 0$，据此，短路电流 i_{SC} 为

$$i_{SC} = 2 + \frac{8}{2} = 6\text{A}$$

由此得到的诺顿等效电路如图 4-18e 所示。

【例 4.13】 电路如图 4-18a 所示，在 ab 端口接有负载电阻 R_L，试问当 R_L 的值多大时，可以获得最大功率？并求最大功率的值。

解：首先利用戴维南定理将图 4-18a 所示电路变为图 4-18c 戴维南等效电路，于是，可得到图 4-19 所示电路，然后再讨论 R_L 的最大功率问题。

流经负载 R_L 的电流为

$$i = \frac{u_{OC}}{R_{eq} + R_L}$$

负载 R_L 获得的功率为

$$p = i^2 R_L = \left(\frac{u_{OC}}{R_{eq} + R_L}\right)^2 R_L$$

令 $\frac{dp}{dR_L} = 0$，可得到 R_L 获得最大功率的条件，即

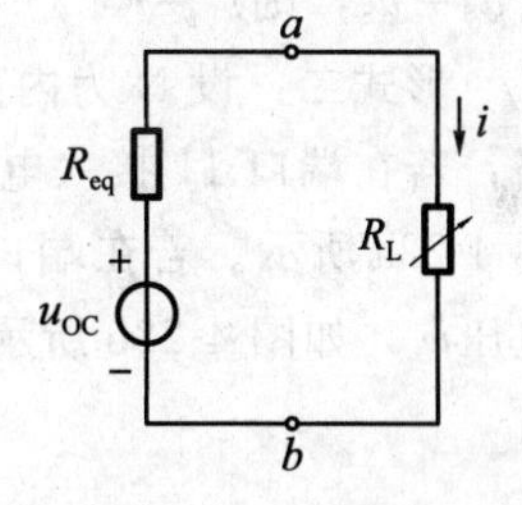

图 4-19 例 4.13 的图

$$\frac{dp}{dR_L} = u_{OC}^2 \frac{(R_{eq} + R_L)^2 - 2R_L(R_{eq} + R_L)}{(R_{eq} + R_L)^4} = 0$$

即当 $R_L = R_{eq}$ 时，R_L 获得功率最大，其最大功率为

$$p_{max} = \frac{u_{OC}^2}{4R_{eq}}$$

根据图 4-18c 所示电路的结果可知，当 $R_L = R_{eq} = 1\Omega$ 时，负载获得功率最大，其最大功率为

$$p_{max} = \frac{u_{OC}^2}{4R_{eq}} = \frac{6^2}{4 \times 1} = 9\text{W}$$

4.5 互易定理

互易定理是电路分析中的一个重要定理，互易性是线性网络的重要性质之一。下面通

过一个例子，了解网络的互易性。

【例 4.14】 图 4-20a 所示电路是只含一个电压源的线性电阻电路，设电压源电压为 u_1，电阻 R_2 支路的电流为 i_2；将 u_1 电压源移至 R_2 支路，原处以短路线代替，设该支路的电流为 i_1，如图 4-20b 所示。注意互换后电压源的极性和电流的方向，试确定 i_1、i_2 的值。

解：根据图 4-20a，电阻 R_2 支路的电流 i_2 为

$$i_2=\frac{R_3}{R_2+R_3}\frac{u_1}{R_1+R_2//R_3}=\frac{R_3}{R_1R_2+R_2R_3+R_3R_1}u_1 \tag{4.21}$$

根据图 4-20b，电阻 R_1 支路的电流 i_1 为

$$i_1=\frac{R_3}{R_1+R_3}\frac{u_1}{R_2+R_1//R_3}=\frac{R_3}{R_1R_2+R_2R_3+R_3R_1}u_1 \tag{4.22}$$

比较式(4.21)和式(4.22)，可知 $i_1=i_2$。表明电路的激励和响应位置互换后，电路的响应不变。这是电路互易性的一种表现形式。

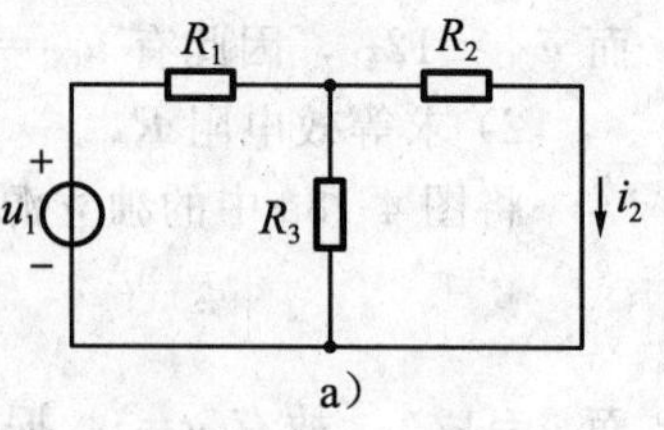

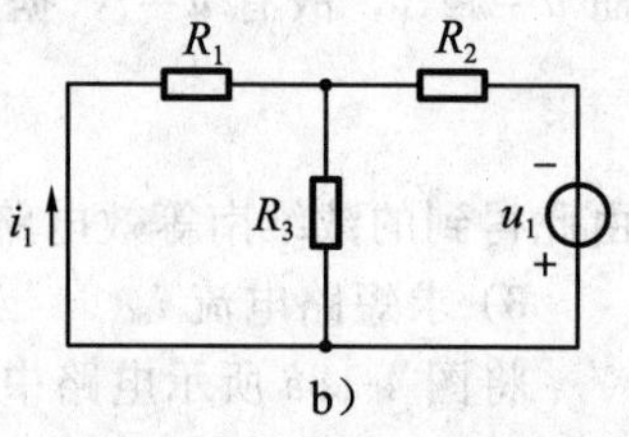

图 4-20 例 4.14 的图

互易定理的三种表现形式如下所示。

形式一：设 N 为内部不含独立源和受控源的线性电阻电路，若在端口 11′接入电压 u_S，在端口 22′可得到电流 i_2，如图 4-21a 所示。若在端口 22′接入电压 $\hat{u}_S$，可在端口 11′得到电流 $\hat{i}_1$，如图 4-21b 所示。于是有

$$\frac{\hat{i}_1}{\hat{u}_S}=\frac{i_2}{u_S} \tag{4.23}$$

若 $\hat{u}_S=u_S$，则 $\hat{i}_1=i_2$。

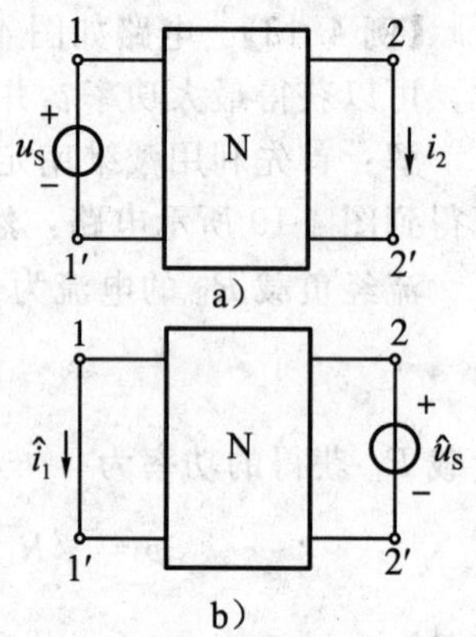

图 4-21 互易定理形式一

形式二：设 N 为内部不含独立源和受控源的线性电阻电路，若在端口 11′接入电流 i_S，在端口 22′可得到电压 u_2，如图 4-22a 所示。若在端口 22′接入电流 $\hat{i}_S$，可在端口 11′得到电压 $\hat{u}_1$，如图 4-22b 所示。于是有

$$\frac{\hat{u}_1}{\hat{i}_S}=\frac{u_2}{i_S} \tag{4.24}$$

若 $\hat{i}_S=i_S$，则 $\hat{u}_1=u_2$。

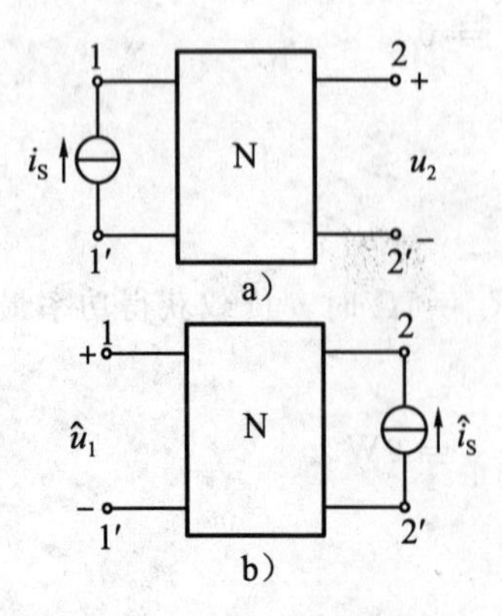

图 4-22 互易定理形式二

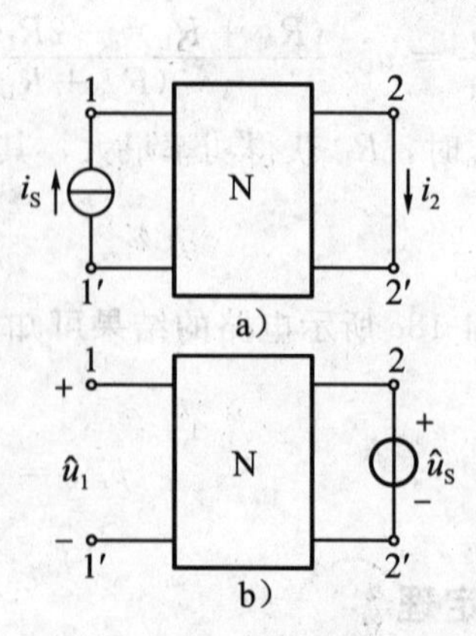

图 4-23 互易定理形式三

形式三：设N为内部不含独立源和受控源的线性电阻电路，若在端口11′接入电压i_S，在端口22′可得到电流i_2，如图4-23a所示。若在端口22′接入电压$\hat{u}_S$，可在端口11′得到电压$\hat{u}_1$，如图4-23b所示。则有

$$\frac{\hat{u}_1}{\hat{u}_S}=\frac{i_2}{i_S} \tag{4.25}$$

综上所述，互易定理可归纳为：对于一个不含独立源和受控源的线性电阻电路，在单一激励下产生响应，当激励和响应互换位置时，二者的比值保持不变。电路的互易性表明了线性无源网络传输信号的双向性或可逆性。互易定理的证明读者可参阅有关资料。

应用互易定理时需注意以下几点：

1）仅适用于只含单个独立源而不含受控源的线性网络，对其他的网络一般不适用；

2）要注意激励和响应互换前后的参考方向在端口需一致。

【例4.15】 试求图4-24a所示电路中的电流i。

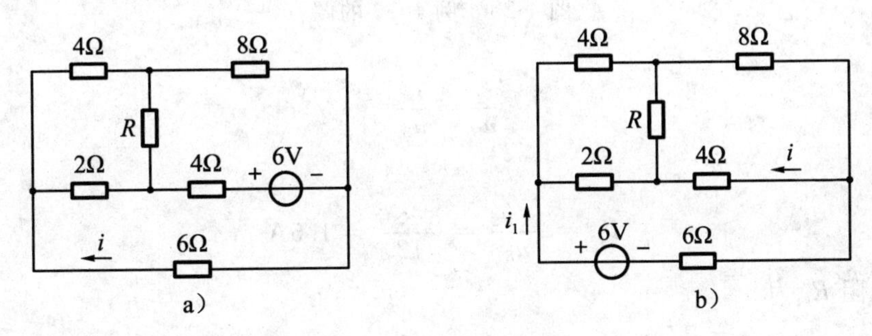

图4-24 例4.15的图

解：可以看出，图4-24a中电路为互易网络。由互易定理形式一，可将6V电压源移至待求电流i的支路中，注意电压源与电流i的方向，此时6V电压源在其原支路中产生的电流也为i，如图4-24b所示。

在图4-24b中，与R相连的4个电阻构成平衡电桥，因此R中的电流为零。这样，就避免了由于R未知给求解i带来的困难。于是，有

$$i_1=\frac{6}{6+\dfrac{(4+8)(2+4)}{(4+8)+(2+4)}}=0.6\text{A}$$

据此，电流i为

$$i=-\frac{12}{12+6}i_1=-0.4\text{A}$$

【例4.16】 电路如图4-25a所示，其中，N为线性无源电阻网络，当$u_S=12\text{V}$时，$i_1=4\text{A}$，$i_2=3\text{A}$。试求图4-25b中的电流$\hat{i}_1$。

解：为了能够利用已知条件来求解图4-25b所示电路中的电流$\hat{i}_1$，先将该电路的11′端口短路，如图4-25c所示，利用互易定理形式一求得短路电流i_{SC}，然后，利用已知条件，求得等效电阻R_{eq}，即在图4-25d所示电路的11′端口加压求流，亦即图4-25a所示。这样便可将图4-25b的11′端口右边部分电路转换为诺顿等效电路，如图4-25e所示。最后可方便地求得电流$\hat{i}_1$。

根据互易定理形式一，可得

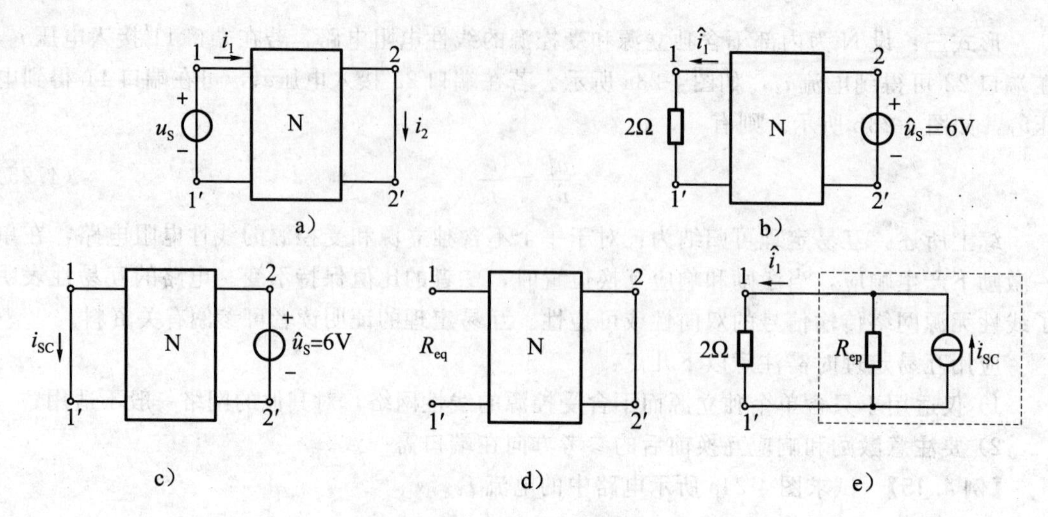

图 4-25　例 4.16 的图

$$\frac{i_2}{u_S}=\frac{i_{SC}}{\hat{u}_S}$$

于是，有

$$i_{SC}=\frac{i_2\ \hat{u}_S}{u_S}=\frac{3\times 6}{12}=1.5\text{A}$$

等效电阻 R_{eq} 为

$$R_{eq}=\frac{u_S}{i_1}=\frac{12}{4}=3\Omega$$

最后求得电流 $\hat{i}_1$ 为

$$\hat{i}_1=\frac{3}{2+3}\times 1.5=0.9\text{A}$$

4.6　特勒根定理

本节介绍一个对集总电路普遍适用的基本定理——特勒根定理。特勒根定理可通过基尔霍夫定律导出，它与电路元件的特性无关。

特勒根定理 1

在一个具有 n 个节点、b 条支路的电路中，假设各支路电流、电压分别为(i_1，i_2，…，i_b)、(u_1，u_2，…，u_b)，且它们取关联参考方向，则对任意时间 t，有

$$\sum_{k=1}^{b}u_k i_k=0 \tag{4.26}$$

特勒根定理与基尔霍夫定理一样，只涉及电路的连接性质，而与各支路的内容无关。因此，特勒根定理对任何集总电路都适用。由特勒根定理 1 的数学表达式可知，该定理实质上是功率守恒，它表示电路的所有支路所吸收的功率之和恒等于零。值得注意，电路中各支路电压和电流采用关联参考方向。

特勒根定理 2

两个具有 n 个节点、b 条支路的电路，它们由不同的元件组成，但它们的拓扑结构完全相同。假设两个电路中各支路电流、支路电压分别为(i_1，i_2，…，i_b)、(u_1，u_2，…，

u_b)和($\hat{i}_1$，$\hat{i}_2$，…，$\hat{i}_b$)、($\hat{u}_1$，$\hat{u}_2$，…，$\hat{u}_b$)，且两个电路中对应的各支路电压与电流取关联参考方向，则对任意时间 t，有

$$\begin{cases}\sum_{k=1}^{b} u_k \hat{i}_k = 0 \\ \sum_{k=1}^{b} \hat{u}_k i_k = 0\end{cases} \tag{4.27}$$

由特勒根定理 2 的数学表达式可知，该定理虽不能用功率守恒来解释，却具有功率之和的形式，因此有时又称为“拟功率定理”，它同样适用于任何集总电路，且对支路内容无要求。

特勒根定理的证明和应用，读者可查阅相关资料。

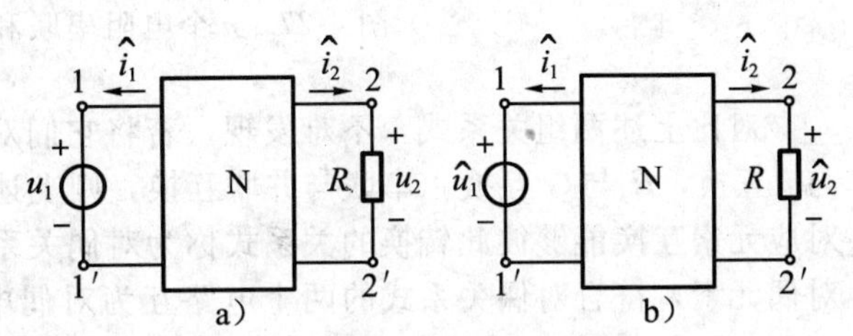

图 4-26 例 4.17 的图

【例 4.17】 电路如图 4-26 所示，其中，N 为电阻网络。试证明：

$$u_1\hat{i}_1 + u_2\hat{i}_2 = \hat{u}_1 i_1 + \hat{u}_2 i_2$$

解：对于图 4-26 所示电路，应用特勒根定理 2，可得

$$u_1\hat{i}_1 + u_2\hat{i}_2 + \sum_{k=3}^{b} u_k\hat{i}_k = 0 \quad , \quad \hat{u}_1 i_1 + \hat{u}_2 i_2 + \sum_{k=3}^{b} \hat{u}_k i_k = 0$$

对于 N 网络来说，有

$$u_k = R_k i_k, \quad \hat{u}_k = R_k\,\hat{i}_k, \quad \text{其中}, k = 3,4,\cdots,b$$

分别代入上两式，可得

$$u_1\hat{i}_1 + u_2\hat{i}_2 + \sum_{k=3}^{b} R_k i_k \hat{i}_k = 0 \quad , \quad \hat{u}_1 i_1 + \hat{u}_2 i_2 + \sum_{k=3}^{b} R_k \hat{i}_k i_k = 0$$

因此，有

$$u_1\hat{i}_1 + u_2\hat{i}_2 = \hat{u}_1 i_1 + \hat{u}_2 i_2$$

证毕。

4.7 对偶原理

先看一个实例，图 4-27a、b 分别是我们熟知的 n 个电阻串联和 n 个电导并联的电路，可得到如下关系式：

对图 4-27a，有

$$u_S = u_1 + u_2 + \cdots + u_n$$
$$R = R_1 + R_2 + \cdots + R_n$$
$$u_S = Ri$$
$$u_k = \frac{R_k}{R} u_S$$

由图 4-27b，有

$$i_S = i_1 + i_2 + \cdots + i_n$$
$$G = G_1 + G_2 + \cdots + G_n$$

$$i_S = Gu$$

$$i_k = \frac{G_k}{G} i_S$$

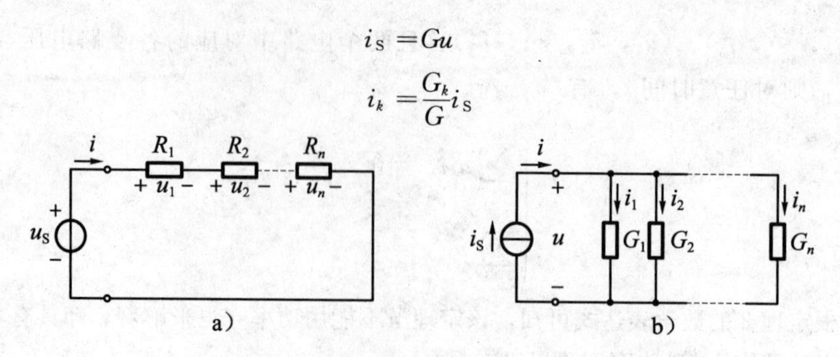

图 4-27　n 个电阻串联和 n 个电导并联

对比上述两组关系式，不难发现，若将它们对应的变量和相应的电路结构互换，即 u 与 i 互换，R 与 G 互换，串联与并联互换，则上述两组关系式可以互换。我们把两个通过对应元素互换能够彼此转换的关系式称为对偶关系式，关系式中能够互换的对应元素称为对偶元素，符合对偶关系式的两个电路互为对偶电路。在上例中，KVL 与 KCL——对偶定律；R 与 G、u_S 与 i_S——对偶元件；u 与 i——对偶变量，它们都是对偶元素，具有对偶性。由此归纳出电路的对偶原理。

对偶原理是由电路元素间的对偶性归纳出的基本规律，其内容为：如果一个网络 N 的某些电路元素决定的关系式成立，则把这些电路元素用各自的对偶元素置换后得到的新关系亦必成立，且一定满足与 N 相对偶的网络 $\overline{N}$。

根据对偶原理，我们再来分析两个电路。

对于图 4-28a 所示电路，设定各网孔电流为顺时针方向，列出其网孔电流方程为

$$(R_1 + R_3)i_{m1} - R_3 i_{m2} = u_{S1}$$

$$-R_3 i_{m1} + (R_2 + R_3)i_{m2} = u_{S2}$$

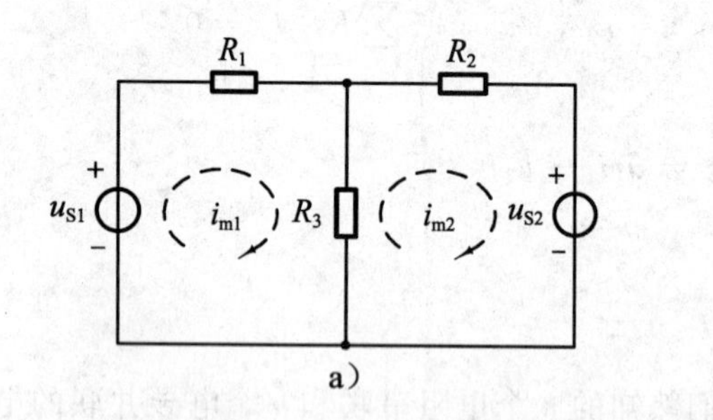

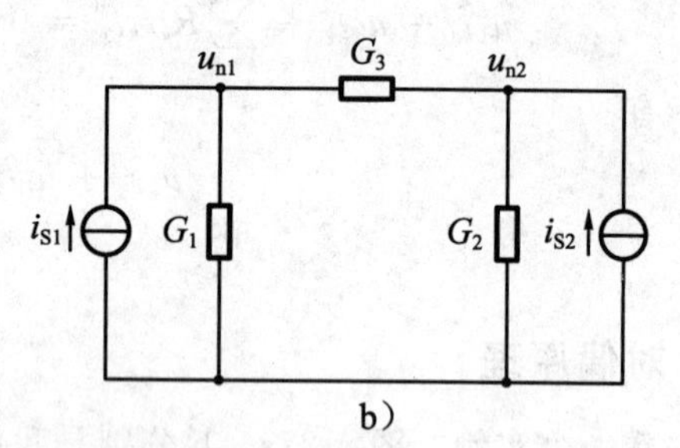

图 4-28　互为对偶的电路

将此方程中的各元素以与其对偶的相应元素置换，可得以下方程

$$(G_1 + G_3)u_{n1} - G_3 u_{n2} = i_{S1}$$

$$-G_3 u_{n1} + (G_2 + G_3)u_{n2} = i_{S2}$$

显然，此方程恰为图 4-28b 所示对偶电路的节点电压方程。

从已学的内容中还可以分析出很多对偶关系，比如，戴维南定理与诺顿定理；电感元件的电压-电流关系与电容元件的电压-电流关系等，这里就不一一列出了。总之，应用对偶原理可以在已知网络的电路方程基础上，直接写出其对偶网络的电路方程。特别是，若两个对偶电路且对偶元件参数的数值相等，则两电路的对偶变量方程及其响应一定完全相同。

习题

4-1　电路如图 4-29 所示，1)若 $u=10\text{V}$，求 i 和 u_S；2)若 $u_S=15\text{V}$，求 u。

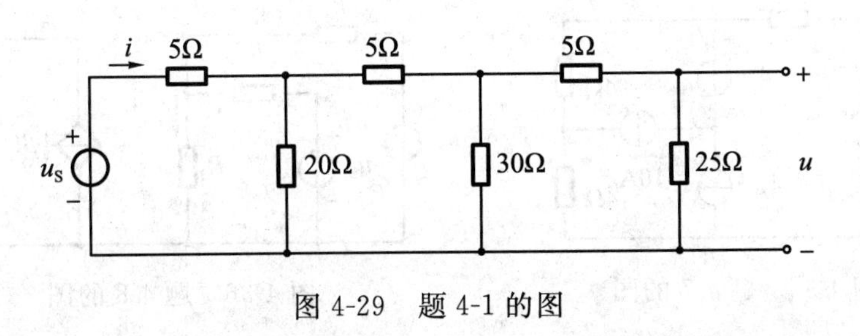

图 4-29　题 4-1 的图

4-2　电路如图 4-30 所示，试求转移电流比 i/i_S，转移电阻 u/i_S。若 $i_S=10\text{mA}$，试求 i 和 u。

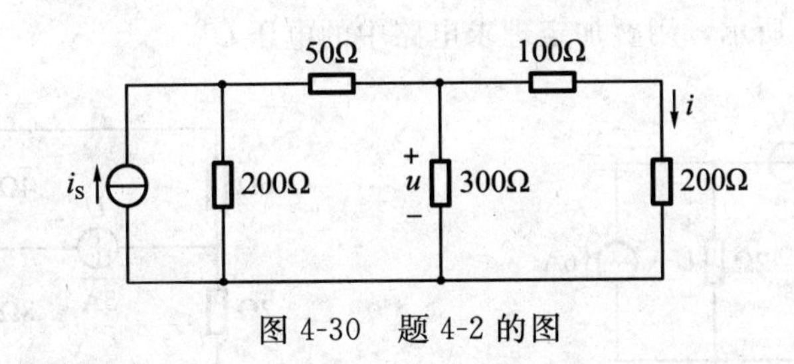

图 4-30　题 4-2 的图

4-3　试求图 4-31 所示电路中 a、b、c 节点的电位。其中，$u_S=36\text{V}$。

4-4　用叠加定理求图 4-32 所示电路中的电流 I。

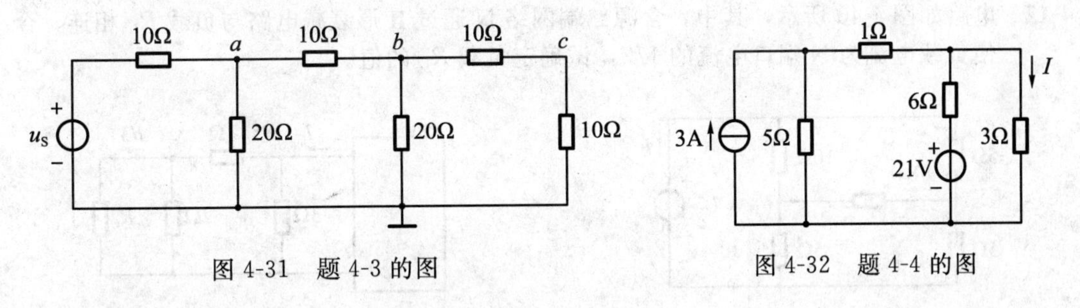

图 4-31　题 4-3 的图　　图 4-32　题 4-4 的图

4-5　用叠加原理求图 4-33 所示电路中的电压 U。

4-6　电路如图 4-34 所示，其中，N 为无源线性电阻网络。若 $I_S=-1\text{A}$，$U_S=2\text{V}$，$I=0.6\text{A}$；若 $I_S=2\text{A}$，$U_S=1\text{V}$，$I=0.8\text{A}$。求当 $I_S=2\text{A}$，$U_S=5\text{V}$，$I=?$

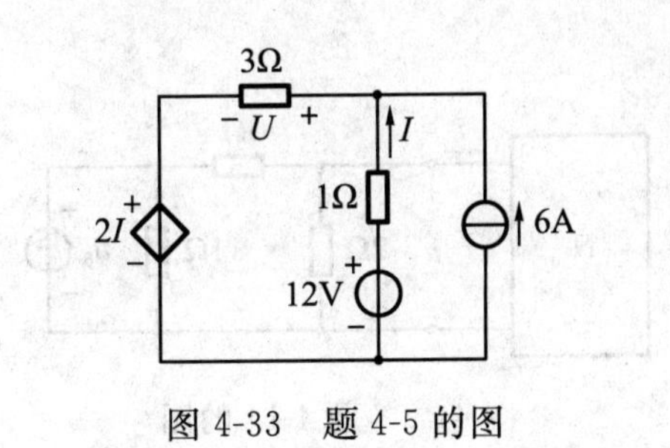

图 4-33　题 4-5 的图

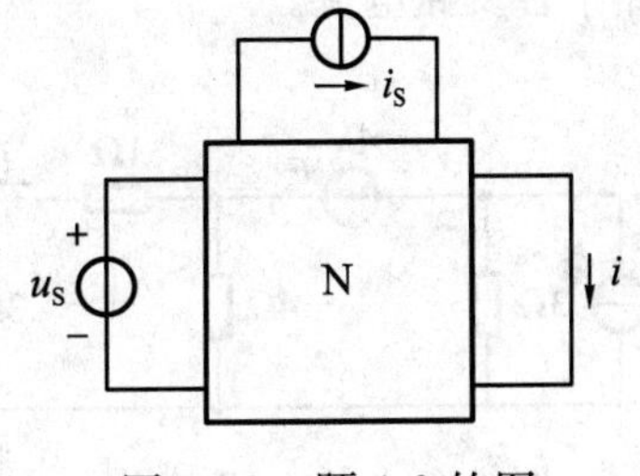

图 4-34　题 4-6 的图

4-7 电路如图 4-35 所示，用叠加定理求电流 i。

4-8 “信号加法电路”如图 4-36 所示，试求输出电压 u_{O} 与输入电压 u_{S1}、u_{S2} 的关系。

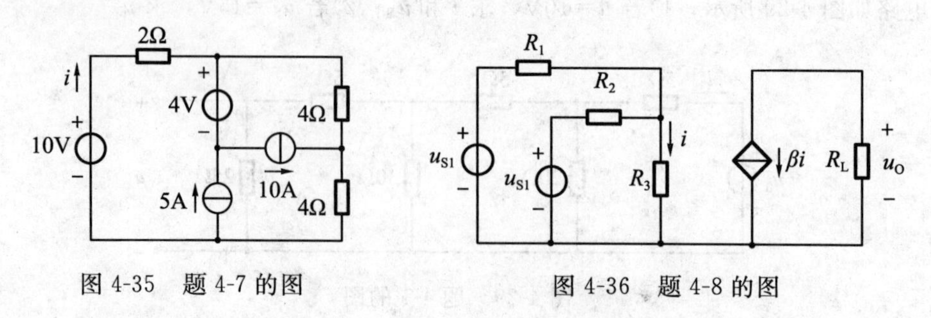

图 4-35 题 4-7 的图　　图 4-36 题 4-8 的图

4-9 电路如图 4-37 所示，(1)用叠加定理求电压 U；(2)若 6V 电压源改为 18V，电压 U 的值如何？

4-10 电路如图 4-38 所示，用叠加定理求电路中的电压 U。

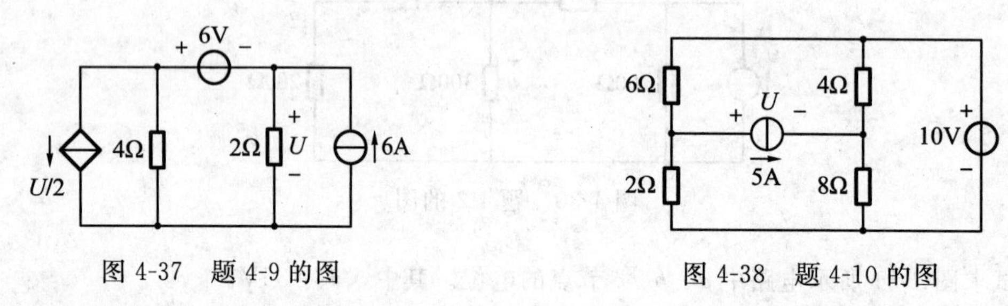

图 4-37 题 4-9 的图　　图 4-38 题 4-10 的图

4-11 电路如图 4-39 所示，用置换定理求电阻 R。

4-12 电路如图 4-40 所示，其中，含源二端网络 N 通过 Π 形衰减电路与负载 R_L 相连，今使负载电流为 N 端口电流的 1/3，试确定负载 R_L 的值。

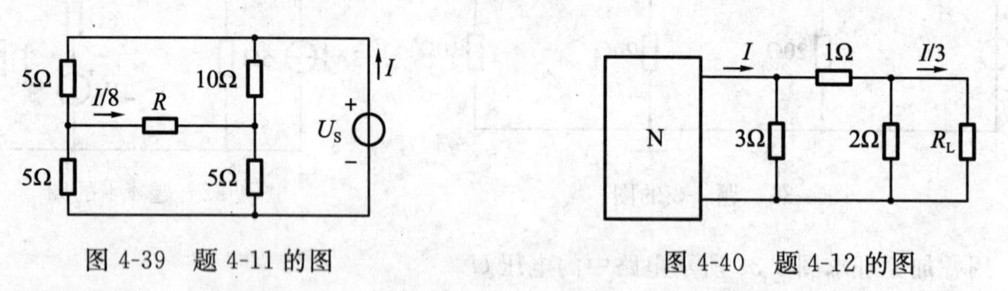

图 4-39 题 4-11 的图　　图 4-40 题 4-12 的图

4-13 电路如图 4-41 所示，用置换定理求电路中的电流 I。

4-14 电路如图 4-42 所示，其中，$u_S=5V$，N 的 VCR 为 $u=2i+18$。试用置换定理求电路中各支路电流。

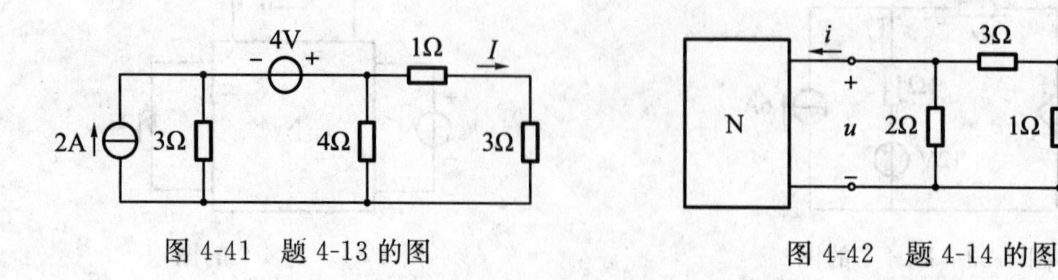

图 4-41 题 4-13 的图　　图 4-42 题 4-14 的图

4-15 试求图 4-43 所示各单口电路的戴维南等效电路。

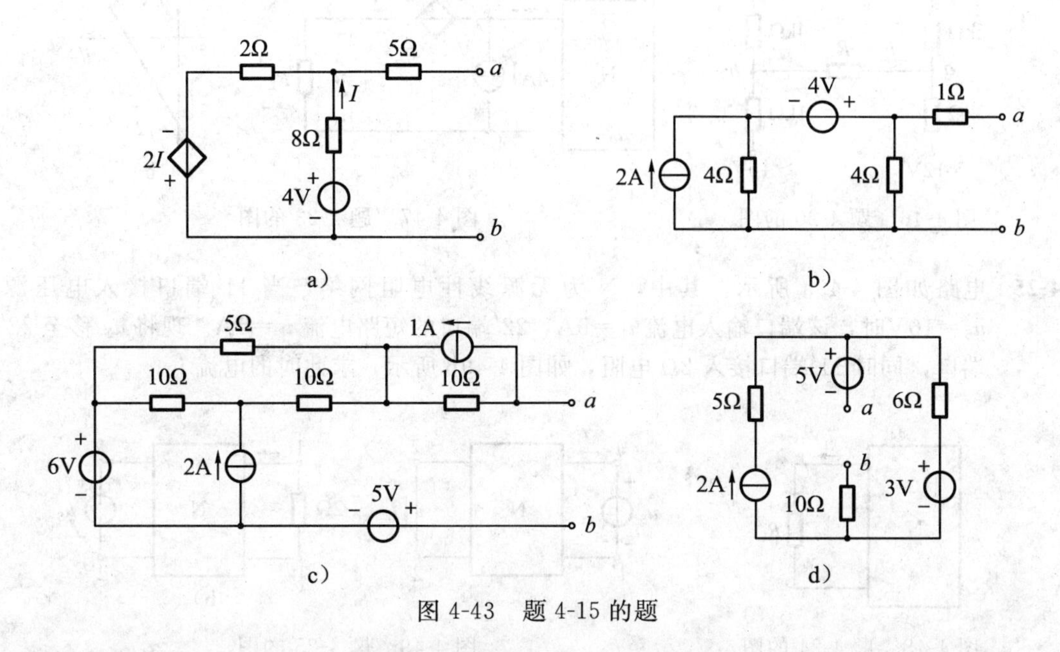

图 4-43 题 4-15 的题

4-16 电路如图 4-44 所示，用戴维南定理求流过电阻 R_0 的电流 i_0，图中 $R_0=0.1\Omega$。

4-17 测得某含源二端网络的开路电压为 12V，短路电流为 0.5A。试计算当外接电阻为 36Ω 时的电压和电流。

4-18 现有一含源二端网络，用内阻为 50kΩ 的电压表测得开路电压为 60V，用内阻为 100kΩ 的电压表测得的开路电压为 80V。求该网络的戴维南等效电路，并确定当外接负载电阻为何值时，负载上可获得最大功率，求出最大功率。

4-19 试求图 4-45 所示电路的戴维南等效电路和诺顿等效电路。

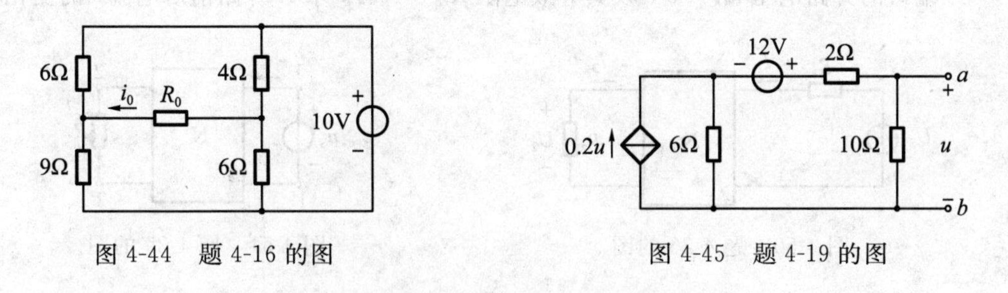

图 4-44 题 4-16 的图　　　　图 4-45 题 4-19 的图

4-20 电路如图 4-46 所示，用戴维南定理求电阻 R 上的电流 i。

4-21 将图 4-46 所示电路中的 R 用理想二极管取代，问理想二极管如何接在 ab 两端，才可使其导通？求此时流过二极管的电流 i。

4-22 试求图 4-43 所示各单口网络的诺顿等效电路。

4-23 电路如图 4-47a 所示，其中，N 为含源线性电阻网络，已知负载 R_L 的端口电压与端口电流的关系如图 4-47b 所示。试确定 N 网络的戴维南等效电路和诺顿等效电路。

4-24 电路如图 4-48 所示，其中，N 为含源线性电阻网络，已知当 $R_L=8\Omega$ 时，$i_L=20\text{A}$；当 $R_L=2\Omega$ 时，$i_L=50\text{A}$。求 R_L 取何值时消耗的功率最大？最大功率为多少？

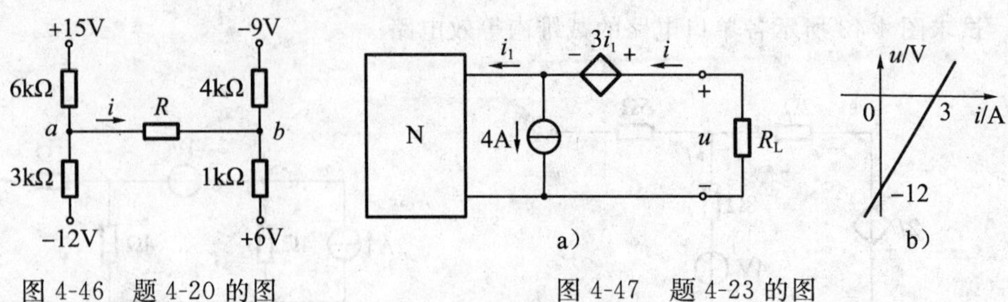

图 4-46 题 4-20 的图　　　图 4-47 题 4-23 的图

4-25 电路如图 4-49a 所示，其中，N 为无源线性电阻网络，当 11′端口接入电压源 $u_S=10V$时，该端口输入电流 $i_1=5A$，22′端口的短路电流 $i_2=1A$。现将 u_S 移至 22′端口，同时 11′端口接入 2Ω 电阻，如图 4-49b 所示，求此时的电流 i_1。

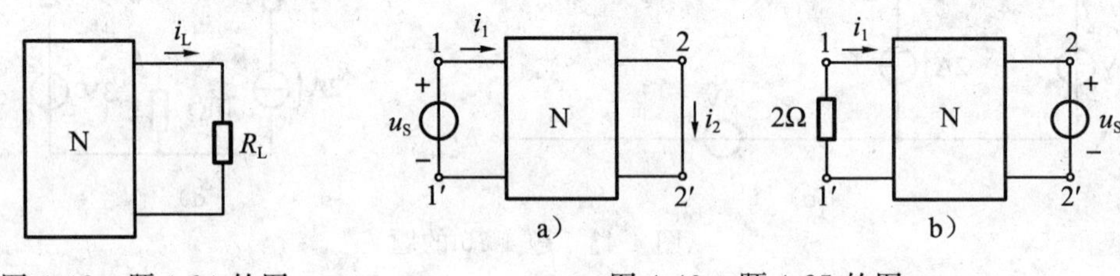

图 4-48 题 4-24 的图　　　图 4-49 题 4-25 的图

4-26 在图 4-50 所示电路中，N 仅为电阻组成。根据以下测试结果：当 $R_1=R_2=2\Omega$，$U_S=8V$ 时，$I_1=2A$，$U_2=2V$；当 $R_1=1.4\Omega$，$R_2=0.8\Omega$，$U_S=9V$ 时，$I_1=3A$，求此时电压 U_2 为多少？

4-27 根据你所学知识，总结出电路中的若干对偶关系，并举例说明。

4-28 根据基尔霍夫定律(KCL 和 KVL)，证明特勒根定理 1 和特勒根定理 2。

4-29 在图 4-51 所示电路中，N 仅由电阻组成。已知电压源 $u_S=10V$、电阻 $R=10\Omega$、22′端口的开路电压 $u_{OC}=5V$ 及其等效电阻 $R_{eq}=10\Omega$。求 R 开路前后电流 i 的变化量。

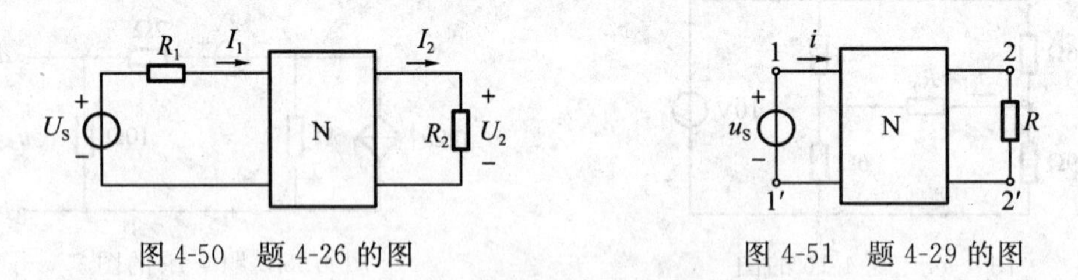

图 4-50 题 4-26 的图　　　图 4-51 题 4-29 的图

4-30 电路如图 4-52 所示，其中，N 仅由电阻组成。已知图 4-52a 中电流 $i_2=0.6A$，求图 4-52b中的电压 u_1。

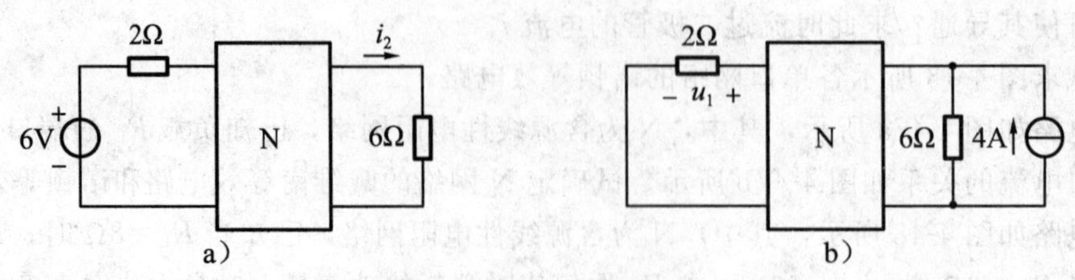

图 4-52 题 4-30 的图

第 5 章　正弦稳态电路

前面章节讨论了直流电源激励下的电阻电路，且电路中电压、电流的大小和方向都不随时间变化，这是直流稳态电路。本章将讨论在正弦电源激励下的正弦稳态电路，即在正弦电源激励下电路中各部分产生的响应也按正弦规律变化的电路。

正弦稳态电路大量地应用于生产和日常生活中，比如，在电力系统中大多数电路即为正弦稳态电路，在通信系统中常采用正弦信号，而对于非正弦周期性信号，我们可以借助傅里叶级数，将其分解为一系列不同频率的正弦波信号，因此，正弦稳态分析也是非正弦稳态分析的基础，是电路分析中十分重要的组成部分，具有广泛的理论和实际意义。

5.1　正弦量的基本概念

我们把电路中电压、电流均按同一频率正弦时间函数变化的线性电路，称为正弦稳态电路。随时间按正弦规律变化的电压与电流分别称为正弦电压和正弦电流。由于这些正弦量的大小和方向均随时间作正弦规律变化，因此当分析正弦稳态电路中某一瞬时的电压或电流时，必须先在电路中设定它们的参考方向。

图 5-1a 所示是一简单的交流电阻电路，其中标出电压 u 和电流 i 的参考方向，即表示正半周时的方向。而在负半周时，由于所标的参考方向与实际方向相反，因此其值为负。

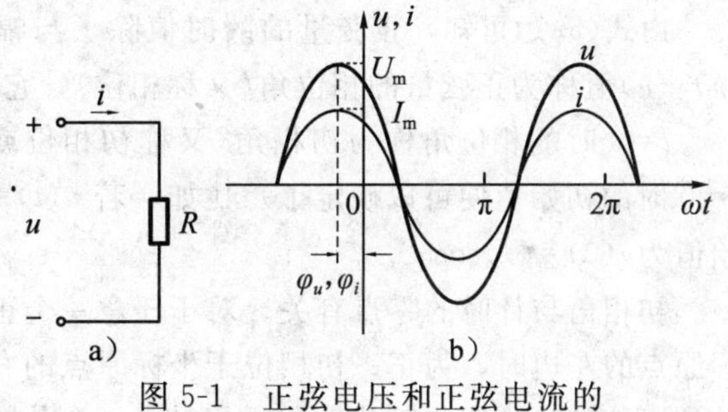

图 5-1　正弦电压和正弦电流的参考方向及其波形图

正弦电压和正弦电流既可用 sin 表示也可用 cos 表示，本书采用 cos 表示。在规定的参考方向下，正弦电压和正弦电流的一般表达式分别为

$$\begin{cases} u(t) = U_m\cos(\omega t + \varphi_u) \\ i(t) = I_m\cos(\omega t + \varphi_i) \end{cases} \tag{5.1}$$

式(5.1)分别称为正弦电压和正弦电流的瞬时值表达式。

上述交流电阻电路中的正弦量可用式(5.1)来表示，其中 $\varphi_u = \varphi_i$，还可以用波形图来表示，如图 5-1b 所示。

5.1.1　正弦量的三要素

式(5.1)中，U_m、I_m 称为正弦量的最大值或振幅；ω 称为角速度或角频率；φ_u、φ_i 称为初相位。可以看出，若已知最大值、角频率和初相位，则上述正弦量即可唯一确定，因此称这三个量为正弦量的三要素。

1. 最大值或振幅

正弦量在任意时刻的值称为瞬时值，以小写字母来表示，如式(5.1)中的 u、i，正弦量在变化过程中出现的最大绝对值称为最大值(或幅值，或振幅)，以带有下标 m 的大写字母来表示，如U_m、I_m。显然，正弦量的幅值确定后，其变化范围也就确定了。

2. 周期、频率和角频率

1) **周期** 正弦量变化一次所需的时间称为周期，用 T 来表示，单位为秒(s)。

2) **频率** 单位时间内正弦量重复变化的次数称为频率，用 f 来表示，单位为赫(兹)(Hz)。周期与频率互为倒数关系，即

$$f = \frac{1}{T} \tag{5.2}$$

我国工业用电的频率为 50Hz，也称工频。除此之外，还有描述更高频率的单位，常用千赫(kHz)、兆赫(MHz)等。$1MHz = 10^3 kHz = 10^6 Hz$。

3) **角频率** 正弦量在单位时间内变化的弧度称为角频率，用 ω 来表示，单位为弧度/秒(rad/s)。周期、频率和角频率三者的关系为

$$\omega = \frac{2\pi}{T} = 2\pi f \tag{5.3}$$

据此，可以算出 50Hz 工频对应的角频率为

$$\omega = 2\pi f = 2\pi \times 50 = 314 rad/s$$

可见，周期、频率和角频率均是表示正弦量随时间作周期性变化快慢程度的。

3. 初相位

由式(5.1)可知，正弦量的瞬时值除了与幅值有关外，还与$(\omega t + \varphi)$值有关。我们把$(\omega t + \varphi)$值称为正弦量的相位角(又称相位)，它反映了正弦量变化的进程。

$t=0$ 时的相位角称为初相角(又称初相位或初相)。若幅值和初相已知，则正弦量在 $t=0$ 时的初始值便可以确定了。比如，若 $u(t) = U_m\cos(\omega t + \varphi_u)$，则 $t=0$ 时正弦电压的初始值为$u(0) = U_m\cos\varphi_u$。

初相角与计时的零点有关。对于任意一个正弦量，初相可以任意指定。当初相位于坐标原点的左边时，为正；初相位于坐标原点的右边时，为负。当在同一个电路中有很多相关的正弦量时，这些正弦量需要相对于一个共同的计时零点来确定各自的初相。通常令其中初相为零的正弦量作为参考正弦量。

特别注意，规定：初相$|\varphi| \leqslant \pi$。

在正弦稳态电路中，常需要分析比较两个同频率正弦量之间的相位关系。比如，式(5.1)即为同频率的正弦电压和正弦电流，它们的相位角之差就是相位差，即

$$(\omega t + \varphi_u) - (\omega t + \varphi_i) = \varphi_u - \varphi_i$$

表明两个同频率正弦量在任意瞬时的相位差即为它们的初相之差，且与时间无关。

当 $\varphi_u - \varphi_i > 0$ 时，称电压超前电流；当 $\varphi_u - \varphi_i < 0$ 时，称电压滞后电流；当 $\varphi_u - \varphi_i = 0$ 时，称电压与电流同相；当$|\varphi_u - \varphi_i| = \frac{\pi}{2}$时，称电压与电流相互正交；当$|\varphi_u - \varphi_i| = \pi$时，称电压与电流彼此反相。

5.1.2 正弦量的有效值

对于一个周期性的信号来说，其瞬时值是随时间变化的，通常没有必要知道它们每一个瞬间的大小，而需要知道周期量在一个周期内对外所做的功。因此，在工程上引入了有

效值的概念，它是基于周期量在一个周期内所做的功与直流量在同一时间内所做的功相比较来定义的。

若一周期电流 i 流过电阻 R 在一个周期内所做的功，与某一直流电流 I 流过同一个电阻 R 在相等时间内所做的功相等，则称直流电流 I 为周期电流 i 的有效值。可表示为

$$\int_0^T i^2 R \mathrm{d}t = RI^2 T$$

由此可得周期电流的有效值为

$$I = \sqrt{\frac{1}{T}\int_0^T i^2 \mathrm{d}t} \tag{5.4}$$

表明周期电流 i 的有效值等于 i 的方均根值。同理，可以写出周期电压的有效值，即

$$U = \sqrt{\frac{1}{T}\int_0^T u^2 \mathrm{d}t}$$

对于正弦电流来说，利用式(5.4)，可导出其有效值与幅值的关系，即

$$I = \sqrt{\frac{1}{T}\int_0^T I_{\mathrm{m}}^2 \cos^2(\omega t + \varphi_i)\mathrm{d}t} = \sqrt{\frac{1}{T}\int_0^T I_{\mathrm{m}}^2 \frac{1+\cos[2(\omega t + \varphi_i)]}{2}\mathrm{d}t} = \frac{1}{\sqrt{2}}I_{\mathrm{m}} \approx 0.707 I_{\mathrm{m}} \tag{5.5}$$

同理，可得正弦电压的有效值为

$$U = \frac{1}{\sqrt{2}}U_{\mathrm{m}} \approx 0.707 U_{\mathrm{m}} \tag{5.6}$$

据此，式(5.1)又可写成如下形式，即

$$\begin{cases} u(t) = U_{\mathrm{m}}\cos(\omega t + \varphi_u) = \sqrt{2}U\cos(\omega t + \varphi_u) \\ i(t) = I_{\mathrm{m}}\cos(\omega t + \varphi_i) = \sqrt{2}I\cos(\omega t + \varphi_i) \end{cases} \tag{5.7}$$

值得注意，通常所说的正弦电压、电流的大小均指其有效值的大小，比如日常生活中的用电电压 220V 即为有效值。另外，一些交流电气设备所标的电压、电流也是有效值，交流电压表、电流表也是按照有效值来刻度的。

5.2　相量表示与相量变换

由以上讨论可知，正弦量可用瞬时值表达式和波形图来表示，这是正弦量的基本表示方法。但正弦稳态电路中的电压、电流和功率等计算问题，势必会涉及同频率正弦量的运算，比如，两个同频率的正弦电压用瞬时值表示为

$$u_1(t) = U_{1\mathrm{m}}\cos(\omega t + \varphi_1)$$

$$u_2(t) = U_{2\mathrm{m}}\cos(\omega t + \varphi_2)$$

两个电压之和为

$$u(t) = u_1(t) + u_2(t) = U_{1\mathrm{m}}\cos(\omega t + \varphi_1) + U_{2\mathrm{m}}\cos(\omega t + \varphi_2)$$

利用三角公式可求得 u 的幅值和初相。显然，利用正弦量的瞬时值进行计算非常麻烦。对此，人们常采用数学变换的方法，将正弦量的运算变换为相量的运算，而相量又有相量图和复数式两种表示形式，从而使对正弦稳态电路的分析变得简单。

5.2.1　正弦量的相量表示

设有一正弦量

$$f(t) = F_{\mathrm{m}}\cos(\omega t + \varphi) \tag{5.8}$$

根据欧拉公式

$$\mathrm{e}^{\mathrm{j}\theta} = \cos\theta + \mathrm{j}\sin\theta \tag{5.9}$$

式(5.8)可表示为

$$f(t) = \mathrm{Re}(F_{\mathrm{m}}\mathrm{e}^{\mathrm{j}(\omega t+\varphi)}) = \mathrm{Re}(F_{\mathrm{m}}\mathrm{e}^{\mathrm{j}\varphi}\mathrm{e}^{\mathrm{j}\omega t}) = \mathrm{Re}(\dot{F}_{\mathrm{m}}\mathrm{e}^{\mathrm{j}\omega t}) \tag{5.10}$$

式中，Re 为取复数的实部。

式(5.10)表明正弦量可以用复数指数函数来表示，且正弦量与其实部一一对应。复数指数函数中的 $F_{\mathrm{m}}\mathrm{e}^{\mathrm{j}\varphi}$ 是以正弦量 $f(t)$ 的幅值 F_{m} 为模，以初相 φ 为幅角的复常数。我们把这个复常数定义为正弦量 $f(t)$ 的相量，以符号 $\dot{F}_{\mathrm{m}}$ 表示，即

$$\dot{F}_{\mathrm{m}} = F_{\mathrm{m}}\mathrm{e}^{\mathrm{j}\varphi} = F_{\mathrm{m}}\angle\varphi \tag{5.11}$$

这是按照正弦量的幅值定义的相量，因此式(5.11)称为幅值相量。由于正弦量的有效值是幅值的 $\frac{1}{\sqrt{2}}$，因此有

$$\dot{F}_{\mathrm{m}} = F_{\mathrm{m}}\mathrm{e}^{\mathrm{j}\varphi} = \sqrt{2}F\mathrm{e}^{\mathrm{j}\varphi} \tag{5.12}$$

这样，也可以定义有效值相量，即

$$\dot{F} = F\mathrm{e}^{\mathrm{j}\varphi} = F\angle\varphi \tag{5.13}$$

相量是一个复数，在复平面上可用有向线段来表示，有向线段的长度表示正弦量的幅值或有效值，有向线段与实轴之间的夹角表示正弦量的初相。据此表示相量的图形称为相量图。图 5-2 给出了电压有效值相量和电流有效值相量的相量图。当把电路中的电压和电流相量表示在一个相量图中时，各个电压和电流的相量关系也就可以直接从相量图中看出来了。

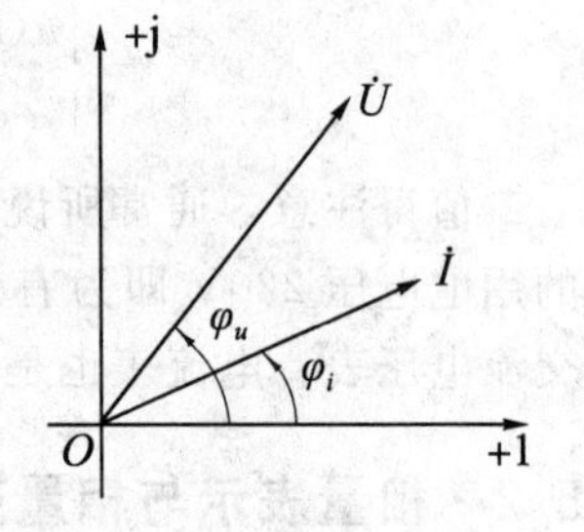

图 5-2 电压相量和电流相量的相量图

式(5.10)中的 $\mathrm{e}^{\mathrm{j}\omega t}$ 是一个随时间变化而以角速度 ω 逆时针旋转的因子，幅值相量与旋转因子之积 $\dot{F}_{\mathrm{m}}\mathrm{e}^{\mathrm{j}\omega t}$ 表示长度为 F_{m} 的有向线段在复平面上以角速度 ω 逆时针旋转，因此 $\dot{F}_{\mathrm{m}}\mathrm{e}^{\mathrm{j}\omega t}$ 称为旋转相量。从几何意义上讲，以余弦形式表示的正弦量等于其对应的旋转相量在实轴上的投影。显然，当 $t=0$ 时旋转相量与实轴的夹角为正弦量的初相。当在复平面上以相量表示正弦量时，只要确定其初相时的相量即可。这是因为同频率的正弦量表示在复平面上的相对位置是不变的。

至此，我们可以将一个正弦量表示为相量，也可以将一个相量转换为正弦量，这就是相量变换。前者称为相量的正变换，后者称为相量的反变换。比如，已知正弦电压的瞬时值表达式 $u(t)=10\sqrt{2}\cos(314t+30°)\mathrm{V}$，其幅值相量和有效值相量分别为

$$\dot{U}_{\mathrm{m}} = 10\sqrt{2}\angle 30°\mathrm{V} \quad 和 \quad \dot{U} = 10\angle 30°\mathrm{V}$$

若已知电流的有效值相量 $\dot{I}=20\angle -45°\mathrm{A}$，频率 $f=100\mathrm{Hz}$，则电流的瞬时值表达式为

$$i = 20\sqrt{2}\cos(628t - 45°)\mathrm{A}$$

特别注意，正弦量与相应的相量之间是一一对应关系，不是相等关系。

现在我们重新认识一下 j 的意义。

根据欧拉公式，$e^{\pm j90^\circ}=\pm j$，所以，任意相量 $\dot{F}=F\angle\varphi$ 与 $e^{\pm j90^\circ}$ 之积，即

$$\dot{F}e^{\pm j90^\circ}=\pm j\dot{F}=F\angle\varphi\times 1\angle\pm 90^\circ=F\angle\varphi\pm 90^\circ$$

这表明，若任意相量 $\dot{F}$ 乘以 $+j$，则该相量沿逆时针方向旋转 90°，其模的大小不变；若任意相量 $\dot{F}$ 乘以 $-j$，则该相量沿顺时针方向旋转 90°，其模的大小不变。因此，$\pm j$ 称为 90°旋转因子。

5.2.2　相量变换的性质

1. 线性性质

已知正弦量 $f_1(t)$ 和 $f_2(t)$，若其对应的相量分别为 $\dot{F}_1$ 和 $\dot{F}_2$，则正弦量 $k_1f_1(t)\pm k_2f_2(t)$ 对应的相量为 $k_1\dot{F}_1\pm k_2\dot{F}_2$。式中，$k_1$、$k_2$ 为两个实数。

相量的线性性质表明相量变换满足齐次性和可加性，即两个同频率正弦量的代数组合的相量，等于对应相量同样的代数组合。

【例 5.1】 已知 $i_1=10\sqrt{2}\cos(\omega t+45^\circ)$A，$i_2=5\sqrt{2}\cos(\omega t-30^\circ)$A。试求 i_1+i_2。

解：根据已知条件，可得

$$\dot{I}_1=10\angle 45^\circ,\quad \dot{I}_2=5\angle -30^\circ$$

于是，有

$$\dot{I}_1+\dot{I}_2=10\angle 45^\circ+5\angle -30^\circ=7.07+j7.07+4.33-j2.5=11.4+j4.57=12.28\angle 21.84^\circ$$

由此，可得

$$i_1+i_2=12.28\sqrt{2}\cos(\omega t+21.84^\circ)\text{A}$$

2. 微分性质

若已知正弦量 $f(t)$ 对应的相量为 $\dot{F}$，则 $\dfrac{\mathrm{d}f(t)}{\mathrm{d}t}$ 对应的相量为 $j\omega\dot{F}$。推广之，$\dfrac{\mathrm{d}^nf(t)}{\mathrm{d}t^n}$ 对应的相量为 $(j\omega)^n\dot{F}$。

3. 积分性质

若已知正弦量 $f(t)$ 对应的相量为 $\dot{F}$，则 $\int f(t)\mathrm{d}t$ 对应的相量为 $\dfrac{\dot{F}}{j\omega}$。推广之，$\underbrace{\int\cdots\int}_{n个} f(t)\mathrm{d}t$ 对应的相量为 $\dfrac{\dot{F}}{(j\omega)^n}$。

可以看出，相量变换的性质可以将正弦量对时间的微分、积分等运算变换为复数代数运算，这将在后续内容的讨论中得到应用。

5.3　基尔霍夫定律和电路元件 VCR 的相量形式

与讨论直流电阻电路一样，两类约束也是研究正弦稳态电路的基础。本节将重点讨论基尔霍夫定律和三种基本电路元件 VCR 的相量形式，即，用相量变换将基尔霍夫定律和三种基本电路元件 VCR 的时域形式变换为对应的相量形式。

5.3.1　基尔霍夫定律的相量形式

正弦稳态电路中任意节点的 KCL 时域形式为

$$\sum_{k=1}^{n} i_k = 0 \tag{5.14}$$

式中，n 为该节点处的支路数。根据相量的线性性质，式(3.2)的相量形式为

$$\sum_{k=1}^{n} \dot{I}_{km} = 0 \tag{5.15}$$

式中，$\dot{I}_{km}$为连接该节点第 k 条支路正弦电流 i_k 的幅值相量。

同理，正弦稳态电路中任意回路的 KVL 时域形式为

$$\sum_{k=1}^{n} u_k = 0 \tag{5.16}$$

式中，n 为该回路的支路数。根据相量的线性性质，式(5.16)的相量形式为

$$\sum_{k=1}^{n} \dot{U}_{km} = 0 \tag{5.17}$$

式中，$\dot{U}_{km}$为回路中第 k 条支路正弦电压 u_k 的幅值相量。

式(5.15)和式(5.17)也可以有效值相量写出，即

$$\sum_{k=1}^{n} \dot{I}_k = 0 \quad 和 \quad \sum_{k=1}^{n} \dot{U}_k = 0 \tag{5.18}$$

式中，$\dot{I}_k$ 和 $\dot{U}_k$ 分别为连接该节点第 k 条支路正弦电流 i_k 的有效值相量与回路中第 k 条支路正弦电压 u_k 的有效值相量。

5.3.2 电路元件 VCR 的相量形式

本节将讨论线性时不变电阻、电容和电感三种基本电路元件 VCR 的相量形式，以便我们使用相量进行正弦稳态分析。

设待研究的元件与一正弦稳态电路相连，元件两端的电压和流过的电流均为同频率的正弦波，且电压和电流为关联参考方向，二者的正弦量及其有效值相量分别为

$$\begin{cases} u(t) = \sqrt{2}U\cos(\omega t + \varphi_u) & \Leftrightarrow \quad \dot{U} = U\underline{/\varphi_u} \\ i(t) = \sqrt{2}I\cos(\omega t + \varphi_i) & \Leftrightarrow \quad \dot{I} = I\underline{/\varphi_i} \end{cases} \tag{5.19}$$

1. 电阻元件

电阻与正弦稳态电路相连的时域模型如图 5-3a 所示。电阻元件 VCR 的时域形式为

$$u = Ri \tag{5.20}$$

根据相量变换的线性性质，可得

$$\dot{U} = R\dot{I} \tag{5.21}$$

式(5.21)即为电阻元件 VCR 的相量形式，此式还可以写为

$$U\underline{/\varphi_u} = RI\underline{/\varphi_i} \tag{5.22}$$

根据两个复数相等的条件，可得电阻元件端电压与端电流的有效值和相位关系为

$$\begin{cases} U = RI \\ \varphi_u = \varphi_i \end{cases} \tag{5.23}$$

可见，电阻元件电压有效值(或幅值)与电流有效值(或幅值)之间的关系满足欧姆定律，且二者的初相相等，即电阻的电压与电流同相。所以，电阻元件 VCR 的相量形式既能表明电压有效值(或幅值)与电流有效值(或幅值)之间的关系，又能表明电压、电流相位之间的

关系。

根据电阻元件 VCR 的相量形式，可以得到对应的电路模型——相量模型，如图 5-3b 所示。其中的电压、电流只需用对应的电压、电流相量来表示即可。

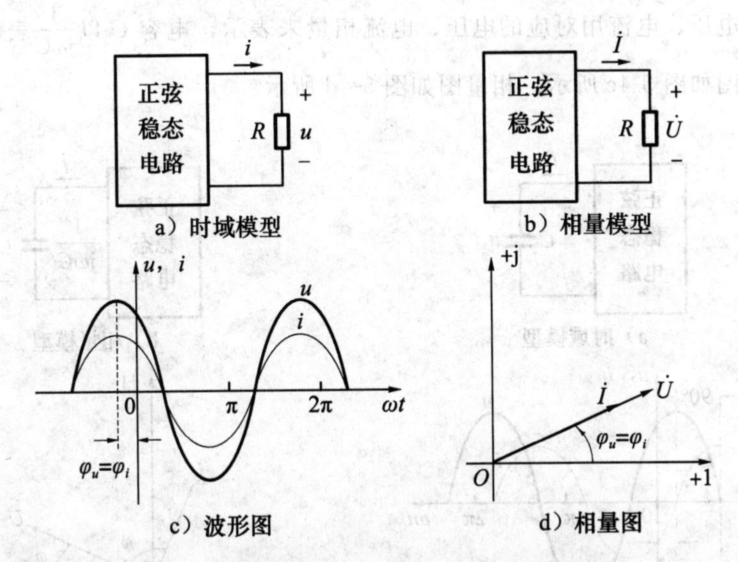

图 5-3　线性时不变电阻元件的正弦稳态分析

将式(5.19)代入式(5.20)，可得到电阻元件 VCR 的瞬时值表达式，据此，画出电阻元件上电压、电流波形如图 5-3c 所示。根据式(5.21)或式(5.22)，可画出电阻元件电压、电流的相量图，如图 5-3d 所示。其中，$\dot{U}$、$\dot{I}$ 的长度表示各自的有效值(或幅值)，它们与实轴的夹角分别为各自的初相。显然，从相量图上可以非常直观地看出电压与电流有效值(或幅值)及其初相之间的关系。

2. 电容元件

电容与正弦稳态电路相连的时域模型如图 5-4a 所示。电容元件 VCR 的时域形式为

$$i = C\frac{\mathrm{d}u}{\mathrm{d}t} \tag{5.24}$$

根据相量变换的微分性质，可得

$$\dot{I} = \mathrm{j}\omega C\dot{U} \quad 或 \quad \dot{U} = \frac{\dot{I}}{\mathrm{j}\omega C} \tag{5.25}$$

式(5.25)即为电容元件 VCR 的相量形式，此式还可以写为

$$I\underline{/\varphi_i} = \omega CU\underline{/\varphi_u + 90^\circ} \tag{5.26}$$

据此，可得电容元件端电压与端电流的有效值与相位关系为

$$\begin{cases} I = \omega CU \\ \varphi_i = \varphi_u + 90^\circ \end{cases} \tag{5.27}$$

式(5.27)中的第一式反映电容元件电压有效值(或幅值)与电流有效值(或幅值)之间的关系不仅与 C 有关，还与激励源的角频率 ω 有关，注意，电阻元件不具备这一特点。当 C 值给定后，对一定的 U 来说，ω 越高 I 越大，说明电流越容易通过 C；ω 越低 I 越小，说明电流越不易通过 C。当 $\omega=0$ 即直流源激励时，$I=0$，电容相当于开

路，这与第 1 章中的讨论是一致的。第二式反映电压与电流的相位关系，即电容的电流超前电压 90°。

根据电容元件 VCR 的相量形式，可以得到对应的电路模型——相量模型，如图 5-4b 所示。其中的电压、电流用对应的电压、电流相量来表示，电容 C 以 $\frac{1}{\mathrm{j}\omega C}$ 表示。电容电压和电流的波形图如图 5-4c 所示，相量图如图 5-4d 所示。

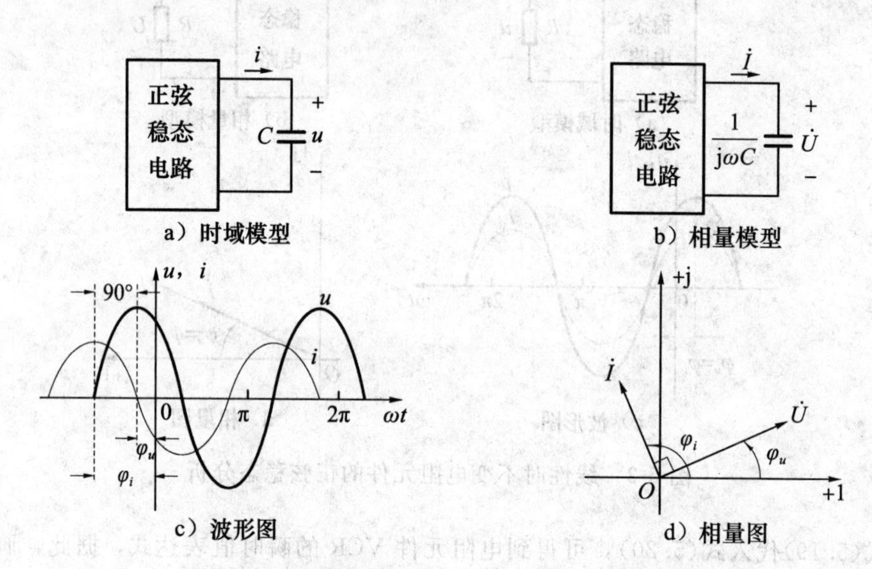

图 5-4　线性时不变电容元件的正弦稳态分析

3. 电感元件

电感与正弦稳态电路相连的时域模型如图 5-5a 所示。电感元件 VCR 的时域形式为

$$u = L\frac{\mathrm{d}i}{\mathrm{d}t} \tag{5.28}$$

根据相量变换的微分性质，可得

$$\dot{U} = \mathrm{j}\omega L\dot{I} \quad 或 \quad \dot{I} = \frac{1}{\mathrm{j}\omega L}\dot{U} \tag{5.29}$$

式(5.29)即为电感元件 VCR 的相量形式，此式还可以写为

$$U\underline{/\varphi_u} = \omega LI\underline{/\varphi_i + 90^\circ} \tag{5.30}$$

据此，可得电感元件端电压与端电流的有效值和相位关系为

$$\begin{cases} U = \omega LI \\ \varphi_u = \varphi_i + 90^\circ \end{cases} \tag{5.31}$$

式(5.31)中的第一式反映电感元件电压有效值(或幅值)与电流有效值(或幅值)之间的关系不仅与 L 有关，还与激励源的角频率 ω 有关。当 L 值给定后，对一定的 I 来说，ω 越高 U 越大；ω 越低 U 越小。当 $\omega=0$(即直流源激励)时，$U=0$，电感相当于短路，这与第 1 章中的讨论也是一致的。第二式反映电压与电流的相位关系，即电感的电压超前电流 90°。

根据电感元件 VCR 的相量形式，可以得到对应的电路模型——相量模型，如图 5-5b 所示。其中的电压、电流用对应的电压、电流相量来表示，电感 L 以 $\mathrm{j}\omega L$ 表示。电感电压和电流的波形图如图 5-5c 所示，相量图如图 5-5d 所示。

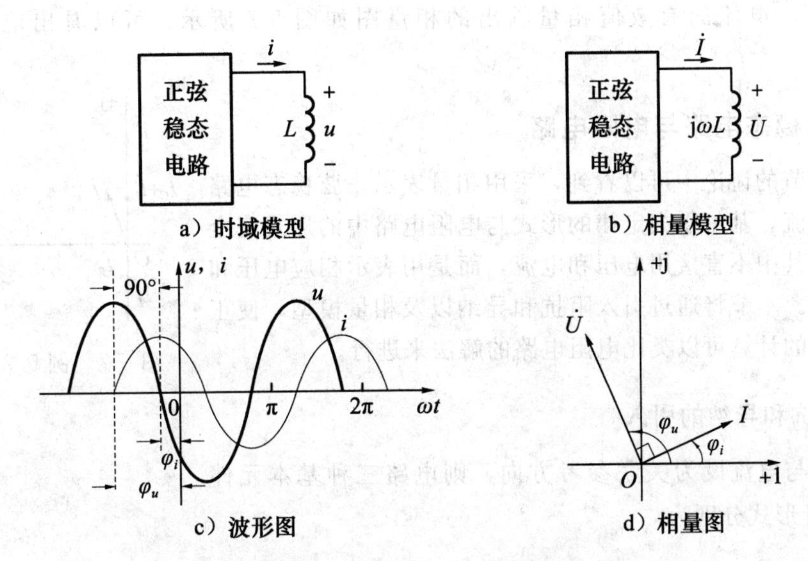

图 5-5　线性时不变电感元件的正弦稳态分析

【例 5.2】　电路如图 5-6a 所示，已知 $u(t)=100\sqrt{2}\cos(10^3 t)\mathrm{V}$，$R=50\Omega$，$L=20\mathrm{mH}$，$C=100\mu\mathrm{F}$，求 $i(t)$。

解：先将电路的时域模型转换为相量模型，如图 5-6b 所示。其中电压、电流以有效值相量标出。

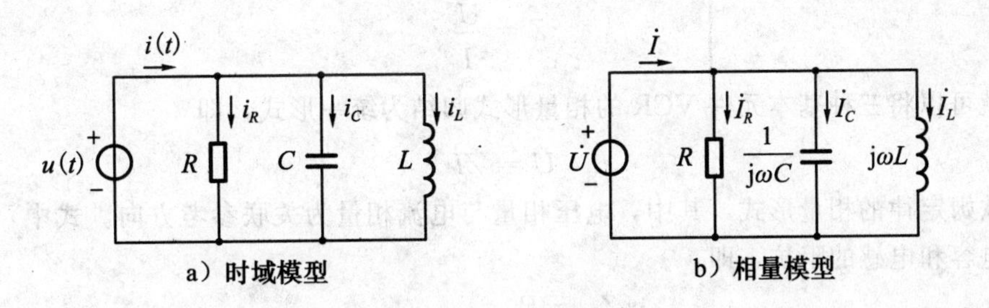

图 5-6　例 5.2 的图 1

正弦激励源 $\dot{U}=100\angle 0^\circ\mathrm{V}$。各个元件上的电流有效值相量分别为

$$\dot{I}_R=\frac{\dot{U}}{R}=\frac{100\angle 0^\circ}{50}=2\angle 0^\circ\mathrm{A}$$

$$\dot{I}_C=\mathrm{j}\omega C\dot{U}=10^3\times 100\times 10^{-6}\times 100\angle 0^\circ+90^\circ=10\angle 90^\circ=\mathrm{j}10\mathrm{A}$$

$$\dot{I}_L=\frac{\dot{U}}{\mathrm{j}\omega L}=\frac{100\angle 0^\circ-90^\circ}{10^3\times 20\times 10^{-3}}=5\angle -90^\circ=-\mathrm{j}5\mathrm{A}$$

根据 KCL 的相量形式，有

$$\dot{I}=\dot{I}_R+\dot{I}_C+\dot{I}_L=2\angle 0^\circ+\mathrm{j}10-\mathrm{j}5=2+\mathrm{j}5=5.39\angle 68.2^\circ\mathrm{A}$$

由此，写出 $i(t)$ 的表达式

$$i(t)=5.39\sqrt{2}\cos(10^3t+68.2°)\,\mathrm{A}$$

根据各电压、电流的有效值相量画出的相量图如图 5-7 所示。可以看出电流超前电压 68.2°。

5.4 正弦稳态电路与电阻电路

从上一节的讨论中可以看到，采用相量表示正弦稳态电路的电压、电流，基尔霍夫定律的形式与电阻电路中的形式完全相同，只是其中不直接用电压和电流，而是用表示相应电压和电流的相量。本节将通过引入阻抗和导纳以及相量模型，使正弦稳态电路的计算可以类比电阻电路的解法来进行。

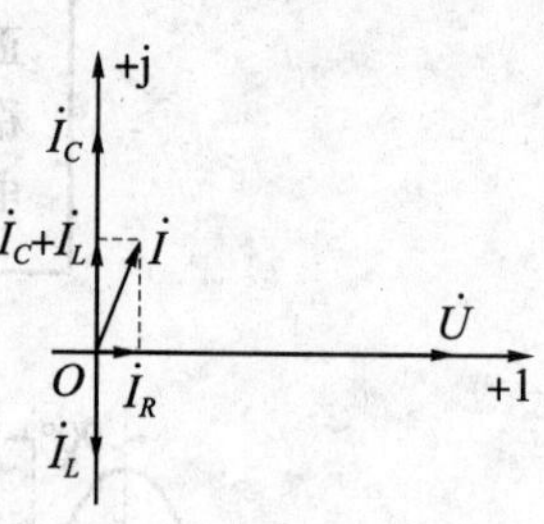

图 5-7 例 5.2 的图 2

5.4.1 阻抗和导纳的引入

若电压与电流设为关联参考方向，则电路三种基本元件 VCR 的相量形式分别为

$$\begin{cases}\dot{U}=R\dot{I}\\ \dot{U}=\dfrac{1}{\mathrm{j}\omega C}\dot{I}\\ \dot{U}=\mathrm{j}\omega L\dot{I}\end{cases}\tag{5.32}$$

现将这三种元件在正弦稳态电路时的电压相量与电流相量之比定义为该元件的阻抗，以 Z 来表示，则有

$$Z=\frac{\dot{U}}{\dot{I}}\tag{5.33}$$

这样，就可以将三种基本元件 VCR 的相量形式归结为统一形式，即

$$\dot{U}=Z\dot{I}\tag{5.34}$$

这就是欧姆定律的相量形式，其中，电压相量与电流相量为关联参考方向。式中，Z 表示电阻、电容和电感的阻抗，即

$$\begin{cases}Z_R=R\\ Z_C=\dfrac{1}{\mathrm{j}\omega C}=-\mathrm{j}\dfrac{1}{\omega C}\\ Z_L=\mathrm{j}\omega L\end{cases}\tag{5.35}$$

与电阻和电导类似，将阻抗的倒数定义为导纳，以 Y 来表示，即

$$Y=\frac{1}{Z}=\frac{\dot{I}}{\dot{U}}\tag{5.36}$$

同样，导纳的单位为西门子(S)。电阻、电容和电感的导纳分别为

$$\begin{cases}Y_R=\dfrac{1}{R}=G\\ Y_C=\mathrm{j}\omega C\\ Z_L=\dfrac{1}{\mathrm{j}\omega L}=-\mathrm{j}\dfrac{1}{\omega L}\end{cases}\tag{5.37}$$

这样，可得到欧姆定律的另一种相量形式，即

$$\dot{I} = Y\dot{U} \tag{5.38}$$

下面对电容、电感的阻抗和导纳作进一步的分析。

由式(5.35)，电容、电感的阻抗可表示为 $Z=\mathrm{j}X$ 的形式，式中，X 称为电抗，即

$$X = \mathrm{Im}[Z] \tag{5.39}$$

具体地说，电容的电抗(简称容抗)为

$$X_C = \mathrm{Im}[Z_C] = -\frac{1}{\omega C} \tag{5.40}$$

表明当电容值一定时，其容抗与频率成反比。比如，当 $\omega=0$ 时，$|X_C|\to\infty$，此时电容可视为开路，因此电容具有隔断直流的作用；当 $\omega\to\infty$时，$|X_C|\to 0$，此时电容可视为短路，即电容具有通交流的作用。概括起来，电容在电路中的作用是“通交隔直”。

电感的电抗(简称感抗)为

$$X_L = \mathrm{Im}[Z_L] = \omega L \tag{5.41}$$

表明当电感一定时，其感抗与频率成正比。比如，当 $\omega=0$ 时，$X_L=0$，此时电感可视为短路，因此电感具有通过直流的作用；当 $\omega\to\infty$时，$X_C\to\infty$，此时电感可视为开路，即电感具有阻碍交流通过的作用。概括起来，电感在电路中的作用是“通直阻交”。

类似地，由(5.37)式，电容、电感的导纳可表示为 $Y=\mathrm{j}B$ 的形式，式中，B 称为电纳，即

$$B = \mathrm{Im}[Y] \tag{5.42}$$

电容的电纳(简称容纳)为

$$B_C = \mathrm{Im}[Y_C] = \omega C \tag{5.43}$$

电感的电纳(简称感纳)为

$$B_L = \mathrm{Im}[Y_L] = -\frac{1}{\omega L} \tag{5.44}$$

综上所述，在引入阻抗和导纳后，三种基本元件 VCR 的相量形式统一为欧姆定律的相量形式，这就是正弦稳态电路中两类约束的元件约束，而阻抗和导纳成为采用复数描述正弦稳态电路的元件参数。可见，当我们用相量表示正弦稳态电路的各电压、电流时，这些相量将服从基尔霍夫定律的相量形式和欧姆定律的相量形式，计算电阻电路的一些公式和方法，就完全可以用于正弦稳态电路之中。

在正弦稳态电路中，对于一个线性时不变无源单口网络来说，也可以引入阻抗和导纳的概念，此时式(5.33)和式(5.36)中的 $\dot{U}$ 与 $\dot{I}$ 分别为该单口网络的端口电压相量和端口电流相量，Z 与 Y 则为单口网络的等效阻抗与等效导纳，或称为输入阻抗和输入导纳。

从阻抗的定义可知，阻抗是一个随频率变化的复数，所以，当频率发生变化时，阻抗也随之变化。这样，阻抗可表示为

$$Z(\mathrm{j}\omega) = |Z(\mathrm{j}\omega)|\angle\varphi_Z(\omega) \tag{5.45}$$

由此，可得阻抗的模为

$$|Z(\mathrm{j}\omega)| = \left|\frac{\dot{U}}{\dot{I}}\right| = \frac{U}{I} \tag{5.46}$$

阻抗的幅角 $\varphi_Z(\omega)$称为阻抗角，即

$$\varphi_Z(\omega)=\varphi_u-\varphi_i \tag{5.47}$$

表明阻抗角是端口电压与端口电流的相位差，其主值范围为$|\varphi_Z(\omega)|\leqslant 90°$。根据阻抗角的正负，可判断端口电压与端口电流的相位关系。比如，$\varphi_Z(\omega)>0$，说明电压超前电流$\varphi_Z(\omega)$；$\varphi_Z(\omega)<0$，说明电压滞后电流$|\varphi_Z(\omega)|$；$\varphi_Z(\omega)=0$，说明电压与电流同相。

若将阻抗以代数式来表示，则可以得到其实部和虚部，即

$$Z(\mathrm{j}\omega)=R(\omega)+\mathrm{j}X(\omega) \tag{5.48}$$

式中，$R(\omega)$是$Z(\mathrm{j}\omega)$的实部，称为电阻分量；$X(\omega)$是$Z(\mathrm{j}\omega)$的虚部，称为电抗分量。这些概念会在5.6节中得到应用。

5.4.2 相量模型的引入

我们知道，以前所用电路模型中的R、L、C是以原参数来表征的，称为时域模型，它反映了电压与电流时间函数之间的关系，电路中电压、电流所遵循的是时域下的两类约束，即基尔霍夫定律的时域形式和欧姆定律的时域形式。现在我们需要的是一种运用相量能对正弦稳态电路进行分析、计算的假想模型——相量模型，其要求是，与原正弦稳态电路具有相同的拓扑结构，只是原电路中各个元件须由阻抗(或导纳)所取代，即，把相量模型中的每个电阻元件看作是具有R值的阻抗；把每个电容元件看作是具有$\frac{1}{\mathrm{j}\omega C}$值的阻抗；把每个电感元件看作是具有$\mathrm{j}\omega L$值的阻抗，模型中的电压、电流均为原电路图中各正弦电压和正弦电流的相量，其参考方向与原电路一致。如图5-6a、b所示，前者为电路的时域模型，后者为原电路的相量模型。因此，电路的相量模型可视为对原时域电路中的电路元件和电路变量进行相量变换的结果。

5.5 正弦稳态电路的分析

经过前面的讨论我们知道，在对正弦稳态电路分析时，需要将电路中的所有元件均以元件的相量模型来表示，电路中的所有电压和电流均以相应的相量来表示，由此得到电路的相量模型服从相量形式的基尔霍夫定律和欧姆定律，线性电阻电路的分析方法、定理等可推广到正弦稳态电路的相量运算中。这就是基于相量模型的正弦稳态电路分析法——相量分析法。显然，线性电阻电路求解方程为实数运算，正弦稳态电路求解方程为复数运算。

相量分析法大致分为三步：

1）将电路的时域模型变换为相量模型；

2）利用相量形式的两类约束，以及电阻电路的分析法、定理、公式等，建立电路的相量方程，并以复数运算法则求解方程；

3）根据相量解，写出解的时域表达式。

本节通过例题来对相量分析法作进一步的理解。

【例5.3】 电路如图5-8a所示，已知$i_R=4\sqrt{2}\cos(10^3t)\,\mathrm{A}$，$R=100\Omega$，$L=0.1\mathrm{H}$，$C=5\mu\mathrm{F}$。求电源电压$u$以及各元件的电压、电流(二者为关联参考方向)，画出电压、电流的相量图。

解：先将图 5-8a 所示的时域模型转换为相量模型，如图 5-8b 所示。

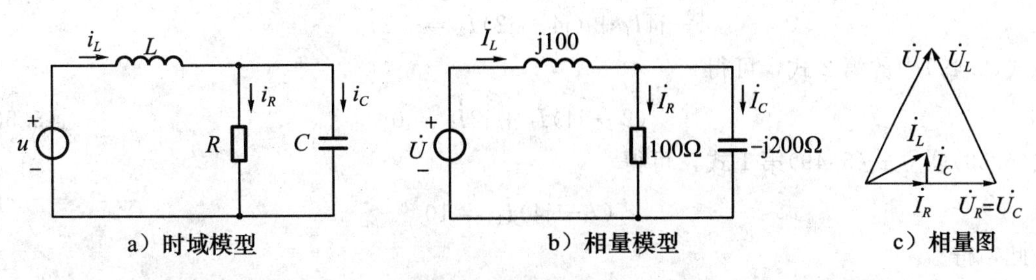

图 5-8　例 5.3 的图

采用有效值相量，由已知条件，$\dot{I}_R=4\underline{/0^\circ}\text{A}$，据此，可进一步求得：

$$\dot{U}_R=\dot{U}_C=R\dot{I}_R=400\underline{/0^\circ}\text{V}$$

$$\dot{I}_C=\frac{\dot{U}_C}{\text{j}X_C}=\frac{400\underline{/0^\circ}}{-\text{j}200}=2\underline{/90^\circ}\text{A}$$

$$\dot{I}_L=\dot{I}_C+\dot{I}_R=2\underline{/90^\circ}+4\underline{/0^\circ}=4+\text{j}2=2\sqrt{5}\underline{/26.6^\circ}\text{A}$$

$$\dot{U}_L=\text{j}X_L\dot{I}_L=\text{j}100\times2\sqrt{5}\underline{/26.6^\circ}=200\sqrt{5}\underline{/116.6^\circ}\text{V}$$

$$\dot{U}=\dot{U}_L+\dot{U}_R=200\sqrt{5}\underline{/116.6^\circ}+400\underline{/0^\circ}=200\sqrt{5}\underline{/63.4^\circ}\text{V}$$

据此，画出各电压、电流的相量图如图 5-8c 所示。

电源电压 u 以及各元件的电压、电流的时域表达式分别为

$$u=200\sqrt{10}\cos(10^3t+63.4^\circ)\text{V}$$

$$i_C=2\sqrt{2}\cos(10^3t+90^\circ)\text{A},\quad i_L=2\sqrt{10}\cos(10^3t+26.6^\circ)\text{A}$$

$$u_R=u_C=400\sqrt{2}\cos10^3t\text{V},\quad u_L=200\sqrt{10}\cos(10^3t+116.6^\circ)\text{V}$$

【例 5.4】　电路和元件参数如图 5-9a 所示，已知 $u_S=10\sqrt{2}\cos(10^3t)\text{V}$。试分别以网孔法和节点法求电流 i_1 和 i_2。

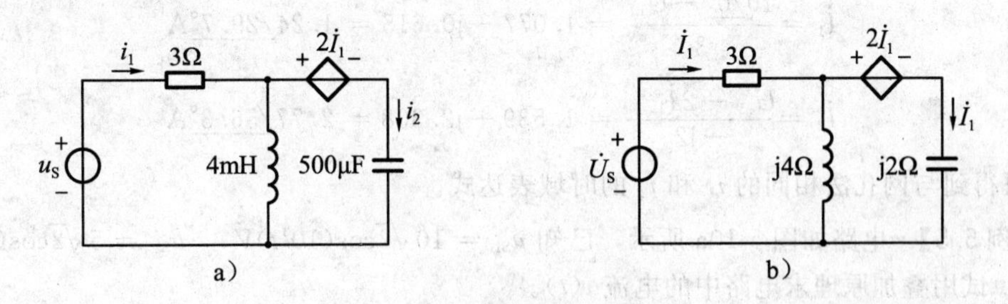

图 5-9　例 5.4 的图

解：先将已知的时域模型转换为相量模型，如图 5-9b 所示。以有效值相量分析，激励源电压的有效值相量为 $\dot{U}_S=10\underline{/0^\circ}\text{V}$。

1）网孔法

以 $\dot{I}_1$ 和 $\dot{I}_2$ 分别作为图 5-9b 所示电路中左右网孔的网孔电流，均为顺时针方向，列出的网孔电流相量方程为

$$\begin{cases}(3+\mathrm{j}4)\dot{I}_1-\mathrm{j}4\dot{I}_2=10\underline{/0^\circ} \\ -\mathrm{j}4\dot{I}_1+(\mathrm{j}4-\mathrm{j}2)\dot{I}_2=-2\dot{I}_1\end{cases} \tag{5.49}$$

由式(5.49)中的第2式，可得

$$(2-\mathrm{j}4)\dot{I}_1+\mathrm{j}2\dot{I}_2=0 \tag{5.50}$$

式(5.50)联立式(5.49)第1式，可得

$$(7-\mathrm{j}4)\dot{I}_1=10$$

由此，得

$$\dot{I}_1=\frac{10}{7-\mathrm{j}4}=1.24\underline{/29.7^\circ}\mathrm{A}$$

代入式(5.50)，得

$$\dot{I}_2=\frac{10}{7-\mathrm{j}4}(2-\mathrm{j}4)\frac{1}{-\mathrm{j}2}=2.77\underline{/56.3^\circ}\mathrm{A}$$

由于网孔电流即为所求电流的相量，因此 i_1 和 i_2 的时域表达式分别为

$$i_1=1.24\sqrt{2}\cos(10^3t+29.7^\circ)\mathrm{A}$$
$$i_2=2.77\sqrt{2}\cos(10^3t+56.3^\circ)\mathrm{A}$$

2）节点法

选图5-9b所示电路中节点②为参考点，对节点①列写节点方程，有

$$\left(\frac{1}{3}+\frac{1}{-\mathrm{j}2}+\frac{1}{\mathrm{j}4}\right)\dot{U}_{\mathrm{n}1}=\frac{10\underline{/0^\circ}}{3}+\frac{2\dot{I}_1}{-\mathrm{j}2}$$

列写辅助方程，有

$$\dot{I}_1=\frac{10\underline{/0^\circ}-\dot{U}_{\mathrm{n}1}}{3}$$

代入节点方程，求得 $\dot{U}_{\mathrm{n}1}=6.769-\mathrm{j}1.846$

由此可求出

$$\dot{I}_1=\frac{10\underline{/0^\circ}-\dot{U}_{\mathrm{n}1}}{3}=1.077-\mathrm{j}0.615=1.24\underline{/29.7^\circ}\mathrm{A}$$

$$\dot{I}_2=\frac{\dot{U}_{\mathrm{n}1}-2\dot{I}_1}{-\mathrm{j}2}=1.539+\mathrm{j}2.308=2.77\underline{/56.3^\circ}\mathrm{A}$$

据此可得到与网孔法相同的 i_1 和 i_2 的时域表达式。

【例5.5】 电路如图5-10a所示，已知 $u_{\mathrm{S}1}=10\sqrt{2}\cos(10^3t)V$，$u_{\mathrm{S}2}=5\sqrt{2}\cos(10^3t+90^\circ)\mathrm{V}$。试用叠加原理求电路中的电流 $i(t)$。

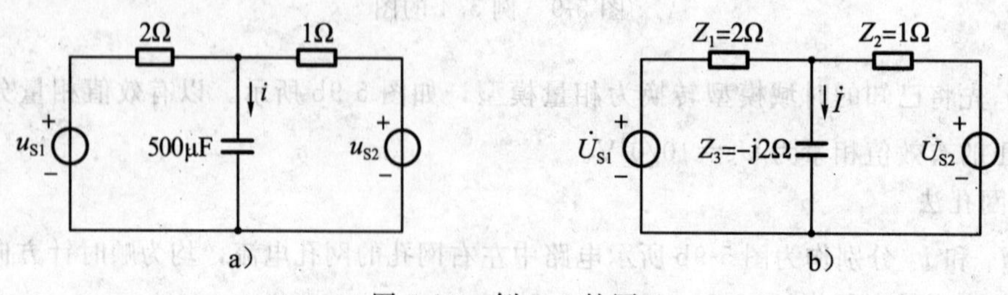

图5-10 例5.5的图

解：由于作用于电路的两激励源频率相同，因此图 5-10a 的相量模型如图 5-10b 所示。采用有效值相量，$\dot{U}_{S1}=10\underline{/0^\circ}\text{V}$，$\dot{U}_{S2}=5\underline{/90^\circ}\text{V}$。

当 $\dot{U}_{S1}$ 单独作用时，电流 $\dot{I}$ 的分量为 $\dot{I}^{(1)}$，即

$$\dot{I}^{(1)}=\frac{\dot{U}_{S1}}{Z_1+Z_2//Z_3}\frac{Z_2}{Z_2+Z_3}=\frac{\dot{U}_{S1}Z_2}{Z_1Z_2+Z_2Z_3+Z_3Z_1}=\frac{10}{2-\text{j}6}=0.5+\text{j}1.5\text{A}$$

当 $\dot{U}_{S2}$ 单独作用时，电流 $\dot{I}$ 的分量为 $\dot{I}^{(2)}$，即

$$\dot{I}^{(2)}=\frac{\dot{U}_{S2}}{Z_2+Z_1//Z_3}\frac{Z_1}{Z_1+Z_3}=\frac{\dot{U}_{S2}Z_1}{Z_1Z_2+Z_2Z_3+Z_3Z_1}=\frac{\text{j}10}{2-\text{j}6}=-1.5+\text{j}0.5\text{A}$$

从而，有

$$\dot{I}=\dot{I}^{(1)}+\dot{I}^{(2)}=0.5+\text{j}1.5-1.5+\text{j}0.5=-1+\text{j}2=2.24\underline{/116.6^\circ}\text{A}$$

所求电流为　$i(t)=2.24\sqrt{2}\cos(10^3t+116.6^\circ)\text{A}$。

值得注意，本例题本应针对两个源分别画出相应的相量模型，但因为作用于电路的两激励源频率相同，所以两个源的相量图可合在一起，然后计算任意激励源单独作用时的响应分量，最后对响应分量相量运用叠加原理，进而写出总响应的时域表达式。当两个源的频率不同时，若仍用相量法求得各自的响应分量，则需根据各自相应的相量模型来求解，从而写出各自响应分量的时域表达式，最后再运用叠加原理得到总响应的时域表达式。

【例 5.6】　电路的相量模型如图 5-11a 所示，已知 $\dot{U}_S=10\underline{/0^\circ}\text{V}$。用戴维南定理求电流 $\dot{I}$。

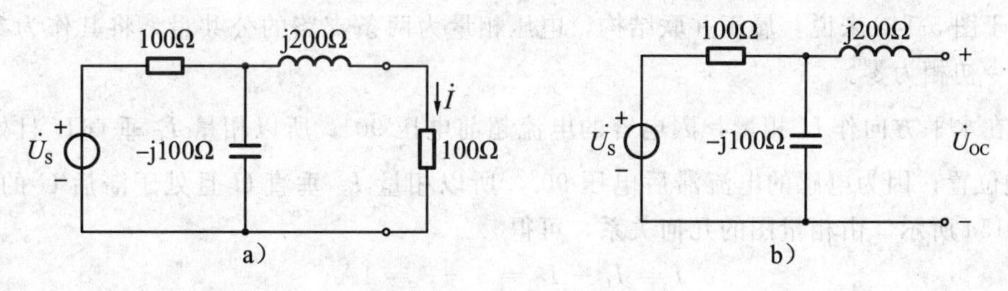

图 5-11　例 5.6 的图 1

解：求开路电压 $\dot{U}_{OC}$。由图 5-11b 所示，可得

$$\dot{U}_{OC}=\frac{-\text{j}100}{100-\text{j}100}\cdot 10\underline{/0^\circ}=\frac{-\text{j}}{1-\text{j}}\cdot 10\underline{/0^\circ}=5\sqrt{2}\underline{/-45^\circ}\text{V}$$

求等效阻抗 Z_0。

$$Z_0=\text{j}200+\frac{100(-\text{j}100)}{100-\text{j}100}=50+\text{j}150\Omega$$

于是，可得到戴维南等效相量模型如图 5-12 所示。

由此可得

$$\dot{I}=\frac{5\sqrt{2}\underline{/-45^\circ}}{100+50+\text{j}150}=\frac{5\sqrt{2}\underline{/-45^\circ}}{150\sqrt{2}\underline{/45^\circ}}=0.033\underline{/-90^\circ}\text{A}$$

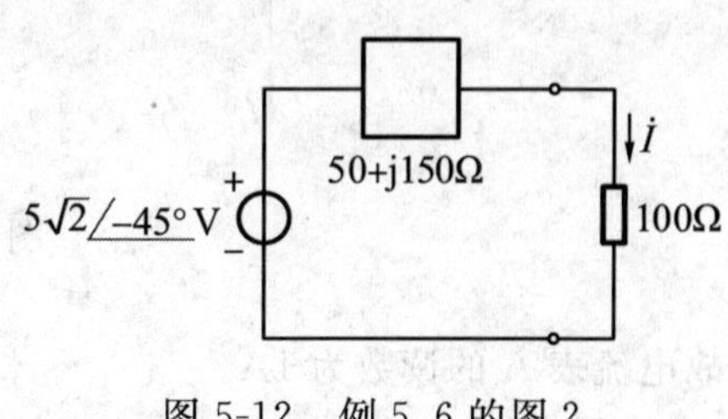

图 5-12　例 5.6 的图 2

【例 5.7】 在图 5-13a、b 所示的正弦稳态电路中，电流表 A_1、A_2、电压表 V_1、V_2 的指示均为有效值，求电流表 A 和电压表 V 的读数。

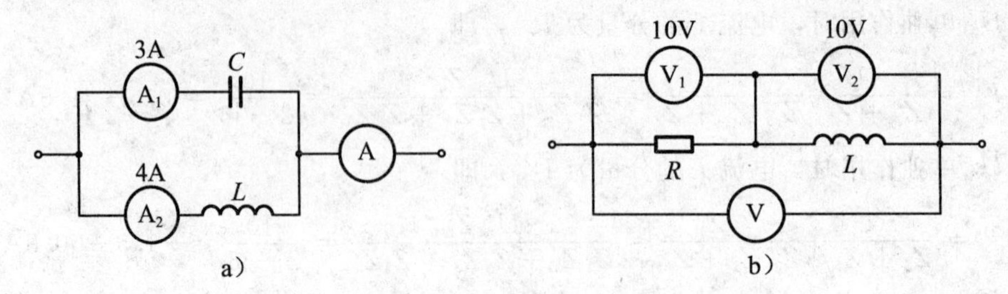

图 5-13 例 5.7 的图 1

解：利用相量图求解。

画出图 5-13a、b 所示电路的相量模型，分别如图 5-14a、b 所示。

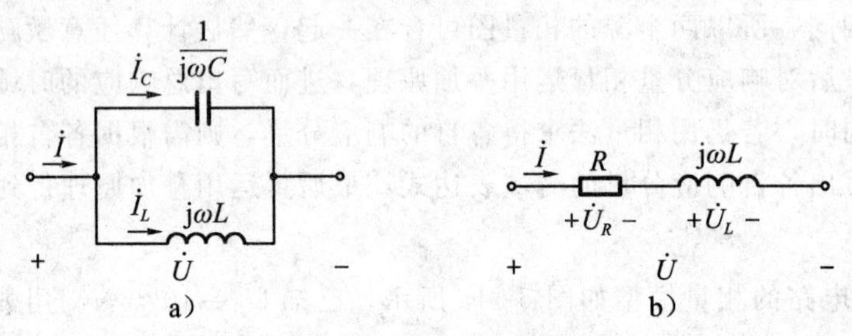

图 5-14 例 5.7 的图 2

对于图 5-14a 来说，属于并联结构，电压相量为两条支路的公共量，将其作为参考相量，并令初相为零。

先在水平方向作 $\dot{U}$ 相量，因电容的电流超前电压 90°，所以相量 $\dot{I}_C$ 垂直 $\dot{U}$ 且处于超前 $\dot{U}$ 的位置；因为电感的电流滞后电压 90°，所以相量 $\dot{I}_L$ 垂直 $\dot{U}$ 且处于滞后 $\dot{U}$ 的位置，如图 5-15a 所示。由相量图的几何关系，可得

$$I = I_L - I_C = 4 - 3 = 1\text{A}$$

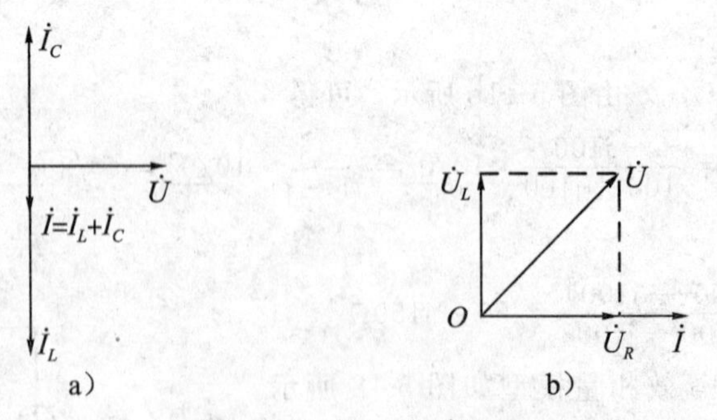

图 5-15 例 5.7 的图 3

故电流表 A 的读数为 1A。

对于图 5-14b 来说，属于串联结构，电流相量为 R、L 的公共量，将其作为参考相量，

并令初相为零。

先在水平方向作 $\dot{I}$ 相量，因为电感的电压超前电流 90°，所以相量 $\dot{U}_L$ 垂直 $\dot{I}$ 且处于超前 $\dot{I}$ 的位置；因为电阻的电压与电流同相，所以相量 $\dot{U}_R$ 与 $\dot{I}$ 同相，如图 5-15b 所示。根据已知条件，相量 $\dot{U}_L$ 和 $\dot{U}_R$ 的长度相等，均为 10。由这两个相量所构成的平行四边形的对角线即可确定相量 $\dot{U}$，根据相量图的几何关系，可得

$$U=\sqrt{U_R^2+U_L^2}=\sqrt{10^2+10^2}=10\sqrt{2}\mathrm{V}$$

因此电压表 V 的读数为 $10\sqrt{2}$V，即 14.1V。

5.6　正弦稳态电路的功率

前几节讨论了正弦稳态电路的相量分析法，从正弦量以相量表示入手，在引入阻抗和导纳概念后，以相量形式的两类约束为基础，把电阻电路的分析方法运用于正弦稳态电路分析。但由于正弦稳态电路不是一个纯电阻电路，而是其中还包含电容、电感等储能元件，因此它在功率、能量、频率响应等方面要比电阻电路复杂得多。

我们知道，一个纯电阻单口网络的端口电压与端口电流之积即为该网络消耗的功率，那么，正弦稳态电路的功率又将如何计算？本节将重点讨论这个问题。

5.6.1　正弦稳态单口网络的功率

正弦稳态电路电压和电流的基本表示法为瞬时值表示式，所以就从同一时刻的电压与电流之积——瞬时功率入手。

1. 瞬时功率

正弦稳态无源单口网络如图 5-16 所示，其端口电压和端口电流为关联参考方向，分别表示为

$$\begin{cases}u=\sqrt{2}U\cos(\omega t+\varphi_u)\\ i=\sqrt{2}I\cos(\omega t+\varphi_i)\end{cases}\tag{5.51}$$

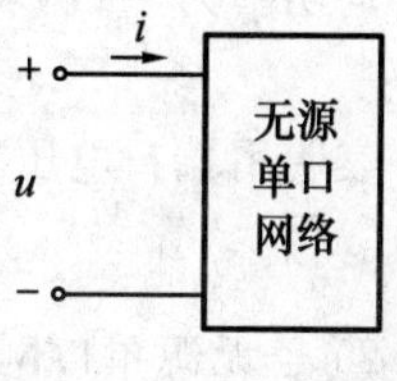

图 5-16　正弦稳态单口网络

该单口网络吸收的瞬时功率为

$$\begin{aligned}p=ui&=2UI\cos(\omega t+\varphi_u)\cos(\omega t+\varphi_i)\\&=UI\cos(\varphi_u-\varphi_i)+UI\cos(2\omega t+\varphi_u+\varphi_i)\\&=UI\cos\varphi+UI\cos(2\omega t+\varphi_u+\varphi_i)\end{aligned}\tag{5.52}$$

式中，$\varphi=\varphi_u-\varphi_i$，为端口电压与端口电流的相位差。式(5.52)表明，瞬时功率 p 由两项组成：第一项是与时间无关的恒定分量，第二项是幅值为 UI、频率为电压(或电流)频率的二倍的正弦分量。

为了进一步对瞬时功率进行分析，将式(5.52)作三角变换，写成如下形式

$$\begin{aligned}p&=UI\cos\varphi+UI\cos(2\omega t+2\varphi_u-\varphi)\\&=UI\cos\varphi+UI\cos\varphi\cos[2(\omega t+\varphi_u)]+UI\sin\varphi\sin[2(\omega t+\varphi_u)]\\&=UI\cos\varphi\{1+\cos[2(\omega t+\varphi_u)]\}+UI\sin\varphi\sin[2(\omega t+\varphi_u)]\end{aligned}\tag{5.53}$$

式(5.53)又表明，在 $\varphi\leqslant\pi/2$ 时，第一项始终大于等于零，这是瞬时功率中的不可逆分量，说明单口网络始终吸收功率的部分；第二项是瞬时功率的可逆分量，其值以 2ω 按正弦规

律正负交替变化，说明单口网络与外电路之间能量互换的部分。以下针对这两部分分别进行分析。

2. 平均功率

由于瞬时功率随时间变动，不便用来衡量单口网络消耗功率的大小，因此，通常我们感兴趣的是瞬时功率的平均值——平均功率(又称有功功率)，即电路中消耗功率的平均值。

将瞬时功率在一个周期内的平均值定义为平均功率，以大写字母 P 表示，即

$$P=\frac{1}{T}\int_0^T p\mathrm{d}t=\frac{1}{T}\int_0^T UI[\cos\varphi+\cos(2\omega t+\varphi_u+\varphi_i)]\mathrm{d}t=UI\cos\varphi \tag{5.54}$$

可见，平均功率恰为式(5.52)中的恒定分量，也是式(5.53)第一项的平均值，它表示无源单口网络实际消耗的功率，其值不仅取决于网络端口电压与端口电流的有效值，而且与它们之间的相位差有关。有功功率的单位是瓦(W)或千瓦(kW)。

我们把 $\cos\varphi=\cos(\varphi_u-\varphi_i)$ 称为功率因数，以符号 λ 表示，即

$$\lambda=\cos\varphi \tag{5.55}$$

表明功率因数的大小仅取决于该网络端口电压与端口电流的相位差 φ。φ 即为阻抗角，又称功率因数角。

根据 φ 的正负，可以判断单口网络的性质。若 $\varphi>0$，则网络呈现电感性质(简称感性)；若 $\varphi<0$，则网络呈现电容性质(简称容性)；若 $\varphi=0$，则网络呈现电阻性质(简称阻性)。

下面分析两种特殊情况：

1) 若无源单口网络仅由一个电阻组成，即 $\varphi=0$，则 $\lambda=1$，由式(5.54)可得电阻吸收的平均功率为

$$P=UI \tag{5.56}$$

表明用端口电压和端口电流有效值计算电阻的平均功率，与电阻电路中的对应公式一致。

2) 若无源单口网络仅由一个电感或电容组成，即 $\varphi=\pm\frac{\pi}{2}$，则 $\lambda=0$，可得电感或电容吸收的平均功率为

$$P=0 \tag{5.57}$$

说明电感和电容不消耗能量。

对一个无源单口网络来说，根据已知条件的不同，其有功功率可有多种求法。下面以图 5-17 所示电路，来说明这些方法。

1) 若已知端口电压 u 和端口电流 i，则有功功率 $P=UI\cos(\varphi_u-\varphi_i)$；

2) 若已知电阻 R 和电流 i_2，则有功功率 $P=RI_2^2$；

3) 若已知 RL 支路的端口电压 u_2 和端口电流 i_2，则有功功率 $P=U_2I_2\cos(\varphi_{2u}-\varphi_{2i})$；

4) 若已知单口网络的等效阻抗 Z 和总电流 i，则有功功率 $P=I^2\mathrm{Re}[Z]$。

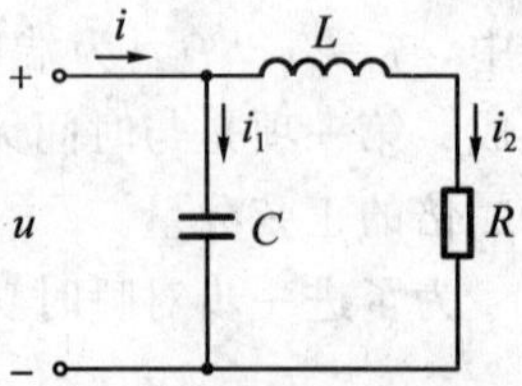

图 5-17 *RLC* 单口网络

3. 无功功率

以式(5.53)中瞬时功率的可逆分量的幅值定义为无功功率，用大写字母 Q 表示，即

$$Q=UI\sin\varphi \tag{5.58}$$

它表明单口网络与外电路进行能量交换的规模。无功功率的单位是乏(var)或千乏(kvar)。

分析三种特殊情况：

1) 若无源单口网络仅由一个电阻组成，即 $\varphi=0$，由此可知，电阻的无功功率为零。

2) 若无源单口网络仅由一个电感组成，即 $\varphi=\frac{\pi}{2}$，电感的无功功率为

$$Q_L = UI\sin\varphi = UI\sin\frac{\pi}{2} = UI = \omega LI^2 = \frac{U^2}{\omega L} \tag{5.59}$$

3) 若无源单口网络仅由一个电容组成，即 $\varphi=-\frac{\pi}{2}$，电容的无功功率为

$$Q_C = UI\sin\varphi = UI\sin\left(-\frac{\pi}{2}\right) = -UI = -\frac{1}{\omega C}I^2 = -\omega CU^2 \tag{5.60}$$

4. 视在功率

以端口电压有效值与端口电流有效值之积定义为视在功率(又称表观功率)，以 S 表示，即

$$S = UI \tag{5.61}$$

视在功率虽具有功率的形式，但并不表示无源单口网络实际消耗的功率，只代表激励源可能提供的最大功率或网络可能消耗的最大有功功率。视在功率的单位用伏安(VA)或千伏安(kVA)表示。

值得注意，有功功率、无功功率和视在功率均具有功率的量纲，为了有所区别，它们分别采用了 W、var 和 VA 为单位。

显然，单口网络的有功功率、无功功率和视在功率在数值上满足

$$S = \sqrt{P^2 + Q^2} \tag{5.62}$$

这可以采用图 5-18 所示的直角三角形来表示，这就是功率三角形，它说明了 P、Q、S 和 φ 之间的关系。

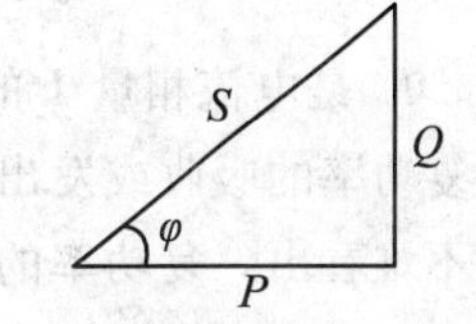

图 5-18　功率三角形

对无源单口网络来说，总有功功率为

$$P = \sum P_k \tag{5.63}$$

式中，P_k 为第 k 个电阻的有功功率。总无功功率为

$$Q = \sum Q_k \tag{5.64}$$

式中，Q_k 为第 k 个电感或电容的无功功率，电感取正，电容取负。式(5.63)和式(5.64)分别称为有功功率守恒和无功功率守恒。注意，单口网络的视在功率

$$S \neq \sum S_k \tag{5.65}$$

式中，S_k 为第 k 个元件的视在功率。

【例 5.8】　正弦稳态电路如图 5-19 所示，已知 $i_s=10\sqrt{2}\cos(10^3t)$A。试求电源提供的 P 和 Q，计算 S 和 λ。

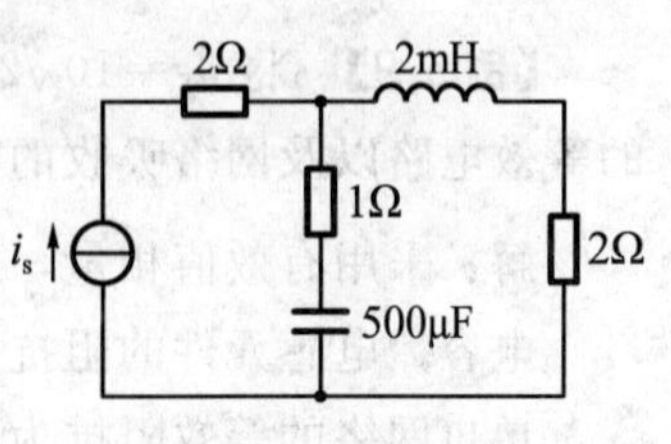

图 5-19　例 5.8 的图

解：根据已知条件，可求得

$$Z_C = -\mathrm{j}\frac{1}{\omega C} = -\mathrm{j}\frac{1}{10^3\times 500\times 10^{-6}} = -\mathrm{j}2\Omega$$

$$Z_L = j\omega L = j10^3 \times 2 \times 10^{-3} = j2\Omega$$

单口网络的输入阻抗为

$$Z = 2 + \frac{(1-j2)(2+j2)}{1-j2+2+j2} = 4 - j\frac{2}{3}\Omega$$

由此可得

$$P = I^2 \mathrm{Re}[Z] = 10^2 \times 4 = 400\mathrm{W}$$

$$Q = I^2 \mathrm{Im}[Z] = 10^2 \times \left(-\frac{2}{3}\right) = -66.7\mathrm{var}(\text{电容性})$$

$$S = \sqrt{P^2 + Q^2} = 405.5\mathrm{VA}$$

$$\lambda = \cos\varphi = \frac{P}{S} = \frac{400}{405.5} = 0.986(\text{电容性})$$

或者利用阻抗角，可得

$$\lambda = \cos\varphi = \cos\left[\arctan\left(\frac{-\frac{2}{3}}{4}\right)\right] = 0.986(\text{电容性})$$

5.6.2 复功率

复功率是以相量法来计算功率所引入的一个复数变量，它是由有功功率 P 与无功功率 Q 分别作为实部和虚部所构成的，即

$$\widetilde{S} = P + jQ = UI\cos\varphi + jUI\sin\varphi = UI\angle\varphi = U\angle\varphi_u\, I\angle-\varphi_i = \dot{U}\dot{I}^* \tag{5.66}$$

式中，$\dot{I}^*$ 是电流相量 $\dot{I}$ 的共轭复数。复功率的单位是伏安(VA)。

复功率的吸收或发出同样依据无源单口网络的端口电压和端口电流的参考方向来判断。不难看出，复功率的模即为视在功率，其幅角即为功率因数角，即

$$\begin{cases} |\widetilde{S}| = \sqrt{P^2 + Q^2} = S \\ \varphi_{\widetilde{S}} = \arctan\dfrac{Q}{P} = \varphi \end{cases} \tag{5.67}$$

可见，复功率将正弦稳态电路的有功功率、无功功率、视在功率及功率因数统一到一个公式来表示，为分析电路中的功率带来方便。

特别强调，复功率是一个辅助计算功率的复数，它不代表正弦量，也就不能视为相量。

从上一节中我们看到有功功率守恒和无功功率守恒。可以证明，电路中的复功率也是守恒的。

【例 5.9】 将 $u_S = 10\sqrt{2}\cos(10^3 t)\mathrm{V}$ 作用于如图 5-20 所示的无源单口网络。求该网络的等效电路以及网络吸收的有功功率、无功功率、视在功率和功率因数。

解：采用有效值相量，因此有 $\dot{U}_S = 10\angle 0°\mathrm{V}$。

电容、电感元件的阻抗分别为 $-j2\Omega$ 和 $j2\Omega$。

单口网络的等效阻抗为

$$Z = 2 + \frac{-j2(2+j2)}{-j2+2+j2} = 6 - j2 = 6.32\angle-18.43°\Omega(\text{电容性})$$

由此得到串联等效电阻和等效电容分别为

$$R_{eq}=6\Omega,\quad C_{eq}=500\mu\text{F}$$

该网络的等效导纳为

$$Y=\frac{1}{Z}=(0.15+\text{j}0.05)\text{S}$$

由此得到并联等效电导和等效电容分别为

$$G_{eq}=0.15\text{S},\quad C_{eq}=50\mu\text{F}$$

串、并联等效电路分别如图 5-21a、b 所示。

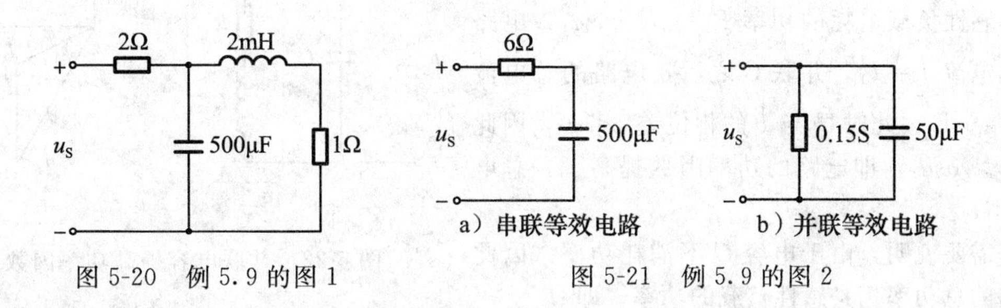

图 5-20　例 5.9 的图 1

图 5-21　例 5.9 的图 2

电路的总电流为

$$\dot{I}=\frac{\dot{U}_S}{Z}=\frac{10}{6-\text{j}2}=(1.5+\text{j}0.5)\text{A}$$

求电路的复功率，可得

$$\widetilde{S}=\dot{U}\dot{I}^*=10\times(1.5-\text{j}0.5)=(15-\text{j}5)\text{VA}$$

据此可知电路的视在功率、有功功率、无功功率和功率因数分别为

$$S=|\widetilde{S}|=15.8\text{VA},\quad P=15\text{W},\quad Q=-5\text{var},\quad \lambda=0.949$$

5.6.3　功率因数的提高

一般来说，电气设备绝大多数为感性负载，且阻抗角较大，即功率因数较低，比如，日光灯的 λ 约为 0.5。由于供电系统的功率因数总是小于 1，因此产生了电源设备不能充分利用和增加输电线路损耗的问题。本节就功率因数的提高进行讨论。

1. 提高功率因数的意义

我们知道，发电设备有一定的额定容量 $S_N=U_NI_N$，但发电设备向负载提供的功率是由负载来决定的。当负载的 $\lambda=1$ 时，若电源工作在额定状态，则电源向负载提供的功率 P 等于额定容量 S_N，电源得到充分利用。当负载的 $\lambda=0.5$ 时，若电源仍工作在额定状态，则电源向负载提供的功率 P 只是额定容量 S_N 的一半。有功功率的降低，使电源设备不能充分利用。若设法提高整个线路的功率因数，可减小电源所供电流，这样电源就可多供负载，充分发挥电源设备的容量。

因为 $I=\dfrac{P}{U}\dfrac{1}{\cos\varphi}$，即，当供电电压和有功功率一定时，供电线路电流的大小与功率因数成反比。线路(线路等效电阻为 R)损耗为

$$\Delta P=I^2R=\left(\frac{P}{U}\right)^2R\left(\frac{1}{\cos\varphi}\right)^2$$

表明功率因数越低，损耗越大，且线路压降也大。这样，不利于电能的节约，同时还影响供电质量。

2. 功率因数的提高

提高功率因数的前提是不影响用电设备原有的工作状态，因此，通常采用的方法是在感性负载两端并联电容器，如图 5-22a 所示。其中，虚线框为等效的感性负载部分。

作图 5-22a 所示电路中电压、电流相量图，如图 5-22b所示。由相量图可以看出，在未并联 C 时，电路的 λ 即为感性负载的 $\lambda_1=\cos\varphi_1$，此时感性负载消耗的功率 $P_1=UI_1\cos\varphi_1$，电路的总电流 $\dot{I}=\dot{I}_1$。并联 C 之后，电路的总电流 $\dot{I}=\dot{I}_1+\dot{I}_2$，此时 $\dot{U}$ 与 $\dot{I}$ 的相位差 $\varphi<\varphi_1$，因此 $\cos\varphi>\cos\varphi_1$，即电路的功率因数提高了，总电流 $I<I_1$。

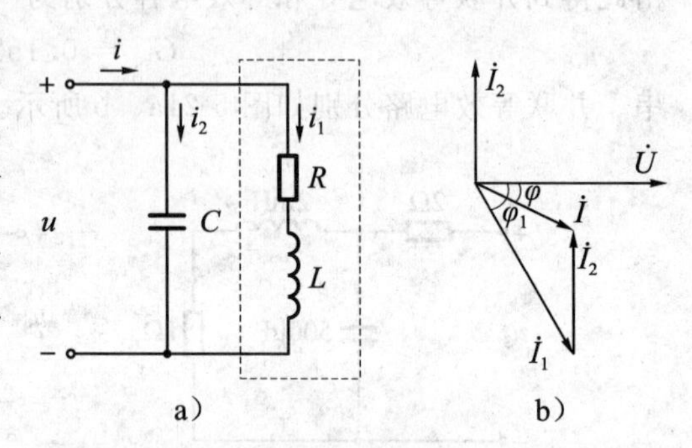

图 5-22　并联电容提高功率因数

需要说明，由于电容 C 不消耗功率，因此电路的总功率仍是感性负载的功率，即

$$P=UI\cos\varphi=UI_1\cos\varphi_1$$

并联电容器的电容量如何选取呢？通常规定功率因数的标准值为 0.9。这是因为 C 过大，不仅成本高，而且功率因数大于 0.9 以后，再增大 C 值对减小线路电流的作用不明显。下面由相量图给出并联电容 C 的计算方法。

由相量图可得

$$I_2=I_1\sin\varphi_1-I\sin\varphi=\frac{P}{U\cos\varphi_1}\sin\varphi_1-\frac{P}{U\cos\varphi}\sin\varphi=\frac{P}{U}(\tan\varphi_1-\tan\varphi)$$

而 $I_2=\omega CU$，因此有

$$C=\frac{P}{\omega U^2}(\tan\varphi_1-\tan\varphi) \tag{5.68}$$

【例 5.10】 电路如图 5-22a 所示，感性负载的功率为 10kW，功率因数为 0.6，供电电源为 220V、50Hz 交流电源。

1）若将功率因数提高到 0.9，问应该并联多大的电容量？比较并联前后电路的总电流。

2）若将功率因数由 0.9 再提高到 0.95，问还应增加多少并联电容的容值？此时电路的总电流又是多大？

解：1）根据已知条件，求得

$$\tan\varphi_1=\tan(\arccos 0.6)=1.333,\quad \tan\varphi=\tan(\arccos 0.9)=0.484$$

因此有

$$C=\frac{P}{\omega U^2}(\tan\varphi_1-\tan\varphi)=\frac{10\times10^3}{2\pi\times50\times220^2}(1.333-0.484)=558\mu\text{F}$$

并联 C 之前电路总电流

$$I=I_1=\frac{P}{U\cos\varphi_1}=\frac{10\times10^3}{220\times0.6}=75.8\text{A}$$

并联 C 之后电路总电流

$$I=\frac{P}{U\cos\varphi}=\frac{10\times10^3}{220\times0.9}=50.5\text{A}$$

表明并联 C 之后电路总电流减小了。

2）根据已知条件，求得

$$\tan\varphi=\tan(\arccos0.9)=0.484,\quad \tan\varphi'=\tan(\arccos0.95)=0.329$$

因此所需增加的电容值为

$$C'=\frac{P}{\omega U^2}(\tan\varphi-\tan\varphi')=\frac{10\times10^3}{2\pi\times50\times220^2}(0.484-0.329)=102\mu\text{F}$$

此时电路中的总电流为

$$I'=\frac{P}{U\cos\varphi}=\frac{10\times10^3}{220\times0.95}=47.8\text{A}$$

可见，功率因数由 0.9 再提高到 0.95 所需并联的电容值增加很多，但总电流减小不明显。

5.6.4　最大功率传输

在电阻电路中，曾经讨论了负载电阻从直流电源获得最大功率的问题，类似地，在正弦稳态电路中，负载从电源获得最大功率的条件怎样呢？

电路如图 5-23 所示，正弦交流源电压的有效值相量为 $\dot{U}_S$，内阻抗为 $Z_S=R_S+jX_S$，负载阻抗为 $Z_L=R_L+jX_L$，式中，下标 L 指负载。

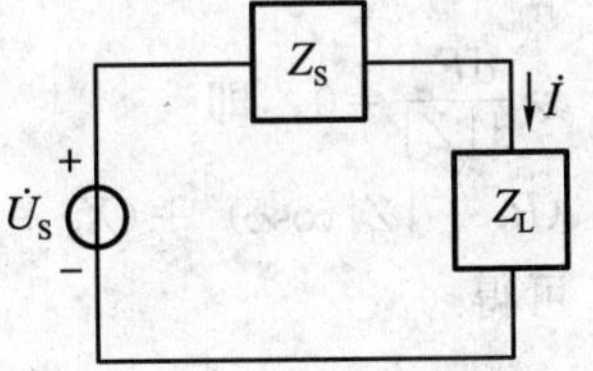

图 5-23　最大功率传输

在给定电源的前提下，分两种情况讨论：

- 负载的 R_L 和 X_L 均可独立变化；
- 负载的阻抗角不变，模 $|Z_L|$ 可变。

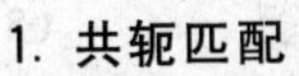

1. 共轭匹配

由图 5-23 可得电路电流为

$$\dot{I}=\frac{\dot{U}_S}{(R_S+R_L)+j(X_S+X_L)}$$

其有效值为

$$I=\frac{U_S}{\sqrt{(R_S+R_L)^2+(X_S+X_L)^2}}$$

由此可得负载的有功功率为

$$P_L=R_LI^2=\frac{U_S^2R_L}{(R_S+R_L)^2+(X_S+X_L)^2}\tag{5.69}$$

负载获得最大有功功率须满足以下条件

$$\begin{cases}X_S+X_L=0\\ \dfrac{dP_L}{dR_L}=0\end{cases}$$

前一条件可在 R_L 为任意值时，使式(5.69)的分母最小，即 P_L 最大；后一条件是在满足前一条件时，求得使 P_L 为最大时的 R_L 值。由此可得负载获得最大功率的条件为

$$X_L=-X_S,\quad R_L=R_S\tag{5.70}$$

表明负载阻抗为电源内阻抗的共轭复数，即

$$Z_L = Z_S^* \tag{5.71}$$

当满足式(5.71)条件时，负载阻抗与电源内阻抗为最大功率匹配，即共轭匹配，此时的最大功率为

$$P_{Lmax} = \frac{U_S^2}{4R_S} \tag{5.72}$$

对含源单口网络向负载传输功率来说，根据戴维南定理，式(5.72)中的 U_S 应理解为含源单口网络的开路电压 U_{OC}，R_S 应为该网络戴维南等效阻抗的电阻分量 R_{eq}。

2. 模匹配

负载阻抗可表示为

$$Z = |Z|\angle\varphi = |Z|\cos\varphi + j|Z|\sin\varphi$$

电路电流为

$$\dot{I} = \frac{\dot{U}_S}{(R_S + |Z|\cos\varphi) + j(X_S + |Z|\sin\varphi)}$$

负载的有功功率为

$$P_L = \frac{U_S^2|Z|\cos\varphi}{(R_S + |Z|\cos\varphi)^2 + (X_S + |Z|\sin\varphi)^2}$$

令 $\frac{dP_L}{d|Z|} = 0$，即

$$(R_S + |Z|\cos\varphi)^2 + (X_S + |Z|\sin\varphi)^2 - 2|Z|\cos\varphi(R_S + |Z|\cos\varphi) - 2|Z|\sin\varphi(X_S + |Z|\sin\varphi) = 0$$

可得

$$|Z|^2 = R_S^2 + X_S^2$$

即

$$|Z| = Z_S \tag{5.73}$$

表明负载获得最大有功功率的条件是：负载阻抗的模与电源内阻抗的模相等，即模匹配。

【例 5.11】 电路如图 5-24a 所示，已知 $u_S = 10\sqrt{2}\cos(10^3 t)$V。试求负载功率，若 1)负载为 5Ω 电阻；2)负载为电阻且与电源内阻抗匹配；3)负载与电源内阻抗为共轭匹配。

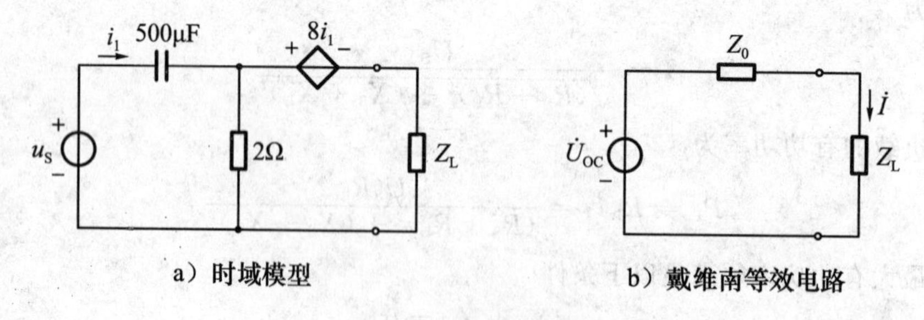

图 5-24　例 5.11 的图

解： 采用有效值相量。图 5-24a 所示电路的戴维南等效电路如图 5-24b 所示。其中，开路电压为

$$\dot{U}_{OC} = -8\dot{I}_1 + 2\dot{I}_1 = -6\dot{I}_1 = -6\,\frac{10}{2-j2} = 15\sqrt{2}\angle -135^\circ \text{V}$$

由外加电压法，求得等效阻抗 Z_0 为

$$Z_0=\frac{\dot{U}}{\dot{I}}=\frac{-8\dot{I}_1+2(\dot{I}+\dot{I}_1)}{\dot{I}}=2-6\frac{\dot{I}_1}{\dot{I}}=2-6\left(-\frac{2}{2-\mathrm{j}2}\right)=5+\mathrm{j}3\Omega$$

1）$Z_L=R_L=5\Omega$ 时

$$\dot{I}=\frac{15\sqrt{2}\angle -135^\circ}{5+\mathrm{j}3+5}=\frac{15\sqrt{2}\angle -135^\circ}{10+\mathrm{j}3}=\frac{15\sqrt{2}\angle -135^\circ}{7.38\sqrt{2}\angle 16.7^\circ}=2.03\angle -151.7^\circ\mathrm{A}$$

$$P_L=2.03^2\times 5=20.6\mathrm{W}$$

2）$Z_L=R_L=|Z_0|=5.83\Omega$ 时（模匹配）

$$\dot{I}=\frac{15\sqrt{2}\angle -135^\circ}{5+\mathrm{j}3+5.83}=\frac{15\sqrt{2}\angle -135^\circ}{10.83+\mathrm{j}3}=\frac{15\sqrt{2}\angle -135^\circ}{7.95\sqrt{2}\angle 15.5^\circ}=1.89\angle -150.5^\circ\mathrm{A}$$

$$P_L=1.89^2\times 5.83=20.8\mathrm{W}$$

3）$Z_L=Z_0^*=5-\mathrm{j}3\Omega$ 时（共轭匹配）

$$\dot{I}=\frac{15\sqrt{2}\angle -135^\circ}{5+\mathrm{j}3+5-\mathrm{j}3}=\frac{15\sqrt{2}\angle -135^\circ}{10}=2.12\angle -135^\circ\mathrm{A}$$

$$P_L=2.12^2\times 5=22.5\mathrm{W}$$

可见共轭匹配可使负载所得功率最大。

5.7　谐振电路

对一个含有 R、L、C 元件的单口网络来说，若通过改变电路参数值或调节电源频率，使其端口电压与端口电流同相，即电路的阻抗呈现电阻性，则称电路发生了谐振，该电路称为谐振电路，而使谐振发生的条件称为谐振条件。由于电路谐振是在特定条件下出现在电路中的一种现象，且具有一些特点，因此了解谐振现象既可以利用这些特点，又可防止某些特点所带来的危害。

根据电路连接方式的不同，谐振可分为串联谐振和并联谐振。

5.7.1　串联谐振

RLC 串联电路如图 5-25a 所示，其输入阻抗为

$$Z=R+\mathrm{j}\left(\omega L-\frac{1}{\omega C}\right)$$

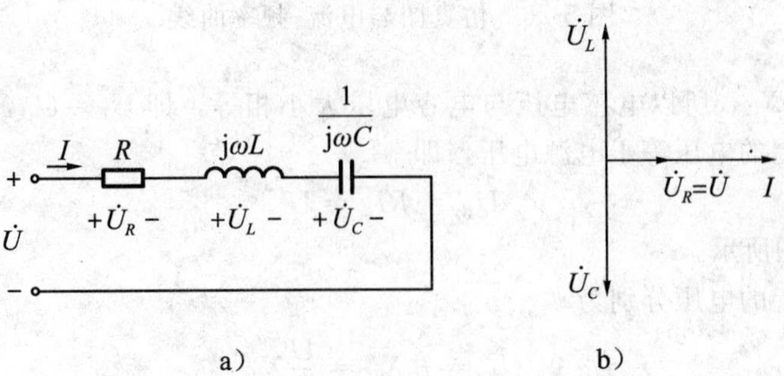

$\dot{I}$　R　$\mathrm{j}\omega L$　$\frac{1}{\mathrm{j}\omega C}$　$+\dot{U}_R-$　$+\dot{U}_L-$　$+\dot{U}_C-$　$\dot{U}$

a）

$\dot{U}_L$　$\dot{U}_R=\dot{U}$　$\dot{I}$　$\dot{U}_C$

b）

图 5-25　串联谐振电路及其相量图

当电路满足下列条件时，即

$$\omega L = \frac{1}{\omega C} \tag{5.74}$$

阻抗角 $\varphi = \arctan\dfrac{X_L - X_C}{R} = 0$，即，端口电压 $\dot{U}$ 与端口电流 $\dot{I}$ 同相，电路出现谐振现象，此时称为串联谐振。

由式(5.74)可得串联谐振时外接电源频率 f 与电路参数之间的关系为

$$f = f_0 = \frac{1}{2\pi\sqrt{LC}} \tag{5.75}$$

式中，f_0 称为谐振电路的固有频率，是由电路参数决定的。

欲使电路发生谐振，可以在电源频率 f 不变的条件下，调节电路的参数 L 或 C，使 f_0 做相应变化，当 $f = f_0$ 时，电路谐振；也可以在电路参数不变的条件下，改变电源频率 f，使 $f = f_0$，电路也将发生谐振。

下面分析串联谐振电路所具有的一些特点。

1）由于 $X_L = X_C$，因此阻抗角 $\varphi = 0$，电压与电流同相，电路呈现电阻性，电路阻抗为

$$|Z| = \sqrt{R^2 + (X_L - X_C)^2} = R \tag{5.76}$$

达到最小值。

2）在端口电压不变的情况下，电路中的电流 I 达到最大值，即

$$I = I_0 = \frac{U}{R} \tag{5.77}$$

称为谐振电流。

利用 Multisim 仿真软件，通过 AC 扫描，得到在端口电压不变的情况下，电流与频率的关系曲线，仿真图和曲线图分别如图 5-26a、b 所示。

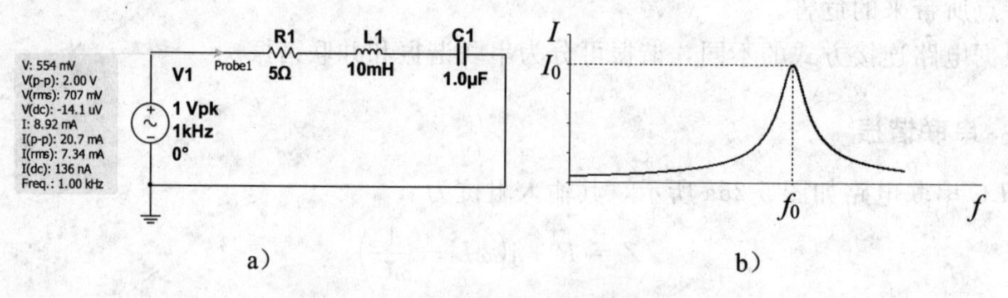

图 5-26 仿真图与电流-频率曲线

3）因为 $X_L = X_C$，所以电感电压与电容电压大小相等，即 $U_L = U_C$，相位相反，二者相互抵消，电阻上的电压等于电源电压，即

$$U_R = RI_0 = U \tag{5.78}$$

如图 5-25b 相量图所示。

电感和电容上的电压分别为

$$\begin{cases} U_L = I_0 X_L = \dfrac{U}{R} X_L \\ U_C = I_0 X_C = \dfrac{U}{R} X_C \end{cases} \tag{5.79}$$

若谐振时感抗和容抗远大于电阻，即

$$X_L = X_C \gg R$$

则电感电压或电容电压远大于电源电压，即

$$U_L = U_C \gg U_R = U$$

由于可出现电感电压（或电容电压）远远大于电源电压的现象，因此串联谐振又称电压谐振。

在电子技术和无线电工程等系统中，利用电压谐振，可以在电感或电容上得到比微弱激励电压高若干倍的响应电压。但在电力系统中，串联谐振可使电容器和电感器的绝缘层被谐振高压击穿而损坏，因此在这样的系统中要避免电路谐振或接近谐振。

4）在谐振时，电感电压或电容电压与外激励电压的比值定义为谐振电路的品质因素，以 Q 来表示，又简称 Q 值，即

$$Q = \frac{U_L}{U} = \frac{U_C}{U} = \frac{\omega_0 L}{R} = \frac{1}{R\omega_0 C} \tag{5.80}$$

Q 是一个无量纲的纯数。因为在谐振时电抗常比电路中的电阻大得多，所以 Q 值一般在几十到几百之间。

5）谐振电路中电流、电压与频率的关系曲线——谐振曲线，是描述串联谐振电路的两条重要曲线，Q 值的大小对谐振曲线的形状有很大影响。

① 电流谐振曲线

RLC 串联谐振电路电流的有效值为

$$I = \frac{I_0}{\sqrt{1 + Q^2\left(\frac{\omega}{\omega_0} - \frac{\omega_0}{\omega}\right)^2}} \tag{5.81}$$

以 I 为纵坐标，ω 为横坐标，由式(5.81)可作出电流谐振曲线，而 Q 是决定该曲线的参变量。

图 5-27 给出了图 5-26a 仿真电路在 $Q=12.6$ 和 $Q=125.7$ 时的两条曲线。由此可见，在电路谐振时，电流达到最大值，在对应的曲线上出现一个峰值，称为谐振峰，这说明谐振电路对外施激励源的频率具有选择性。Q 值越高，曲线越尖锐，选择性越好。

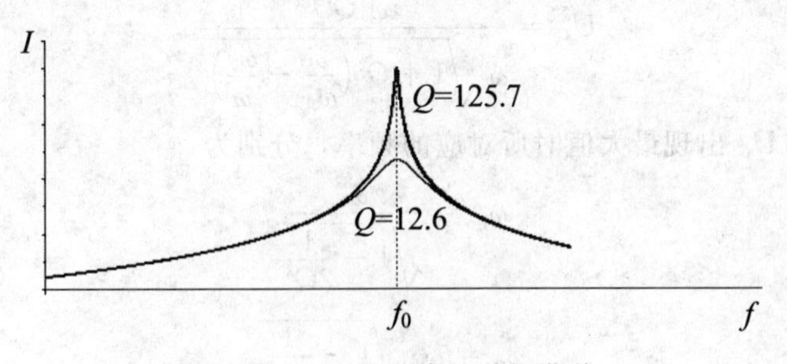

图 5-27　不同 Q 值的谐振曲线

定量的描述选择性通常用带宽（或通频带）来说明。带宽是由半功率点频率来确定的，这里的半功率点频率为电流下降至谐振电流的 $1/\sqrt{2}$（对应功率下降一半）时的频率，如图 5-28所示。其中有两个半功率点频率，即上、下半功率点频率（或上、下限频率）ω_2 和 ω_1，因此通频带为

$$BW = \omega_2 - \omega_1 \tag{5.82}$$

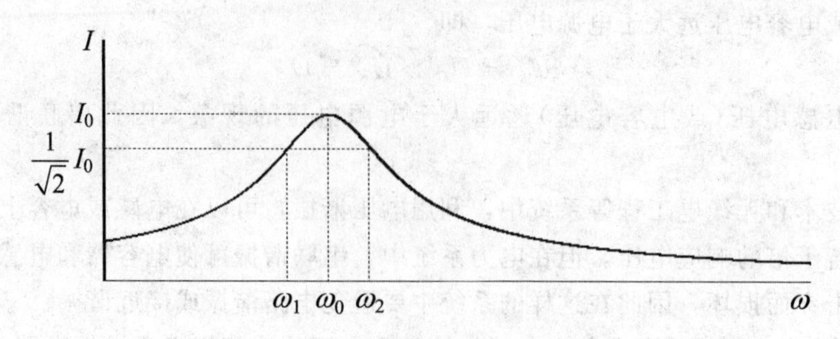

图 5-28　*RLC* 谐振电路的通频带

式中，ω_1 和 ω_2 分别为

$$\begin{cases} \omega_1 = \omega_0\left(-\dfrac{1}{2Q} + \sqrt{1 + \dfrac{1}{4Q^2}}\right) \\ \omega_2 = \omega_0\left(\dfrac{1}{2Q} + \sqrt{1 + \dfrac{1}{4Q^2}}\right) \end{cases} \tag{5.83}$$

由此可得通频带为

$$BW = \omega_2 - \omega_1 = \frac{\omega_0}{Q} = \frac{R}{L} \tag{5.84}$$

这表明通频带与 Q 值成反比，Q 值大通频带窄，Q 值小通频带宽。

把式(5.83)中的二式相乘，可得

$$\omega_0 = \sqrt{\omega_1 \omega_2} \tag{5.85}$$

② 电压谐振曲线

RLC 串联谐振电路中电感电压的有效值为

$$U_L = \frac{\omega Q U}{\omega_0 \sqrt{1 + Q^2\left(\dfrac{\omega}{\omega_0} - \dfrac{\omega_0}{\omega}\right)^2}} \tag{5.86}$$

电容电压的有效值为

$$U_C = \frac{\omega_0 Q U}{\omega \sqrt{1 + Q^2\left(\dfrac{\omega}{\omega_0} - \dfrac{\omega_0}{\omega}\right)^2}} \tag{5.87}$$

由此可求出 U_L 和 U_C 出现最大值时所对应的频率，分别为

$$\omega_L = \frac{\omega_0}{\sqrt{1 - \dfrac{1}{2Q^2}}} \tag{5.88}$$

$$\omega_C = \omega_0 \sqrt{1 - \frac{1}{2Q^2}} \tag{5.89}$$

由于 $Q \gg 1$，因此 $\sqrt{1 - \dfrac{1}{2Q^2}} < 1$，即 $\omega_C < \omega_L$。也就是说，在谐振时，电感电压和电容电压虽可出现高电压，却非它们的最高电压，前者的最高电压出现在谐振频率之后，后者则在谐振频率之前。图 5-29 给出了图 5-26a 仿真电路在$Q=1.57$时的 $U_L \sim f$ 和 $U_C \sim f$ 曲线，可以从图 5-29 中清楚地看到曲线的这一特点。

式(5.88)和式(5.89)还表明，随着Q值的增大，将有$\omega_C \approx \omega_L \to \omega_0$。将式(5.88)和式(5.89)分别代入式(5.86)和式(5.87)，可求得U_L和U_C的最大值均为

$$U_{L\max} = U_{C\max} = \frac{QU}{\sqrt{1-\frac{1}{4Q^2}}} \tag{5.90}$$

表明出现在不同频率上的U_L和U_C最大值是相等的。

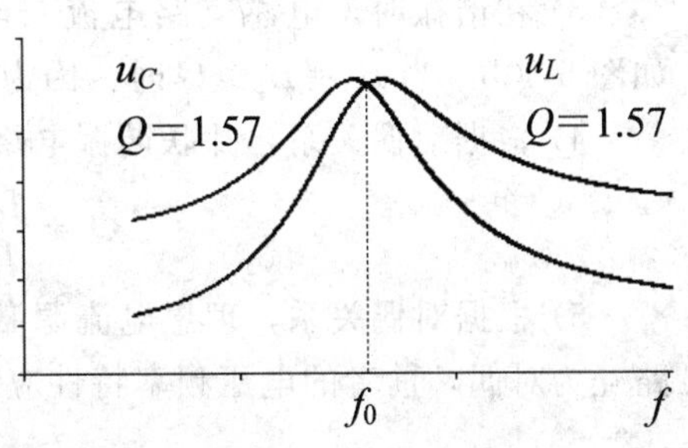

图5-29 $U_L \sim f$和$U_C \sim f$曲线

5.7.2 并联谐振

从上一节的分析中不难理解，串联谐振电路的端口应以理想电压源作为激励，若激励源的内阻不可忽略，则其内阻必将计入电路的总电阻使之增大，从而降低了电路的品质因数和选择性，因此，在实际应用中，串联谐振电路只适于与低内阻的信号源相连。本节将讨论的并联谐振电路较适于高内阻的信号源。

图5-30a所示为GLC并联谐振电路，根据对偶性，其分析方法与RLC串联谐振电路相同。

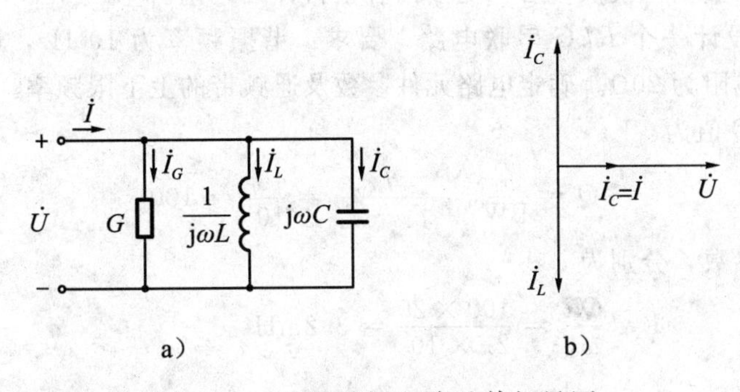

图5-30 并联谐振电路及其相量图

GLC并联谐振电路的输入导纳为

$$Y = G + j\left(\omega C - \frac{1}{\omega L}\right)$$

当电路满足下列条件时，即

$$\omega C = \frac{1}{\omega L} \tag{5.91}$$

导纳角$\varphi_Y = \arctan\dfrac{B_C - B_L}{G} = 0$，即端口电压$\dot{U}$与端口电流$\dot{I}$同相，电路出现谐振现象，此时称为并联谐振。电路谐振时的频率为

$$\omega = \frac{1}{\sqrt{LC}} \text{ 或者 } f = \frac{1}{2\pi\sqrt{LC}} \tag{5.92}$$

并联谐振的一些特点如下所示。

1）在谐振时，导纳角$\varphi_Y = 0$，电流与电压同相，电路呈现电阻性，输入导纳最小，即

$$Y = \sqrt{G^2 + (B_C - B_L)^2} = G = \frac{1}{R} \tag{5.93}$$

2）在电源电压一定时，谐振电路的电流最小，即

$$I_0 = I_G = GU \tag{5.94}$$

3）在谐振时，电感支路电流与电容支路电流大小相等、相位相反，二者相互抵消，如图 5-30b。当 $B_C = B_L > G$ 时，因为 I_L 和 I_C 大于总电流 I，所以并联谐振又称电流谐振。

4）根据对偶关系，并联谐振电路的品质因数为

$$Q = \frac{I_C}{I} = \frac{I_L}{I} = \frac{1}{\omega_0 LG} = \frac{\omega_0 C}{G} \tag{5.95}$$

5）根据对偶关系，理想电流源激励的并联谐振电路与理想电压源激励的串联谐振电路互为对偶，前者的电压频率特性应与后者的电流频率特性互为对偶，即

$$U = \frac{U_0}{\sqrt{1 + Q^2\left(\frac{\omega}{\omega_0} - \frac{\omega_0}{\omega}\right)^2}} \tag{5.96}$$

同理，电路的通频带为

$$\mathrm{BW} = \frac{\omega_0}{Q} = \frac{G}{C} \tag{5.97}$$

由于 GLC 并联电路与 RLC 串联电路互为对偶电路，以上仅对 GLC 并联谐振电路有关结果进行了简单罗列，仅供参考，更多内容不再详细讨论。

【例 5.12】 设计一个 RLC 串联电路，要求：谐振频率为 10^5 Hz，通频带为 10^3 Hz。已知电路中的总电阻为 20Ω。确定电路元件参数及通频带的上下限频率。

解：电路的 Q 值为

$$Q = \frac{\omega_0}{\mathrm{BW}} = \frac{f_0}{f_2 - f_1} = \frac{10^5}{10^3} = 100$$

确定电感和电容参数，分别为

$$L = \frac{QR}{\omega_0} = \frac{100 \times 20}{2\pi \times 10^5} = 3.2\mathrm{mH}$$

$$C = \frac{1}{\omega_0 RQ} = \frac{1}{2\pi \times 10^5 \times 20 \times 100} = 796\mathrm{pF}$$

根据式(5.83)，可得

$$\begin{cases} f_1 = f_0\left(-\frac{1}{2Q} + \sqrt{1 + \frac{1}{4Q^2}}\right) \\ f_2 = f_0\left(\frac{1}{2Q} + \sqrt{1 + \frac{1}{4Q^2}}\right) \end{cases}$$

考虑到 $Q = 100 \gg 1$，略去 $\frac{1}{4Q^2}$，因此有

$$\begin{cases} f_1 \approx f_0\left(-\frac{1}{2Q} + 1\right) = 99\,500\mathrm{Hz} \\ f_2 \approx f_0\left(\frac{1}{2Q} + 1\right) = 100\,500\mathrm{Hz} \end{cases}$$

通频带为 99.5～100.5kHz。

习题

5-1 已知 $A = 10\angle 60°$，$B = 5\angle 150°$。试计算 $A+B$、$A-B$、$A \cdot B$、A/B。

5-2　求 $6\angle 15^\circ - 4\angle 40^\circ + 7\angle -60^\circ =$？1)用复数计算；2)用相量图计算。

5-3　若 $100\angle 0^\circ + A\angle 60^\circ = 173\angle \theta$，试求 A 和 θ。

5-4　若 $i_1(t)=10\cos(314t+30^\circ)$A，$i_2(t)=-20\sin(314t+30^\circ)$A，$i_3(t)=-8\cos(314t+30^\circ)$A。试写出对应的幅值相量，并画出相量图。

5-5　已知幅值相量 $\dot{U}_{1m}=20\angle -30^\circ$V，$\dot{U}_{2m}=40\angle 150^\circ$V，$f=50$Hz。试写出它们对应的正弦电压。

5-6　试求下列正弦量对应的有效值相量：

(1)$4\cos 5t+3\sin 5t$；(2)$-6\sin(2t-75^\circ)$

5-7　已知 $f(t)=3\cos(\omega t+80^\circ)+2\sin\omega t-5\sin(\omega t+130^\circ)$，试用相量变换求解 $f(t)$。

5-8　已知 $i_1(t)=10\cos(\omega t-30^\circ)$A，$i_2(t)=20\cos(\omega t+60^\circ)$A。试求 $i_1(t)+i_2(t)$，并绘出相量图。

5-9　已知 $u_{ab}(t)=-10\cos(\omega t+60^\circ)$V，$u_{bc}(t)=8\sin(\omega t+120^\circ)$V。求 u_{ac}，并绘出相量图。

5-10　若 $100\cos\omega t=f(t)+30\sin\omega t+150\sin(\omega t+150^\circ)$，试用相量求解 $f(t)$。

5-11　已知电路有 4 个节点 1、2、3、4，节点间电压的有效值相量分别为 $\dot{U}_{12}=20+\mathrm{j}50$V，$\dot{U}_{32}=-40+\mathrm{j}30$V，$\dot{U}_{34}=30\angle 45^\circ$V。求在 $\omega t=20^\circ$时，u_{14}及其幅值各是多少？

5-12　流过 0.2F 电容的电流为 $i(t)=10\sqrt{2}\cos(100t+30^\circ)$A。试求电容的电压 $u(t)$，并绘相量图。

5-13　电感电压 $u(t)=10\cos(10^3t+30^\circ)$V，若 $L=0.2H$，求电感电流 $i(t)$。

5-14　RLC 串联电路如图 5-31 所示，已知电源电压 $u_S(t)=10\cos(10^3t+30^\circ)$V，$R=2\Omega$，$L=2$mH，$C=500\mu$F。试求稳态电流 $i(t)$和各元件的端电压。

5-15　如图 5-31 所示，求电路的端口等效阻抗和等效导纳，问端口电压与端口电流的相位关系如何？绘出端口电流和各元件端电压的相量图。

5-16　GLC 并联电路如图 5-32 所示，已知 $i_S(t)=3\cos(10^3t+45^\circ)$A，$G=2$S，$L=2$mH，$C=500\mu$F。求电感端电压 $u_L(t)$。

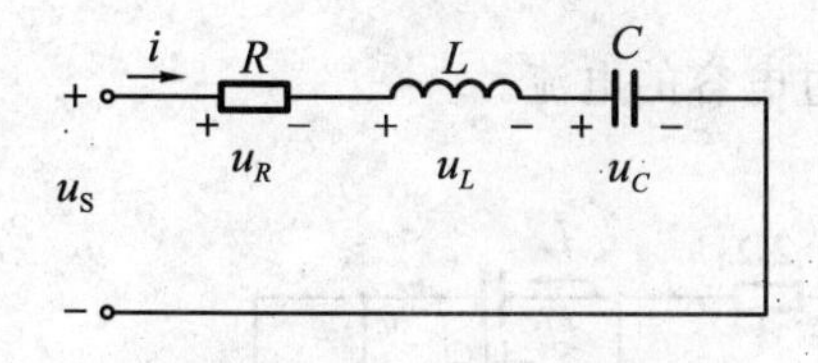

图 5-31　题 5-14 的图

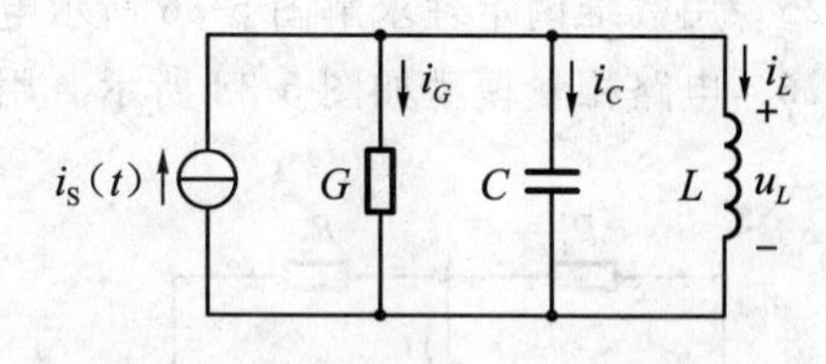

图 5-32　题 5-16 的图

5-17　如图 5-32 所示，求电路的端口等效阻抗和等效导纳，问端口电压与端口电流的相位关系如何？绘出端口电压和各元件电流的相量图。

5-18　已知元件 A 为电阻或电感或电容，若其两端电压和流过的电流如以下所示，试确定元件的参数。

(1) $u(t)=160\cos(628t+10^\circ)$V，$i(t)=4\cos(628t-80^\circ)$A；

(2) $u(t)=80\cos(314t+30^\circ)$V，$i(t)=8\sin(314t+120^\circ)$A；

(3) $u(t)=250\cos(200t+60^\circ)$V，$i(t)=0.5\cos(200t+150^\circ)$A。

5-19　电路如图 5-33 所示，已知电流源电流为 $i(t)=(8\cos t-11\sin t)$A，电路的端口电压

为 $u(t)=(\sin t+2\cos t)$V。求三个元件上的电流以及 L 的值。

5-20 电路如图 5-34 所示，已知 $R_1=2\text{k}\Omega$，$R_2=1\text{k}\Omega$，$L=500\text{mH}$，$C=0.25\mu\text{F}$，$u_S(t)=20\cos 2\times10^3 t$V。求 $i(t)$、$i_L(t)$ 和 $i_C(t)$。

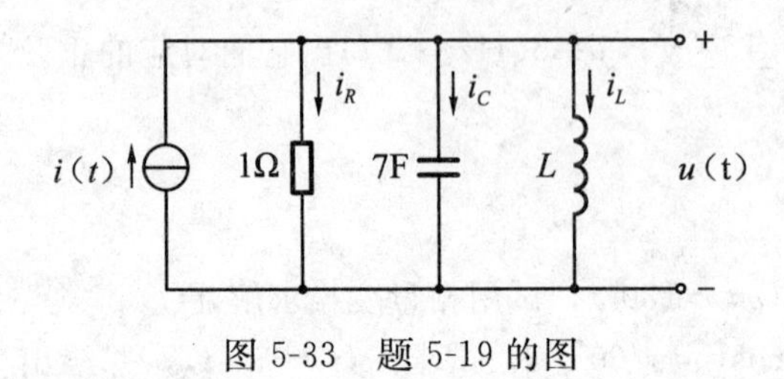

图 5-33 题 5-19 的图

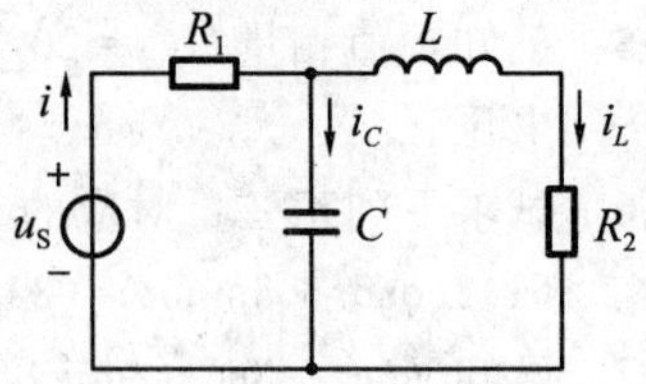

图 5-34 题 5-20 的图

5-21 电路如图 5-35 所示，已知 $u_C(t)=2\sqrt{2}\cos 2t$V。试求电源电压 $u_S(t)$。

5-22 电路如图 5-36 所示，已知 $R=3\Omega$，$r=2\Omega$，$L=2\text{mH}$，$C=250\mu\text{F}$，$u_S(t)=20\cos 2\times10^3 t$V。分别用网孔法与节点法求 $i_1(t)$ 和 $i_2(t)$。

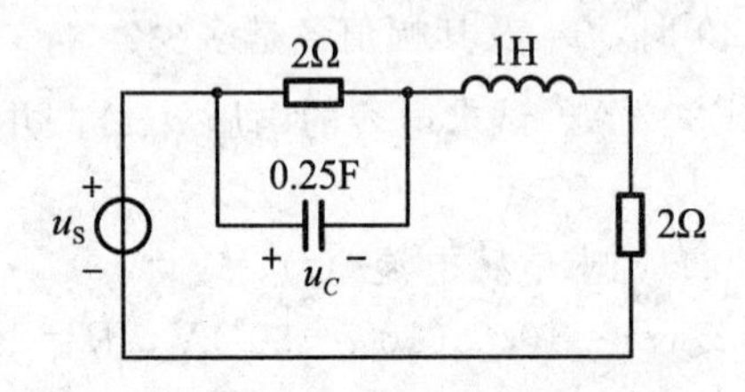

图 5-35 题 5-21 图

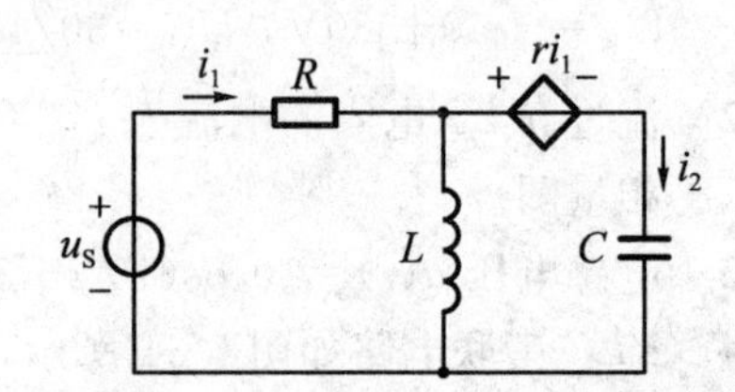

图 5-36 题 5-22 的图

5-23 试用叠加原理求图 5-37 所示电路的电流 $i(t)$。已知 $R_1=1\Omega$，$R_2=2\Omega$，$L=2\text{mH}$，$u_{S1}(t)=5\sqrt{2}\cos 10^3 t$V，$u_{S2}(t)=10\sqrt{2}\cos(10^3 t+90°)$V。

5-24 电路如图 5-37 所示，试用网孔法和节点法求解每条支路的电流(参考方向均向下)。

5-25 用戴维南定理求解图 5-36 所示电路中的 $i_2(t)$。

5-26 电路相量模型如图 5-38 所示。用节点法求解流过电容的电流。

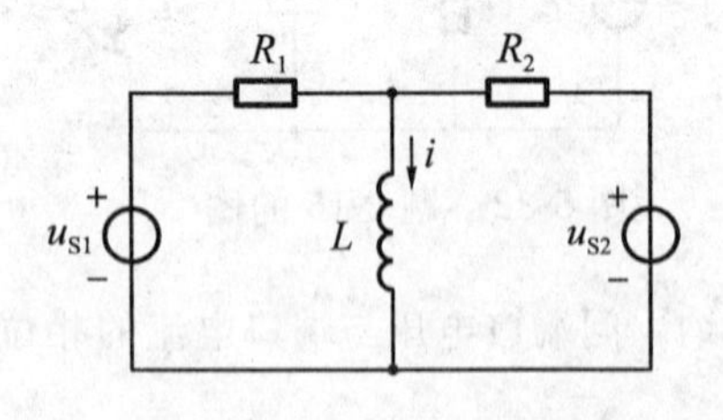

图 5-37 题 5-23 的图

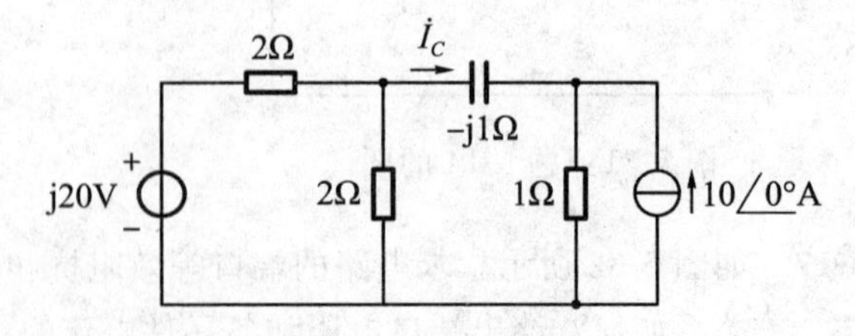

图 5-38 题 5-26 的图

5-27 电路相量模型如图 5-38 所示。用等效变换法求解流过电容的电流。

5-28 电路相量模型如图 5-38 所示。用叠加定理求解流过电容的电流。

5-29 电路相量模型如图 5-38 所示。用戴维南定理求解流过电容的电流。

5-30 单口网络如图 5-39 所示，试求输入阻抗和输入导纳。

5-31 单口网络如图 5-40 所示，试求在 $\omega=4\text{rad/s}$ 和 $\omega=10\text{rad/s}$ 时的等效相量模型(串联

相量模型和并联相量模型）。已知 $R_1=1\Omega$，$R_2=7\Omega$，$L=2\text{H}$，$C=\frac{1}{80}\text{F}$。

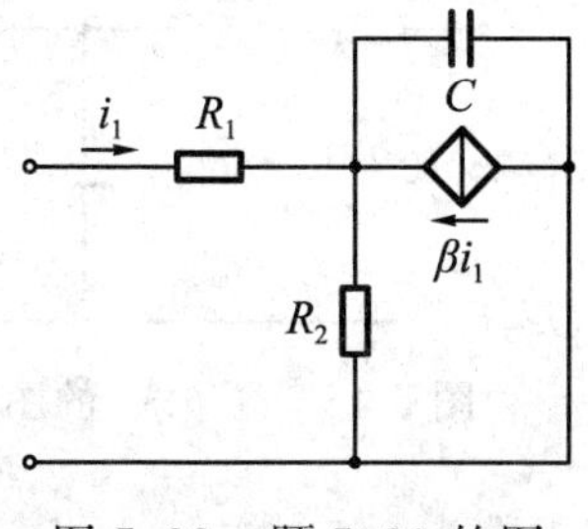

图 5-39　题 5-30 的图

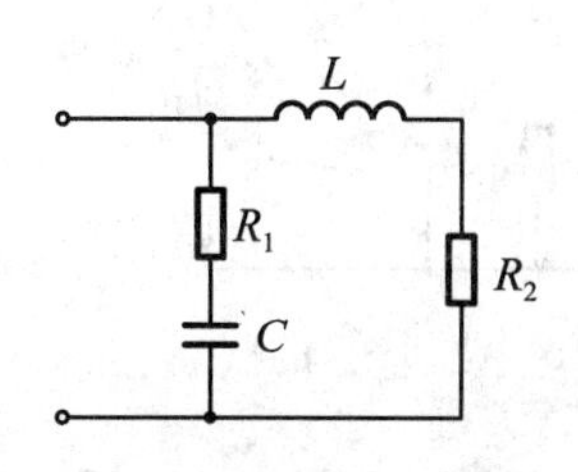

图 5-40　题 5-31 的图

5-32　正弦稳态电路如图 5-41 所示，已知 $u_S(t)=2\sqrt{2}\cos(5t+120°)\text{V}$，求该电路的戴维南和诺顿相量模型。

5-33　电路如图 5-42 所示，已知 $X_C=-10\Omega$，$R=5\Omega$，$X_L=5\Omega$，电流表 A_1 和电压表 V_1 的读数如图所示。试求电流表 A_0 和电压表 V_0 的读数。

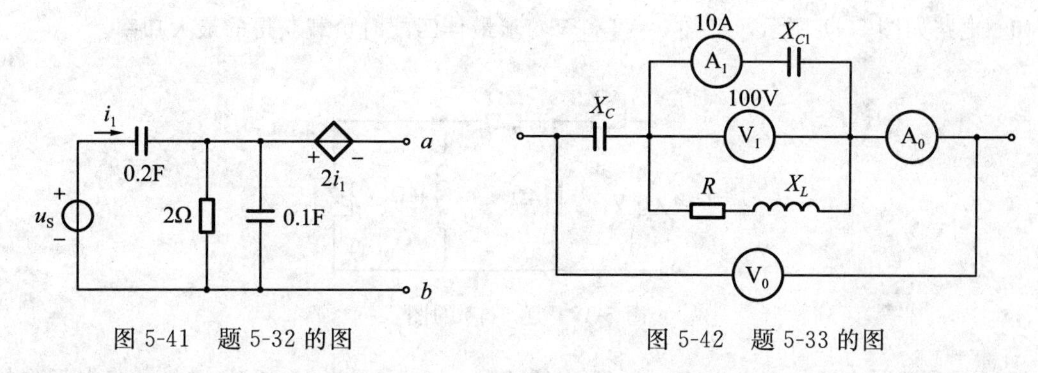

图 5-41　题 5-32 的图　　图 5-42　题 5-33 的图

5-34　电路如图 5-43 所示，输入电压 u_S 为正弦波电压。1)求输出电压 u_1 与 u_2 的相位差；2)若要求两输出电压为正交信号，则应满足什么条件？

5-35　如图 5-44 所示为一移相电路，其中，$R_W=\frac{1}{\omega C}$，若 R_W 在 $0\sim R_W$ 之间变化，则输出电压 u_{ab} 与输入电压 u_S 的相位差在 $0°\sim90°$ 之间变化，而输出电压的有效值始终等于输入电压有效值的一半。试证明之。

5-36　电路如图 5-45 所示，求输出电压与输入电压之比 $\frac{\dot{U}_O}{\dot{U}_S}$ 的表达式。

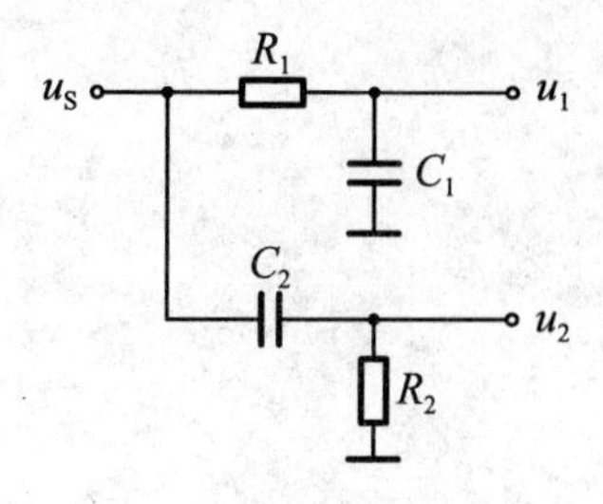

图 5-43　题 5-34 的图

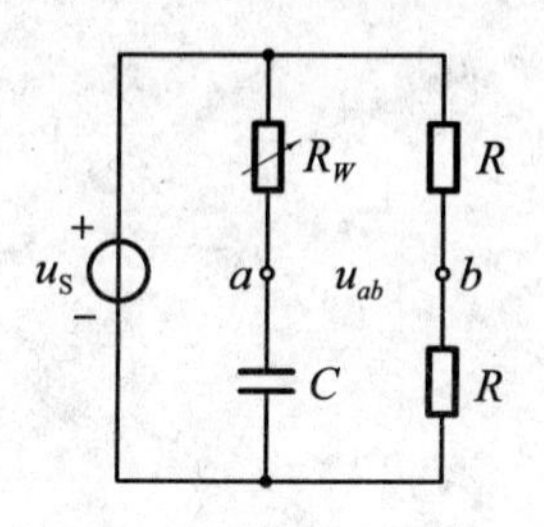

图 5-44　题 5-35 的图

5-37 求图 5-46 所示正弦稳态电路的 P、Q、S 和 λ。

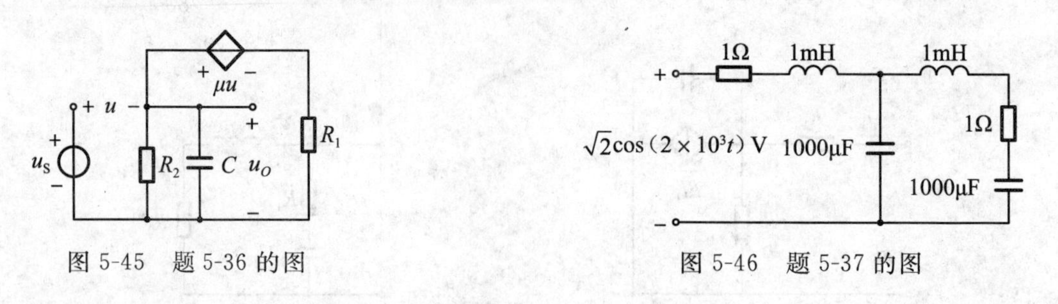

图 5-45 题 5-36 的图

图 5-46 题 5-37 的图

5-38 有一 220V、50Hz、20kW 的用电设备，其功率因数为 0.5。求

(1) 电源提供的电流是多少？无功功率是多少？

(2) 欲使功率因数提高到 0.9，问所需的电容器容值是多少？此时电源提供的电流又是多少？

5-39 将 $\dot{U}=220\angle -30^\circ$V 的正弦交流电压施加于阻抗为 $Z=110\angle 30^\circ\Omega$ 的负载上，试求其视在功率、有功功率和无功功率。

5-40 电路如图 5-47 所示，已知 $\dot{U}=4\angle 0^\circ$V，求最佳匹配时负载获得的最大功率。

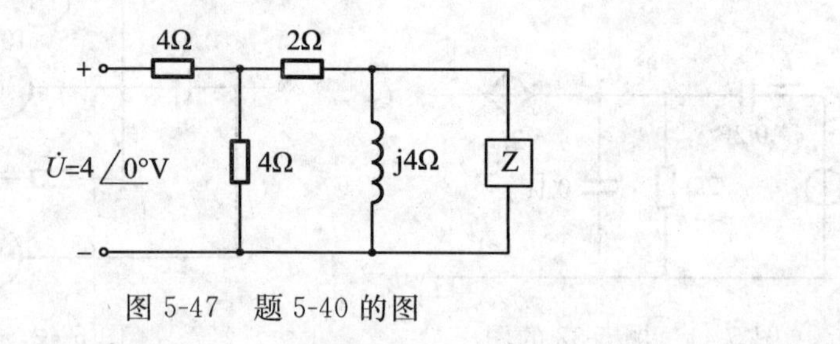

图 5-47 题 5-40 的图

5-41 RLC 串联电路的端电压 $u=10\sqrt{2}\cos(2500t+10^\circ)$V，当 $C=8\mu$F 时，电路中吸收的功率最大，$P_{\max}=100$W。试求电感 L 和 Q 值。

5-42 在 RLC 串联电路中，调节电容可使电路电流达到最大值 0.5A，电感端电压为 200V。已知电源电压为 $u=2\sqrt{2}\cos(10^4t+10^\circ)$V。(1)求 R、L、C 和 Q 值；(2)若使电路的谐振频率范围为 6～15kHz，求电容的调节范围。

5-43 设计一个 RLC 串联电路，要求：谐振频率为 10kHz，带宽为 200Hz。已知电路中的总电阻为 20Ω。试确定电路元件参数、电路的 Q 值和频带的上下限频率。

第6章 耦合电感和理想变压器

前面章节讨论了电阻、电感和电容三种基本电路元件，并对它们所构成的电路进行了分析，作为内容的延续，本章再介绍两种电路元件——耦合电感和理想变压器，内容主要包括它们的 VCR 及其电路分析。

6.1 耦合电感

6.1.1 基本概念

现有两个靠近的电感线圈 1 和 2，它们的匝数分别为 N_1、N_2。由电磁学理论我们知道，当线圈 1 中通入电流 i_1 时，产生的自感磁通为 Φ_{11}，且有

$$\Psi_{11}=N_1\Phi_{11}=L_1 i_1 \tag{6.1}$$

式中，L_1 为电感 1 的自感系数，Ψ_{11}为其自感磁链。

同时，电感 1 与电感 2 相耦合，电感 1 对电感 2 的互感磁通为 Φ_{21}，于是有

$$\Psi_{21}=N_2\Phi_{21}=M_{21} i_1 \tag{6.2}$$

式中，M_{21}为互感系数，Ψ_{21}为电感 2 中的互感磁链。

同理，电感 2 中的电流 i_2 也产生自感磁链 Ψ_{22}和互感磁链 Ψ_{12}，即

$$\Psi_{22}=N_2\Phi_{22}=L_2 i_2 \tag{6.3}$$

$$\Psi_{12}=N_1\Phi_{12}=M_{12} i_2 \tag{6.4}$$

且有 $M=M_{12}=M_{21}$。

当 Ψ_{21}随时间变化时，选择电感 2 中的互感电压 u_{21}与磁链 Ψ_{21}的参考方向符合右手螺旋法则，则有

$$u_{21}=\frac{\mathrm{d}\Psi_{21}}{\mathrm{d}t}=M\frac{\mathrm{d}i_1}{\mathrm{d}t} \tag{6.5}$$

同理，电感 1 中的互感电压 u_{12}为

$$u_{12}=\frac{\mathrm{d}\Psi_{12}}{\mathrm{d}t}=M\frac{\mathrm{d}i_2}{\mathrm{d}t} \tag{6.6}$$

由于互感电压参考方向的选取与电感线圈的绕向有关，而在实际电路中，线圈的实际绕向不易认出，也不便画出，为此人们引入了同名端的概念，可避免如实绘图。

两线圈同名端的规定：在产生互感电压 u_M 的电流 i 的参考方向流入端标以“·”号，在 u_M 参考方向的“+”端也标以“·”号，同标以“·”号的端钮为同名端。这样，实际耦合电感便可用带有同名端标记的电感 L_1 和 L_2 来表示，其电路模型如图 6-1 所示，其中，M 表示互感。当电流 i 与互感电压 u_M 的参考方向对同名端一致时，有

$$u_M=M\frac{\mathrm{d}i}{\mathrm{d}t} \tag{6.7}$$

否则，有

$$u_M=-M\frac{\mathrm{d}i}{\mathrm{d}t} \tag{6.8}$$

根据同名端的规定，可以用实验的方法确定实际耦合电感线圈的同名端。具体做法是：将耦合电感线圈中一个线圈通过开关 S 接到直流电源(其电压值适当，如果偏高，可考虑接入限流电阻)上，另一个线圈的两端接一直流电压表，电压表的极性如图 6-2 所示。在开关 S 迅速闭合的瞬间，如果电压表指针正向偏转，则表明端钮 2 为高电位端，由此可知端钮 1 和端钮 2 为同名端。

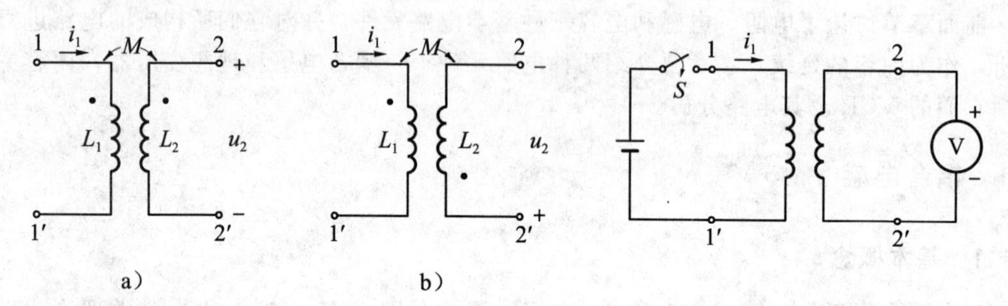

图 6-1 采用同名端标志的耦合电感的电路模型　　图 6-2 同名端的实验测定

6.1.2 耦合电感的 VCR

分析含有耦合电感的电路，关键是处理互感问题，也就是，将耦合电感等效为无耦合电感，这种无互感的等效电路称为去耦等效电路。经过这样的处理后，耦合电感电路的分析就与一般电路完全相同了。

耦合电感的去耦方法有两种：采用受控源的去耦与采用等效电感的去耦，后一种方法稍后介绍。采用受控源的去耦是将耦合电感中互感电压用电流控制的电压源进行等效，这样就可得到含有受控源的去耦等效电路，显然，去耦等效电路中没有必要在图中标示同名端和参数 M，但需注意正确标出受控电压源的极性。

下面采用受控源的去耦等效电路来研究耦合电感的 VCR。

耦合电感如图 6-3a 所示，其端口电压、电流及其参考方向、同名端均示于其中。i_1 产生的互感电压 $M\dfrac{\mathrm{d}i_1}{\mathrm{d}t}$ 和 i_2 产生的互感电压 $M\dfrac{\mathrm{d}i_2}{\mathrm{d}t}$，均以电流控制的电压源标示出来，受控源电压的方向均与产生它的电流对同名端是一致的。图 6-3a 所示电路的等效电路如图 6-3b 所示。

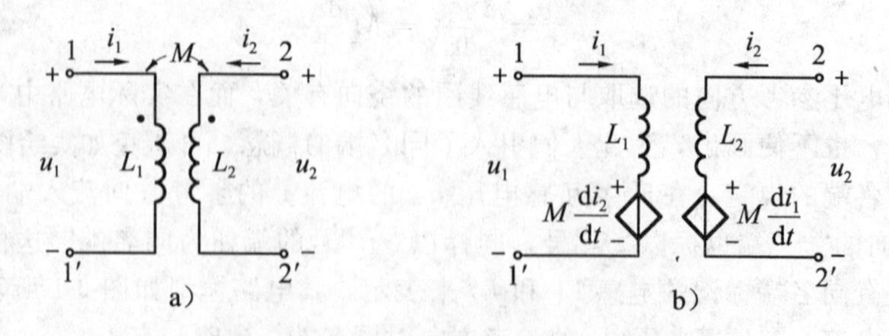

图 6-3 耦合电感及其去耦等效电路

根据图 6-3b 可写出如下关系

$$u_1 = L_1\frac{\mathrm{d}i_1}{\mathrm{d}t} + M\frac{\mathrm{d}i_2}{\mathrm{d}t} \tag{6.9}$$

$$u_2 = L_2 \frac{\mathrm{d}i_2}{\mathrm{d}t} + M \frac{\mathrm{d}i_1}{\mathrm{d}t} \tag{6.10}$$

这就是图 6-3a 所示耦合电感的 VCR。

如果耦合电感线圈中的电流 i_1、i_2 为同频率的正弦量，且工作于正弦稳态，其 VCR 的相量形式为

$$\dot{U}_1 = \mathrm{j}\omega L_1 \dot{I}_1 + \mathrm{j}\omega M \dot{I}_2 \tag{6.11}$$

$$\dot{U}_2 = \mathrm{j}\omega L_2 \dot{I}_2 + \mathrm{j}\omega M \dot{I}_1 \tag{6.12}$$

根据式(6.11)和式(6.12)，用电流控制电压源来表示互感电压的作用，可画出其等效受控源电路，如图 6-4 所示。同样，图 6-4 中可以去掉 M 和同名端的标记，但要注意受控源的方向。

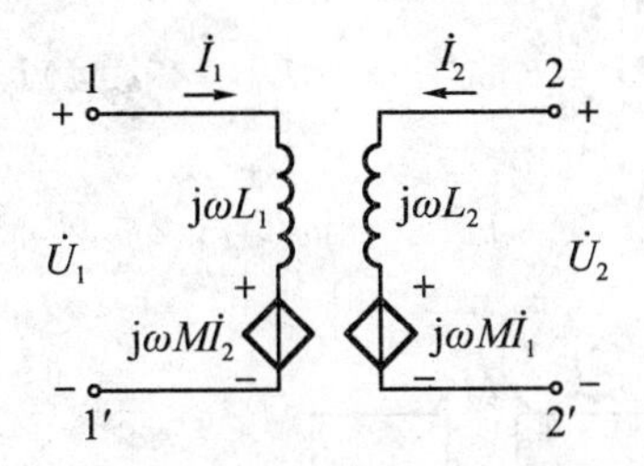

图 6-4　受控源形式的耦合电感相量模型

可以证明，耦合电感的 L_1、L_2、M 的关系为

$$M \ll \sqrt{L_1 L_2} \tag{6.13}$$

表明互感 M 值有一个上限，其上限不能超过两电感的几何平均值。

用实际的 M 值与其最大值之比定义为耦合系数，以 k 表示，即

$$k = \frac{M}{M_{\max}} = \frac{M}{\sqrt{L_1 L_2}} \tag{6.14}$$

耦合系数是定量描述两个线圈耦合强弱程度的，它与两个线圈的结构、相互位置以及周围磁介质等因素有关。式(6.14)表明耦合系数 $0 \leqslant k \leqslant 1$。当 $k=1$ 时为全耦合，当 $k=0$ 为无耦合。

【例 6.1】 耦合电感及其电压、电流参考方向和同名端如图 6-5 所示。1)写出耦合电感的 VCR；2)若 $M=10\mathrm{mH}$，$i_1 = 2\sqrt{2}\sin(10^3 t)\mathrm{A}$，在 $22'$ 两端接入高内阻电压表，问其读数为多少？

解： 1) 根据题图 6-5 中电压、电流参考方向和同名端，耦合电感的 VCR 为

$$u_1 = L_1 \frac{\mathrm{d}i_1}{\mathrm{d}t} - M \frac{\mathrm{d}i_2}{\mathrm{d}t}$$

$$u_2 = -L_2 \frac{\mathrm{d}i_2}{\mathrm{d}t} + M \frac{\mathrm{d}i_1}{\mathrm{d}t}$$

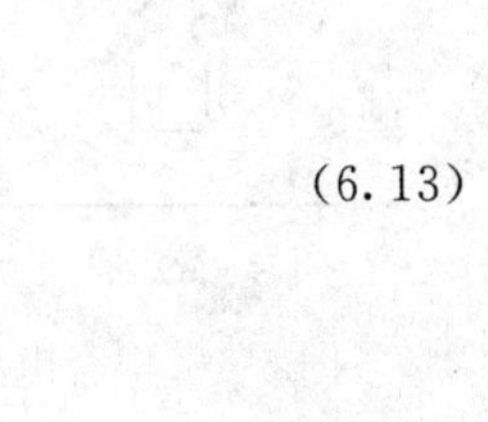

图 6-5　例 6.1 的图

2) 在 $22'$ 两端接入高内阻电压表相当于 $22'$ 两端开路，因此有

$$u_2 = M \frac{\mathrm{d}i_1}{\mathrm{d}t} = 10 \times 10^{-3} \frac{\mathrm{d}}{\mathrm{d}t}\left[2\sqrt{2}\sin(10^3 t)\right]$$

$$= 10 \times 10^{-3} \times 10^3 \times 2\sqrt{2}\cos(10^3 t) = 20\sqrt{2}\cos(10^3 t)\mathrm{V}$$

由此可知，电压表的读数为 20V。

6.1.3 互感电路分析

互感电路是指含有耦合电感的电路。本节采用相量分析法，主要分析处于正弦稳态的互感电路。常见的简单互感电路有两个耦合电感的串联和两个耦合电感的并联。

1. 两个耦合电感的串联

根据串联时同名端与异名端的连接顺序，两个耦合电感的串联有两种方式——顺接和反接。顺接就是异名端相接，反接就是同名端相接，分别如图 6-6a、b 所示。

以顺接为例，把互感电压的作用以电流控制电压源来表示，也就是，得到顺接串联耦合电感的去耦等效电路，如图 6-7 所示。由图 6-7 可得

$$\dot{U}=(\mathrm{j}\omega L_1+\mathrm{j}\omega L_2+2\mathrm{j}\omega M)\dot{I}$$

因此，顺接时的等效阻抗为

$$Z=\mathrm{j}\omega L_1+\mathrm{j}\omega L_2+2\mathrm{j}\omega M$$

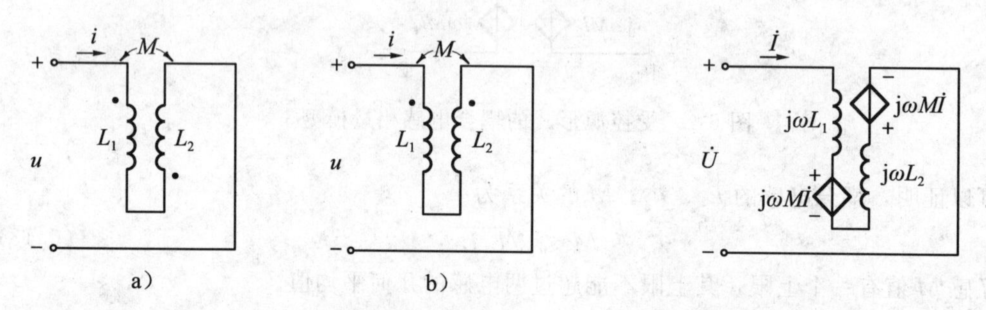

图 6-6 耦合电感的顺接串联和反接串联

图 6-7 耦合电感顺接的等效模型

若以一个等效电感 L_{eq} 来表示顺接时的等效阻抗，即 $Z=\mathrm{j}\omega L_{\mathrm{eq}}$，于是得到

$$L_{\mathrm{eq}}=L_1+L_2+2M \tag{6.15}$$

这表明当两个耦合电感顺接时，其等效电感大于没有耦合时两个电感串联的等效电感，此时的耦合电感具有加强的作用。

如果把顺接时的电压表达式改写为

$$\dot{U}=\mathrm{j}\omega(L_1+M)\dot{I}+\mathrm{j}\omega(L_2+M)\dot{I}$$

则可以得到一个无互感的等效电路，又称去耦电路，如图 6-8 所示。

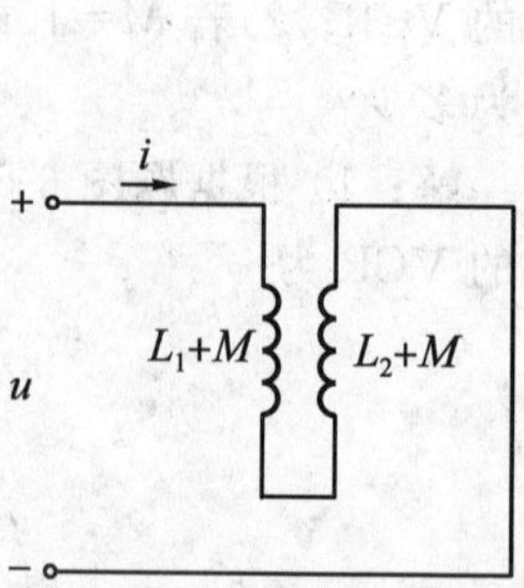

对于两个耦合电感的反接串联，类似于上述讨论，可得出电路的等效电感为

$$L_{\mathrm{eq}}=L_1+L_2-2M \tag{6.16}$$

这表明两个耦合电感的反接串联时，其等效电感小于没有耦合时两个电感串联的等效电感，此时的耦合电感具有削弱的作用。

图 6-8 去耦等效电路

有关耦合电感反接串联更多的讨论请读者参见习题。另外，以上讨论均忽略了电感的电阻作用，如果考虑到电感的电阻，上述得出的结论还成立吗？

【例 6.2】 在图 6-6a 中，已知电感 1 的参数为 $R_1=2\Omega$，$\omega L_1=20\Omega$，电感 2 的参数为 $R_2=4\Omega$，$\omega L_2=30\Omega$，$\omega M=20\Omega$，$\dot{U}=20\angle 0^\circ \text{V}$。试求电路中的总电流 $\dot{I}$、电路吸收的复功率和耦合系数。

解：电路的输入阻抗为

$$Z=Z_1+Z_2=R_1+\mathrm{j}(\omega L_1+\omega M)+R_2+\mathrm{j}(\omega L_2+\omega M)$$
$$=2+\mathrm{j}(20+20)+4+\mathrm{j}(30+20)=6+\mathrm{j}90=90.2\angle 86.2^\circ\Omega$$

电路的总电流为

$$\dot{I}=\frac{\dot{U}}{Z}=\frac{20\angle 0^\circ}{90.2\angle 86.2^\circ}=0.22\angle -86.2^\circ \text{A}$$

电路吸收的复功率为

$$\tilde{S}=\dot{U}\dot{I}^*=20\angle 0^\circ\times 0.22\angle 86.2^\circ=4.4\angle 86.2^\circ=(0.29+\mathrm{j}4.39)\text{VA}$$

耦合系数为

$$k=\frac{\omega M}{\sqrt{(\omega L_1)(\omega L_2)}}=\frac{20}{\sqrt{20\times 30}}=0.82$$

2. 两个耦合电感的并联

两个耦合电感的并联也有两种方式，一种是同名端连接在同一个节点上，称为同侧并联电路；另一种是异名端连接在同一个节点上，称为异侧并联，分别如图 6-9a、b 所示。图 6-9 中考虑了电感电阻的作用。

以同侧并联为例，根据图 6-9a 中的参考方向，可得一组相量方程

$$\begin{cases}\dot{U}=(R_1+\mathrm{j}\omega L_1)\dot{I}_1+\mathrm{j}\omega M\dot{I}_2\\ \dot{U}=(R_2+\mathrm{j}\omega L_2)\dot{I}_2+\mathrm{j}\omega M\dot{I}_1\end{cases}\tag{6.17}$$

令 $Z_1=R_1+\mathrm{j}\omega L_1$，$Z_2=R_2+\mathrm{j}\omega L_2$，$Z_M=\mathrm{j}\omega M$，代入式(6.17)解得 $\dot{I}_1$ 和 $\dot{I}_2$，相加求得 $\dot{I}$ 为

$$\dot{I}=\dot{I}_1+\dot{I}_2=\frac{Z_1+Z_2-2Z_M}{Z_1Z_2-Z_M^2}\dot{U}\tag{6.18}$$

由此得到电路的等效阻抗为

$$Z_{\text{eq}}=\frac{\dot{U}}{\dot{I}}=\frac{Z_1Z_2-Z_M^2}{Z_1+Z_2-2Z_M}$$

若忽略两个电感的电阻，式(6.18)可近似表示为

$$Z_{\text{eq}}\approx \mathrm{j}\omega\frac{L_1L_2-M^2}{L_1+L_2-2M}=\mathrm{j}\omega L_{\text{eq}}$$

于是，得到同侧并联的等效电感为

$$L_{\text{eq}}=\frac{L_1L_2-M^2}{L_1+L_2-2M}\tag{6.19}$$

类似地，可得到异侧并联的等效电感为

$$L_{\text{eq}}=\frac{L_1L_2-M^2}{L_1+L_2+2M}\tag{6.20}$$

比较式(6.19)和式(6.20)可知，同侧并联的等效电感大于异侧并联的等效电感。

与讨论耦合电感串联的方法类似，利用 $\dot{I}=\dot{I}_1+\dot{I}_2$，式(6.17)可以改写为

$$\begin{cases}\dot{U}=(R_1+\mathrm{j}\omega L_1)\dot{I}_1+\mathrm{j}\omega M\dot{I}_2=[R_1+\mathrm{j}\omega(L_1-M)]\dot{I}_1+\mathrm{j}\omega M\dot{I}\\ \dot{U}=(R_2+\mathrm{j}\omega L_2)\dot{I}_2+\mathrm{j}\omega M\dot{I}_1=[R_2+\mathrm{j}\omega(L_2-M)]\dot{I}_2+\mathrm{j}\omega M\dot{I}\end{cases}\tag{6.21}$$

据此，可以得到同侧并联的无互感等效电路，即同侧并联的去耦电路，如图 6-10 所示。

特别提醒，图 6-10 所示电路中节点①的右半部分与原电路图 6-9a 等效。

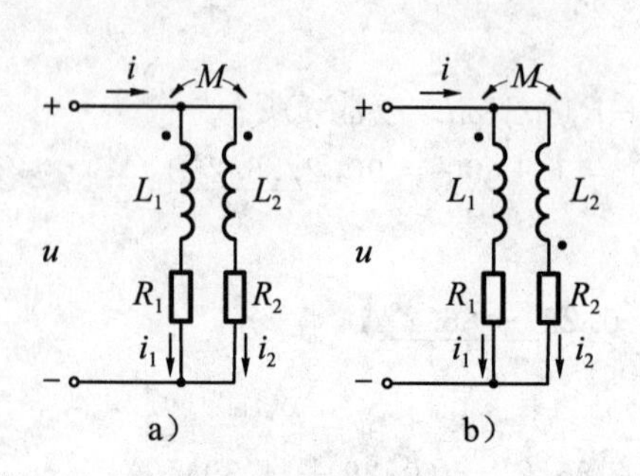

图 6-9 耦合电感的同侧并联和异侧并联

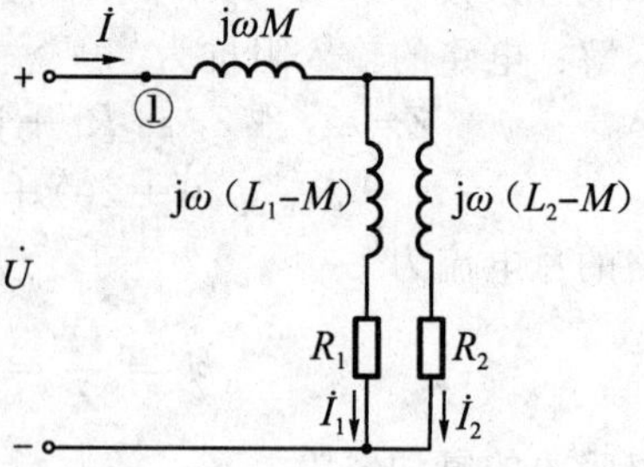

图 6-10 同侧并联的去耦电路

两个耦合电感异侧并联的有关讨论请读者参见习题。

由图 6-8 和图 6-10 的做法中可知，它们都是用等效电感来实现去耦的。下面通过例题使读者对这一方法有进一步的了解。

【例 6.3】 在一个公共端钮连接的耦合电感如图 6-11a 所示，它可以等效为三个电感组成的 T 形网络(如图 6-11b 所示)。试确定 T 形等效电路中各电感值。

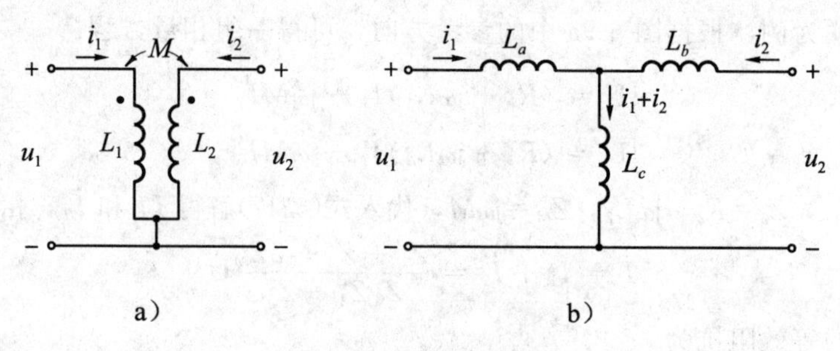

图 6-11 例 6.3 的图

解： 图 6-11a 所示电路的端口 VCR 为

$$u_1 = L_1 \frac{di_1}{dt} + M\frac{di_2}{dt}$$

$$u_2 = L_2 \frac{di_2}{dt} + M\frac{di_1}{dt}$$

图 6-11b 所示电路的端口 VCR 为

$$u_1 = L_a \frac{di_1}{dt} + L_c \frac{d(i_1 + i_2)}{dt} = (L_a + L_c)\frac{di_1}{dt} + L_c \frac{di_2}{dt}$$

$$u_2 = L_c \frac{di_1}{dt} + (L_b + L_c)\frac{di_2}{dt}$$

比较二图电路端口 VCR 中$\frac{di_1}{dt}$和$\frac{di_2}{dt}$的系数，可求得 T 形等效电路中各电感值分别为

$$L_a = L_1 - M$$

$$L_b = L_2 - M$$

$$L_c = M$$

注意，若上例电路中的同名端改变了，上述所得结论还成立吗？

上述例题所介绍的去耦等效消除了原电路中的互感，等效后的电路即可作为一般无互感电路来处理了。

【例 6.4】 电路如图 6-12 所示，已知 $\dot{U}_{S1}=6\angle 0^\circ\text{V}$，$\dot{U}_{S2}=6\angle 90^\circ\text{V}$，$L_1=4\text{H}$，$L_2=3\text{H}$，$C=1\text{F}$，$M=1\text{H}$，$\omega=1\text{rad/s}$。求电感 L_1 的端电压 $\dot{U}_{11'}$。

解：根据图 6-12 所示电路，得到的受控源去耦等效电路模型如图 6-13 所示。

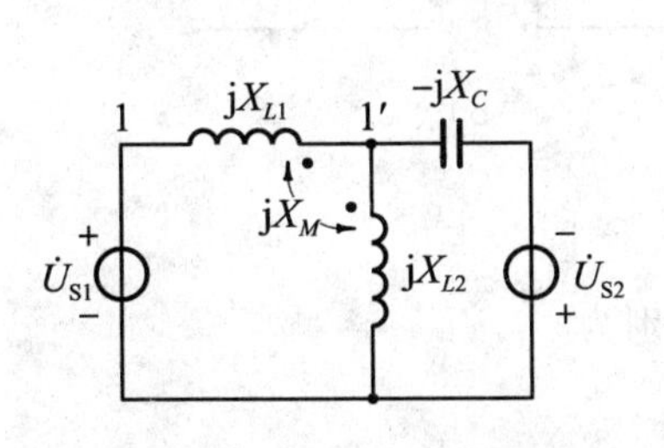

图 6-12　例 6.4 的图 1

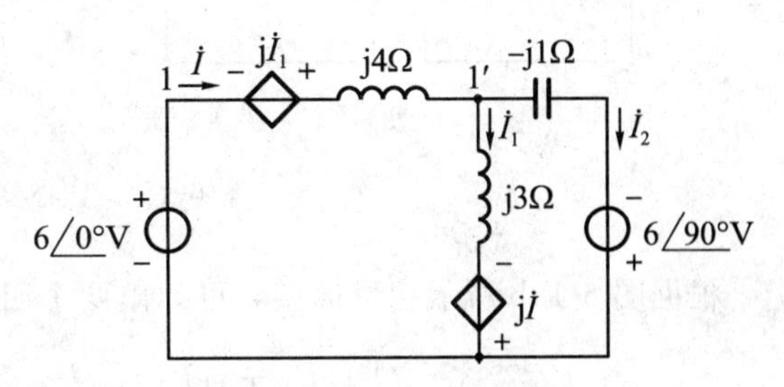

图 6-13　例 6.4 的图 2

根据图 6-13，可列出节点和网孔方程分别为

$$\dot{I}=\dot{I}_1+\dot{I}_2$$

$$-j\dot{I}_1+j4\dot{I}+j3\dot{I}_1-j\dot{I}=6\angle 0^\circ$$

$$-j\dot{I}_2+j\dot{I}-j3\dot{I}_1=6\angle 90^\circ$$

解之，得 $\dot{I}_1=-3\text{A}$，$\dot{I}=2-j2\text{A}$，于是，有

$$\dot{U}_{11'}=-j\dot{I}_1+j4\dot{I}=-j(-3)+j4(2-j2)=8+j11=13.6\angle 54^\circ\text{V}$$

采用等效电感的去耦电路模型如图 6-14 所示。

根据图 6-14，列出如下方程

$$\dot{I}=\dot{I}_1+\dot{I}_2$$

$$j(4-1)\dot{I}+j(3-1)\dot{I}_1=6$$

$$j\dot{I}_2-j\dot{I}_2-j(3-1)\dot{I}_1=6\angle 90^\circ$$

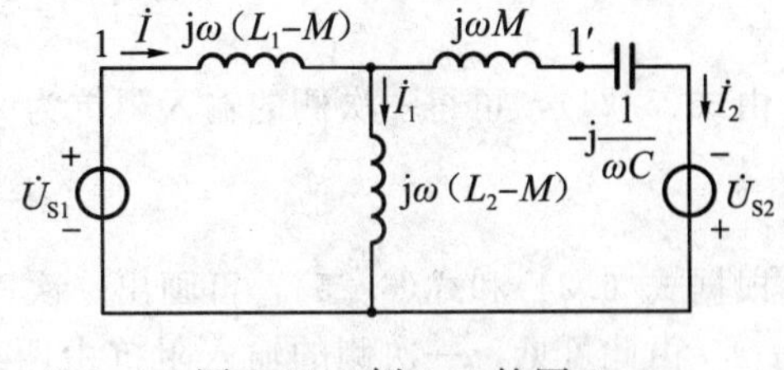

图 6-14　例 6.4 的图 3

解之，得 $\dot{I}_2=5-j2\text{A}$，$\dot{I}=2-j2\text{A}$，于是，有

$$\dot{U}_{11'}=j3\dot{I}+j\dot{I}_2=j3(2-j2)+j(5-j2)$$
$$=8+j11=13.6\angle 54^\circ\text{V}$$

可以看出，两种去耦等效电路计算结果相同。就本例题而言，比较两种等效电路，不论是列方程还是解方程，后一种比前一种都要简单些。需要特别注意的是，在后一种等效电路中“1′”点的位置。

接下来的两节将利用耦合电感这个模型，来讨论两个元件——空心变压器和理想变压器。

6.2　空心变压器

变压器是利用电磁感应原理制作而成的，它通常有一个一次绕组和一个二次绕组，前者接电源，构成一次回路，后者接负载，构成二次回路。

本节用耦合电感来构成空心变压器的模型，在正弦稳态下进行分析。

空心变压器电路如图 6-15a 所示，其中，R_1、R_2 分别为变压器一次绕组和二次绕组的电阻，R_L 为负载电阻，其相量模型如图 6-15b 所示。

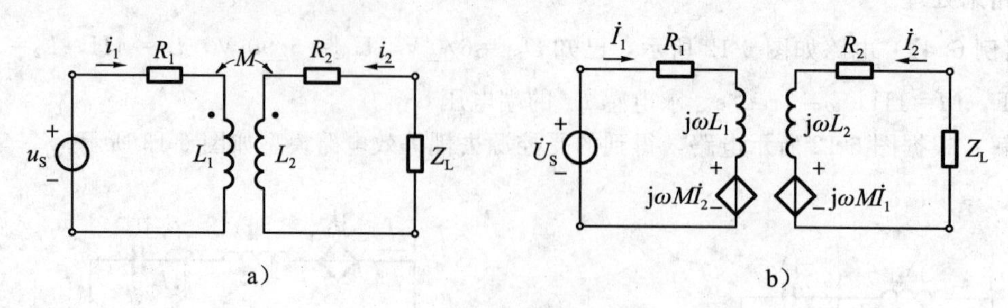

图 6-15 空心变压器电路

根据图 6-15b 所示相量模型，可列出两个回路方程分别为

$$\begin{cases}(R_1+j\omega L_1)\dot{I}_1+j\omega M\dot{I}_2=\dot{U}_S\\(R_2+j\omega L_2+Z_L)\dot{I}_2+j\omega M\dot{I}_1=0\end{cases}\tag{6.22}$$

令 $Z_{11}=R_1+j\omega L_1$，$Z_{22}=R_2+j\omega L_2+Z_L$，$Z_M=j\omega M$，于是，式(6.22)改写为

$$\begin{cases}Z_{11}\dot{I}_1+Z_M\dot{I}_2=\dot{U}_S\\Z_{22}\dot{I}_2+Z_M\dot{I}_1=0\end{cases}\tag{6.23}$$

联立求解式(6.23)，可得一次回路的 VCR 为

$$\dot{U}_S=\left(Z_{11}-\frac{Z_M^2}{Z_{22}}\right)\dot{I}_1=\left[Z_{11}+\frac{(\omega M)^2}{Z_{22}}\right]\dot{I}_1\tag{6.24}$$

二次回路的 VCR 为

$$\frac{Z_M}{Z_{11}}\dot{U}_S=-\left[Z_{22}+\frac{(\omega M)^2}{Z_{11}}\right]\dot{I}_2\tag{6.25}$$

由式(6.24)，可得一次侧的输入阻抗为

$$Z_{in}=Z_{11}+\frac{(\omega M)^2}{Z_{22}}\tag{6.26}$$

根据式(6.24)和式(6.25)，可画出一次回路和二次回路的等效电路，如图 6-16 所示。

由此可见，一次侧的输入阻抗由两项组成，第一项为一次回路的自阻抗，即 $Z_{11}=R_1+j\omega L_1$；第二项为二次回路在一次回路中的反映阻抗（或引入阻抗），即 $\frac{(\omega M)^2}{Z_{22}}$，它是二次侧的回路阻抗通过互感耦合的作用反映到一次侧的等效阻抗。当二次侧开路时，$\dot{I}_2=0$，此时一次侧的输入阻抗即为自阻抗 Z_{11}；当二次侧接有负载时，$\dot{I}_2\neq0$，使得一次阻抗增加了反映阻抗。反映阻抗的性质恰好与 Z_{22} 相反，即容性（感性）变为感性（容性）。

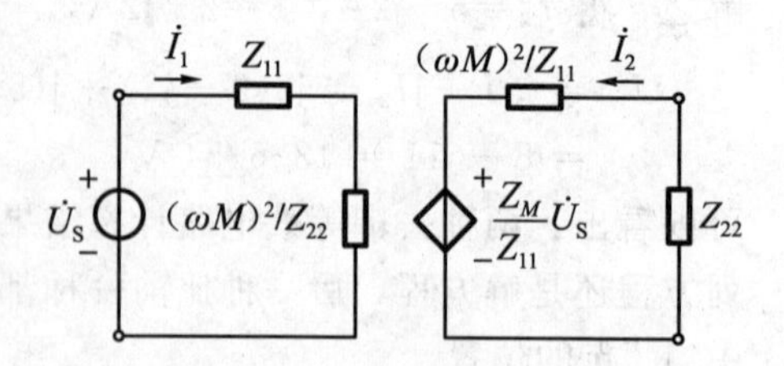

图 6-16 空心变压器电路的一次、二次等效电路

对于二次侧等效电路来说，从负载电阻 Z_L 两端向左看进去为一含源单口网络，其开路电压为 $\dot{U}_{OC}=\frac{Z_M}{Z_{11}}\dot{U}_S$，戴维南等效阻抗为 $Z_0=R_2+j\omega L_2+\frac{(\omega M)^2}{Z_{11}}$，式中，$\frac{(\omega M)^2}{Z_{11}}$ 为一次

回路在二次回路中的反映阻抗。

【例6.5】 电路如图6-15a所示，已知 $\dot{U}_S=20\angle 0^\circ V$，$R_1=1\Omega$，$R_2=0.2\Omega$，$R_L=1.8\Omega$，$L_1=0.3H$，$L_2=0.2H$，$M=0.2H$，$\omega=10rad/s$。求1)一次、二次电流 $\dot{I}_1$ 和 $\dot{I}_2$；2)获得最大功率时的负载值和最大功率。

解：1) 根据式(6.24)，先求得一次侧的输入阻抗，即

$$Z_{in}=Z_{11}+\frac{(\omega M)^2}{Z_{22}}=1+j0.3\times 10+\frac{(10\times 0.2)^2}{0.2+j0.2\times 10+1.8}=(2+j2)\Omega$$

于是，一次电流为

$$\dot{I}_1=\frac{\dot{U}_S}{Z_{in}}=\frac{20\angle 0^\circ}{2+j2}=5\sqrt{2}\angle -45^\circ A$$

根据式(6.23)，二次电流为

$$\dot{I}_2=-\frac{Z_M}{Z_{22}}\dot{I}_1=-\frac{j2}{2+j2}5\sqrt{2}\angle -45^\circ=5\angle -180^\circ A$$

2) 将负载断开，开路电压为

$$\dot{U}_{OC}=\frac{Z_M}{Z_{11}}\dot{U}_S=\frac{j0.2\times 10}{1+j0.3\times 10}20\angle 0^\circ=12.649\angle 18.4^\circ V$$

戴维南等效阻抗为

$$Z_0=R_2+j\omega L_2+\frac{(\omega M)^2}{Z_{11}}=0.2+j0.2\times 10+\frac{(0.2\times 10)^2}{1+j0.3\times 10}=(0.6+j0.8)\Omega$$

当 $Z_L=Z^*$ 时，可获得最大功率，因此所求负载值为

$$Z_L=Z^*=0.6-j0.8\Omega$$

此时的最大功率为

$$P_{max}=\frac{U_{OC}^2}{4R_0}=\frac{12.649^2}{4\times 0.6}=66.7W$$

6.3 理想变压器

理想变压器是在实际变压器的基础上抽象出来的一种电路元件，它可以利用电磁感应原理来近似实现。从这个意义上来讲，理想变压器可视为满足一定条件的耦合电感，这些条件主要包括以下三个方面：

1) 一次绕组、二次绕组的电阻为零，以保证变压器本身无功率损耗；

2) 耦合系数等于1，以保证完全耦合，无漏磁通；

3) 自感和互感认为无穷大，以保证微小的电流通过电感线圈时能产生很大的磁通。

由此可得到仅有一个参数的理想变压器模型，注意同名端的标记，如图6-17所示。按照图6-17中所示同名端和电压、电流的参考方向，其一次侧、二次侧的电压、电流分别满足以下关系

$$\begin{cases}u_1=nu_2\\ i_1=-\dfrac{1}{n}i_2\end{cases}\tag{6.27}$$

这就是理想变压器的VCR。式中，n 为理想变压器的电压比，$n=\dfrac{N_1}{N_2}$，N_1，N_2 分别为一次绕组和二次绕组的匝数。式(6.27)表明理想变压器具有变换电压和电流的作用。

在正弦稳态下，式(6.27)对应的相量形式为

$$\begin{cases}\dot{U}_1 = n\dot{U}_2 \\ \dot{I}_1 = -\dfrac{1}{n}\dot{I}_2\end{cases} \tag{6.28}$$

当改变了电压电流的参考方向或同名端的位置时，理想变压器 VCR 表达式中的符号应做相应的改变。

根据理想变压器的 VCR，可以将理想变压器用含受控源电路模型来等效表示，如图 6-18 所示。

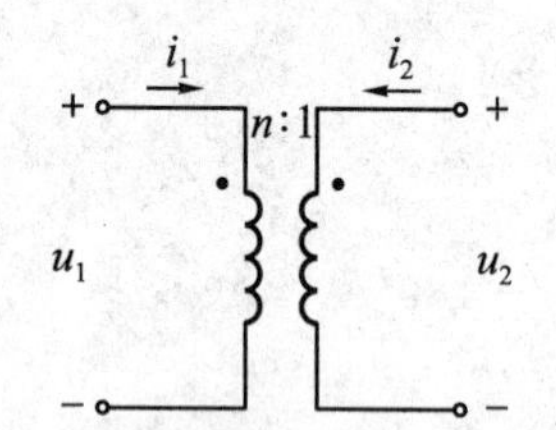

图 6-17 理想变压器模型

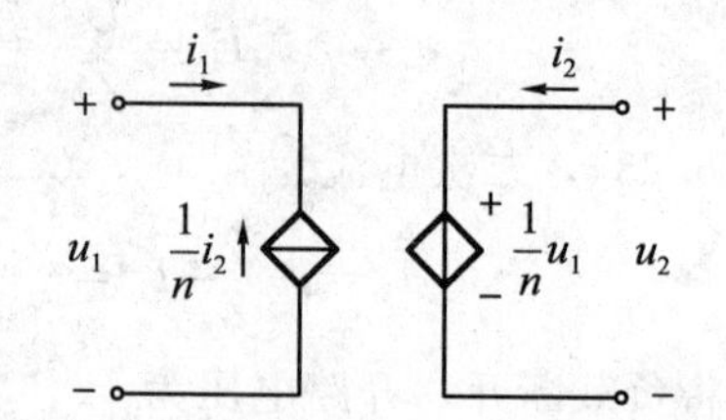

图 6-18 理想变压器的受控源模型

根据理想变压器的 VCR，可以导出

$$u_1 i_1 + u_2 i_2 = 0 \tag{6.29}$$

这表明理想变压器的输入瞬时功率在任何时刻均为零，即，它将一次输入的功率全部传输到二次输出，亦即理想变压器既不耗能也不储能，所以不能将其视为一个动态元件。

式(6.27)或式(6.28)表明理想变压器具有变换电压和电流的作用，因此它也就具有变换阻抗的作用。比如，若在变压器的二次侧接入负载阻抗 Z_L，则从其一次侧看入的等效阻抗(输入阻抗)为

$$Z_{\mathrm{eq}} = \frac{\dot{U}_1}{\dot{I}_1} = \frac{n\dot{U}_2}{-\dfrac{1}{n}\dot{I}_2} = n^2\left(-\frac{\dot{U}_2}{\dot{I}_2}\right) = n^2 Z_{\mathrm{L}} \tag{6.30}$$

这表明在二次侧接入的阻抗 Z_{L}，在一次侧等效为 $n^2 Z_{\mathrm{L}}$ 的阻抗，如图 6-19 所示。由此可知，若在二次侧分别接入 R、L、C，则在一次侧分别等效为 n^2R、n^2L、$\dfrac{C}{n^2}$。

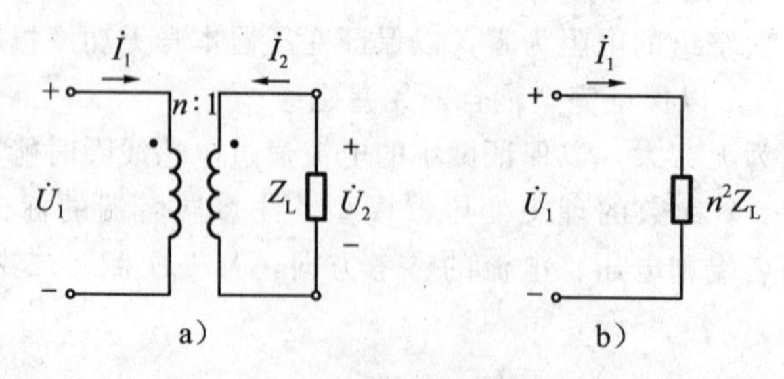

图 6-19 理想变压器的阻抗变换

【例 6.6】 利用理想变压器的阻抗变换作用，可以使负载从电源获得最大功率。有一内阻 $R_S = 10\text{k}\Omega$ 的电源给 $R_L = 10\Omega$ 的负载供电，现要求利用变压器实现最大功率匹配，试确定变压器的电压比。电路如图 6-20 所示。

解：由题目要求可知，负载获得最大功率匹配的条件是从电源看入的变压器等效输入电阻等于电源的内阻，即

$$R_S = n^2 R_L$$

因此有

$$n = \sqrt{\frac{R_S}{R_L}} = \sqrt{\frac{10 \times 10^3}{10}} = 31.6$$

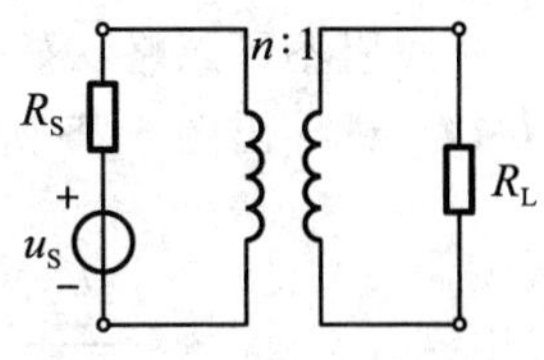

图 6-20　例 6.6 的图

习题

6-1　试求图 6-21 所示各电路中的电压 u_1 或 u_2。

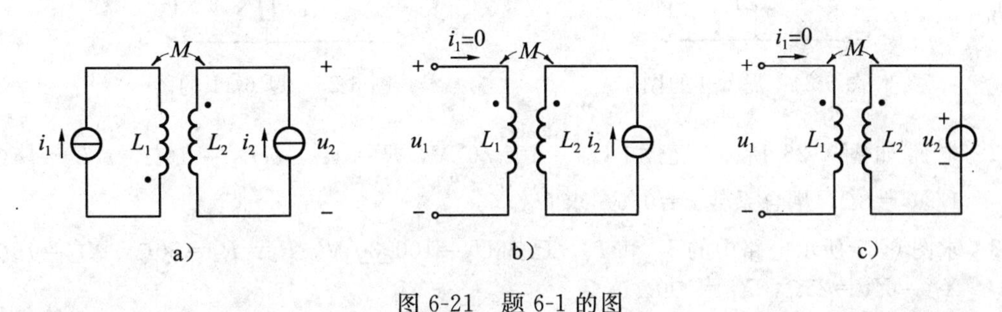

图 6-21　题 6-1 的图

6-2　试写出图 6-22 所示耦合电感 VCR 的时域形式和正弦稳态相量形式。

6-3　电路如图 6-23 所示，已知 $u_S = 20\sqrt{2}\cos(10^3 t + 30°)$ V，$R_1 = Z_L = 2\Omega$，$L_1 = 4$mH，$L_2 = 6$mH，$C = 500\mu$F，$M = 2$mH。求 u_2。

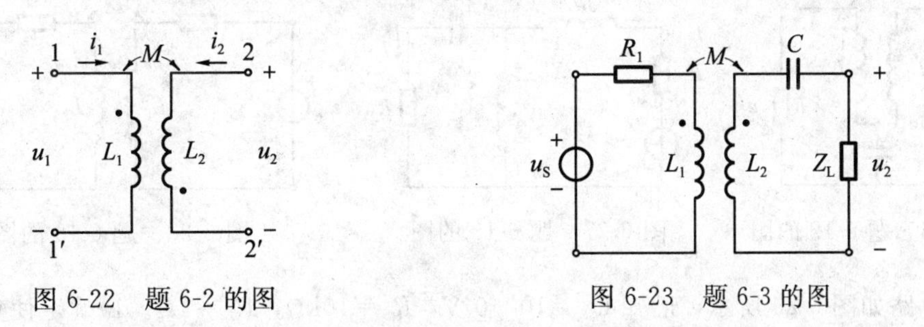

图 6-22　题 6-2 的图　　图 6-23　题 6-3 的图

6-4　电路如图 6-23 所示，试求对电源端输入阻抗的表达式。

6-5　当两个耦合电感反接串联时，使得每一条耦合电感支路的阻抗和整个电路的输入阻抗都比无互感时的阻抗要小，这与电容串联时容值变小的效应相似，称为互感的“容性”效应。试解释之。

6-6　当两个耦合电感反接串联时，每一耦合电感支路的等效电感均变小了，其中之一有可能为负值，有无可能都为负值，使整个电路变为容性？试分析之。

6-7　证明：耦合电感在顺接串联时的等效电感比反接串联时的等效电感大 4M。另外，利用顺接和反接时的电感值，可以确定互感值，同时，还可以判断耦合电感的同名端。

6-8　分析两个耦合电感的异侧并联电路，试求该电路的等效阻抗和等效电感，并画出其去耦等效电路。

6-9　如图 6-24 所示为在一个公共端钮连接的一对耦合电感，试用三个电感组成的 T 形网

络进行等效替换，导出这种网络等效替换的关系。

6-10 利用耦合电感的去耦等效电路，求解两个耦合电感并联电路的输入阻抗(电感的电阻不可忽略)。

6-11 试导出图 6-25 所示电路的输入阻抗。

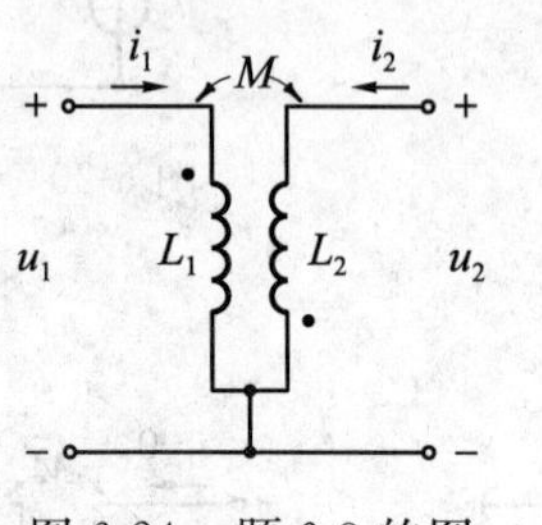

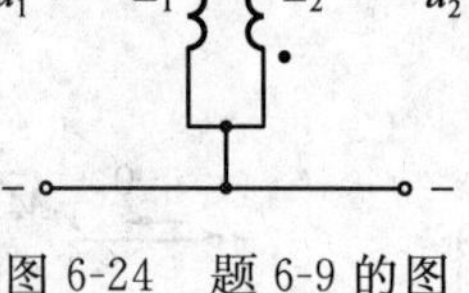

图 6-24 题 6-9 的图

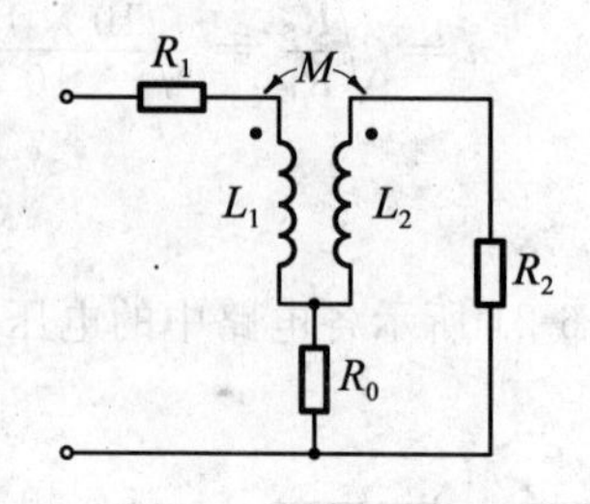

图 6-25 题 6-11 的图

6-12 电路如图 6-26 所示，已知 $\dot{U}_S = 100\angle 0°$ V，$R = 1\Omega$，$\omega L_1 = 16\Omega$，$\omega L_2 = 4\Omega$，$1/\omega C = 8\Omega$，耦合系数 $k = 0.5$，求 $\dot{U}_O$。

6-13 求图 6-27 所示电路中的 $\dot{I}_1$ 和 $\dot{I}_2$。已知 $\dot{U}_S = 100\angle 30°$V，$R_1 = R_2 = 50\Omega$，$X_{L1} = 75\Omega$，$X_{L2} = X_M = 25\Omega$，$X_C = 100\Omega$。

6-14 将空心变压器的二次绕组短路，求从一次绕组看入的等效电感。已知 L_1，L_2，M 的值。

6-15 在图 6-28 所示的空心变压器电路中，已知 $u_S = 100\sqrt{2}\cos(10t)$ V，$R_1 = R_2 = 0\Omega$，$L_1 = 5$H，$L_2 = 1.2$H，$M = 2$H，$Z_L = 3\Omega$。求电流 i_1 和 i_2。

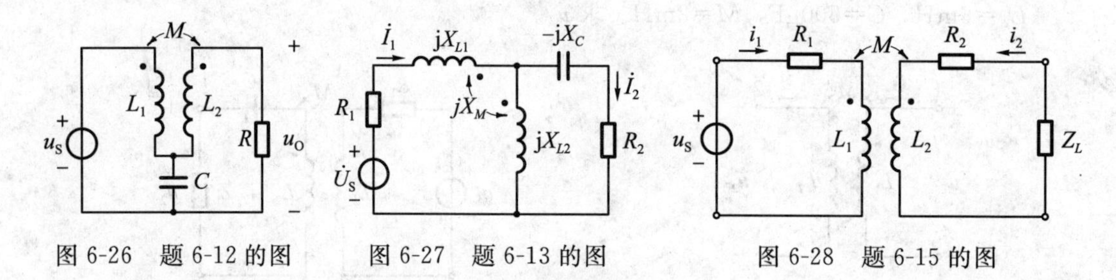

图 6-26 题 6-12 的图　　图 6-27 题 6-13 的图　　图 6-28 题 6-15 的图

6-16 电路如图 6-29 所示，已知 $\dot{U}_S = 100\angle 0°$V，$R_S = 10$kΩ，$R_L = 1\Omega$。1)确定使负载获得最大功率的变压器电压比；2)求负载获得的最大功率。

6-17 电路如图 6-30 所示，已知 $\dot{U} = 10\angle 0°$V，$R_1 = R_2 = X_C = 2\Omega$。求 $\dot{U}_S$。

6-18 电路如图 6-31 所示，试用戴维南定理求解电流 $\dot{I}_2$。已知 $\dot{U}_{S1} = 24\angle 0°$V，$\dot{U}_{S2} = 12\angle 0°$V，$R_1 = 3\Omega$，$R_2 = 4\Omega$，$X_C = 2\Omega$。

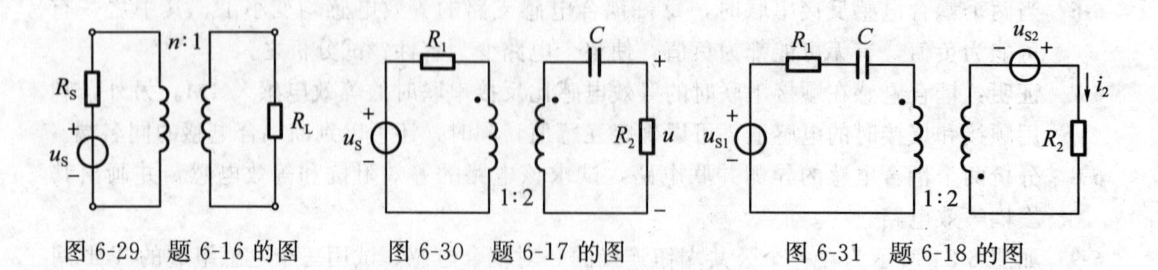

图 6-29 题 6-16 的图　　图 6-30 题 6-17 的图　　图 6-31 题 6-18 的图

第7章 三相电路

三相电路是电能产生、输送、分配和使用的主要形式，日常生活中使用的单相电源实际上也是三相电源中的一相。三相电路是由三相电源、三相负载和三相传输线路所组成的，它是一类特殊的正弦稳态电路，所以可采用相量法对其进行分析。本章主要介绍三相电路的基本概念、电路计算及其功率。

7.1 对称三相电源

7.1.1 三相电源电压

三相电路中最基本的组成部分是三相交流发电机。在三相发电机中有三个绕组，分别称为U相、V相和W相绕组，各绕组的几何尺寸、匝数及缠绕方向相同，在发电机的定子上彼此相隔120°排列。当发电机的转子以角速度ω旋转时，各个绕组将产生正弦波形的电压u_U、u_V、u_W。我们把三相发电机所产生的三个频率相同、振幅相等、相位依次相差120°、随时间按正弦规律变化的电压，称为对称三相电压，而三相交流发电机则称为对称三相电源。

三相电压的参考方向规定为绕组始端为正，绕组末端为负，并以U相电压作为参考正弦量，这样，三相电源电压的瞬时值表达式为

$$\begin{cases} u_U = U\sqrt{2}\cos\omega t \\ u_V = U\sqrt{2}\cos(\omega t - 120°) \\ u_W = U\sqrt{2}\cos(\omega t + 120°) \end{cases} \tag{7.1}$$

对应的有效值相量表达式为

$$\begin{cases} \dot{U}_U = U\underline{/0°} \\ \dot{U}_V = U\underline{/-120°} \\ \dot{U}_W = U\underline{/120°} \end{cases} \tag{7.2}$$

三相对称电压各相的正弦波形及相量如图7-1a、b所示。

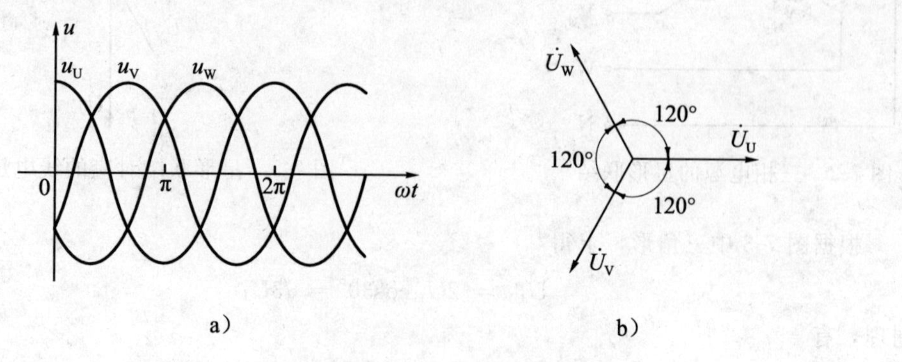

图7-1 三相对称电压的波形图和相量图

三相对称电压的特点：三相对称电压之和恒为零，即

$$u_U + u_V + u_W = 0 \text{ 或者 } \dot{U}_U + \dot{U}_V + \dot{U}_W = 0 \tag{7.3}$$

由式(7.1)可知，三相电压达到最大值具有先后次序，这种次序称为相序。若三相电压达到最大值的次序为 U→V→W，则称为正序；若三相电压达到最大值的次序为U→W→V，则称为负序。

7.1.2 三相电源的联结

在实际使用中，三相发电机的三个绕组是按照一定的方式连接成一个整体向外供电的。下面介绍三相绕组的两种联结方式——星形联结和三角形联结。

1. 星形联结

星形联结又称 Y 形联结，它是将三相绕组的末端连成一个点 N，而将三相绕组的首端分别引出导线，即为三相电源的星形联结方式，如图 7-2 所示。

在图 7-2 中，三个末端的联结点 N 称为中性点，从中性点引出的导线称为中性线，从三相首端引出的三根导线称为相线(又称火线)。相线与中性线间的电压 u_U、u_V、u_W 称为相电压，其参考方向由绕组的首端指向末端；相线与相线之间的电压 u_{UV}、u_{VW}、u_{WU} 称为线电压。

由图 7-2 可见，星形联结的三相电源有四根导线引出，这就是普遍应用于低压供电系统中的三相四线制供电方式，这其中有两组电源电压——线电压和相电压，二者之间的相量关系为

$$\begin{cases} \dot{U}_{UV} = \dot{U}_U - \dot{U}_V \\ \dot{U}_{VW} = \dot{U}_V - \dot{U}_W \\ \dot{U}_{WU} = \dot{U}_W - \dot{U}_U \end{cases} \tag{7.4}$$

根据此式，可作出线电压相量，线电压与相电压关系的相量图如图 7-3 所示。

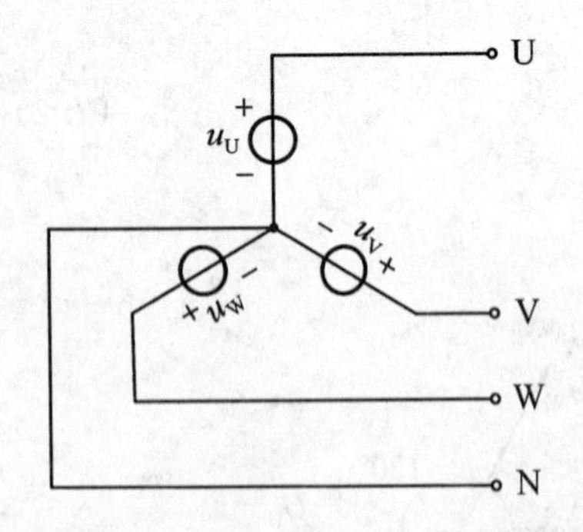

图 7-2 三相电源的星形联结

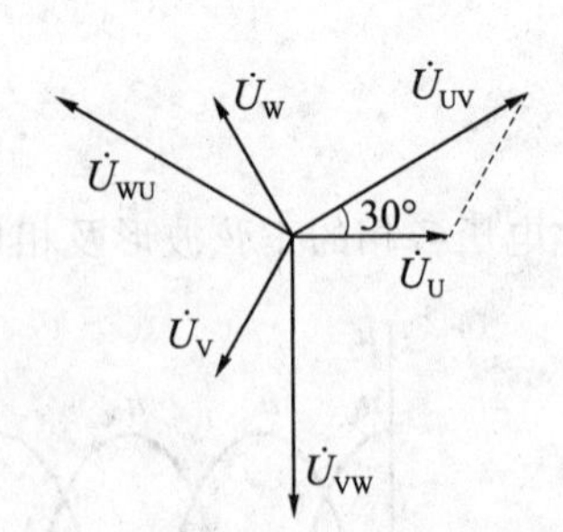

图 7-3 星形联结对应的线电压与相电压

根据图 7-3 中三角形，求得

$$U_{UV} = 2U_U\cos30° = \sqrt{3}U_U$$

同理，有

$$U_{VW} = 2U_V\cos30° = \sqrt{3}U_V$$

$$U_{WU} = 2U_W\cos 30° = \sqrt{3}U_W$$

且 $U_U = U_V = U_W$，因此有 $U_{UV} = U_{VW} = U_{WU}$。

在星形联结时，以 U_l 表示线电压，U_p 表示相电压，则有

$$U_l = \sqrt{3}U_p \tag{7.5}$$

比如，三相四线制中的相电压为 220V，其线电压为 380V。

从图 7-3 中还可以看出线电压与相应相电压的相位关系，即各线电压超前相应相电压 30°，各线电压可表示为

$$\begin{cases}\dot{U}_{UV} = U_{UV}\angle 30° \\ \dot{U}_{VW} = U_{VW}\angle -90° \\ \dot{U}_{WU} = U_{WU}\angle 150°\end{cases} \tag{7.6}$$

由此可见，三相电源星形联结(三相四线制)中的线电压和相电压都是三相对称电压，即具有同频率、同幅值、相位互差 120°的电压。

2. 三角形联结

三角形联结又称△形联结，它是将三相绕组彼此首末端相连，最终连接成闭合电路，如图 7-4 所示。

根据三相对称电压的特点，在三角形联结的闭合电路中，三相电源电压的瞬时值(或相量)之和为零，所以电源内部不会产生环流。

由图 7-4 可以看出，在三角形联结时需引出三根导线，这就构成了三相三线制。显然，此时的线电压就是电源的相电压。

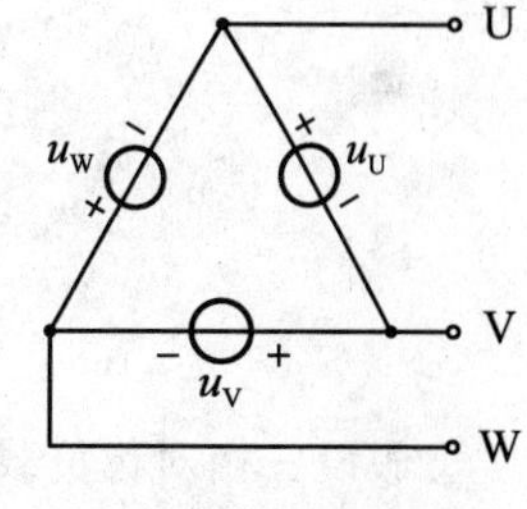

图 7-4　三相电源的三角形联结

7.2　三相电路的分析

7.2.1　三相电路中的负载

从交流用电设备的供电来看，一般分为三相和单相供电两类。比如，照明灯、家用电器等小功率设备需用单相电源供电，这属于单相负载；又比如，三相交流电动机等三相交流设备，它需要与三相电源组成一个整体方可工作，这属于三相负载。因为单相交流电路为三相电路中的一相，所以，三相电路中既有三相负载也有单相负载。

如果三相负载的各相阻抗相同，则称为对称三相负载，上述三相电动机即为一种对称三相负载。三相负载也可由三个不同阻抗的单相负载所组成，这样构成不对称三相负载。

负载与三相电源相连时须注意两点：一是用电设备的额定电压应与电源电压相符；二是接在三相电源上的用电设备应尽可能使三相电源的负载对称。

以三相四线制供电为例。额定电压为 220V 的单相负载，应接在相线与中性线之间，中性点 N 作为各个单相负载的公共端，此时，所有单相负载以星形联结形式与三相电源相连；额定电压为 380V 的单相负载，应接在线电压上，此时，所有单相负载以三角形联结形式与三相电源相连；对称三相负载可连成三角形或星形与三相电源相连。

下面就三相负载的三角形联结和星形联结进行分析。

7.2.2 负载为三角形联结

根据额定电压与电源电压应相符的要求来确定负载的联结方式。当三相负载的额定电压等于电源的线电压时，三相负载应以三角形联结，如图 7-5 所示。根据图 7-5 中三个节点，可列出如下方程，即负载的线电流和相电流的关系：

$$\begin{cases}\dot{I}_U = \dot{I}_{UV} - \dot{I}_{WU} \\ \dot{I}_V = \dot{I}_{VW} - \dot{I}_{UV} \\ \dot{I}_W = \dot{I}_{WU} - \dot{I}_{VW}\end{cases} \tag{7.7}$$

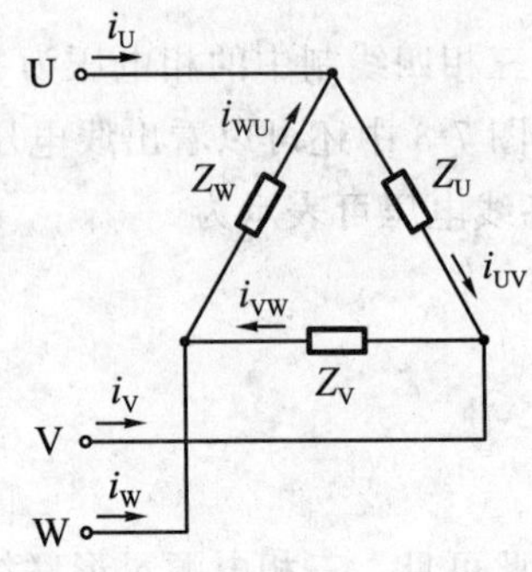

图 7-5 三相对称负载的三角形联结

1. 对称三相负载

当三相电源和三相负载均对称时，则各相负载中的电流也是对称的。各相负载的电流为

$$\begin{cases}\dot{I}_{UV} = \dfrac{\dot{U}_{UV}}{Z_U} \\ \dot{I}_{VW} = \dfrac{\dot{U}_{VW}}{Z_V} \\ \dot{I}_{WU} = \dfrac{\dot{U}_{WU}}{Z_W}\end{cases} \tag{7.8}$$

假设三相对称负载为感性负载，以线电压 $\dot{U}_{UV}$ 为参考相量，作出电压相量、负载相电流相量和线电流相量，如图 7-6 所示。显然，三相负载中的相电流和线电流都是对称的。

根据相量图，可求出线电流和相电流间的大小及相位关系，即

$$I_U = 2I_{UV}\cos30^\circ = \sqrt{3}I_{UV}$$

同理，有

$$I_V = \sqrt{3}I_{VW}$$

$$I_W = \sqrt{3}I_{WU}$$

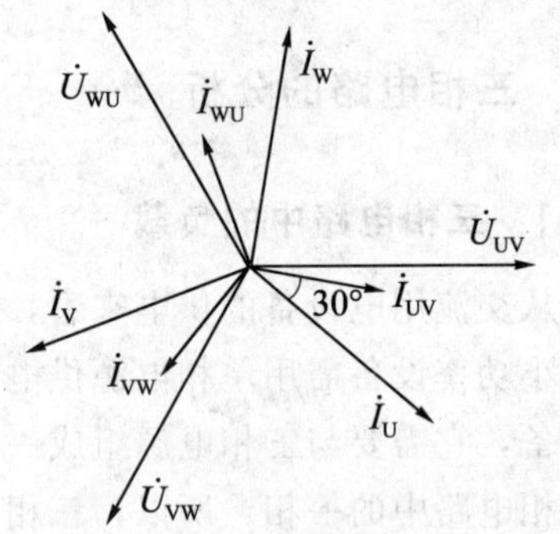

图 7-6 三相对称负载三角形联结的相量图

总之，当三相对称负载以三角形联结时，其线电流 I_l 是相电流 I_p 的$\sqrt{3}$倍，即

$$I_l = \sqrt{3}I_p \tag{7.9}$$

在相位上，各线电流滞后相应相电流 30°。

2. 不对称三相负载

当三相负载不对称时，三相负载中各相电流可利用式(7.8)分别求出，然后再利用式(7.7)求得三个线电流。

7.2.3 负载为星形联结

当三相负载为星形联结时，负载的额定电压等于线电压的 $1/\sqrt{3}$，如图 7-7 所示。从

图 7-7中可以看出，每相负载中的相电流即为线电流，即

$$\dot{I}_U = \frac{\dot{U}_U}{Z_U}$$
$$\dot{I}_V = \frac{\dot{U}_V}{Z_V} \tag{7.10}$$
$$\dot{I}_W = \frac{\dot{U}_W}{Z_W}$$

中性线电流为

$$\dot{I}_N = \dot{I}_U + \dot{I}_V + \dot{I}_W \tag{7.11}$$

1）对称三相负载

当三相负载对称时，三个线电流也对称，此时中性线电流为零。因此，当三相对称负载为星形联结时，负载中性点可以不与中性线相连。

2）不对称三相负载

由各相单相负载组成的三相负载一般为不对称三相负载，它们与电源的联结方式为星形联结方式，如图 7-7 所示。由于中性线的作用，从不对称的三相负载上可以得到对称的相电压，这样，各相负载电流就可利用式(7.10)求得。显然，此时中性线电流不为零，可利用式(7.11)求得中性线电流。

下面分析当三相不对称负载为星形联结时，中性线断开后的情况。

如图 7-8 所示给出了三相不对称负载无中性线的星形联结电路图。由图 7-8 可知，中性线断开后，在电源中性点 N 与负载中性点 N′之间将产生中性点电压 $\dot{U}_{N'N}$。利用节点电压，可求得中性点电压，即

$$\dot{U}_{N'N} = \frac{\dfrac{\dot{U}_U}{Z_U} + \dfrac{\dot{U}_V}{Z_V} + \dfrac{\dot{U}_W}{Z_W}}{\dfrac{1}{Z_U} + \dfrac{1}{Z_V} + \dfrac{1}{Z_W}}$$

据此可得各相负载上的电压分别为

$$\dot{U}'_U = \dot{U}_U - \dot{U}_{N'N}$$
$$\dot{U}'_V = \dot{U}_V - \dot{U}_{N'N}$$
$$\dot{U}'_W = \dot{U}_W - \dot{U}_{N'N}$$

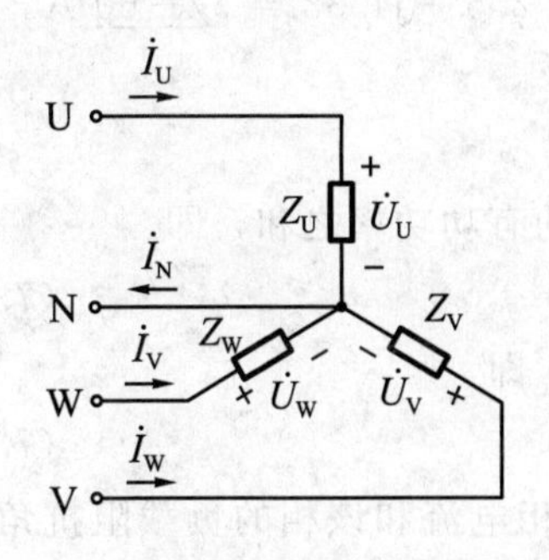

图 7-7　三相对称负载的星形联结

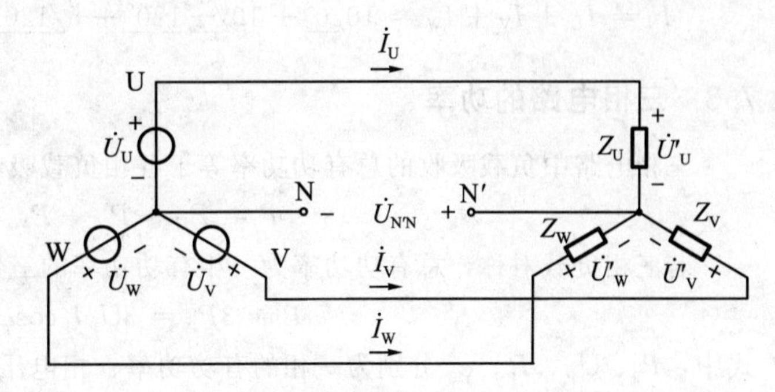

图 7-8　三相不对称负载无中性线的星形联结电路图

与之对应的相量图如图 7-9 所示。由相量图可以直接看出，各相负载上的电压不再对称，就电压的量值来说，有的比原电压小了，有的比原电压大了很多，这将导致各相负载不能正常工作，甚至损坏。可见，三相四线制中的中性线是不允许断开的，当然，也不允许在中性线上安装开关或保险丝。

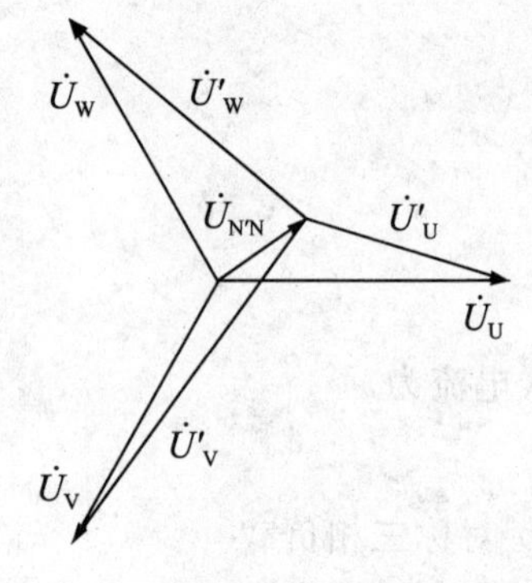

图 7-9 三相不对称负载无中性线星形联结时各电压的相量图

【例 7.1】 已知对称三相三线制电压为 380V，为正相序，Y 形对称负载每相阻抗为 $Z=22\angle 10^\circ\ \Omega$，求各相电流有效值。

解：由已知条件，求得相电压为 $\frac{380}{\sqrt{3}}=220$V。设 U 相电压为参考正弦量，则

$$\dot{U}_U = 220\angle 0^\circ \text{V}$$

由此可得，U 相电流为 $\dot{I}_U=\frac{\dot{U}_U}{Z}=\frac{220\angle 0^\circ}{22\angle 10^\circ}=10\angle -10^\circ$A。按照正序，另外两相电流为

$$\dot{I}_V = 10\angle -10^\circ - 120^\circ = 10\angle -130^\circ \text{A}$$

$$\dot{I}_W = 10\angle -10^\circ + 120^\circ = 10\angle 110^\circ \text{A}$$

由此，各相电流的有效值为 10A。

【例 7.2】 在 Y－Y 形联结电路中，三相负载不对称，分别为 $Z_U=22\Omega$，$Z_V=22\Omega$，$Z_W=44\Omega$，对称三相电源相电压为 220V，中性线阻抗忽略不计。求线电流和中性线电流。

解：由于中性线的作用，该题依然可用对称电路分离一相的计算方法。

对 U 相，可得

$$\dot{I}_U = \frac{\dot{U}_U}{Z_U} = \frac{220\angle 0^\circ}{22} = 10\angle 0^\circ \text{A}$$

同理，对 V、W 相分别可得

$$\dot{I}_V = 10\angle -120^\circ \text{A} \quad 和 \quad \dot{I}_W = 5\angle 120^\circ \text{A}$$

中性线电流为

$$\dot{I}_N = \dot{I}_U + \dot{I}_V + \dot{I}_W = 10\angle 0^\circ + 10\angle -120^\circ + 5\angle 120^\circ = 2.5 - \text{j}4.33 = 5\angle -60^\circ \text{A}$$

7.3 三相电路的功率

三相电路中负载吸收的总有功功率等于各相负载吸收的有功功率之和，即

$$P = P_U + P_V + P_W \tag{7.12}$$

若三相负载对称，总有功功率为一相有功功率的三倍，即

$$P = 3P_p = 3U_p I_p \cos\varphi_p \tag{7.13}$$

式中，P_p、U_p、I_p、φ_p 分别为一相的有功功率、相电压、相电流和该相的负载阻抗角（或该相的相电压与相电流的相位差）。

可以证明，不论三相对称负载是三角形联结还是星形联结，三相总有功功率都为

$$P=\sqrt{3}U_lI_l\cos\varphi_p \tag{7.14}$$

值得注意，式(7.14)是以线电压和线电流来表示的，但 φ_p 是相电压与相电流之间的相位差。

同理，三相对称负载的总无功功率为

$$Q=\sqrt{3}U_lI_l\sin\varphi_p \tag{7.15}$$

三相总视在功率为

$$S=\sqrt{P^2+Q^2}=\sqrt{3}U_lI_l \tag{7.16}$$

不难证明，在三相电路中，对称三相电路总的瞬时功率为一常量，其值等于平均功率。这对于电动机这样的三相负载来说，可以保证其转矩恒定，转动平稳。

【例7.3】 一台功率4.5kW、功率因数 $\lambda=0.85$、额定电压380V的对称三相设备，其供电电源电压为380V。

1）该三相设备应采用何种接法？

2）求电路中的线电流和相电流。

3）每相负载阻抗为多大？

解：1）由已知条件可知，负载额定电压与电源线电压相等，所以，应采用三角形联结。

2）根据式(7.14)，线电流为

$$I_l=\frac{P}{\sqrt{3}U_l\cos\varphi_p}=\frac{4.5\times10^3}{\sqrt{3}\times380\times0.85}=8.04\text{A}$$

因此，相电流为 $I_p=\dfrac{I_l}{\sqrt{3}}=\dfrac{8.04}{\sqrt{3}}=4.64\text{A}$。

3）每相负载阻抗为

$$|Z|=\frac{U_p}{I_p}=\frac{U_l}{I_p}=\frac{380}{4.64}=81.90\Omega$$

习题

7-1 在对称Y-Y三相电路中，已知 $\dot{U}_U=220\angle0^\circ\text{V}$，各相负载阻抗为 $80\angle20^\circ\Omega$，相序为正序，求各线电流。

7-2 三相四线制供电，电源线电压为380V，负载为220V白炽灯，分别接在三相电源上，已知每相的阻抗分别为 $Z_U=5\Omega$，$Z_V=10\Omega$，$Z_W=20\Omega$。

(1) 画出电路联结图；

(2) 求相电流、线电流和中性线电流；

(3) 画出电流、电压相量图。

7-3 在Y-Y三相四线电路中，已知电源对称且正序，线电压有效值为380V，各相阻抗分别为 $Z_U=4\angle0^\circ\Omega$，$Z_V=5\angle60^\circ\Omega$，$Z_W=6\angle90^\circ\Omega$，试求每相电流和中性线电流。

7-4 电路如图7-5所示，是△形联结对称负载，为负序，已知 $\dot{I}_U=40\angle-20^\circ\text{A}$，求各相电流。

7-5 在对称三相电路中，同时接有Y形联结对称负载和△形联结对称负载，Y形负载每相阻抗 $Z_1=(80+j60)\Omega$，△形负载每相阻抗 $Z_2=(60-j80)\Omega$，已知电源线电压为380V，求电源端的线电流。

7-6 已知三相电动机的输出功率为3kW，效率为80%，$\lambda=0.8$，线电压为380V，求电流。

7-7 在对称Y-Y三相电路中，线电压为380V，负载吸收的有功功率为20kW，$\lambda=0.8$（感性），试求每相的阻抗。

7-8 已知一感性三相对称负载，每相电压为220V、阻抗的值为22Ω，功率因数为0.9，电源线电压为380V。

（1）画出电路联结图；

（2）求各相负载的相电流和线电流；

（3）求三相电路的总有功功率；

（4）画出电压、电流相量图。

第8章　一阶电路和二阶电路

前面章节是基于电阻电路的基本概念、基本定律、基本分析方法和电路定理而展开的研究，一个显著特点是，求解电阻电路的方程是一组代数方程，这就意味着在外激励作用于电阻电路的瞬间，电路的响应随即出现。也就是说，电阻电路在任意时刻的响应只与同一时刻的激励有关，与过去的激励无关。这就是电阻电路的“即时性”或者说“无记忆性”。

当电路中接有线性、非时变的电容、电感等动态元件时，电路方程则是线性常系数微分方程。若电路中只含一个动态元件，则得到的方程为一阶线性常系数微分方程，相应的电路为一阶动态电路，简称一阶电路。若电路中同时含有电容和电感两种不同的动态元件，则得到的方程为二阶线性常系数微分方程，相应的电路则为二阶动态电路，简称二阶电路。

当动态电路的结构或元件参数发生变化时，电路中原有的工作状态需要经过一个过程转变为另一个工作状态，这个过程称为电路的过渡过程，又称暂态过程。我们把电路的结构或元件参数的改变统称为换路。也就是说，换路将导致动态电路中过渡过程的产生。

比较而言，动态电路的过渡过程反映了电路的基本性质和整个动态过程，之前所讨论的电阻电路和正弦交流电路均为电路的稳定状态，它是电路整个动态过程中的一个特定状态。

本章将分析动态电路的过渡过程及其响应随时间变化的规律。主要介绍电路初始值的确定、一阶电路的分析和二阶电路的分析。

8.1　电路初始值的确定

如前所述，描述动态电路的方程是微分方程，在求解微分方程时，需要根据初始条件确定积分常数。因此，我们首先需进行电路初始值的确定——先由换路定则确定动态电路中电容电压和电感电流的初始值，电路中其他元件的电压、电流的初始值再行确定。

换路定则曾在第1章中予以介绍，现重述如下：

$$\begin{aligned} u_C(0_+) &= u_C(0_-) \\ i_L(0_+) &= i_L(0_-) \end{aligned} \tag{8.1}$$

这里 $u_C(0_+)$、$i_L(0_+)$ 分别为电容电压和电感电流的初始值，而这个初始值的确定只需知道 $u_C(0_-)$ 和 $i_L(0_-)$ 即可。确定 $u_C(0_-)$ 和 $i_L(0_-)$ 是在 $t=0_-$ 电路，即在换路前稳定状态下的原电路中进行的，电路中其他变量的初始值需由 $u_C(0_+)$、$i_L(0_+)$ 和 $t=0_+$ 时刻的激励共同而定。

【例8.1】 电路如图8-1a所示，设开关S在闭合前电容元件和电感元件均未储存能量。已知 $U_S=12\text{V}$，$R_1=R_2=R_3=6\Omega$。试确定电路在换路后各电流和电压的初始值。

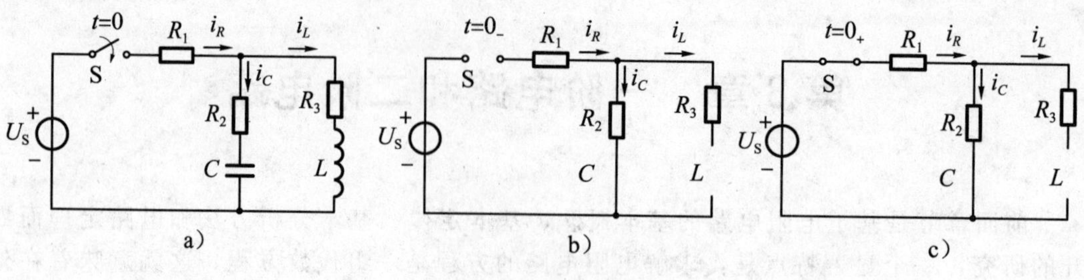

图 8-1 例 8.1 的图

解：根据已知条件，画出 $t=0_-$ 时的等效电路，如图 8-1b 所示。在图 8-1a 中，因为电容未储能，所以 $u_C(0_-)=0$，电容视为短路；因为电感未储能，所以 $i_L(0_-)=0$，电感视为开路。由图 8-1b 可知，此时电阻、电容和电感元件上的电压和电流均为零。

根据换路定则，$u_C(0_+)=u_C(0_-)=0$，$i_L(0_+)=i_L(0_-)=0$，画出 $t=0_+$ 时的等效电路，如图 8-1c 所示。据此，可求得各电压、电流的初始值，即

$$i_R(0_+)=i_C(0_+)=\frac{U_S}{R_1+R_2}=\frac{12}{6+6}=1\text{A}$$

$$u_{R1}(0_+)=i_R(0_+)R_1=1\times 6=6\text{V}$$

$$u_{R2}(0_+)=i_C(0_+)R_2=1\times 6=6\text{V}$$

$$u_{R3}(0_+)=i_L(0_+)R_3=0\text{V}$$

$$u_L(0_+)=u_{R2}(0_+)=6\text{V}$$

【例 8.2】 电路如图 8-2a 所示，开关 S 原处于闭合状态，电路已达到稳态。求开关 S 断开瞬间电路中的电压、电流的初始值。已知 $U_S=15\text{V}$，$R_1=5\Omega$，$R_2=3\Omega$。

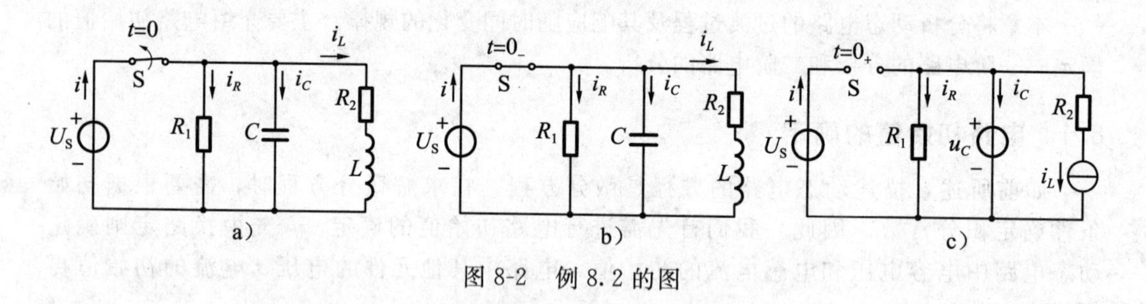

图 8-2 例 8.2 的图

解：根据已知条件，画出 $t=0_-$ 时的等效电路，如图 8-2b 所示。据此，可求得各个电压和电流值。

$$i_R(0_-)=\frac{U_S}{R_1}=\frac{15}{5}=3\text{A}$$

$$i_C(0_-)=0$$

$$i_L(0_-)=\frac{U_S}{R_2}=\frac{15}{3}=5\text{A}$$

$$i(0_-)=i_R(0_-)+i_C(0_-)+i_L(0_-)=3+5=8\text{A}$$

$$u_{R1}(0_-)=u_{R2}(0_-)=u_C(0_-)=15\text{V}$$

$$u_L(0_-)=0\text{V}$$

根据换路定则，$u_C(0_+)=u_C(0_-)=15\text{V}$，$i_L(0_+)=i_L(0_-)=5\text{A}$。画出 $t=0_+$ 时的等效电路，此时，电容元件视为理想电压源，电感视为理想电流源，如图 8-2c 所示。

求电路中其他电压和电流的初始值，即

$$i(0_+)=0$$

$$i_R(0_+)=\frac{u_C(0_+)}{R_1}=\frac{15}{5}=3\text{A}$$

$$i_C(0_+)=-[i_L(0_+)+i_R(0_+)]=-(5+3)=-8\text{A}$$

$$u_{R1}(0_+)=u_C(0_+)=15\text{V}$$

$$u_{R2}(0_+)=i_L(0_+)R_2=5\times 3=15\text{V}$$

$$u_L(0_+)=-u_{R2}(0_+)+u_C(0_+)=-15+15=0\text{V}$$

8.2　一阶电路的分析

本节主要分析 RC 和 GL 一阶线性电路的过渡过程，在确定电路的初始值、稳态值和时间常数三个要素后，用三要素法计算 RC 和 GL 一阶电路。

8.2.1　一阶电路的全响应

当一阶电路中的储能元件为非零初始状态，且受到外施激励时，两者共同作用下在电路中产生的响应，称为一阶电路的全响应。

1. 实例分析

下面以 RC 串联电路与直流电压源相连为例，来讨论全响应的计算问题。

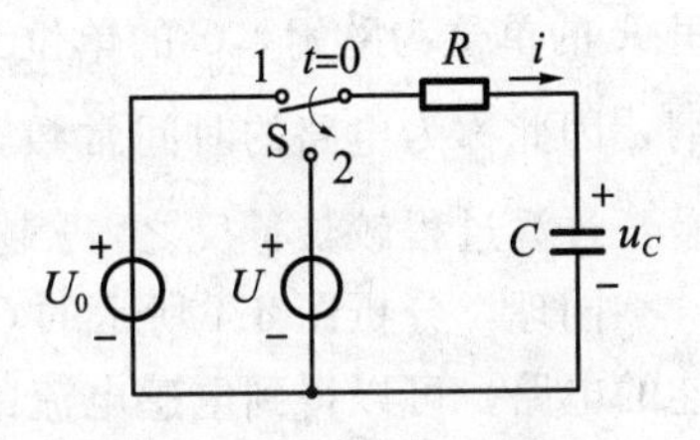

图 8-3　RC 电路的全响应

图 8-3 是 RC 串联电路，开关 S 长期处于“1”位置，在 $t=0$ 时，S 由“1”转换到“2”。由于在换路前电容 C 已充电，其电压为 U_0。换路后，电路又有外施激励直流电压源 U 的作用，所以，该电路可用来分析一阶电路的全响应。

根据 KVL，可得

$$RC\frac{\mathrm{d}u_C}{\mathrm{d}t}+u_C=U \tag{8.2}$$

改写为

$$\frac{\mathrm{d}u_C}{u_C-U}=-\frac{1}{RC}\mathrm{d}t \tag{8.3}$$

两边积分，得

$$\ln(u_C-U)=-\frac{1}{RC}t+\ln K \tag{8.4}$$

式中，$\ln K$ 为积分常数。整理，可得

$$u_C=U+K\mathrm{e}^{-\frac{1}{RC}t} \tag{8.5}$$

根据换路定则，确定初始条件，$u_C(0_+)=u_C(0_-)=U_0$，代入式(8.5)，可得积分常数为

$$K=U_0-U$$

令 $\tau=RC$ 为电路的时间常数，由此，电容电压为

$$u_C=U+(U_0-U)\mathrm{e}^{-\frac{t}{\tau}} \tag{8.6}$$

这就是电容电压在 $t \geqslant 0$ 时全响应的表达式。式中，U_0 为 $t=0_+$ 时 u_C 的值，即 $u_C(0_+)=U_0$，称为初始值；U 为 $t\to\infty$ 时 u_C 的值，即 $u_C(\infty)=U$，称为稳态值；τ 为时间常数。

从式(8.6)可以看到，等式右边的第一项为稳态分量，它等于 $t \geqslant 0$ 时外施直流电压源电压，第二项为暂态分量，它随时间的增加按指数规律衰减至零。由此表明，全响应可以表示为

$$\text{全响应} = \text{稳态分量} + \text{暂态分量} \tag{8.7}$$

式(8.6)可改写为

$$u_C = U_0 e^{-\frac{t}{\tau}} + U(1 - e^{-\frac{t}{\tau}}) \tag{8.8}$$

式中，第一项是在直流电压源 U 为零时电路的响应，即 $t \geqslant 0$ 时没有外施直流电压源的作用(即零输入)，电容电压仅以 U_0 为初始值按指数规律衰减至零，这就是电路的零输入响应；第二项是在直流电压源 U_0 为零时电路的响应，即 $t \geqslant 0$ 时有外施直流电压源的作用，电容电压以零初始值(即零状态)按指数规律增加到 U，这就是电路的零状态响应。由此可见，一阶电路的全响应等于零输入响应与零状态响应的叠加，即

$$\text{全响应} = \text{零输入响应} + \text{零状态响应} \tag{8.9}$$

可见，零输入响应和零状态响应是一阶电路全响应的两个特殊情况，作为特例，我们将在之后的两节里单独介绍。

在上述分析中可以看出，RC 电路的响应(全响应、零输入响应和零状态响应)都涉及同样随时间按指数规律衰减的因子 $e^{-\frac{t}{\tau}}$，其衰减的快慢取决于时间常数 $\tau=RC$ 的大小。这里 R 的单位为欧姆，C 的单位为法拉，$\tau=RC$ 的单位为秒。正因为 $\tau=RC$ 具有时间的量纲，因此称为电路的时间常数，它反映了电路的固有性质。τ 越大，$e^{-\frac{t}{\tau}}$ 随时间衰减得越慢，过渡过程较长；反之，τ 越小，$e^{-\frac{t}{\tau}}$ 随时间衰减得越快，过渡过程较短。

同理，分析图 8-4 所示的 GL 并联电路与直流电流源相连的电路，可以得到电感电流的全响应表达式。

根据对偶原理(或者根据 KCL)，可得

$$GL\frac{di_L}{dt} + i_L = I \tag{8.10}$$

与式(8.2)形式相同，于是，可得电感的电流为

$$i_L = I + (I_0 - I)e^{-\frac{t}{\tau}} \tag{8.11}$$

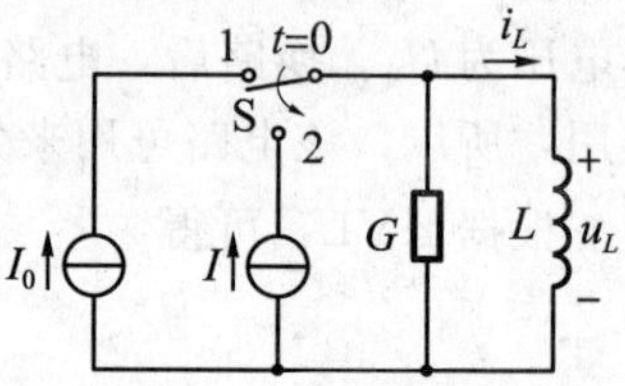

式中，$\tau=GL$ 为电路的时间常数。这就是电感电流在 $t \geqslant 0$ 时全响应的表达式。

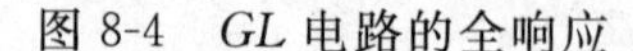

图 8-4 GL 电路的全响应

类似地，式(8.11)可改写为

$$i_L = I_0 e^{-\frac{t}{\tau}} + I(1 - e^{-\frac{t}{\tau}}) \tag{8.12}$$

2. 一阶电路的三要素法

综合式(8.6)和式(8.11)可以看出，全响应是由初始值、稳态值和时间常数三个要素所决定的。事实上，在直流电源激励下，对于任意一个一阶电路，若以 $f(t)$ 表示电路中任意变量的全响应(电压或电流)，以 $f(0_+)$ 和 $f(\infty)$ 分别表示该响应的初始值和稳态值，τ 表示电路的时间常数，则电路的全响应可表示为

$$f(t) = f(\infty) + [f(0_+) - f(\infty)]e^{-\frac{t}{\tau}} \quad t \geqslant 0 \tag{8.13}$$

这就是一阶电路的三要素公式。可见，只要知道电路的三要素，就可以根据三要素公式直

接写出电流或电压的表达式。

利用三要素法求解电路响应大体有以下步骤。

1）求初始值 $f(0_+)$

先求 $t=0_-$ 时的 $u_C(0_-)$ 或 $i_L(0_-)$，然后利用换路定则得知 $u_C(0_+)$ 或 $i_L(0_+)$，由此得到电路在 $t=0_+$ 时刻的等效电路，再求得任意支路电压、电流的初始值。

2）求稳态值 $f(\infty)$

当 $t\to\infty$ 时，电容相当于开路，电感相当于短路，由此得到稳态时的等效电路，再求得任意支路电压、电流的稳态值。

3）求时间常数 τ

求 τ 的关键是求 R_0。在换路后的电路中，求从电容或电感两端看入的戴维南等效电阻即为所求的 R_0，然后再计算时间常数 $\tau=R_0C$ 或者 $\tau=G_0L$。

最后，将三要素代入式(8.13)三要素公式，即可得到任意支路电压、电流的表达式。

若换路时刻为 t_0，则三要素公式改写为

$$f(t)=f(\infty)+[f(t_0)-f(\infty)]e^{-\frac{t-t_0}{\tau}}\quad t\geqslant t_0 \tag{8.14}$$

以上仅是利用三要素法求解电路响应的大体步骤，针对具体问题采用什么方法来实施每一步，还需要具体问题具体分析。其实，确定三要素的等效电路均为电阻性网络，所以，可以用分析电阻网络的任意方便的方法进行求解。读者可通过例题和习题来体会三要素法。

【例 8.3】 电路如图 8-5 所示，开关闭合前电路已达稳态，$t=0$时开关闭合。求 $t\geqslant0$ 时的 i 和 i_L。

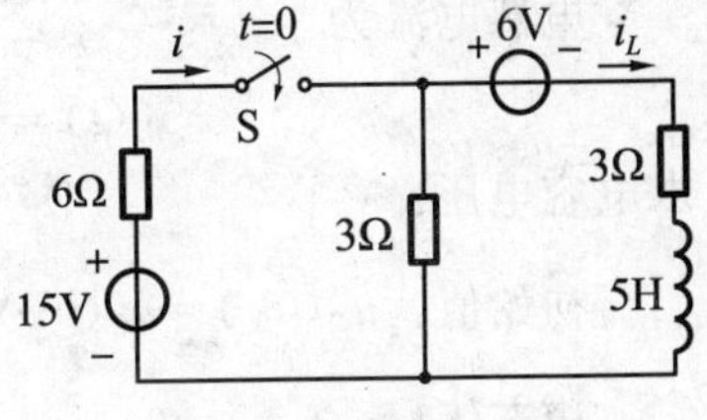

图 8-5　例 8.3 的图

解：初始值：在 $t=0_-$ 时，有

$$i_L(0_-)=-\frac{6}{3+3}=-1\text{A}$$

根据换路定则，电感电流的初始值为 $i_L(0_+)=-1\text{A}$。

稳态值：电感视为短路。由节点法，得到 3Ω 电阻的端电压为

$$U_{3\Omega}=\frac{\frac{6}{3}+\frac{15}{6}}{\frac{1}{3}+\frac{1}{3}+\frac{1}{6}}=\frac{27}{5}\text{V}$$

电感电流的稳态值为

$$i_L(\infty)=\frac{\frac{27}{5}-6}{3}=-0.2\text{A}$$

时间常数：从电感两端看入的戴维南等效电阻为

$$R_0=3+3//6=5\Omega$$

因此，时间常数为 $\tau=\frac{L}{R_0}=\frac{5}{5}=1\text{s}$。

代入三要素公式，得到电感电流的表达式为

$$i_L(t)=-0.2+[-1-(-0.2)]e^{-\frac{t}{1}}=-0.2-0.8e^{-t}\text{A}\quad t\geqslant0$$

利用电感电流求电流 i：列出回路方程 $6i+3(i-i_L)=15$，即 $i=\frac{5+i_L}{3}$，将 i_L 的表达式代入此式，于是，有

$$i(t)=\frac{5+(-0.2-0.8\mathrm{e}^{-t})}{3}=1.6-\frac{4}{15}\mathrm{e}^{-t}\mathrm{A}\quad t\geqslant 0$$

本题也可以先分别求出 i 和 i_L 的初始值、稳态值以及时间常数，然后分别代入三要素公式，从而得到 i 和 i_L 的表达式。

【例 8.4】 电路如图 8-6 所示，开关闭合前电路已达稳态，在 $t=0$ 时开关闭合，求开关闭合后流过开关的电流 i。

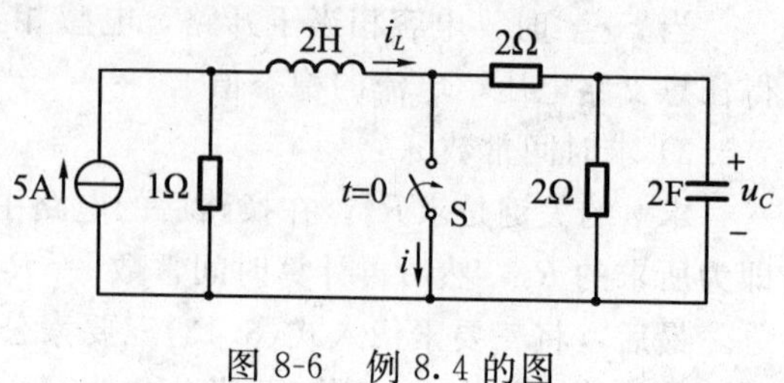

图 8-6 例 8.4 的图

解：注意到开关闭合后，整个电路分为左右两个独立电路，每个电路只含一个动态元件。

求电感电流：

初始值：$i_L(0_+)=i_L(0_-)=\frac{1}{1+2+2}\times 5=1\mathrm{A}$

稳态值：$i_L(\infty)=5\mathrm{A}$

时间常数：$\tau=\frac{2}{1}=2\mathrm{s}$

电感电流为

$$i_L(t)=5+(1-5)\mathrm{e}^{-\frac{t}{2}}=5-4\mathrm{e}^{-\frac{t}{2}}\mathrm{A}\quad t\geqslant 0$$

求电容电压：

初始值：$u_C(0_+)=u_C(0_-)=\frac{1}{1+2+2}\times 5\times 2=2\mathrm{V}$

稳态值：$u_C(\infty)=0$

时间常数：$\tau=(2//2)\times 2=2\mathrm{s}$

电容电压为

$$u_C(t)=0+(2-0)\mathrm{e}^{-\frac{t}{2}}=2\mathrm{e}^{-\frac{t}{2}}\mathrm{V}\quad t\geqslant 0$$

流过开关的电流为

$$i(t)=i_L(t)+\frac{u_C(t)}{2}=5-4\mathrm{e}^{-\frac{t}{2}}+\frac{2\mathrm{e}^{-\frac{t}{2}}}{2}=5-3\mathrm{e}^{-\frac{t}{2}}\mathrm{A}\quad t\geqslant 0$$

【例 8.5】 电路如图 8-7 所示，已知电流源 $i_S=2\mathrm{A}$，$t\geqslant 0$；$i_S=0$，$t<0$。求 $i(t)$，$t\geqslant 0$。

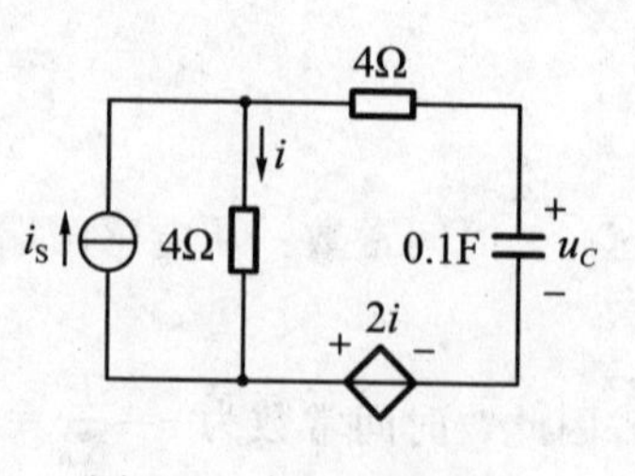

图 8-7 例 8.5 的图 1

解：方法 1，先求 $i(t)$ 的三要素，再根据三要素公式，写出 $i(t)$ 的表达式。

初始值：已知 $t<0$ 时 $i_S=0$，因此有 $u_C(0_+)=u_C(0_-)=0$。据此，得到 $t=0_+$ 时的等效电路，如图 8-8a 所示。列右回路方程，有

$$4[i_S-i(0_+)]-2i(0_+)-4i(0_+)=0$$

由此求得 $i(0_+)=\frac{4i_S}{10}=0.8\mathrm{A}$。

稳态值：此时电容视为开路，如图 8-8b 所示，因此有 $i(\infty)=2\text{A}$。

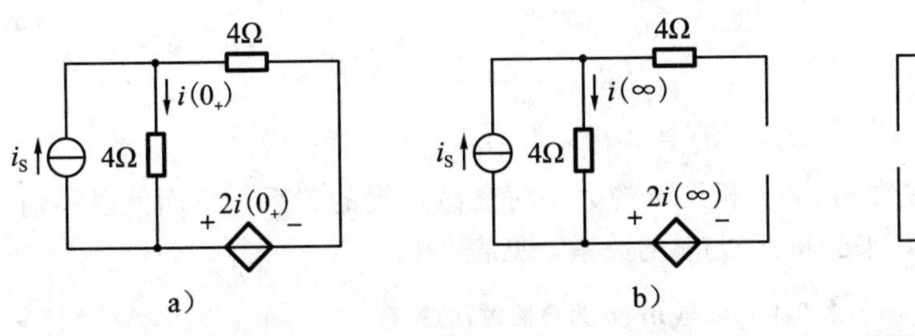

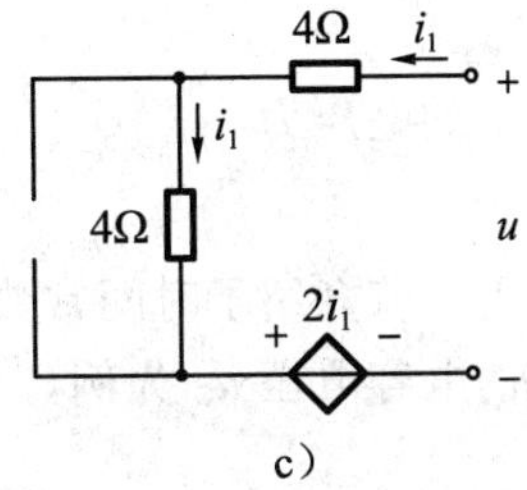

图 8-8　例 8.5 的图 2

时间常数：首先求从电容两端看入的戴维南等效电阻。采用加压求流法，如图 8-8c 所示。列回路方程，有

$$u = 4i_1 + 4i_1 + 2i_1 = 10i_1$$

由此，求得戴维南等效电阻为

$$R_0 = \frac{u}{i_1} = 10\Omega$$

于是，时间常数为 $\tau=R_0C=10\times0.1=1\text{s}$。最后，有

$$i(t) = 2+(0.8-2)\text{e}^{-\frac{t}{1}} = 2-1.2\text{e}^{-t}\text{A}\quad t\geqslant 0$$

方法 2，先求得 $u_C(t)$ 的三要素，得到 $u_C(t)$ 后，再利用 $u_C(t)$ 求 $i(t)$。

初始值：已知 $t<0$ 时 $i_S=0$，因此有 $u_C(0_+)=u_C(0_-)=0$。

稳态值：根据图 8-8b，求电容两端的开路电压，因此有

$$u_C(\infty) = 4i(\infty)+2i(\infty) = 6i(\infty) = 6\times 2 = 12\text{V}$$

时间常数：同上，$\tau=R_0C=10\times0.1=1\text{s}$。

电容电压为 $u_C(t)=12+(0-12)\text{e}^{-t}=12-12\text{e}^{-t}\text{V}\quad t\geqslant0$

由图 8-7，列右回路方程 $4(i_S-i)+u_C-2i-4i=0$，于是，可得

$$i(t) = \frac{4i_S+u_C}{10} = \frac{4\times2+12-12\text{e}^{-t}}{10} = (2-1.2\text{e}^{-t})\text{A}\quad t\geqslant 0$$

8.2.2　一阶电路的零输入响应

从上一节的讨论中可知，一阶电路的零输入响应是其全响应的特殊情况，它是在没有外施激励的情况下，由电路中储能元件的初始储能释放而引起的响应。

1. *RC* 电路的零输入响应

在 $t\geqslant0$ 时没有外施直流电压源的作用，即 $U=0$，将图 8-3 改为图 8-9。当开关处于“1”时，电容已充电，电路处于稳态，电容的电压为 $u_C(0_-)=U_0$。当 $t=0$ 时，开关由“1”转换到“2”，电容 C 储存的电能将通过电阻 R 以热能的形式释放出来，由此引起的响应即为零输入响应。RC 电路的零输入响应过程就是通常所说的 RC 电路的放电过程。

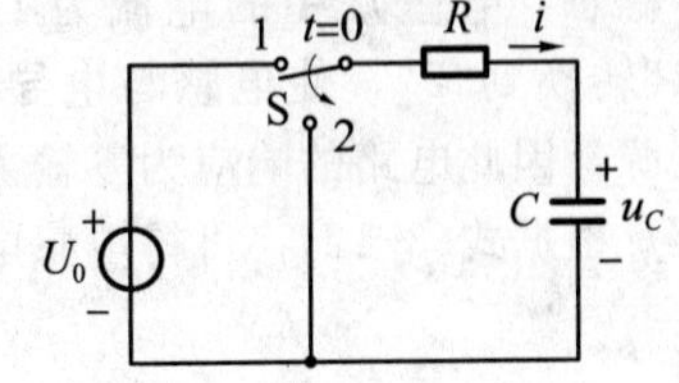

图 8-9　RC 电路的零输入响应

由式(8.8)，可得电容电压 u_C 的表达式

$$u_C = U_0\text{e}^{-\frac{t}{\tau}}\qquad(8.15)$$

电路中的电流为

$$i = C\frac{\mathrm{d}u_C}{\mathrm{d}t} = -\frac{U_0}{R}\mathrm{e}^{-\frac{t}{\tau}} \tag{8.16}$$

电阻上的电压为

$$u_R = iR = -U_0\mathrm{e}^{-\frac{t}{\tau}} = -u_C \tag{8.17}$$

上一节介绍了时间常数 τ，并分析了 τ 的大小对衰减快慢的关系。下面就以零输入情况下的电容电压 u_C 为例，来分析 u_C 与 τ 的关系，见表 8-1。

表 8-1　u_C 与 $n\tau$（n 为自然数）的关系

t	0	τ	2τ	3τ	4τ	5τ
u_C	U_0	$0.368U_0$	$0.135U_0$	$0.050U_0$	$0.018U_0$	$0.007U_0$

可以看出，τ 越大 u_C 下降到同一值所需的时间越长。由式(8.15)可知，电容电压需经过无限长的时间才能衰减为零，处于稳态。在实际应用中，电容电压只需衰减到足够小即可，从表 8-1 中可以看出，当 $t=5\tau$ 时，u_C 仅为初始值的 0.7%。因此，通常认为经过 $(4\sim5)\tau$ 的时间，过渡过程结束，电路进入稳态。

RC 电路的零输入响应的仿真图和 u_C 曲线图分别如图 8-10a、b 所示。在仿真时，先使开关 J1 掷上，示波器显示 12V，这是初始值；然后将 J1 掷下，电路进入过渡过程。根据图 8-10a 中元件参数，可求得时间常数为 0.1s。从对 u_C 曲线图的测试也可以看到，当两测试指针的横轴间距为 0.1s 时，纵轴间距恰为 $0.368U_0 = 0.368\times12 = 4.416\text{V}$。

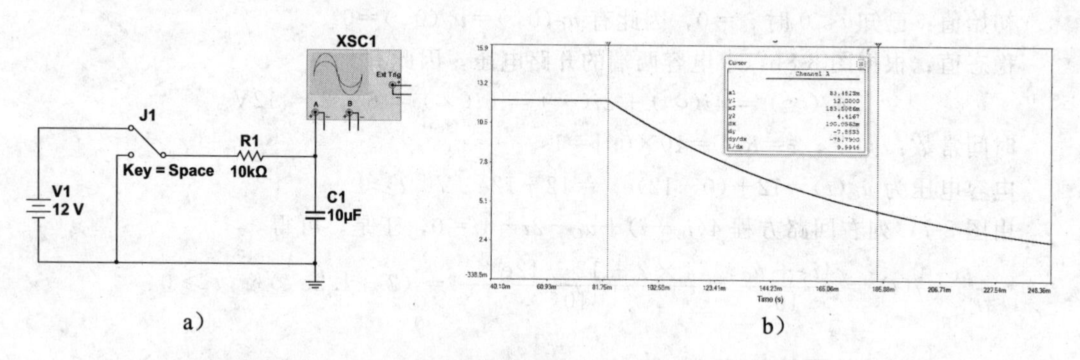

图 8-10　*RC* 电路的零输入响应——仿真图和曲线图

图 8-10 中电阻电压和电路电流随时间变化的曲线读者可自行仿真。

2. *GL* 电路的零输入响应

类似地，将图 8-4 改为图 8-11，即可分析 *GL* 电路的零输入响应了。在开关 S 处于“1”时，电路电压和电流处于稳态，电感 L 中的电流为 I_0。在 $t=0$ 时，开关 S 由“1”转换到“2”，使电感与电导构成一独立回路，其中无电源，因此电路的响应为零输入响应。

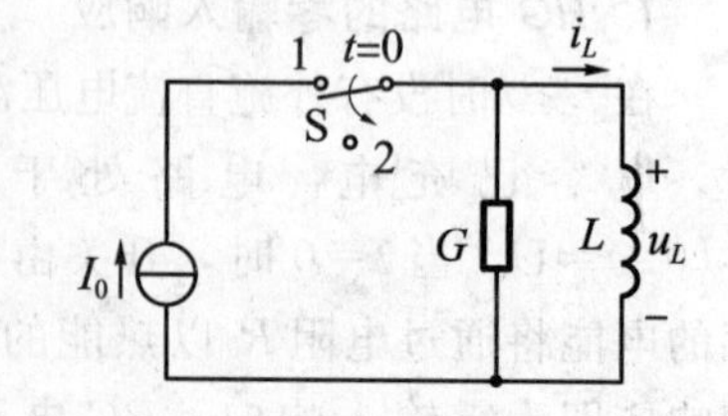

图 8-11　*GL* 电路的零输入响应

根据式(8.12)，可得电感电流的表达式

$$i_L(t) = I_0\mathrm{e}^{-\frac{t}{\tau}} \tag{8.18}$$

电感和电阻上的电压分别为

$$u_L(t) = L\frac{\mathrm{d}i_L(t)}{\mathrm{d}t} = -\frac{I_0}{G}\mathrm{e}^{-\frac{t}{\tau}}$$
$$u_R(t) = \frac{i_L(t)}{G} = \frac{I_0}{G}\mathrm{e}^{-\frac{t}{\tau}} \qquad (8.19)$$

式中，$\tau=GL$。相应的曲线读者可通过仿真得到。

【例 8.6】 电路如图 8-12 所示，开关闭合前电路已处于稳态。在 $t=0$ 时开关闭合，求电路中电流 i，$t\geqslant 0$。

解：初始值：先求电容电压的初始值，即 $u_C(0_+)=u_C(0_-)=\frac{8}{8+2+2}\times 1.5\times 2=2\mathrm{V}$，然后，在 $t=0_+$ 时，求得 $i(0_+)=-\frac{u_C(0_+)}{2}=-1\mathrm{A}$。

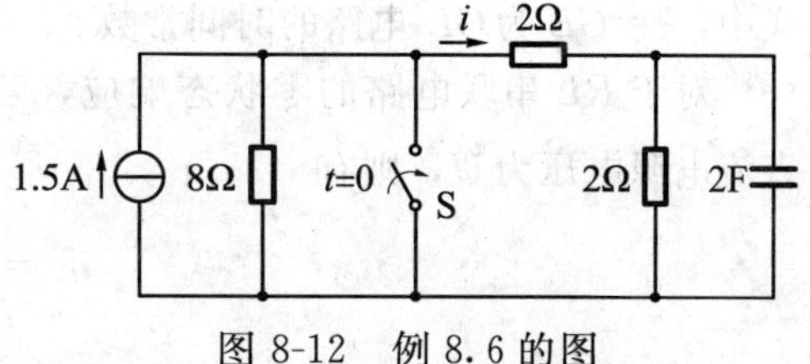

图 8-12　例 8.6 的图

稳态值：$i(\infty)=0$。

时间常数：从电容两端看入的戴维南等效电阻 $R_0=2//2=1\Omega$，因此 $\tau=R_0C=2\mathrm{s}$。

电流 i 的表达式为 $i(t)=0+(-1-0)\mathrm{e}^{-\frac{t}{2}}=-\mathrm{e}^{-\frac{t}{2}}\mathrm{A}$

8.2.3　一阶电路的零状态响应

一阶电路的零状态响应是其全响应的又一种特殊情况，它是在电路中储能元件零储能(即零状态)下，仅由外施激励引起的响应。

1. RC 电路的零状态响应

将图 8-3 改为图 8-13，当开关 S 在"1"位置时，电路处于零初始状态，$u_C(0_-)=0$。在 $t=0$ 时，开关由"1"转换为"2"，直流电压源 U 接入电路，此时电路引起的响应即为零状态响应，实际上，就是通常所说的 RC 电路的充电过程。

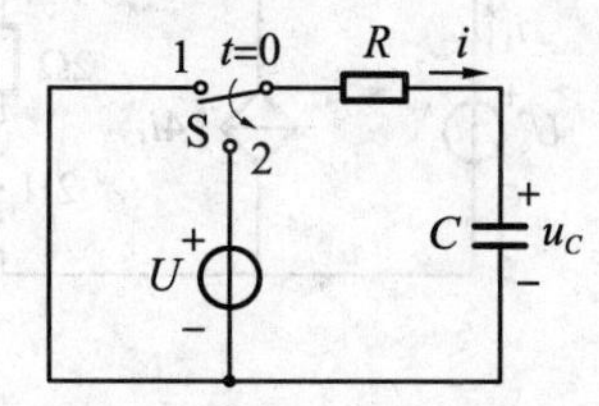

图 8-13　RC 电路的零状态响应

根据式(8.8)，可得到零状态时电容电压的表达式

$$u_C = U(1-\mathrm{e}^{-\frac{t}{\tau}}) \qquad (8.20)$$

电路电流的表达式为

$$i(t) = C\frac{\mathrm{d}u_C(t)}{\mathrm{d}t} = \frac{U}{R}\mathrm{e}^{-\frac{t}{\tau}} \qquad (8.21)$$

RC 电路的零状态响应的仿真图和 u_C 曲线图分别如图 8-14a、b 所示。在仿真时，先使开关 J1 掷下，示波器显示 0V，这是初始值；然后将 J1 掷上，电路进入过渡过程。根据图 8-14a 中元件参数，可求得时间常数为 0.1s。u_C 曲线以指数形式最终趋于稳态值 U。

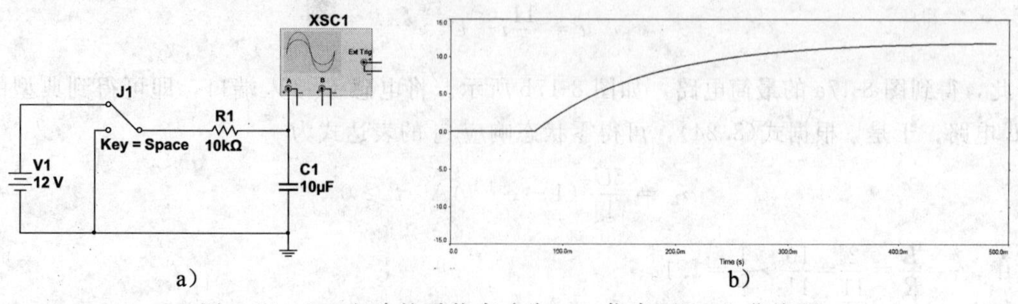

图 8-14　RC 电路的零状态响应——仿真图和 u_C 曲线图

2. GL 电路的零状态响应

类似地，电路如图 8-15 所示。电感电流的表达式为

$$i_L = I(1-\mathrm{e}^{-\frac{t}{\tau}}) \tag{8.22}$$

电感电压为

$$u_L(t) = L\frac{\mathrm{d}i_L(t)}{\mathrm{d}t} = \frac{I}{G}\mathrm{e}^{-\frac{t}{\tau}} \tag{8.23}$$

式中，$\tau = GL$ 为 GL 电路的时间常数。

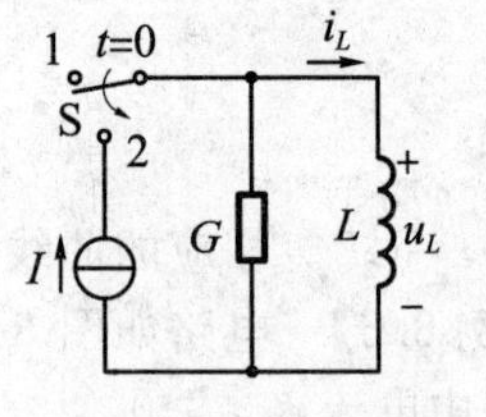

图 8-15 GL 电路的零状态响应

对于 RL 串联电路的零状态响应，若作用于电路的直流电源电压为 U，则有

$$i_L = \frac{U}{R}(1-\mathrm{e}^{-\frac{t}{\tau}}) \tag{8.24}$$

$$u_L(t) = U\mathrm{e}^{-\frac{t}{\tau}} \tag{8.25}$$

式中，$\tau = \frac{L}{R}$ 为 RL 电路的时间常数。

【例 8.7】 电路如图 8-16 所示。试求电路的零状态响应 i_L。

解：根据题意，首先将原图转换为典型的 RL 电路。为此，先将电感 L 去掉，然后对如图 8-17a 所示的单口网络加压求流，得到该网络的 VCR，由此画出其最简电路，最后将原图转换为典型的 RL 电路。

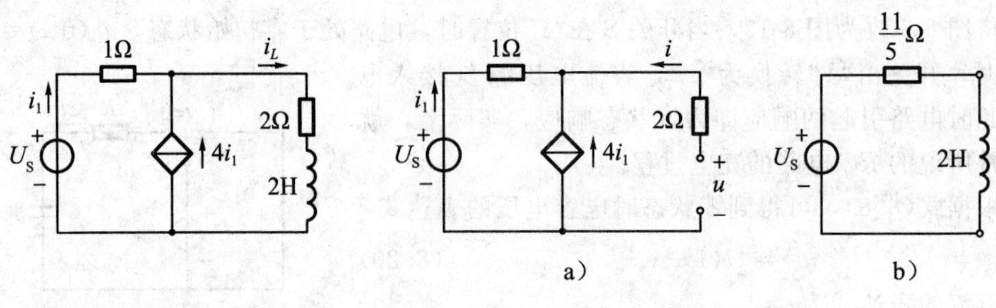

图 8-16 例 8.7 的图 1　　图 8-17 例 8.7 的图 2

根据图 8-17a 中所示，可列写电压方程为

$$u = 2i - i_1 + U_S$$

又 $i + i_1 + 4i_1 = 0 \Rightarrow i_1 = -\frac{1}{5}i$，代入上式，可得图 8-17a 的 VCR，即

$$u = \frac{11}{5}i + U_S$$

据此，得到图 8-17a 的最简电路，如图 8-17b 所示。将电感 L 接入端口，即可得到典型的 RL 电路。于是，根据式(8.24)，可得零状态响应 i_L 的表达式为

$$i_L = \frac{5U_S}{11}(1-\mathrm{e}^{-1.1t})\mathrm{A} \quad t \geqslant 0$$

式中，$\tau = \frac{L}{R} = \frac{2}{\frac{11}{5}} = \frac{10}{11} \rightarrow \frac{1}{\tau} = 1.1$。

8.2.4　一阶电路的阶跃响应

本节和下一节将分别介绍两类零状态响应——阶跃响应和冲激响应。

在图 8-13 所示电路中，当开关由“1”转换到“2”时，直流电压源与电路接通，这个问题可以用单位阶跃函数来描述。

单位阶跃函数以 $\varepsilon(t)$ 来表示，其定义为

$$\varepsilon(t)=\begin{cases}0 & t<0\\1 & t>0\end{cases} \tag{8.26}$$

波形如图 8-18a 所示。以 $t-t_0$ 代替 t，所得单位阶跃函数为 $\varepsilon(t-t_0)$，即在 $t-t_0<0$ 或者 $t<t_0$ 时，函数值为零；在 $t-t_0>0$ 或者 $t>t_0$ 时，函数值为 1。这一函数的阶跃发生在 $t=t_0$ 时，称为延时单位阶跃函数，定义为

$$\varepsilon(t-t_0)=\begin{cases}0 & t<t_0\\1 & t>t_0\end{cases} \tag{8.27}$$

波形如图 8-18b 所示。

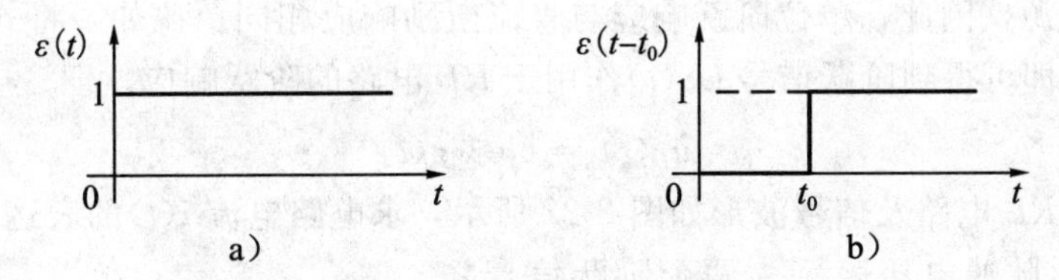

图 8-18　单位阶跃函数和延时单位阶跃函数

这样，对图 8-13 中，用开关来表示直流电压在 $t=0$ 时作用于电路的问题，也可以用单位阶跃函数来表示，如图 8-19 所示。

在实际问题中，作用于电路的信号波形是各式各样的，如图 8-20 给出了常见的两种信号——图 8-18a 的矩形脉冲和图 8-18b 的脉冲串，这类信号称为分段常量信号。

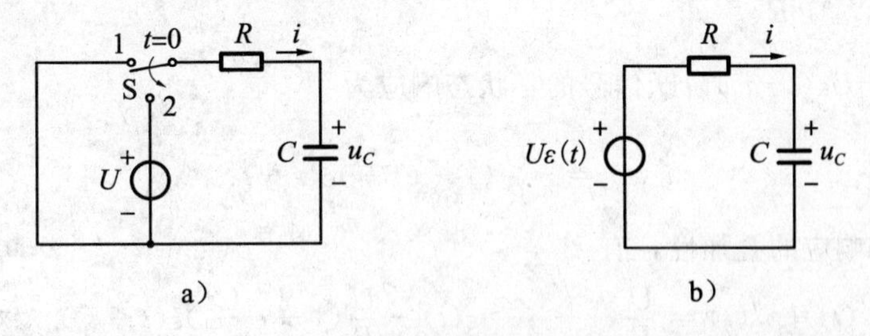

图 8-19　直流电压在 $t=0$ 时作用于电路的开关表示与单位阶跃函数表示比较

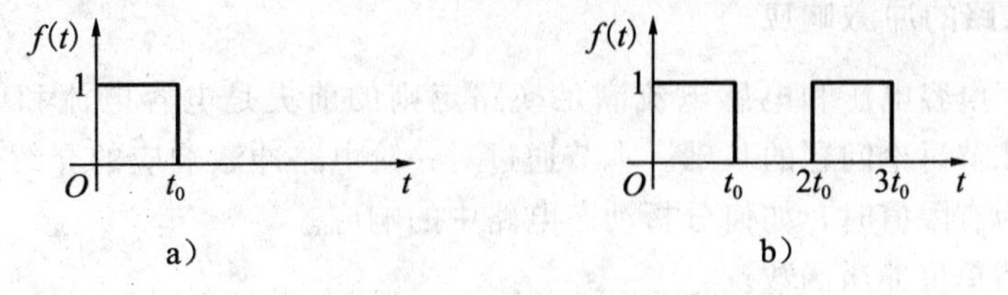

图 8-20　常见的两种分段常量信号

利用阶跃信号和延时阶跃信号可以表示分段常量信号。比如，图 8-20a 的矩形脉冲信号可视为两个阶跃信号之和，即 $t=0$ 时作用的正单位阶跃信号与 $t=t_0$ 时作用的负单位延时阶跃信号之和，表示为 $f(t)=\varepsilon(t)-\varepsilon(t-t_0)$，如图 8-21 所示。

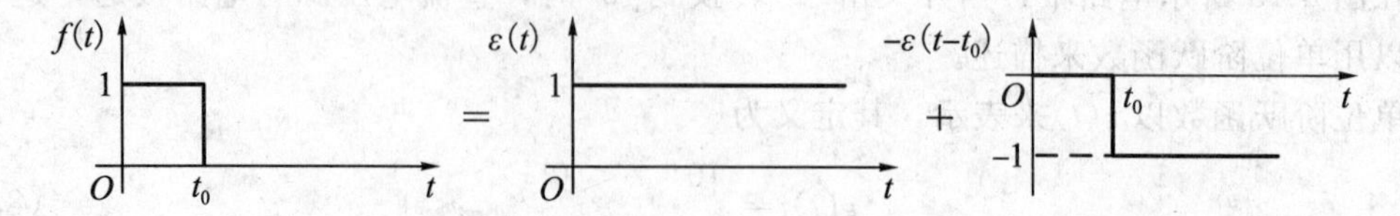

图 8-21 矩形脉冲信号分解为正单位阶跃信号和负单位延时阶跃信号之和

若电路的外施激励为单位阶跃信号 $\varepsilon(t)$，则对应的零状态响应称为单位阶跃响应，以 $s(t)$表示。若电路的外施激励是幅值为 A 的阶跃信号，则对应的零状态响应为 $As(t)$。若电路的外施激励是分段常量信号，则对应的零状态响应为各分解阶跃信号零状态响应的叠加。

由于当单位阶跃信号 $\varepsilon(t)$作用于电路时，相当于在 $t=0$ 时电路接通电压为 1V 或电流为 1A 的直流电源，因此，单位阶跃响应与直流激励响应相同。比如，将式(8.25)中的 U 以 $U\varepsilon(t)$取代，即可得到阶跃信号 $U\varepsilon(t)$作用于 RL 电路的阶跃响应，即

$$u_L(t)=Ue^{-\frac{t}{\tau}}\varepsilon(t)$$

【例 8.8】 RL 电路及信号波形如图 8-22 所示，求电路电流 $i(t)$的表达式。

解：将矩形脉冲电压表示为两个阶跃信号之和，即

$$u(t)=U\varepsilon(t)-U\varepsilon(t-t_0)$$

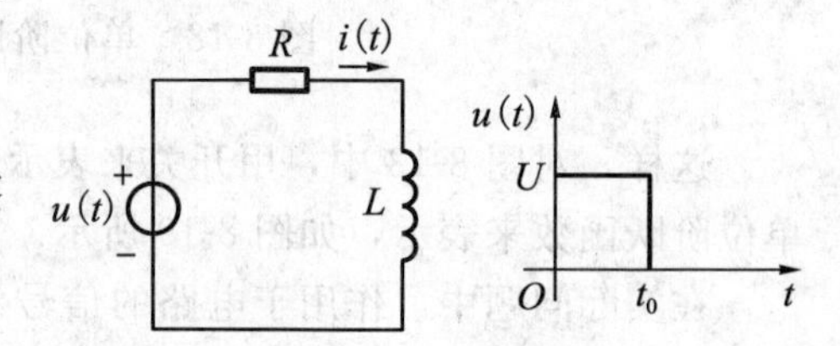

图 8-22 例 8.8 的图

根据式(8.24)，分别写出两个阶跃信号的零状态响应，即

$U\varepsilon(t)$阶跃信号的零状态响应为

$$i'(t)=\frac{U}{R}(1-e^{-\frac{t}{\tau}})\varepsilon(t)$$

式中，$\tau=\frac{L}{R}$。$-U\varepsilon(t-t_0)$阶跃信号的零状态响应为

$$i''(t)=-\frac{U}{R}(1-e^{-\frac{t-t_0}{\tau}})\varepsilon(t-t_0)$$

根据零状态响应的叠加性，有

$$i(t)=i'(t)+i''(t)=\frac{U}{R}(1-e^{-\frac{t}{\tau}})\varepsilon(t)-\frac{U}{R}(1-e^{-\frac{t-t_0}{\tau}})\varepsilon(t-t_0)\quad 对所有\ t$$

8.2.5 一阶电路的冲激响应

我们知道，电容电压和电感电流满足换路定则的前提是电容电流和电感电压为有限值，这是前面几节讨论问题的基础。本节通过对一阶电路冲激响应的介绍，来了解当外施激励的幅值不为有限值时，如何分析动态电路中的响应。

先介绍何谓单位冲激函数。

单位冲激函数又称为 δ 函数，其定义为

$$\delta(t)=\begin{cases}0 & t\neq 0\\ \infty & t=0\\ \int_{-\infty}^{\infty}\delta(t)\mathrm{d}t=1\end{cases} \tag{8.28}$$

单位延时冲激函数为

$$\delta(t-t_0)=\begin{cases}0 & t\neq t_0\\ \infty & t=t_0\\ \int_{-\infty}^{\infty}\delta(t-t_0)\mathrm{d}t=1\end{cases} \tag{8.29}$$

根据单位冲激函数的定义，可以得出 δ 函数的两个性质：

1）根据 δ 函数的定义，有

$$f(t)\delta(t)=f(0)\delta(t) \tag{8.30}$$

于是，得

$$\int_{-\infty}^{\infty}f(t)\delta(t)\mathrm{d}t=f(0)\int_{-\infty}^{\infty}\delta(t)\mathrm{d}t=f(0) \tag{8.31}$$

同理，有

$$\int_{-\infty}^{\infty}f(t)\delta(t-t_0)\mathrm{d}t=f(t_0)\int_{-\infty}^{\infty}\delta(t-t_0)\mathrm{d}(t-t_0)=f(t_0) \tag{8.32}$$

表明 δ 函数具有取样性质，即它可将函数在某时刻的值取出来。

2）根据 δ 函数的定义，有

$$\int_{-\infty}^{t}\delta(t)\mathrm{d}t=\begin{cases}0 & t<0\\ 1 & t>0\end{cases}$$

即

$$\int_{-\infty}^{t}\delta(t)\mathrm{d}t=\varepsilon(t)$$

于是，有

$$\delta(t)=\frac{\mathrm{d}\varepsilon(t)}{\mathrm{d}t} \tag{8.33}$$

这表明单位冲激函数 $\delta(t)$ 是单位阶跃函数 $\varepsilon(t)$ 对时间的导数。

基于以上对冲激函数的了解，下面具体讨论一阶电路的冲激响应。

电路在单位冲激输入作用下的零状态响应称为单位冲激响应。以 $h(t)$ 来表示。根据线性时不变电路的性质可知，电路的冲激响应等于它的阶跃响应对时间的导数，即

$$h(t)=\frac{\mathrm{d}s(t)}{\mathrm{d}t} \tag{8.34}$$

由此可见，利用阶跃响应来求冲激响应是实际计算中较简单的方法。

【例 8.9】 电路如图 8-23 所示，求电路的冲激响应 i_L 和 u_L。

解： 利用三要素法，先求电路的单位阶跃响应（电感电流）：

初始值：$i_L(0_+)=i_L(0_-)=0$；

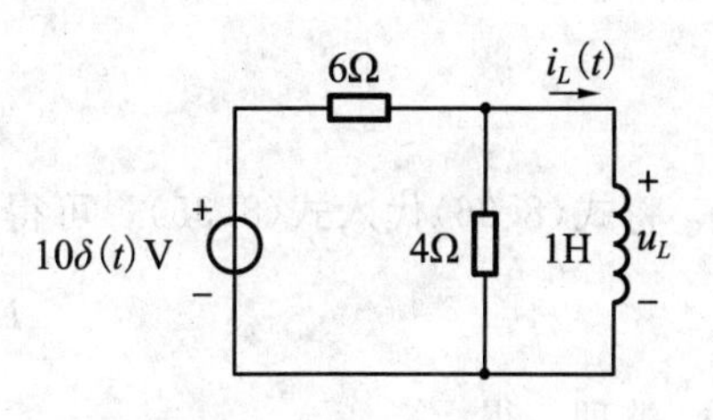

图 8-23　例 8.9 的图

稳态值：$i_L(\infty)=\dfrac{1}{6}\text{A}$

时间常数：$\tau=\dfrac{1}{6//4}=\dfrac{1}{2.4}\text{s}$

于是，可得电路的单位阶跃响应为

$$s(t)=\frac{1}{6}(1-\mathrm{e}^{-2.4t})\varepsilon(t)$$

电路的单位冲激响应为

$$h(t)=\frac{\mathrm{d}s(t)}{\mathrm{d}t}=\frac{1}{6}\left[\frac{\mathrm{d}\varepsilon(t)}{\mathrm{d}t}-\frac{\mathrm{d}\varepsilon(t)}{\mathrm{d}t}\mathrm{e}^{-2.4t}+2.4\mathrm{e}^{-2.4t}\varepsilon(t)\right]=0.4\mathrm{e}^{-2.4t}\varepsilon(t)$$

$10\delta(t)$激励下的响应为

$$i_L(t)=10h(t)=[4\mathrm{e}^{-2.4t}\varepsilon(t)]\text{A}$$

$$u_L(t)=L\frac{\mathrm{d}i_L(t)}{\mathrm{d}t}=[4\delta(t)-9.6\mathrm{e}^{-2.4t}\varepsilon(t)]\text{V}$$

将一个单位冲激电流作用于一个初始电压为零的电容上，或将一个单位冲激电压作用于一个初始电流为零的电感上，你对电容电压或电感电流可以得出什么结论？与之前所学概念有何不同？这是为什么呢？

8.3 二阶电路的分析

当电路中同时含有电容和电感两个储能元件时，它就是用二阶微分方程来描述的动态电路，称为二阶电路。而在求解该二阶微分方程时，需给定两个初始条件，应分别由各储能元件的初始值来确定。本节将对 *RLC* 串联二阶电路和 *GCL* 并联二阶电路作简单介绍。

8.3.1 二阶电路的零输入响应

图 8-24 所示为 *RLC* 串联二阶电路，设电容 C 的初始电压为 U_0，即 $u_C(0_-)=U_0$，电感的初始电流为零，即 $i_L(0_-)=0$。在 $t=0$ 时开关 S 闭合，电路开始其零状态响应。根据图 8-24 中参考方向，可得电压方程

$$u_R+u_L+u_C=0 \tag{8.35}$$

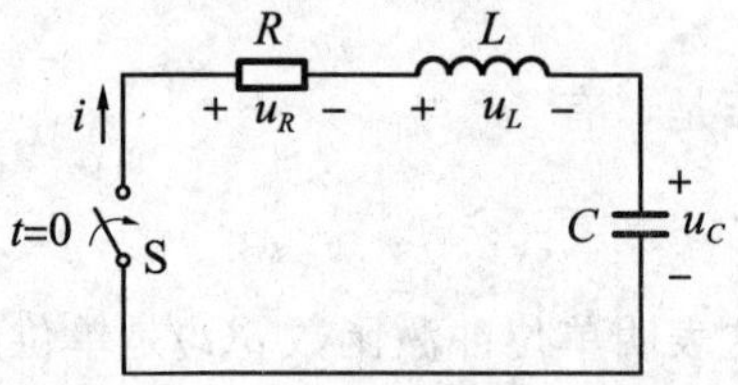

图 8-24 *RLC* 串联二阶电路

根据每个元件的 VCR，可得

$$\begin{cases} i=C\dfrac{\mathrm{d}u_C}{\mathrm{d}t} \\ u_R=Ri=RC\dfrac{\mathrm{d}u_C}{\mathrm{d}t} \\ u_L=L\dfrac{\mathrm{d}i}{\mathrm{d}t}=LC\dfrac{\mathrm{d}^2u_C}{\mathrm{d}t^2} \end{cases} \tag{8.36}$$

将式(8.36)代入式(8.35)，可得

$$LC\frac{\mathrm{d}^2u_C}{\mathrm{d}t^2}+RC\frac{\mathrm{d}u_C}{\mathrm{d}t}+u_C=0 \tag{8.37}$$

整理，得

$$\frac{\mathrm{d}^2 u_C}{\mathrm{d}t^2}+\frac{R}{L}\frac{\mathrm{d}u_C}{\mathrm{d}t}+\frac{1}{LC}u_C=0 \tag{8.38}$$

求解这个方程，设方程的通解为

$$u_C(t)=K\mathrm{e}^{st} \tag{8.39}$$

式中，K 和 s 均为待定常数。将式(8.39)代入式(8.38)，则有

$$\left(s^2+\frac{R}{L}s+\frac{1}{LC}\right)K\mathrm{e}^{st}=0$$

方程两边除以 $K\mathrm{e}^{st}$，可得电路的特征方程为

$$s^2+\frac{R}{L}s+\frac{1}{LC}=0 \tag{8.40}$$

其两个特征根为

$$s_{1,2}=-\frac{R}{2L}\pm\sqrt{\left(\frac{R}{2L}\right)^2-\frac{1}{LC}} \tag{8.41}$$

可以看出，特征根取决于电路元件 R、L 和 C，因此称为电路的固有频率。

根据 R、L 和 C 取值的不同，特征根可有三种不同情况：

(1) 当$\left(\frac{R}{2L}\right)^2>\frac{1}{LC}$时，即 $R>2\sqrt{\frac{L}{C}}$时，s_1、s_2 为不相等的负实数；

(2) 当$\left(\frac{R}{2L}\right)^2=\frac{1}{LC}$时，即 $R=2\sqrt{\frac{L}{C}}$时，s_1、s_2 为相等的负实数；

(3) 当$\left(\frac{R}{2L}\right)^2<\frac{1}{LC}$时，即 $R<2\sqrt{\frac{L}{C}}$时，s_1、s_2 为共轭复数，其实部为负数。

由电路方程的特征根，其微分方程的通解可表示为

$$u_C(t)=K_1\mathrm{e}^{s_1t}+K_2\mathrm{e}^{s_2t} \tag{8.42}$$

式中，s_1、s_2 均为负实数，且 $s_1\neq s_2$。

我们把 $2\sqrt{\frac{L}{C}}$称为 RLC 串联二阶电路的阻尼电阻，以 R_d 来表示，即

$$R_\mathrm{d}=2\sqrt{\frac{L}{C}} \tag{8.43}$$

根据串联电路中 R 大于、等于和小于 R_d，将上述三种情况依次称为过阻尼、临界阻尼和欠阻尼。当 $R=0$ 时，称为无阻尼。

下面通过例题和习题来进一步了解这几种阻尼的情况。

【例 8.10】 电路如图 8-24 所示，已知 $R=1\Omega$，$L=1\mathrm{H}$，$C=1\mathrm{F}$，$u_C(0)=1\mathrm{V}$，$i_L(0)=1\mathrm{A}$。求电路的零输入响应 $u_C(t)$和 $i_L(t)$。

解：先求电路的阻尼电阻，然后将其与电路中电阻相比较，来确定电路的工作状态，即

$$R_\mathrm{d}=2\sqrt{\frac{L}{C}}=2\Omega$$

而 $R=1\Omega$，所以，$R<R_\mathrm{d}$，电路工作于欠阻尼状态，其特征根为共轭复数，即

$$s_{1,2}=-\alpha\pm\mathrm{j}\omega_\mathrm{d}$$

式中，α 和 ω_d 分别为特征根的实部与虚部，前者称为衰减系数，后者称为衰减振荡角频率。代入式(8.42)，得到 $u_C(t)$表达式的形式为

$$u_C(t)=\mathrm{e}^{-\alpha t}(K_1\cos\omega_\mathrm{d}t+K_2\sin\omega_\mathrm{d}t)$$

根据已知条件，求共轭复数的特征根，即

$$s_{1,2}=-\frac{R}{2L}\pm\sqrt{\left(\frac{R}{2L}\right)^2-\frac{1}{LC}}=-\frac{R}{2L}\pm\mathrm{j}\sqrt{\frac{1}{LC}-\left(\frac{R}{2L}\right)^2}=-\frac{1}{2}\pm\mathrm{j}\frac{\sqrt{3}}{2}$$

由此，得 $\alpha=\frac{1}{2}$，$\omega_\mathrm{d}=\frac{\sqrt{3}}{2}$。

由初始条件，确定 K_1、K_2。

因为 $u_C(0)=1\mathrm{V}$，代入 $u_C(t)$ 表达式，求得 $u_C(0)=K_1=1$。又 $i_L(0)=1\mathrm{A}$，即 $C\left.\frac{\mathrm{d}u_C}{\mathrm{d}t}\right|_{t=0}=1$，而 $\left.\frac{\mathrm{d}u_C}{\mathrm{d}t}\right|_{t=0}=-\alpha K_1+\omega_\mathrm{d}K_2$，由此，得 $K_2=\sqrt{3}$。

最后，得到

$$u_C(t)=\mathrm{e}^{-\frac{1}{2}t}\left(\cos\frac{\sqrt{3}}{2}t+\sqrt{3}\sin\frac{\sqrt{3}}{2}t\right)\mathrm{V}\quad t\geqslant 0$$

或写成

$$u_C(t)=2\mathrm{e}^{-\frac{1}{2}t}\cos\left(\frac{\sqrt{3}}{2}t-\frac{\pi}{3}\right)\mathrm{V}\quad t\geqslant 0$$

利用 $i_L=C\frac{\mathrm{d}u_C}{\mathrm{d}t}$，可得

$$i_L(t)=2\mathrm{e}^{-\frac{1}{2}t}\cos\left(\frac{\sqrt{3}}{2}t+\frac{\pi}{3}\right)\mathrm{A}\quad t\geqslant 0$$

根据题意搭建的仿真电路图及 $u_C(t)$ 和 $i_L(t)$ 的仿真波形图分别如图 8-25a、b 所示。图 8-25b中粗线为电压波形，细线为电流波形。在仿真时，首先设置元件参数及其初始值，并设电容 C 一端接地，另一端接入探针，闭合开关 J1，然后进行瞬态分析。瞬态分析对话框按照图 8-26所示进行设置，之后执行仿真，即可同时得到 $u_C(t)$ 和 $i_L(t)$ 的波形。

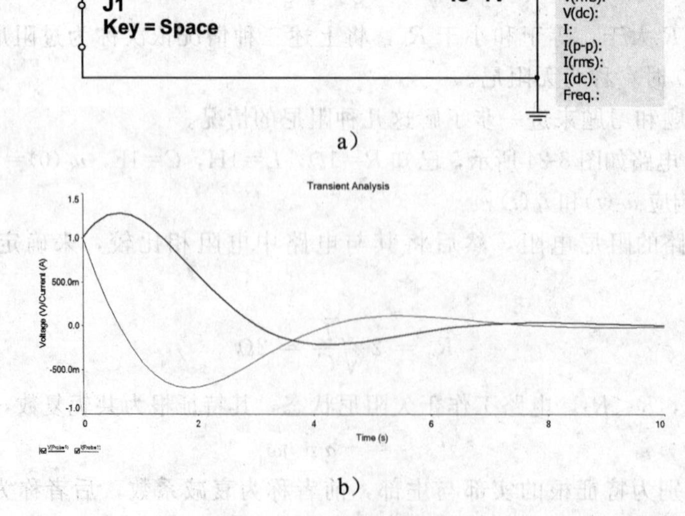

图 8-25　*RLC* 欠阻尼仿真电路图及 $u_C(t)$ 和 $i_L(t)$ 仿真波形图

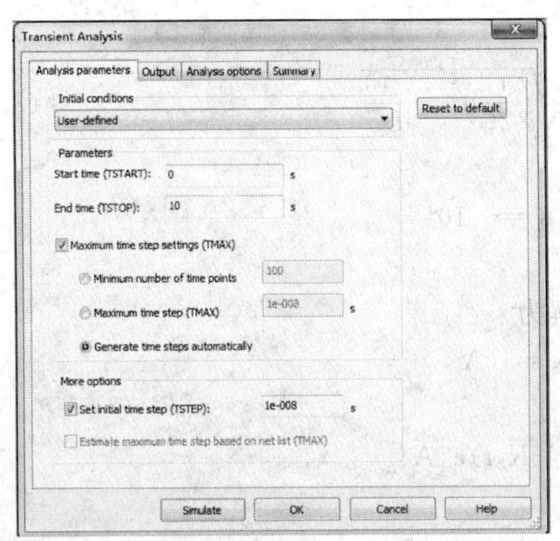

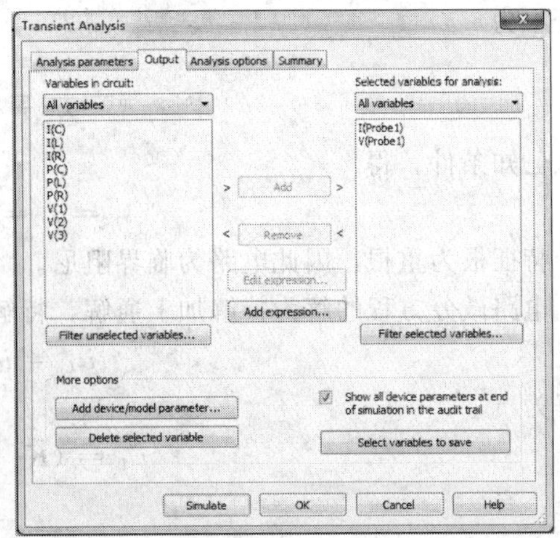

图 8-26　Transient Analysis 对话框设置

以上仅对 RLC 串联电路零输入响应的欠阻尼情况进行了计算和仿真分析，其余的三种情况就以习题的形式留给读者了。

8.3.2　二阶电路的零状态响应

电路如图 8-27 所示，为一 GCL 并联电路，开关 S 处于闭合状态，在这个稳态下，$u_C(0_-)=0$，$i_L(0_-)=0$。当 $t=0$ 时，开关 S 打开，电流源作用于 GCL 并联电路，这仅由外施激励引起的响应，就是二阶电路的零状态响应。

由图 8-27 可列出 KCL 方程，有

$$i_G+i_C+i_L=i_S$$

根据 G、C、L 各自的 VCR，可得到以 i_L 为变量的二阶线性非齐次微分方程，即

$$LC\frac{\mathrm{d}^2 i_L}{\mathrm{d}t^2}+GL\frac{\mathrm{d}i_L}{\mathrm{d}t}+i_L=i_S \quad (8.44)$$

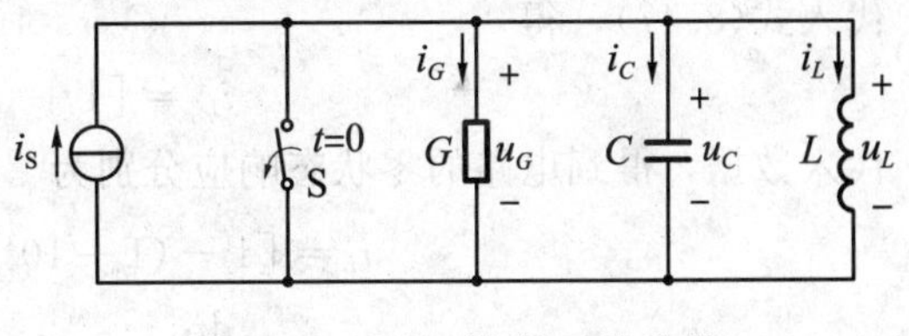

图 8-27　GCL 并联二阶电路

它的解由其特解 i'_L 和通解 i''_L 组成，即

$$i_L=i'_L+i''_L$$

下面通过例题，具体说明方程的解法。

与一阶电路类似，若二阶电路的初始储能不为零，且还有外施激励，则该电路的响应称为二阶电路的全响应，它可以用二阶电路的零输入响应与零状态响应的叠加来描述。

【例 8.11】 电路如图 8-27 所示，已知 $G=2\times10^{-3}\mathrm{S}$，$C=1\mu\mathrm{F}$，$L=1\mathrm{H}$，外施激励电流源 $i_S=1\mathrm{A}$。开关 S 打开前电路处于稳态，有 $u_C(0_-)=0$，$i_L(0_-)=0$。求电路的零状态响应 i_L、u_C 和 i_C。

解： 根据式(8.44)，可得电路的微分方程为

$$LC\frac{\mathrm{d}^2 i_L}{\mathrm{d}t^2}+GL\frac{\mathrm{d}i_L}{\mathrm{d}t}+i_L=i_S$$

特征方程为

$$s^2+\frac{G}{C}s+\frac{1}{LC}=0 \quad (8.45)$$

特征根为

$$s_{1,2}=-\frac{G}{2C}\pm\sqrt{\left(\frac{G}{2C}\right)^2-\frac{1}{LC}} \tag{8.46}$$

代入已知条件，得

$$s_1=s_2=s=-10^3$$

由于特征根为重根，因此电路为临界阻尼。

电路微分方程的解为特解加上通解，特解为

$$i'_L=i_S=1\text{A}$$

通解为

$$i''_L=(K_1+K_2t)e^{st}\text{A}$$

于是，有

$$i_L=[1+(K_1+K_2t)e^{st}]\text{A} \tag{8.47}$$

根据已知初始值，有

$$i_L(0_-)=i_L(0_+)=0$$

$$u_C(0_-)=u_C(0_+)=u_L(0_+)=L\left.\frac{di_L}{dt}\right|_{t=0_+}=0,\text{即}\left.\frac{di_L}{dt}\right|_{t=0_+}=0$$

利用这两个初始条件，分别得

$$0=1+K_1$$

$$0=sK_1+K_2$$

解之，得

$$K_1=-1, K_2=s$$

代入式(8.47)，得

$$i_L=[1+(-1+st)e^{st}]\text{A} \tag{8.48}$$

代入数据，得到电路的零状态响应分别为

$$i_L=[1-(1+10^3t)e^{-10^3t}]\text{A}$$

$$u_L=L\frac{di_L}{dt}=10^6te^{-10^3t}\text{V}$$

$$i_C=C\frac{du_C}{dt}=C\frac{du_L}{dt}=(1-10^3t)e^{-10^3t}\text{A}$$

电路的零状态响应 i_L、i_C 和 u_C 的仿真波形分别如图 8-28a、b 和 c 所示。

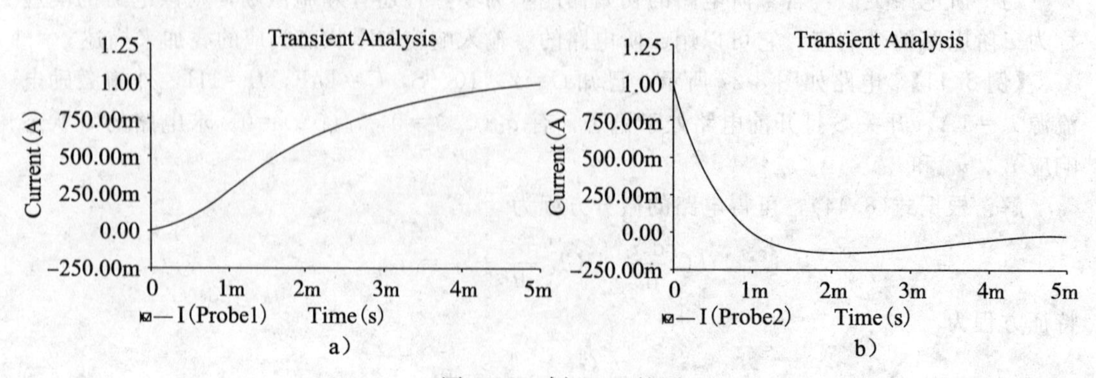

图 8-28　例 8.11 的图

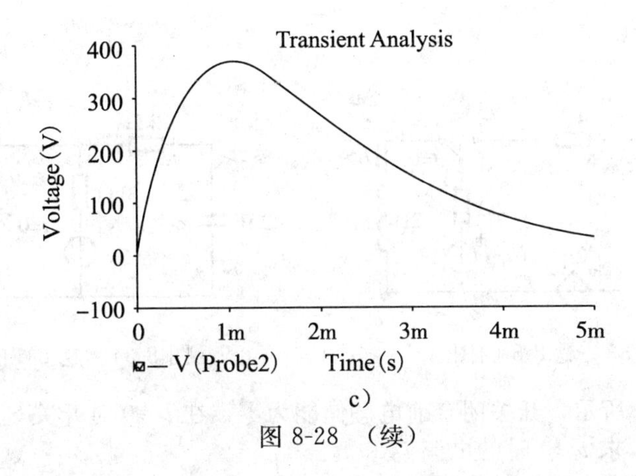

c）

图 8-28 （续）

习题

8-1 电路如图 8-29 所示，开关 S 闭合已经很久，当 $t=0$ 时开关 S 断开。试求换路后 u_C、u_R 和 i_C 的初始值。

8-2 电路如图 8-30 所示，已知开关 S 在"1"时电路已处于稳态。开关 S 在 $t=0$ 时由"1"转换到"2"。试求换路后 u_C、i_C、u_L 和 i_L 的初始值。

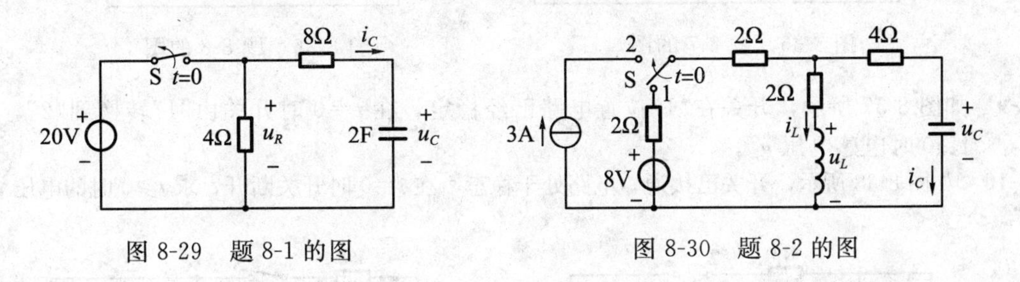

图 8-29　题 8-1 的图　　图 8-30　题 8-2 的图

8-3 电路如图 8-31 所示，换路前电路处于稳定状态，求 S 闭合后电路中所标电压、电流的初始值。

8-4 如图 8-32 所示的电路已处于稳态，在 $t=0$ 时开关闭合，求 u_{C1}、u_{C2}、$\frac{du_{C1}}{dt}$和$\frac{du_{C2}}{dt}$的初始值。

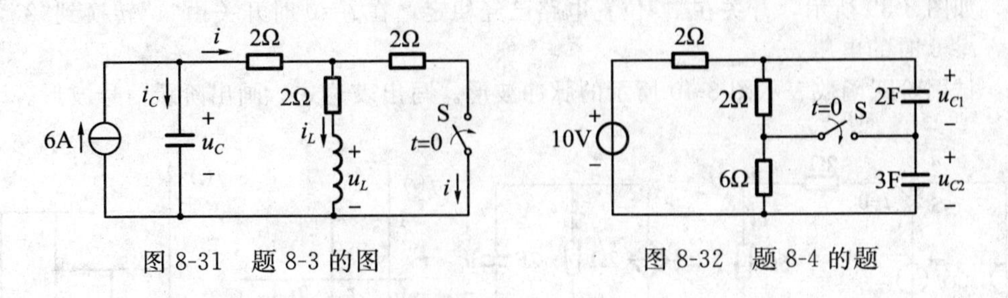

图 8-31　题 8-3 的图　　图 8-32　题 8-4 的题

8-5 如图 8-33 所示，开关在位置"1"时电路已达稳态，在 $t=0$ 时开关由"1"转换到"2"，求 $t\geqslant 0$ 时的电感电压 u_L。

8-6 电路如图 8-34 所示，换路前电路已处于稳态，在 $t=0$ 时开关 S 闭合，求 $t\geqslant 0$ 时流过开关的电流。

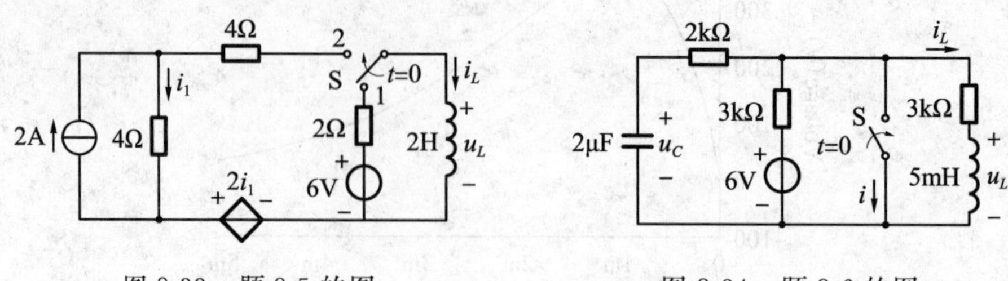

图 8-33 题 8-5 的图　　　　图 8-34 题 8-6 的图

8-7 电路如图 8-35 所示，开关闭合前电感储能为零，在 $t=0$ 时开关 S_1 闭合，在 $t=2s$ 时开关 S_2 闭合。求 $t\geqslant 0$ 时的电流 i_1 和 i_2。

8-8 如图 8-36 所示的电路已处于稳态，在 $t=0$ 时开关 S 打开，试求 u_C 及 i_C。

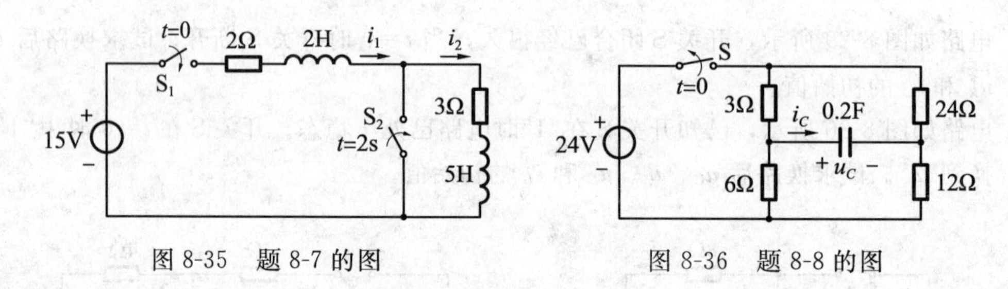

图 8-35 题 8-7 的图　　　　图 8-36 题 8-8 的图

8-9 如图 8-37 所示，开关在“1”位置电路已经稳定，在 $t=0$ 时开关由“1”转换到“2”，求 $t\geqslant 0$ 时电感电压 u_L。

8-10 如图 8-38 所示，开关已接通，电路处于稳态，在 $t=0$ 时开关断开，求 $t\geqslant 0$ 时的电压 u_1。

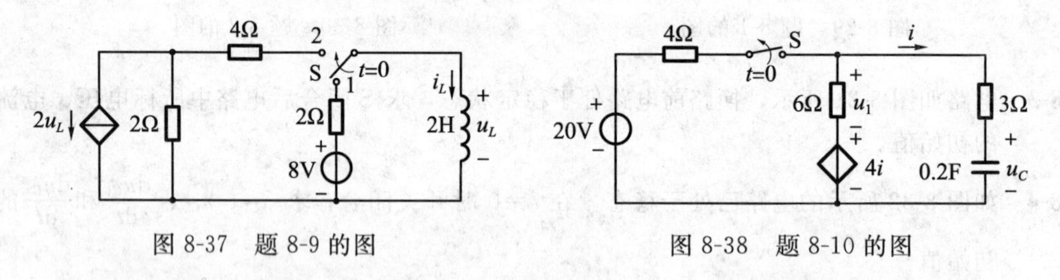

图 8-37 题 8-9 的图　　　　图 8-38 题 8-10 的图

8-11 如图 8-39 所示，开关在“1”位置电路已经稳定，在 $t=0$ 时开关由“1”转换到“2”，求 $t\geqslant 0$ 时的电压 u_C。

8-12 试用阶跃函数表示图 8-40 所示的脉冲波形。写出表达式，画出阶跃信号波形。

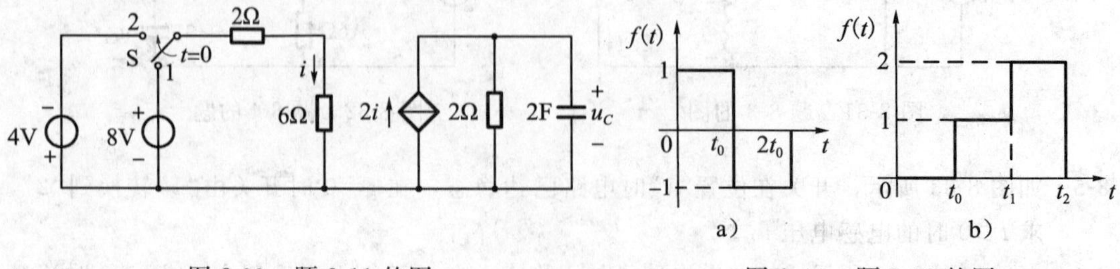

图 8-39 题 8-11 的图　　　　图 8-40 题 8-12 的图

8-13　电路及电源电压波形如图 8-41 所示，求电感的电流和电压。

8-14　在图 8-42 所示电路中，N 内部只含电源及电阻。若输出端的阶跃响应为

$$u_O(t)=\left(\frac{1}{2}+\frac{1}{8}e^{-0.25t}\right)\varepsilon(t)\,\mathrm{V}$$

若将电路中的电容以 2H 电感取代，输出端的阶跃响应又将如何？

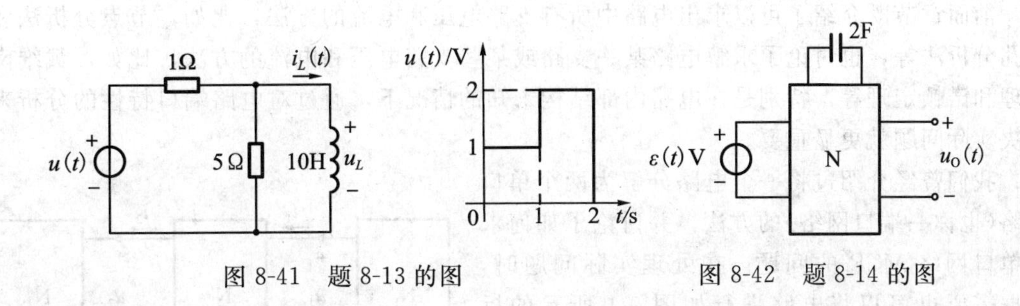

图 8-41　题 8-13 的图　　　　图 8-42　题 8-14 的图

8-15　电路如图 8-43 所示，已知 $u_S(t)=[-3+4\varepsilon(t)]$V。试求 $u(t)$，对所有 t。

8-16　电路如图 8-44 所示，已知 $u_S=8\delta(t)$V。求电路的冲激响应 u_C 和 i_C。

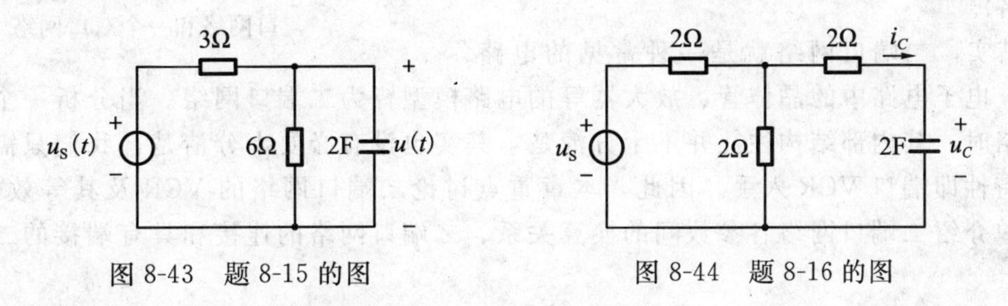

图 8-43　题 8-15 的图　　　　图 8-44　题 8-16 的图

8-17　电路如图 8-24 所示，已知 $R=3\Omega$，$L=1$H，$C=1$F，$u_C(0)=0$V，$i_L(0)=1$A。求电路的零输入响应 $u_C(t)$和 $i_L(t)$。

8-18　电路如图 8-24 所示，已知 $R=1\Omega$，$L=\frac{1}{4}$H，$C=1$F，$u_C(0)=-1$V，$i_L(0)=0$A。求电路的零输入响应 $i_L(t)$。

8-19　电路如图 8-24 所示，已知 $R=0\Omega$，$L=\frac{1}{16}$H，$C=4$F，$u_C(0)=1$V，$i_L(0)=1$A。求电路的零输入响应 $u_C(t)$和 $i_L(t)$。

8-20　*GCL* 并联电路中，已知 $C=\frac{1}{2}$F，$L=\frac{1}{5}$H，$G=1$S，$u_C(0)=1$V，$i_L(0)=2$A。求 $u_C(t)$的零输入响应。

第 9 章　二端口网络

前面章节既介绍了可以求出电路中所有支路电压和电流的方法，比如，节点分析法和网孔分析法等，也讨论了求解电路某一支路或某些支路电压和电流的方法，比如，戴维南定理和诺顿定理等，特别是在电路内部结构未知的情况下，通过对电路端口特性的分析来解决实际问题就更显重要。

我们曾经介绍过将一个电路分解为两个单口网络（也称一端口网络）的方法，并讨论了如何求解单口网络 VCR 的问题。在处理实际问题时，根据需要也可以将电路进行如图 9-1 所示的拆分，其中，N_1、N_2 为单口网络，N 则为一对外具有两个端口的网络，称为双口网络（又称二端口网络）。

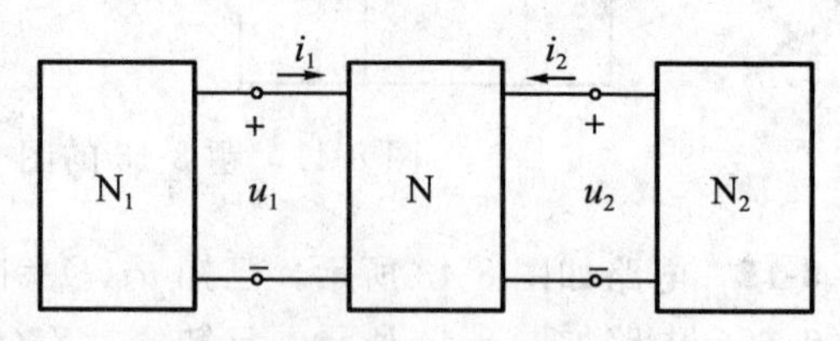

图 9-1　把网络 N 拆分为两个单口网络和一个双口网络

其实，二端口网络就是一种常见的电路，比如，电子电路中的晶体管、放大器等的电路模型皆为二端口网络。当分析一个二端口网络时，其内部结构往往并不十分清楚，其实也没有必要十分清楚，我们只需从其端口特性即端口 VCR 入手。因此，本章重点讨论二端口网络的 VCR 及其等效电路，并简单介绍二端口网络各参数间的换算关系、二端口网络的连接和具有端接的二端口网络。

9.1　二端口网络的 VCR 及其等效电路

二端口网络可以用图 9-2 来表示。其中，端口是这样一对端钮，流入其中一个端钮的电流须等于流出另一个端钮的电流。习惯上将图 9-2 中的端钮 1 和 1′称为输入端口；端钮 2 和 2′称为输出端口。也就是说，二端口网络的每一个端口（输入端口和输出端口）都只有一个电压变量和一个电流变量，显然，二端口网络可有 4 个端口变量，分别记为 u_1、i_1 和 u_2、i_2。

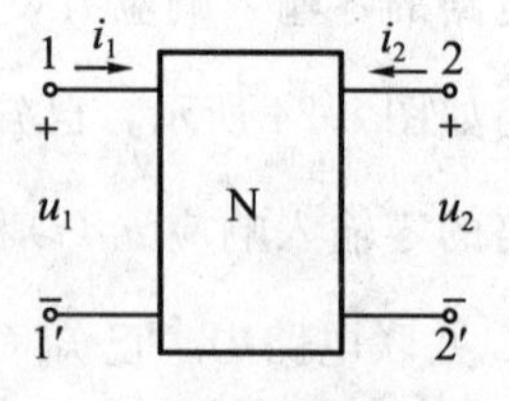

图 9-2　二端口网络及其变量

在以下的讨论中，假定二端口网络是线性的，其中不含独立源，并在正弦稳态下建立端口变量之间的关系。由于二端口网络的 VCR 是由它本身性质确定的，与外电路无关。因此，我们可以通过在端口外施电压源或电流源，来得到其 VCR。

从端口外施激励角度来看，二端口网络共有两个端口，因此有 4 种外施电压源、电流源的不同方式，这样可得到 4 种不同形式的 VCR——z 模型、y 模型、h 模型和 g 模型。从端口变量的角度来看，从 4 个变量中任选两个作自变量，另两个作因变量，这样，除了前面 4 种以外，还应再有两种，共计 6 种不同形式的 VCR。本节将重点讨论前 4 种模型。

9.1.1　z 模型

在二端口网络的两个端口均外施电流源，如图 9-3 所示，由叠加定理，可得到以端口电流 $\dot{I}_1$ 和 $\dot{I}_2$ 为自变量，端口电压 $\dot{U}_1$ 和 $\dot{U}_2$ 为因变量的 VCR，即

$$\begin{cases}\dot{U}_1 = z_{11}\dot{I}_1 + z_{12}\dot{I}_2 \\ \dot{U}_2 = z_{21}\dot{I}_1 + z_{22}\dot{I}_2\end{cases} \tag{9.1}$$

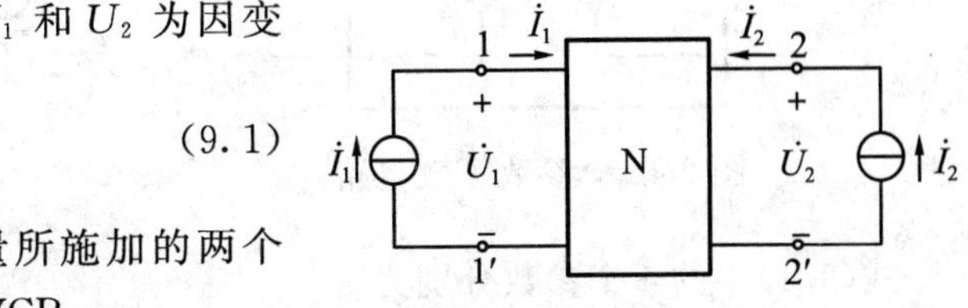

图 9-3　求 z 模型 VCR

此式即为二端口网络对 4 个端口变量所施加的两个约束关系，即二端口网络的 z 模型 VCR。

式(9.1)中的 4 个参数分别为

$$\begin{cases} z_{11} = \left.\dfrac{\dot{U}_1}{\dot{I}_1}\right|_{\dot{I}_2=0} & \text{输出端口开路时的输入阻抗} \\ z_{12} = \left.\dfrac{\dot{U}_1}{\dot{I}_2}\right|_{\dot{I}_1=0} & \text{输入端口开路时的反向转移阻抗} \\ z_{21} = \left.\dfrac{\dot{U}_2}{\dot{I}_1}\right|_{\dot{I}_2=0} & \text{输出端口开路时的正向转移阻抗} \\ z_{22} = \left.\dfrac{\dot{U}_2}{\dot{I}_2}\right|_{\dot{I}_1=0} & \text{输入端口开路时的输出阻抗} \end{cases} \tag{9.2}$$

z 模型 VCR 的矩阵形式为

$$\begin{bmatrix}\dot{U}_1 \\ \dot{U}_2\end{bmatrix} = \begin{bmatrix} z_{11} & z_{12} \\ z_{21} & z_{22}\end{bmatrix}\begin{bmatrix}\dot{I}_1 \\ \dot{I}_2\end{bmatrix} = \boldsymbol{Z}\begin{bmatrix}\dot{I}_1 \\ \dot{I}_2\end{bmatrix} \tag{9.3}$$

式中，$\boldsymbol{Z}=\begin{bmatrix} z_{11} & z_{12} \\ z_{21} & z_{22}\end{bmatrix}$，称为二端口网络的 z 参数矩阵。

当两个二端口网络具有相同的端口 VCR 时，它们二者互为等效。根据式(9.1)可得到二端口网络的等效电路——z 参数等效电路(z 模型)，如图 9-4 所示。图 9-4 中用受控源来表示端口电压受到另一个端口电流的影响，比如，$z_{12}\dot{I}_2$ 是端口电流 $\dot{I}_2$ 对端口电压 $\dot{U}_1$ 的影响，以流控电压源的形式出现在输入回路中；$z_{21}\dot{I}_1$ 是端口电流 $\dot{I}_1$ 对端口电压 $\dot{U}_2$ 的影响，以流控电压源的形式出现在输出回路中。

9.1.2　y 模型

在二端口网络的两个端口均外施电压源，如图 9-5 所示。类似上一节的分析，可得到以端口电压 $\dot{U}_1$ 和 $\dot{U}_2$ 为自变量，端口电流 $\dot{I}_1$ 和 $\dot{I}_2$ 为因变量的 VCR，即

$$\begin{cases}\dot{I}_1 = y_{11}\dot{U}_1 + y_{12}\dot{U}_2 \\ \dot{I}_2 = y_{21}\dot{U}_1 + y_{22}\dot{U}_2\end{cases} \tag{9.4}$$

这就是二端口网络的 y 模型 VCR。

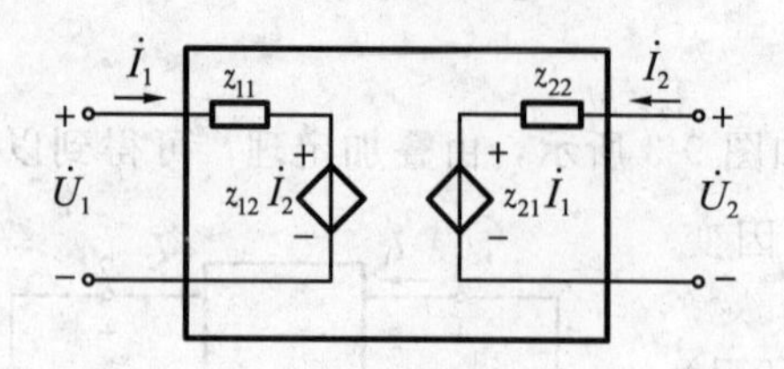

图 9-4　z 参数等效电路

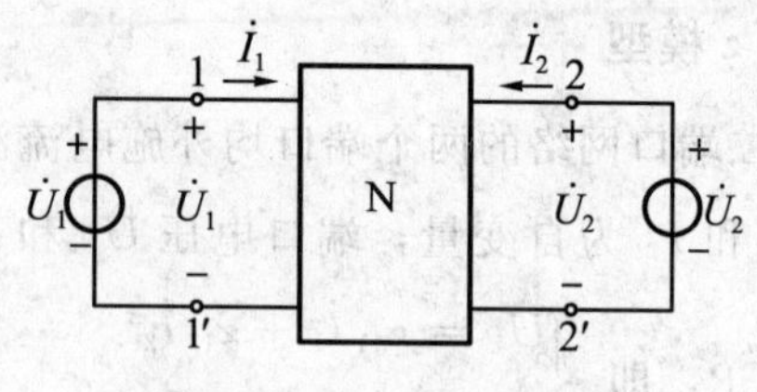

图 9-5　求 y 模型 VCR

式(9.4)中的 4 个参数分别为

$$\begin{cases} y_{11} = \left.\dfrac{\dot{I}_1}{\dot{U}_1}\right|_{\dot{U}_2=0} & \text{输出端口短路时的输入导纳} \\ y_{12} = \left.\dfrac{\dot{I}_1}{\dot{U}_2}\right|_{\dot{U}_1=0} & \text{输入端口短路时的反向转移导纳} \\ y_{21} = \left.\dfrac{\dot{I}_2}{\dot{U}_1}\right|_{\dot{U}_2=0} & \text{输出端口短路时的正向转移导纳} \\ y_{22} = \left.\dfrac{\dot{I}_2}{\dot{U}_2}\right|_{\dot{U}_1=0} & \text{输入端口短路时的输出导纳} \end{cases} \tag{9.5}$$

y 模型 VCR 的矩阵形式为

$$\begin{bmatrix} \dot{I}_1 \\ \dot{I}_2 \end{bmatrix} = \begin{bmatrix} y_{11} & y_{12} \\ y_{21} & y_{22} \end{bmatrix} \begin{bmatrix} \dot{U}_1 \\ \dot{U}_2 \end{bmatrix} = \boldsymbol{Y} \begin{bmatrix} \dot{U}_1 \\ \dot{U}_2 \end{bmatrix} \tag{9.6}$$

式中，$\boldsymbol{Y} = \begin{bmatrix} y_{11} & y_{12} \\ y_{21} & y_{22} \end{bmatrix}$，称为二端口网络的 y 参数矩阵。

y 模型——y 参数等效电路，如图 9-6 所示。

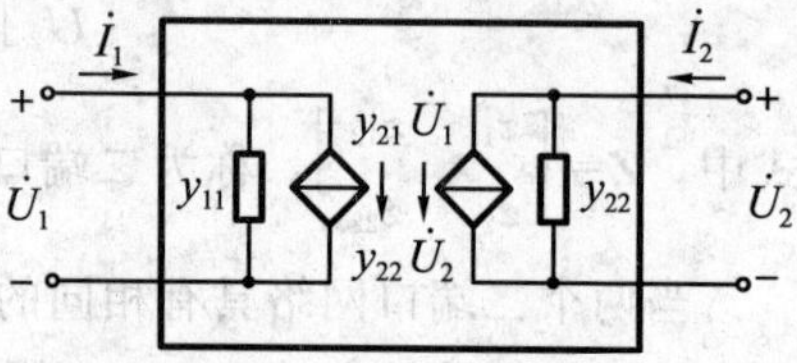

图 9-6　y 参数等效电路

9.1.3　h 模型

若在二端口网络的一端外施电流源，另一端外施电压源，则可以得到两种模型的 VCR，即本节介绍的 h 模型和下一节将介绍的 g 模型。

在二端口网络的 $11'$ 端口外施电流源，在 $22'$ 端口外施电压源，如图 9-7 所示，可得到以端口电流 $\dot{I}_1$ 和端口电压 $\dot{U}_2$ 为自变量，端口电压 $\dot{U}_1$ 和端口电流 $\dot{I}_2$ 为因变量的 VCR，即

$$\begin{cases} \dot{U}_1 = h_{11}\dot{I}_1 + h_{12}\dot{U}_2 \\ \dot{I}_2 = h_{21}\dot{I}_1 + h_{22}\dot{U}_2 \end{cases} \tag{9.7}$$

这就是二端口网络的 h 模型 VCR。

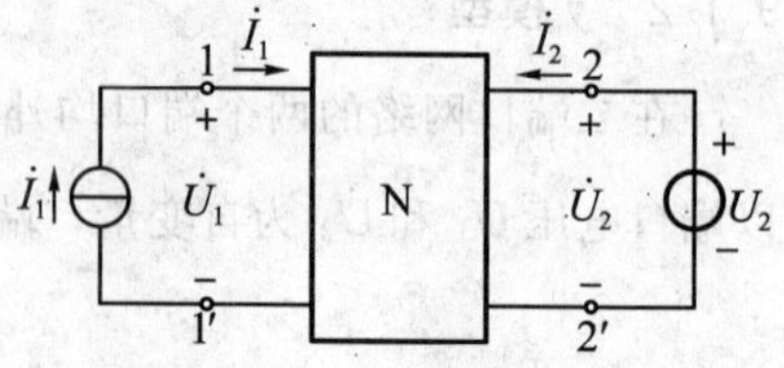

图 9-7　求 h 模型 VCR

式(9.7)中的 4 个参数分别为

$$\begin{cases} h_{11} = \left.\dfrac{\dot{U}_1}{\dot{I}_1}\right|_{\dot{U}_2=0} & \text{输出端口短路时的输入阻抗} \\ h_{12} = \left.\dfrac{\dot{U}_1}{\dot{U}_2}\right|_{\dot{I}_1=0} & \text{输入端口开路时的反向电压之比} \\ h_{21} = \left.\dfrac{\dot{I}_2}{\dot{I}_1}\right|_{\dot{U}_2=0} & \text{输出端口短路时的正向电流之比} \\ h_{22} = \left.\dfrac{\dot{I}_2}{\dot{U}_2}\right|_{\dot{I}_1=0} & \text{输入端口开路时的输出导纳} \end{cases} \tag{9.8}$$

h 模型 VCR 的矩阵形式为

$$\begin{bmatrix} \dot{U}_1 \\ \dot{I}_2 \end{bmatrix} = \begin{bmatrix} h_{11} & h_{12} \\ h_{21} & h_{22} \end{bmatrix} \begin{bmatrix} \dot{I}_1 \\ \dot{U}_2 \end{bmatrix} = \boldsymbol{H} \begin{bmatrix} \dot{I}_1 \\ \dot{U}_2 \end{bmatrix} \tag{9.9}$$

式中，$\boldsymbol{H} = \begin{bmatrix} h_{11} & h_{12} \\ h_{21} & h_{22} \end{bmatrix}$，称为二端口网络的 h 参数矩阵。

h 模型——h 参数等效电路，如图 9-8 所示。

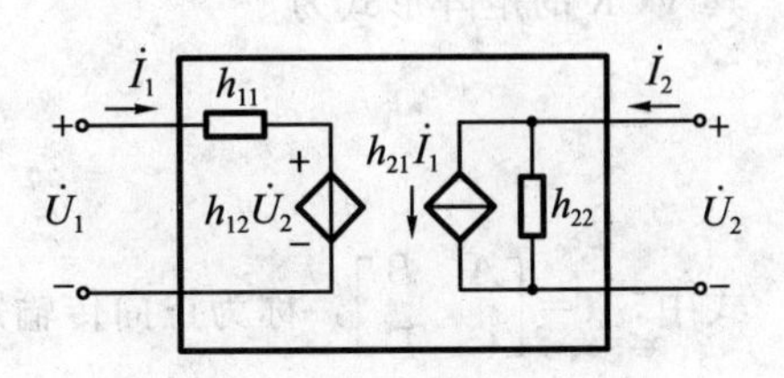

图 9-8 h 参数等效电路

9.1.4 g 模型

在二端口网络的 $11'$ 端口外施电压源，在 $22'$ 端口外施电流源，如图 9-9 所示，可得到以端口电压 $\dot{U}_1$ 和端口电流 $\dot{I}_2$ 为自变量，端口电流 $\dot{I}_1$ 和端口电压 $\dot{U}_2$ 为因变量的 VCR，即

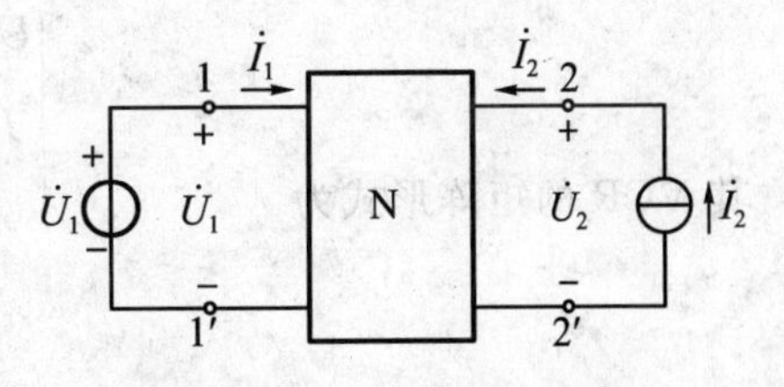

图 9-9 求 g 模型 VCR

$$\begin{cases} \dot{I}_1 = g_{11}\dot{U}_1 + g_{12}\dot{I}_2 \\ \dot{U}_2 = g_{21}\dot{U}_1 + g_{22}\dot{I}_2 \end{cases} \tag{9.10}$$

即二端口网络的 g 模型 VCR。

式(9.10)中的 4 个参数分别为

$$\begin{cases} g_{11} = \left.\dfrac{\dot{I}_1}{\dot{U}_1}\right|_{\dot{I}_2=0} & \text{输出端口开路时的输入导纳} \\ g_{12} = \left.\dfrac{\dot{I}_1}{\dot{I}_2}\right|_{\dot{U}_1=0} & \text{输入端口短路时的反向电流之比} \\ g_{21} = \left.\dfrac{\dot{U}_2}{\dot{U}_1}\right|_{\dot{I}_2=0} & \text{输出端口开路时的正向电压之比} \\ g_{22} = \left.\dfrac{\dot{U}_2}{\dot{I}_2}\right|_{\dot{U}_1=0} & \text{输入端口短路时的输出阻抗} \end{cases} \tag{9.11}$$

g 模型 VCR 的矩阵形式为

$$\begin{bmatrix}\dot{I}_1\\ \dot{U}_2\end{bmatrix}=\begin{bmatrix}g_{11} & g_{12}\\ g_{21} & g_{22}\end{bmatrix}\begin{bmatrix}\dot{U}_1\\ \dot{I}_2\end{bmatrix}=\boldsymbol{G}\begin{bmatrix}\dot{U}_1\\ \dot{I}_2\end{bmatrix}\tag{9.12}$$

式中，$\boldsymbol{G}=\begin{bmatrix}g_{11} & g_{12}\\ g_{21} & g_{22}\end{bmatrix}$，称为二端口网络的 g 参数矩阵。

g 模型——g 参数等效电路，如图 9-10 所示。

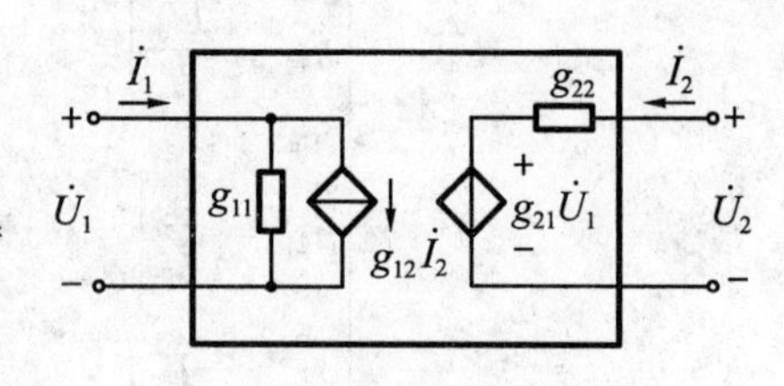

图 9-10　g 参数等效电路

以上介绍了二端口网络的 4 种模型，其 VCR 的特点是自变量分别取自不同的端口，因变量则分别取自其余的不同端口。还有两种模型，其一，自变量取自二端口网络的输出端口，因变量取自网络的输入端口，可得到正向传输型 VCR，即

$$\begin{cases}\dot{U}_1=A\dot{U}_2+B(-\dot{I}_2)\\ \dot{I}_1=C\dot{U}_2+D(-\dot{I}_2)\end{cases}\tag{9.13}$$

其 VCR 的矩阵形式为

$$\begin{bmatrix}\dot{U}_1\\ \dot{I}_1\end{bmatrix}=\boldsymbol{T}\begin{bmatrix}\dot{U}_2\\ -\dot{I}_2\end{bmatrix}\tag{9.14}$$

式中，$\boldsymbol{T}=\begin{bmatrix}A & B\\ C & D\end{bmatrix}$，称为正向传输矩阵。

其二，自变量取自二端口网络的输入端口，因变量取自网络的输出端口，可得到反向传输型 VCR，即

$$\begin{cases}\dot{U}_2=A'\dot{U}_1+B'(-\dot{I}_1)\\ \dot{I}_2=C'\dot{U}_1+D'(-\dot{I}_1)\end{cases}\tag{9.15}$$

其 VCR 的矩阵形式为

$$\begin{bmatrix}\dot{U}_2\\ \dot{I}_2\end{bmatrix}=\boldsymbol{T}'\begin{bmatrix}\dot{U}_1\\ -\dot{I}_1\end{bmatrix}\tag{9.16}$$

式中，$\boldsymbol{T}'=\begin{bmatrix}A' & B'\\ C' & D'\end{bmatrix}$，称为反向传输矩阵。

【例 9.1】 试求图 9-11 所示二端口网络的 z 参数。

图 9-11　例 9.1 的图

解： 根据 z 参数定义，有

$$z_{11}=\left.\frac{\dot{U}_1}{\dot{I}_1}\right|_{\dot{I}_2=0}=\frac{(2+6)\times 8}{2+6+8}=4\Omega$$

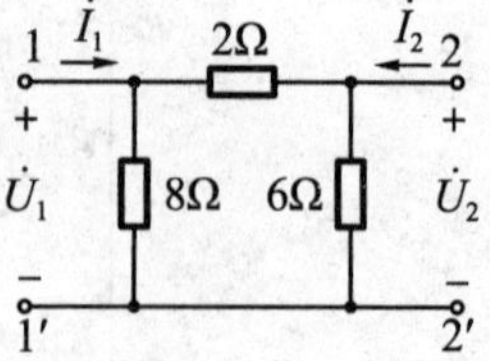

当 $\dot{I}_1=0$ 时，$\dot{U}_1=\dfrac{8}{2+8}\dot{U}_2=0.8\dot{U}_2$，$\dot{I}_2=\dfrac{\dot{U}_2}{6//(2+8)}=\dfrac{4}{15}\dot{U}_2$，

因此有

$$z_{12}=\left.\frac{\dot{U}_1}{\dot{I}_2}\right|_{\dot{I}_1=0}=\frac{0.8\dot{U}_2}{\dfrac{4}{15}\dot{U}_2}=3\Omega$$

当 $\dot{I}_2=0$ 时，$\dot{U}_2=\dfrac{6}{2+6}\dot{U}_1=\dfrac{3}{4}\dot{U}_1$，$\dot{I}_1=\dfrac{\dot{U}_1}{8//(2+6)}=\dfrac{1}{4}\dot{U}_1$，因此有

$$z_{21}=\left.\frac{\dot{U}_2}{\dot{I}_1}\right|_{\dot{I}_2=0}=\frac{\frac{3}{4}\dot{U}_1}{\frac{1}{4}\dot{U}_1}=3\Omega$$

$$z_{22}=\left.\frac{\dot{U}_2}{\dot{I}_2}\right|_{\dot{I}_1=0}=\frac{6\times(2+8)}{2+8+6}=3.75\Omega$$

【例 9.2】 试确定图 9-12 所示二端口网络的 z 参数矩阵。

解：列写二端口网络的端口 VCR，即

$$\dot{U}_1=\dot{I}_1+3\left(\dot{I}_1-\frac{1}{6}\dot{U}_2\right)+3\left(\dot{I}_1-\frac{1}{6}\dot{U}_2+\dot{I}_2\right)$$

$$=7\dot{I}_1+3\dot{I}_2-\dot{U}_2$$

$$\dot{U}_2=3\left(\dot{I}_1-\frac{1}{6}\dot{U}_2+\dot{I}_2\right)$$

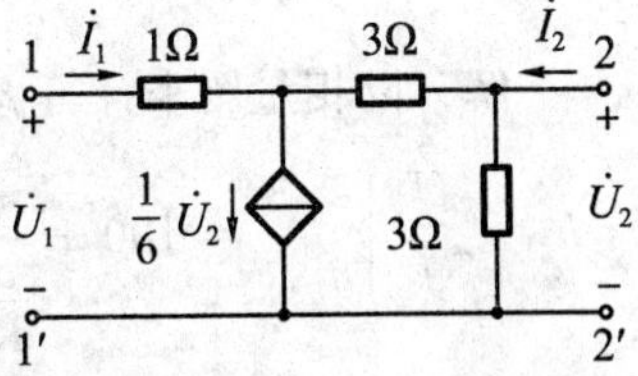

图 9-12　例 9.2 的图

整理，得

$$\begin{cases}\dot{U}_1=5\dot{I}_1+\dot{I}_2\\ \dot{U}_2=2\dot{I}_1+2\dot{I}_2\end{cases}$$

于是，z 参数矩阵为

$$Z=\begin{bmatrix}5 & 1\\ 2 & 2\end{bmatrix}$$

比较这两个例题可发现，前一例题中的 $z_{12}=z_{21}$，后一例题中的 $z_{12}\neq z_{21}$。一般来说，当电路中含有受控源时，$z_{12}\neq z_{21}$。

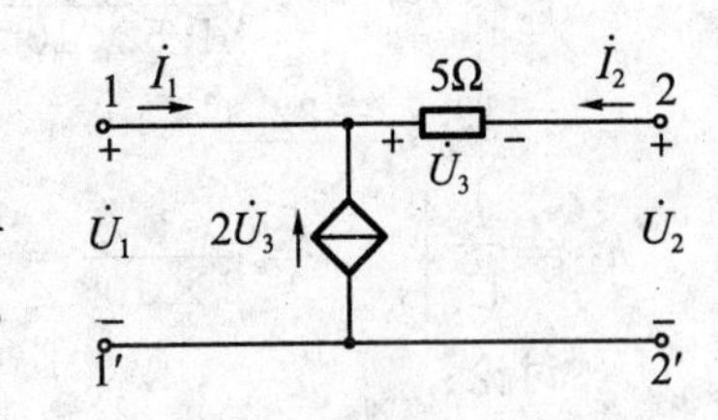

图 9-13　例 9.3 的图

【例 9.3】 求图 9-13 所示二端口网络的 y 模型 VCR。

解：列写二端口网络的端口 VCR，即

$$\dot{I}_1=-2\dot{U}_3+\frac{\dot{U}_1-\dot{U}_2}{5}=-2(\dot{U}_1-\dot{U}_2)+\frac{\dot{U}_1-\dot{U}_2}{5}=-\frac{9}{5}\dot{U}_1+\frac{9}{5}\dot{U}_2$$

$$\dot{I}_2=\frac{\dot{U}_2-\dot{U}_1}{5}=-\frac{1}{5}\dot{U}_1+\frac{1}{5}\dot{U}_2$$

亦即

$$\begin{cases}\dot{I}_1=-\frac{9}{5}\dot{U}_1+\frac{9}{5}\dot{U}_2\\ \dot{I}_2=-\frac{1}{5}\dot{U}_1+\frac{1}{5}\dot{U}_2\end{cases}$$

其矩阵形式为

$$\begin{bmatrix}\dot{I}_1\\ \dot{I}_2\end{bmatrix}=\begin{bmatrix}-\frac{9}{5} & \frac{9}{5}\\ -\frac{1}{5} & \frac{1}{5}\end{bmatrix}\begin{bmatrix}\dot{U}_1\\ \dot{U}_2\end{bmatrix}$$

【例 9.4】 如图 9-14 所示为某一晶体管放大电路的等效电路，求此二端口网络在频率为 1MHz 时的 h 参数。

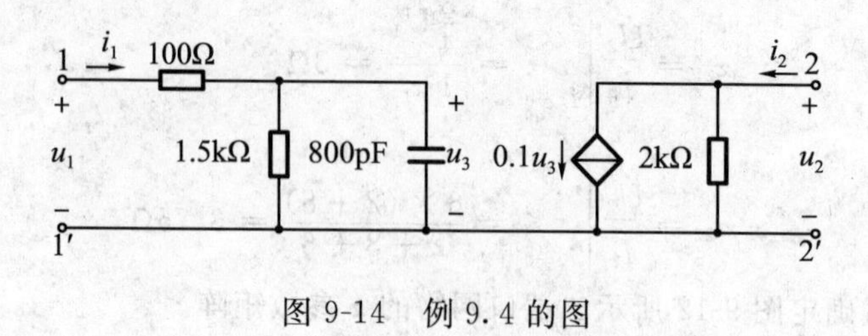

图 9-14 例 9.4 的图

解： 以相量图来计算 h 参数。

$$h_{11}=\left.\frac{\dot{U}_1}{\dot{I}_1}\right|_{\dot{U}_2=0}=100+\frac{1}{\frac{1}{1.5\times10^3}+\mathrm{j}2\pi\times10^6\times800\times10^{-12}}=100+\frac{10^3}{0.6667+\mathrm{j}5.0265}$$

$$=125.931-\mathrm{j}195.506=232.6\angle-57.2°\Omega$$

$$h_{12}=\left.\frac{\dot{U}_1}{\dot{U}_2}\right|_{\dot{I}_1=0}=0$$

$$h_{21}=\left.\frac{\dot{I}_2}{\dot{I}_1}\right|_{\dot{U}_2=0}=\frac{0.1\dot{U}_3}{\left(\frac{1}{1.5\times10^3}+\mathrm{j}2\pi\times10^6\times800\times10^{-12}\right)\dot{U}_3}=\frac{0.1\times10^3}{0.6667+\mathrm{j}5.0265}$$

$$=19.7\angle-82.4°$$

$$h_{22}=\left.\frac{\dot{I}_2}{\dot{U}_2}\right|_{\dot{I}_1=0}=\frac{1}{2\times10^3}=5\times10^{-4}\mathrm{S}$$

讨论：

1）在这 4 个 h 参数中，h_{11}表示电路的输入阻抗；h_{12}表示电路的输出端对输入端的影响，而对于放大电路来说，主要是考虑电路的正向传输，忽略反向传输，即 $h_{12}=0$，因此在图 9-14 中没有标出；h_{21}表示输入端对输出端的影响，即电流的正向传输——电流增益，这是放大电路的主要指标之一；h_{22}表示电路的输出导纳。

2）由上述分析可以看出，参数 h_{11}和 h_{21}均与频率有关，从计算结果来看，它们的数值偏小。如果我们使信号的频率改为 10kHz，则 h_{11}和 h_{21}的值均有明显的增加，说明该放大电路对不同频率的信号，有不同的输入阻抗和电流增益。特别是，当信号频率高到一定值时，放大电路将失去放大的作用。

9.2 二端口网络各参数间的换算关系

以上介绍了 6 种模型来表征二端口网络，对于一个给定的二端口网络，只要参数存在，采用哪一种参数表征它都是可以的。但在实际问题中，可根据不同的具体情况，选择一种更为合适的参数。比如，z 参数和 y 参数是最基本的参数，常用于理论推导与分析中。h 参数常用于低频晶体管电路的分析，如上例，因为对晶体管来说，h 参数易测量，且有明确的物理意义。

下面我们就来了解一下，若已知二端口网络的任意参数矩阵，通过对变量进行变换，则可以求得任何其他的参数矩阵，只要这一矩阵是存在的。以使用 z 参数求得 h 参数为例，说明各参数间的互换。

z 参数方程为

$$\begin{cases}\dot{U}_1 = z_{11}\dot{I}_1 + z_{12}\dot{I}_2 \\ \dot{U}_2 = z_{21}\dot{I}_1 + z_{22}\dot{I}_2\end{cases} \tag{9.17}$$

由式(9.17)中的第二式，可得

$$\dot{I}_2 = -\frac{z_{21}}{z_{22}}\dot{I}_1 + \frac{1}{z_{22}}\dot{U}_2 = h_{21}\dot{I}_1 + h_{22}\dot{U}_2 \tag{9.18}$$

将式(9.18)代入式(9.17)中的第一式，可得

$$\dot{U}_1 = \left(z_{11} - \frac{z_{12}z_{21}}{z_{22}}\right)\dot{I}_1 + \frac{z_{12}}{z_{22}}\dot{U}_2 = h_{11}\dot{I}_1 + h_{12}\dot{U}_2 \tag{9.19}$$

对比之下，可得到 h 参数用 z 参数描述的表示式，即

$$h_{11} = z_{11} - \frac{z_{12}z_{21}}{z_{22}} = \frac{z_{11}z_{22} - z_{12}z_{21}}{z_{22}} = \frac{\Delta_z}{z_{22}},\quad h_{12} = \frac{z_{12}}{z_{22}} \tag{9.20}$$

$$h_{21} = -\frac{z_{21}}{z_{22}},\quad h_{22} = \frac{1}{z_{22}} \tag{9.21}$$

式中，$\Delta_z = z_{11}z_{22} - z_{12}z_{21}$。

根据上述方法，可求得各组参数间的互换关系，这里就不一一列出了，请读者参考习题。

9.3　二端口网络的连接

二端口网络的连接主要有串联、并联、级联、串-并联和并-串联等，本节介绍前三种。将多个二端口网络以适当的方式连接起来，可构成一个新的二端口网络，称为复合二端口网络，其条件是连接后原二端口网络的端口条件不因连接而破坏，此时相互连接的二端口网络称为子二端口网络。根据不同的连接方式，计算子二端口网络参数可得到复合二端口网络的参数。

9.3.1　二端口网络的串联

二端口网络的串联是将子二端口网络的输入端口和输出端口分别串联的连接方式，且端口条件不因连接而破坏，如图 9-15 所示。串联连接的子二端口网络采用 z 参数矩阵较方便。

根据二端口网络串联定义，两个子二端口网络都满足端口条件，分别有

$$\begin{bmatrix}\dot{U}_{1a}\\ \dot{U}_{2a}\end{bmatrix} = \boldsymbol{Z}_a\begin{bmatrix}\dot{I}_{1a}\\ \dot{I}_{2a}\end{bmatrix},\quad \begin{bmatrix}\dot{U}_{1b}\\ \dot{U}_{2b}\end{bmatrix} = \boldsymbol{Z}_b\begin{bmatrix}\dot{I}_{1b}\\ \dot{I}_{2b}\end{bmatrix} \tag{9.22}$$

两个子二端口网络串联组成的复合二端口网络，有

$$\begin{bmatrix}\dot{U}_1\\ \dot{U}_2\end{bmatrix} = \boldsymbol{Z}\begin{bmatrix}\dot{I}_1\\ \dot{I}_2\end{bmatrix} \tag{9.23}$$

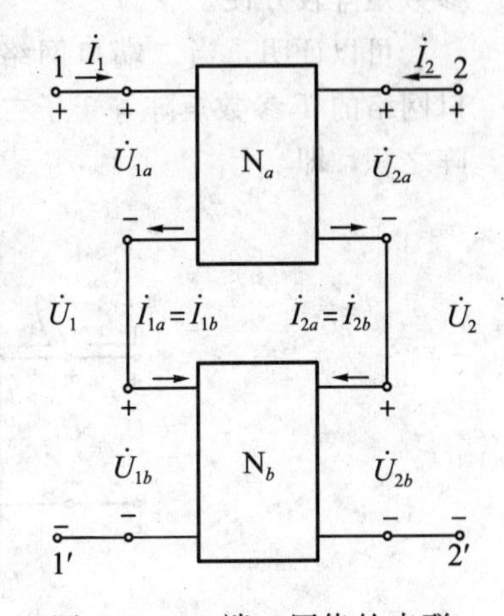

图 9-15　二端口网络的串联

由 KVL 和 KCL，分别有

$$\begin{bmatrix}\dot{U}_1\\ \dot{U}_2\end{bmatrix}=\begin{bmatrix}\dot{U}_{1a}+\dot{U}_{1b}\\ \dot{U}_{2a}+\dot{U}_{2b}\end{bmatrix}=\begin{bmatrix}\dot{U}_{1a}\\ \dot{U}_{2a}\end{bmatrix}+\begin{bmatrix}\dot{U}_{1b}\\ \dot{U}_{2b}\end{bmatrix}$$
$$\begin{bmatrix}\dot{I}_1\\ \dot{I}_2\end{bmatrix}=\begin{bmatrix}\dot{I}_{1a}\\ \dot{I}_{2a}\end{bmatrix}=\begin{bmatrix}\dot{I}_{1b}\\ \dot{I}_{2b}\end{bmatrix} \tag{9.24}$$

利用式(9.24)、式(9.23)和式(9.22)，得

$$\begin{aligned}\begin{bmatrix}\dot{U}_1\\ \dot{U}_2\end{bmatrix}&=\begin{bmatrix}\dot{U}_{1a}\\ \dot{U}_{2a}\end{bmatrix}+\begin{bmatrix}\dot{U}_{1b}\\ \dot{U}_{2b}\end{bmatrix}=\boldsymbol{Z}_a\begin{bmatrix}\dot{I}_{1a}\\ \dot{I}_{2a}\end{bmatrix}+\boldsymbol{Z}_b\begin{bmatrix}\dot{I}_{1b}\\ \dot{I}_{2b}\end{bmatrix}=\boldsymbol{Z}_a\begin{bmatrix}\dot{I}_1\\ \dot{I}_2\end{bmatrix}+\boldsymbol{Z}_b\begin{bmatrix}\dot{I}_1\\ \dot{I}_2\end{bmatrix}\\ &=(\boldsymbol{Z}_a+\boldsymbol{Z}_b)\begin{bmatrix}\dot{I}_1\\ \dot{I}_2\end{bmatrix}=\boldsymbol{Z}\begin{bmatrix}\dot{I}_1\\ \dot{I}_2\end{bmatrix}\end{aligned} \tag{9.25}$$

由此可得

$$\boldsymbol{Z}=\boldsymbol{Z}_a+\boldsymbol{Z}_b \tag{9.26}$$

即二端口网络串联后，复合二端口网络的 z 参数矩阵等于子二端口网络 z 参数矩阵之和。

9.3.2 二端口网络的并联

二端口网络的并联是将子二端口网络的输入端口和输出端口分别并联的连接方式，且端口条件不因连接而破坏，如图 9-16 所示。并联的子二端口网络采用 y 参数矩阵较方便。

不难证明，二端口网络并联后，复合二端口网络的 y 参数矩阵等于子二端口网络 y 参数矩阵之和，即

$$\boldsymbol{Y}=\boldsymbol{Y}_a+\boldsymbol{Y}_b \tag{9.27}$$

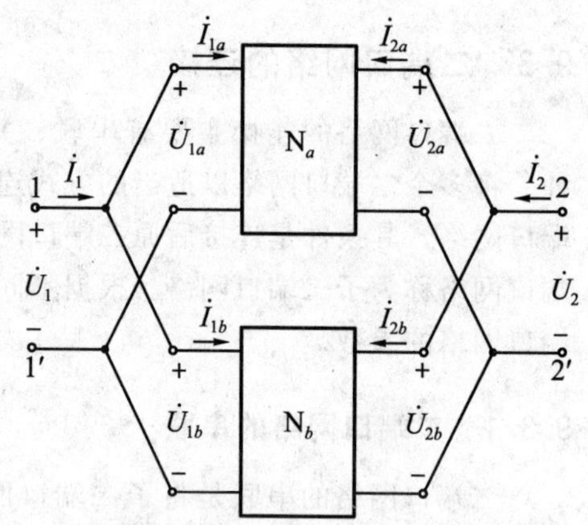

图 9-16 二端口网络的并联

9.3.3 二端口网络的级联

二端口网络的级联是将前一级的输出与后一级的输入相连，如图 9-17 所示。当级联时采用 T 参数矩阵较方便。

可以证明，当二端口网络级联时，复合二端口网络的 T 参数矩阵等于子二端口网络 T 参数矩阵之积，即

$$\boldsymbol{T}=\boldsymbol{T}_a\boldsymbol{T}_b \tag{9.28}$$

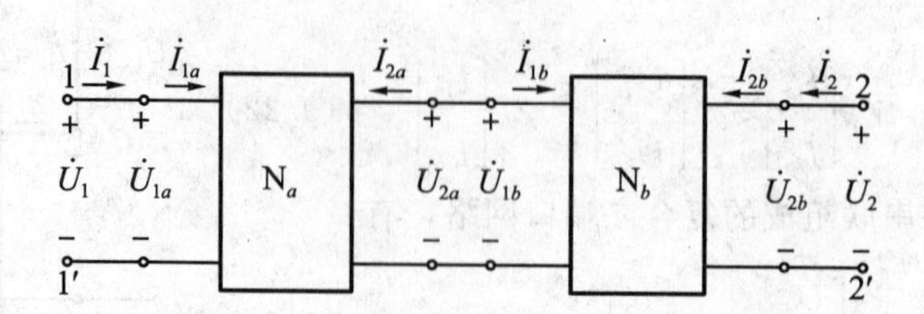

图 9-17 二端口网络的级联

9.4　具有端接的二端口网络

以上只是针对二端口网络本身的讨论，包括描述它的各种模型及其 VCR、二端口网络的互连等问题。本节以一个具体问题为例，将二端口网络模型应用于其中，直接进行端口分析，得到相应的分析结果。显然，这种分析方法的优势在于，在二端口网络内部情况不明的条件下，利用它的端口特性(VCR)，就能对电路进行分析。

电路如图 9-18 所示，给出了一个典型的信号处理电路。二端口网络 N 的输入端口接信号源，输出端口接负载，这就构成了一个具有端接的二端口网络，其中，网络 N 本身对信号进行放大或滤波等处理。

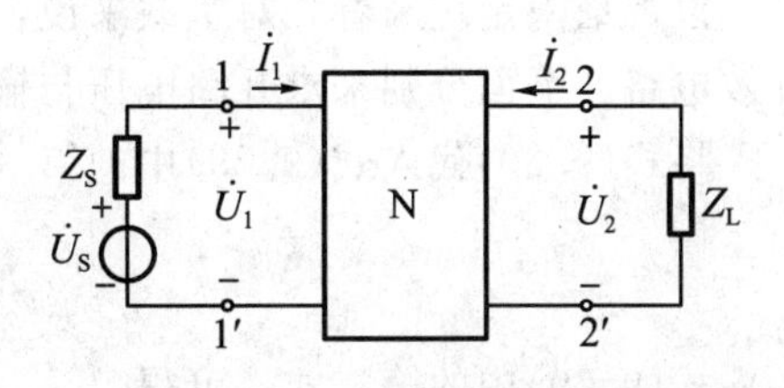

图 9-18　具有端接的二端口网络

通常情况下，对信号处理电路需要进行的分析有：

①对信号源而言的二端口网络的输入阻抗 Z_i；

②对负载而言的戴维南等效电路，即从负载两端看入的开路电压 $\dot{U}_{OC}$和输出阻抗 Z_o；

③电压传输函数 $\dot{A}_u$ 和电流传输函数 $\dot{A}_i$。

首先，假设采用 z 模型，二端口网络的 VCR 为

$$\begin{cases}\dot{U}_1 = z_{11}\dot{I}_1 + z_{12}\dot{I}_2 \\ \dot{U}_2 = z_{21}\dot{I}_1 + z_{22}\dot{I}_2\end{cases} \tag{9.29}$$

二端口网络的输入回路 VCR 为

$$\dot{U}_1 = \dot{U}_S - Z_S\dot{I}_1 \tag{9.30}$$

二端口网络的输出回路 VCR 为

$$\dot{U}_2 = -Z_L\dot{I}_2 \tag{9.31}$$

9.4.1　输入阻抗

输入阻抗定义为输入端口电压与输入端口电流之比，以 Z_i 表示。由式(9.29)中的第一式，可得

$$Z_i = \frac{\dot{U}_1}{\dot{I}_1} = z_{11} + z_{12}\frac{\dot{I}_2}{\dot{I}_1} \tag{9.32}$$

利用式(9.31)和式(9.29)中的第二式，可得

$$\frac{\dot{I}_2}{\dot{I}_1} = -\frac{z_{21}}{z_{22}+Z_L} \tag{9.33}$$

代入式(9.32)，可得

$$Z_i = \frac{\dot{U}_1}{\dot{I}_1} = z_{11} - \frac{z_{12}z_{21}}{z_{22}+Z_L} = \frac{z_{11}Z_L + \Delta_z}{z_{22}+Z_L} \tag{9.34}$$

这表明输入阻抗不仅与二端口网络本身有关，还与负载阻抗有关，即对信号源来说，二端口网络及其端接的负载共同构成信号源的负载。考虑到 z_{12}是描述输出电流 $\dot{I}_2$ 对输入

端口电压 $\dot{U}_1$ 影响程度的一个参数，在等效电路中以流控电压源 $z_{12}\dot{I}_2$ 的形式出现在输入回路中，来体现这种影响。但对于放大电路来说，主要研究的是其正向传输，而反向传输因太小一般就不考虑了，这样，z_{12}就忽略不计了。因此，放大电路的输入阻抗近似等于 z_{11}。

9.4.2 开路电压与输出阻抗

以戴维南定理来看，对负载来说，二端口网络及其端接的电源可以等效为一个戴维南等效电路。下面分别来求开路电压与输出阻抗。

将式(9.30)代入式(9.29)中的第一式，可得

$$\dot{I}_1 = \frac{\dot{U}_S - z_{12}\dot{I}_2}{z_{11} + Z_S} \tag{9.35}$$

代入式(9.29)中的第二式，可得

$$\dot{U}_2 = \frac{z_{21}}{z_{11} + Z_S}\dot{U}_S + \left(z_{22} - \frac{z_{12}z_{21}}{z_{11} + Z_S}\right)\dot{I}_2 \tag{9.36}$$

由此可得，开路电压为

$$\dot{U}_{OC} = \frac{z_{21}}{z_{11} + Z_S}\dot{U}_S \tag{9.37}$$

输出阻抗为

$$Z_O = z_{22} - \frac{z_{12}z_{21}}{z_{11} + Z_S} \tag{9.38}$$

9.4.3 电流传输函数和电压传输函数

由式(9.33)可知，电流传输函数为

$$\dot{A}_i = \frac{\dot{I}_2}{\dot{I}_1} = -\frac{z_{21}}{z_{22} + Z_L} \tag{9.39}$$

将式(9.31)分别代入式(9.29)，消去 $\dot{I}_2$，可得

$$\begin{cases} \dot{U}_1 = z_{11}\dot{I}_1 + z_{12}\left(-\dfrac{\dot{U}_2}{Z_L}\right) \\ \dot{U}_2 = z_{21}\dot{I}_1 + z_{22}\left(-\dfrac{\dot{U}_2}{Z_L}\right) \end{cases} \tag{9.40}$$

将式(9.40)中的第一式两边乘以 z_{21}，第二式两边乘以 z_{11}，然后二式相减，整理，可得

$$\dot{A}_u = \frac{\dot{U}_2}{\dot{U}_1} = \frac{z_{21}Z_L}{z_{11}z_{22} - z_{12}z_{21} + z_{11}Z_L} = \frac{z_{21}Z_L}{\Delta_z + z_{11}Z_L} \tag{9.41}$$

以上是采用 z 参数分析的结果，当然，也可以采用其他参数作类似地分析，这里就不一一列出了，读者可参见章后习题。

习题

9-1 求图 9-19 所示二端口网络的 z 参数、y 参数。

9-2 求图 9-20 所示二端口网络的 y 参数，并画出等效电路。

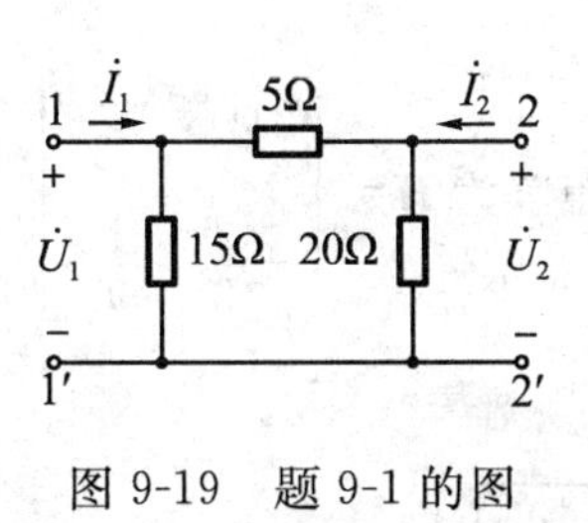

图 9-19　题 9-1 的图

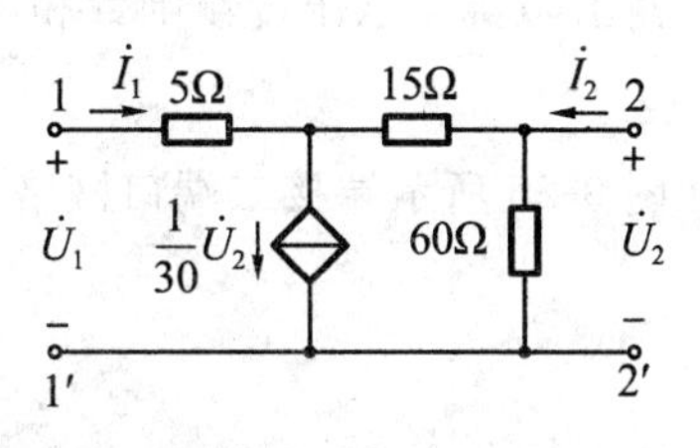

图 9-20　题 9-2 的图

9-3　求图 9-21 所示二端口网络的 h 参数，并画出等效电路。

9-4　已知图 9-22 所示二端口网络的 z 参数矩阵为 $\boldsymbol{Z}=\begin{bmatrix}10 & 8\\5 & 10\end{bmatrix}\Omega$，求 R_1、R_2、R_3。

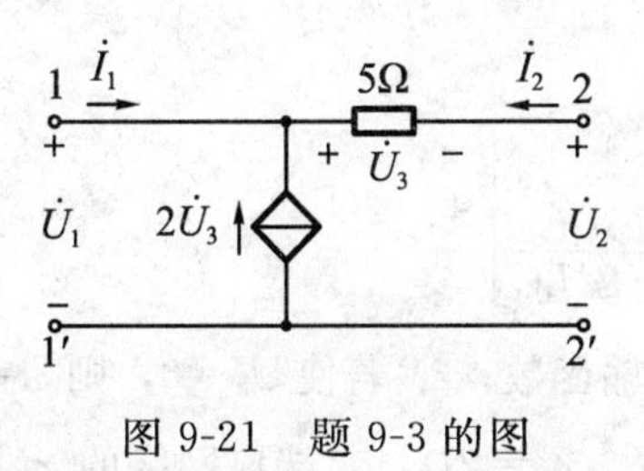

图 9-21　题 9-3 的图

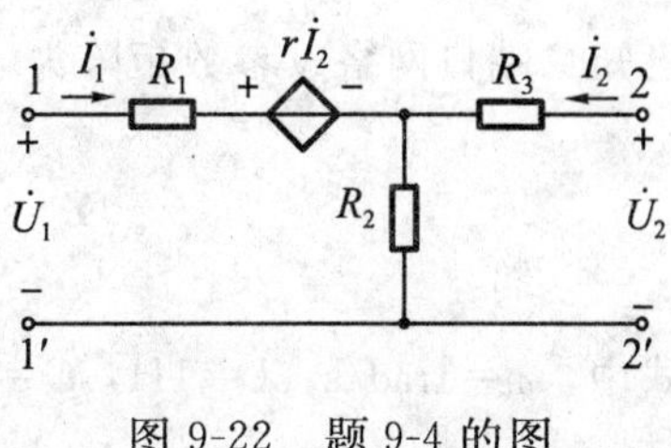

图 9-22　题 9-4 的图

9-5　求图 9-23 所示二端口网络的 h 参数。

9-6　求如图 9-24 所示耦合电感的 z 参数矩阵、y 参数矩阵。

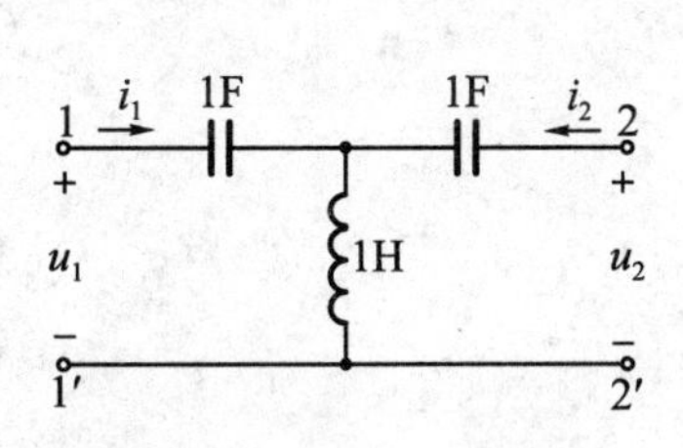

图 9-23　题 9-5 的图

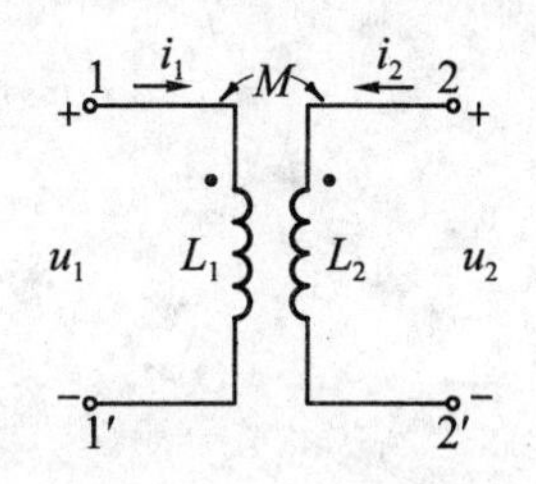

图 9-24　题 9-6 的图

9-7　试用 z 参数表示 g 参数。

9-8　试用 h 参数表示 y 参数。

9-9　已知 $\boldsymbol{T}=\begin{bmatrix}20 & 2.5\\2 & 4\end{bmatrix}$，求二端口网络的 z 参数矩阵和 h 参数矩阵。

9-10　证明：当二端口网络并联时，复合二端口网络的 y 参数矩阵等于子二端口网络的 y 参数矩阵之和。

9-11　证明：当二端口网络级联时，复合二端口网络的 T 参数矩阵等于子二端口网络的 T 参数矩阵之积。

9-12　端接的二端口网络如图 9-18 所示，试采用 y 参数，导出电路的输入阻抗、开路电压及输出阻抗、电压传输函数和电流传输函数。

9-13　端接的二端口网络如图 9-18 所示，试采用 h 参数，导出电路的输入阻抗、开路电压及输出阻抗、电压传输函数和电流传输函数。

9-14　在图 9-25 所示端接二端口网络中，网络的 h 参数矩阵为 $\boldsymbol{H}=\begin{bmatrix} 21\Omega & \frac{2}{3} \\ -\frac{2}{3} & \frac{1}{9}\text{S} \end{bmatrix}$，求 U_o。

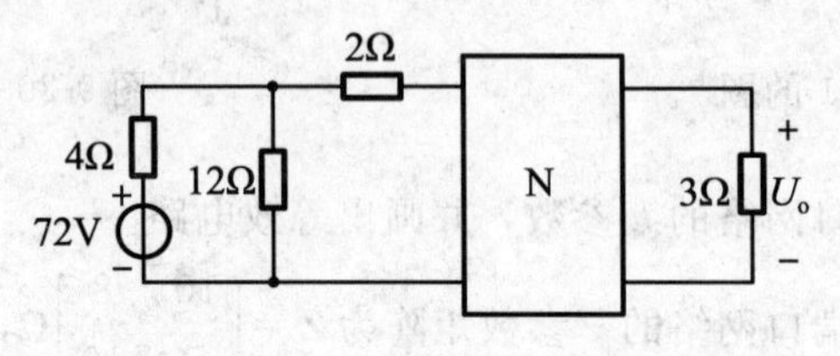

图 9-25　题 9-14 的图

9-15　已知二端口网络 y 参数矩阵为

$$\boldsymbol{Y}=\begin{bmatrix} 1-\omega^2 LC & 1 \\ \text{j}\omega C & \dfrac{\text{j}\omega L}{1-\omega^2 LC} \end{bmatrix}\text{S}$$

式中，$\omega=1\text{rad/s}$，$L=1\text{H}$，$C=2\text{F}$。1）求电压传输函数；2）若使 $\dot{U}_2=0$，则 $\omega=$？

9-16　端接的二端口网络如图 9-18 所示，已知 $\dot{U}_S=5\text{V}$，$Z_S=2\Omega$，二端口网络的 z 参数分别为：$z_{11}=10\Omega$，$z_{12}=-\text{j}2\Omega$，$z_{21}=20\Omega$，$z_{22}=5\Omega$。问负载阻抗为多少时可获得最大功率？此时的最大功率为多少？

第 10 章　非线性电阻电路分析

前面章节讨论了只含电阻元件和电源元件的电阻电路，且电阻元件都是线性的，我们把这样的电路称为线性电阻电路。但是，严格地说，实际电路都是非线性的，所以，之前基于线性电路的分析方法大都无法直接用于非线性电路，而 KCL、KVL 和元件的 VCR 仍然是分析非线性电路的基本依据。

为了对非线性电路的分析方法有一定的了解，本章以含非线性元件的电阻电路(比如含二极管的电阻电路、含晶体管的电阻电路和含运算放大器的电阻电路)为例，介绍非线性电阻电路分析中的图解分析法和小信号分析法，为学习电子电路打下基础。

10.1　含二极管的电阻电路

第 1 章曾经初步介绍了二极管及其非线性的 VCR。当电路中含有二极管时，就构成了非线性电路。下面就含二极管的电阻电路，利用图解分析法和小信号分析法，从静态和动态两个方面，对这种电路展开讨论。

1. 静态分析

一般来说，应用于非线性元件特性曲线的不同处，电路的功能也不同。因此，为了实现某种电路功能，就必须给非线性元件施加一个直流电压(或电流)，预先将其设置在特性曲线的相应位置，通常称为非线性元件的“静态工作点”(又称 Q 点)，或者说，给非线性元件设置一个“直流偏置”。然后，再研究电路对交流信号的响应。所以，一个非线性元件电路往往是一个直流交流混合电路。我们把求解非线性电路的直流解——Q 点，称为静态分析；研究非线性电路对交流信号的响应(参数、波形等)，称为动态分析。

先对图 10-1a 所示的一个简单的二极管电路进行分析，它属于只含一个二极管的非线性电阻电路。根据电路结构，我们可以将其分为线性和非线性两个部分，其中，线性部分可以转化为戴维南等效电路，如图 10-1b 所示。

图 10-1　只含一个二极管的非线性电阻电路

在给定二极管 VCR 的条件下，与线性部分的 VCR 联立，可求得端口电压 u 和电流 i，也就是，二极管的端电压和流过的电流。

若二极管的 VCR 为

$$i = f(u) \tag{10.1}$$

从图 10-1 中可得到线性部分的 VCR 为

$$u = u_{OC} - iR_o \text{。} \tag{10.2}$$

则式(10.1)和式(10.2)联立，即可求得 Q 点。

通常，我们采用图解分析法来求解 u 和 i。先画出 $i=f(u)$ 曲线，然后，在同一 u-i 平面上画出式(10.2)所表示的直线。直线的具体画法是：在纵轴上的截距为 u_{OC}/R_o，在横轴上的截距为 u_{OC}，连接这两个截距点的直线称为“负载线”即为所画，曲线与负载线的交点 $Q(U_Q, I_Q)$ 即为所求，如图 10-2 所示。

在实际应用中，为便于分析具有非线性电阻的电路，常采用分段线性近似法，将非线性的特性曲线近似地用几个直线段来描述。比如，若将第 1 章中二极管的特性曲线近似地描述为如图 10-3a 所示的两段直线，则称为理想二极管；若将二极管的特性曲线近似地描述为如图 10-3b 所示的两段直线，则称为恒压降二极管。

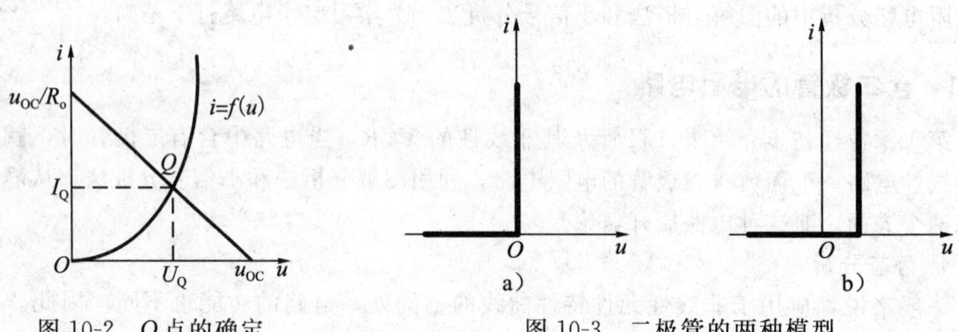

图 10-2　Q 点的确定　　图 10-3　二极管的两种模型

显然，理想二极管忽略了二极管的正向压降，模型过于简单，较适于电路的近似、定性的分析；恒压降二极管模型考虑了二极管的正向压降，较适于电路近似的定量计算。当采用这两种模型分析电路时，不必使用图解法。

【例 10.1】 含二极管的电路如图 10-4a 所示。在下面两种情况下，求解流过二极管的电流 I。

1）二极管为理想二极管；

2）二极管为恒压降二极管，其恒压降为 0.7V。

解：首先把含二极管的支路断开，如图 10-4 中“×”处所示，求得电路右半部分的戴维南等效电路，再把含二极管的支路连接上去，就可以在一个简单的单回路电路中求解。

求解电路右半部分的戴维南等效电路，如图 10-5 所示。

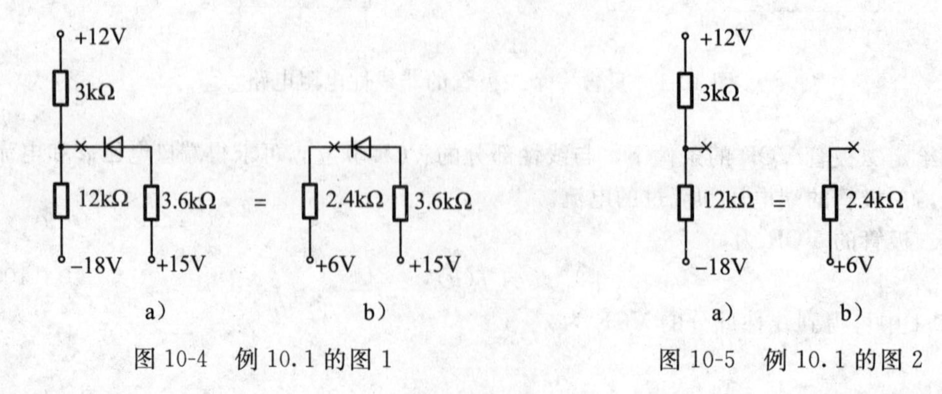

图 10-4　例 10.1 的图 1　　图 10-5　例 10.1 的图 2

开路电压：$U_{OC}=\frac{12-(-18)}{3+12}\times12+(-18)=6V$

等效电阻：$R_o=\frac{3\times12}{3+12}=2.4k\Omega$

含二极管电路图 10-4a 的等效电路如图 10-4b 所示。由此可知，二极管的正极电位比负极电位高，即二极管正向偏置，所以二极管导通。

1）当二极管为理想二极管时，正向偏置二极管的压降为零，因此流过二极管的电流为

$$I=\frac{15-6}{2.4+3.6}=1.5mA$$

电流方向从右指向左。

2）当二极管为恒压降二极管时，正向偏置二极管的压降为 0.7V，因此流过二极管的电流为

$$I=\frac{15-6-0.7}{2.4+3.6}\approx1.4mA$$

电流方向从右指向左。

2. 动态分析

在电子电路中有这样一类电路，其中的非线性元件需通过直流源来设置确定的 Q 点，电路的信号变化幅度很小，据此可以围绕 Q 点建立一个局部线性模型。于是，我们就可以根据这种线性模型，运用线性电路的分析方法来进行研究，这就是小信号分析法。

先考察图 10-6 所示电路，这是一个由直流源和交流源（信号源）共同作用的非线性电阻电路，其中，非线性元件的 VCR 为 $i=f(u)$。注意，整个电路有一个“接地”点，其中，直流源直接接地，交流源浮地。

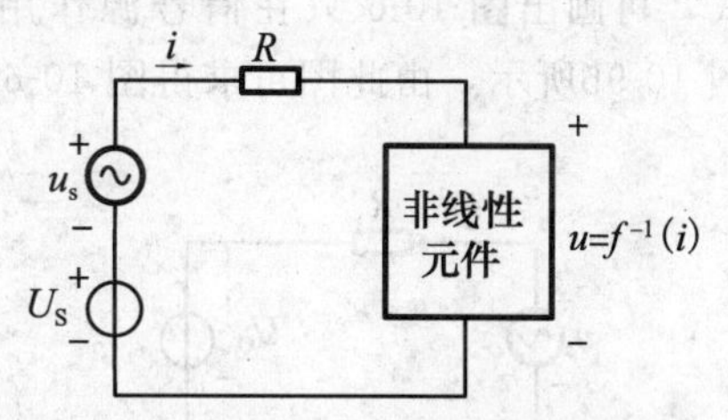

图 10-6　直流源和交流源共同作用的非线性电阻电路

根据电路的两类约束，可列出方程组

$$\begin{cases}U_S+u_s=iR+u\\ i=f(u)\end{cases}\tag{10.3}$$

其中，直流源 U_S 是为了给非线性元件提供合适的工作点 Q 而设的，u_s 为交流源（信号源）。

在 u_s 的幅度远远小于 U_S 的情况下，在 Q 点附近，该非线性元件可视为工作在线性状态。这样我们就可以把一个非线性电路转化为线性电路来分析计算了。

我们先令 $u_s=0$，即电路仅在直流源作用下工作，于是，式（10.3）变为

$$\begin{cases}i=-\dfrac{u}{R}+\dfrac{U_S}{R}\\ i=f(u)\end{cases}\tag{10.4}$$

利用图解法，在非线性元件伏安特性 $i=f(u)$ 上，作出直线 $i=-\frac{u}{R}+\frac{U_S}{R}$，即可求得电路的静态工作点 $Q(U_Q，I_Q)$，如图 10-7 所示。

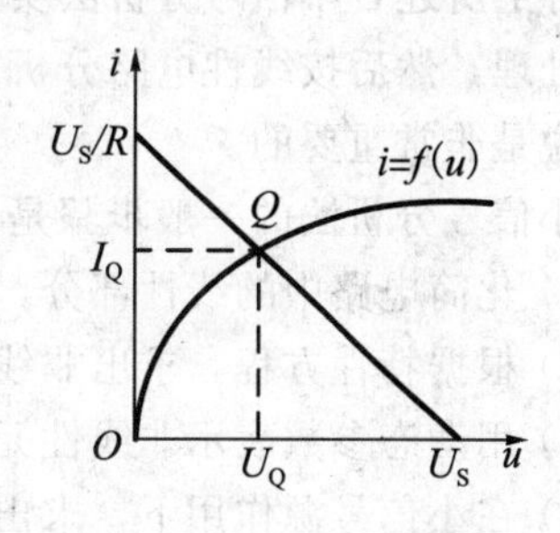

图 10-7　图解法求解 Q 点

当 $u_s \neq 0$ 时，相当于在 Q 点上加了一个扰动，此时，非线性元件上的电压 u 和电流 i 可表示为

$$\begin{cases} u = U_Q + \Delta u \\ i = I_Q + \Delta i \end{cases} \tag{10.5}$$

于是，有 $i = f(U_Q + \Delta u)$。在 $u = U_Q$ 处对此式进行泰勒展开，有

$$i = f(U_Q) + f'(U_Q) \cdot \Delta u + \text{高次项} \tag{10.6}$$

考虑到 Δu 足够小，略去高次项，且 $I_Q = f(U_Q)$，则

$$\Delta i = f'(U_Q) \cdot \Delta u \tag{10.7}$$

式中，$f'(U_Q)$ 为非线性元件伏安特性曲线 Q 点的斜率，定义为 Q 点的动态电导，即

$$g_d = f'(U_Q) \tag{10.8}$$

或者，有 $r_d = \dfrac{1}{g_d}$，称为 Q 点的动态电阻。

据此，在小信号分析下，式(10.3)变为

$$U_S + u_s = RI_Q + R\Delta i + U_Q + r_d \Delta i \tag{10.9}$$

与之对应的等效电路如图 10-8 所示。

这是一个线性电路，可以用叠加定理来分析问题。

我们把式(10.9)变为两个方程，即

$$\begin{cases} U_S = RI_Q + U_Q & (\text{当 } u_s = 0 \text{ 时}) \\ u_s = R\Delta i + r_d \Delta i & (\text{当 } U_S = 0 \text{ 时}) \end{cases} \tag{10.10}$$

由式(10.10)中的第一式，可画出图 10-6 只在直流源作用下的直流等效电路，其中，直流源仍然接地，如图 10-9a 所示，由此图可求得 Q 点的 U_Q、I_Q 值；由式(10.10)中的第二式，可画出图 10-6 只在信号源作用下的小信号等效电路，此时交流源也是接地的，如图 10-9b所示，由此图可求得图 10-6 在小信号作用下的电路参数。

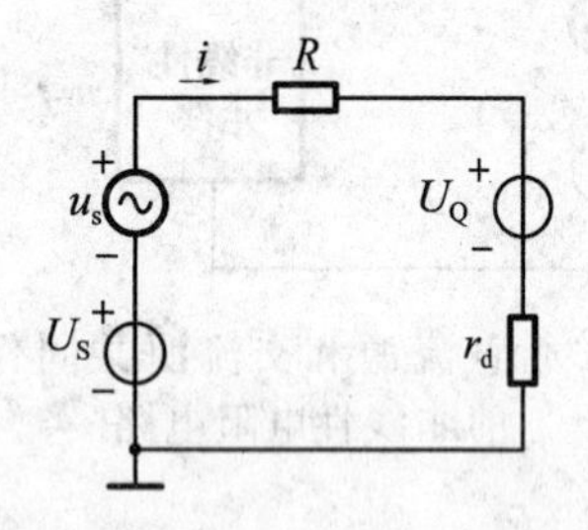

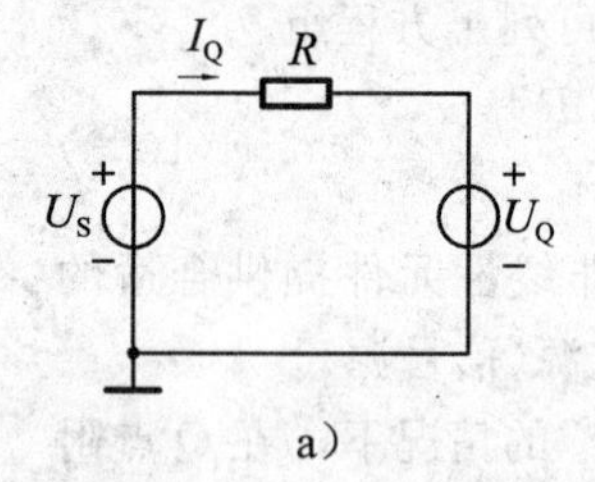

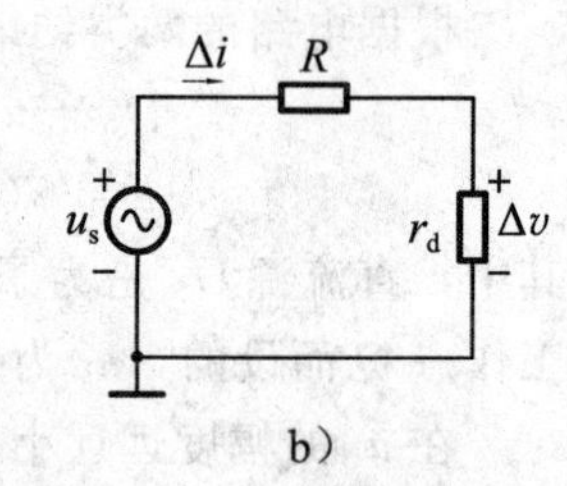

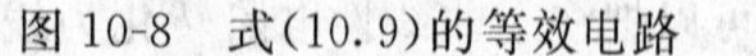

图 10-8 式(10.9)的等效电路　　图 10-9 图 10-6 的直流等效电路和小信号等效电路

综上所述，小信号分析法实质是将非线性电路分别对其直流偏置和交流小信号进行线性化处理，然后按线性电路分析方法进行计算的一种方法，它对电子工程上分析非线性电路来说是非常重要的。

小信号分析法的一般步骤是：

1）化简电路中的线性部分，在直流电源作用下，求出非线性电路的 Q 点；

2）根据特性方程，求出非线性元件在 Q 点处的动态参数；

3）用动态参数表示非线性元件，画出小信号等效电路；

4）在小信号源作用下，求出小信号响应。

作为小信号分析法的一个实例，我们对稳压二极管的基本稳压电路进行分析，并通过

Multisim 仿真，进行参数测试，以及理论计算的仿真验证。

【例 10.2】 电路如图 10-10 所示，是一个由稳压二极管构成的基本稳压电路。试分析负载上的纹波电压。

解： 图 10-10 左侧作用于电路的输入电压在一定范围内波动，由 12V 电压源 V1 串联交流源 V2 来表示。其中，V2 是电压峰值为 100mV、频率为 1kHz 的正弦波交流源。

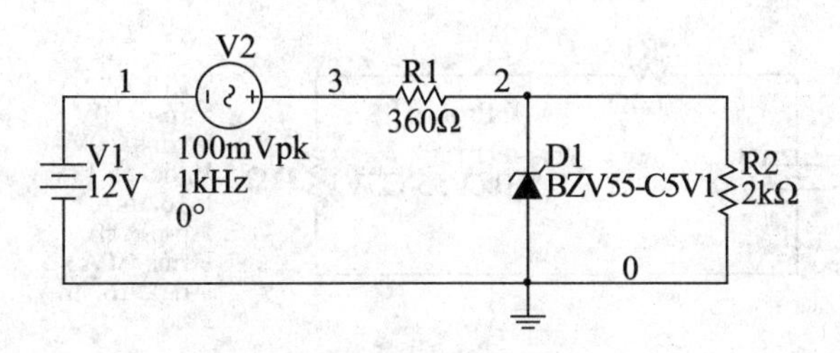

图 10-10　例 10.2 的图 1

稳压二极管的稳压作用源于其特殊的 VCR，图 10-11 给出了稳压管 BZV55-C5V1 的部分 VCR 仿真图，该图是通过对稳压管实施 DC 扫描而得到的。图 10-11 中 VCR 反向特性的 ab 段称为“反向击穿区”，具有“电流变化较大，电压几乎不变”的电压源特点。也就是说，偏置于反向击穿区的稳压管相当于一个电压源，若将稳压管并联于负载两端，则可起到抑制输入电压波动，进而稳定负载电压的作用。

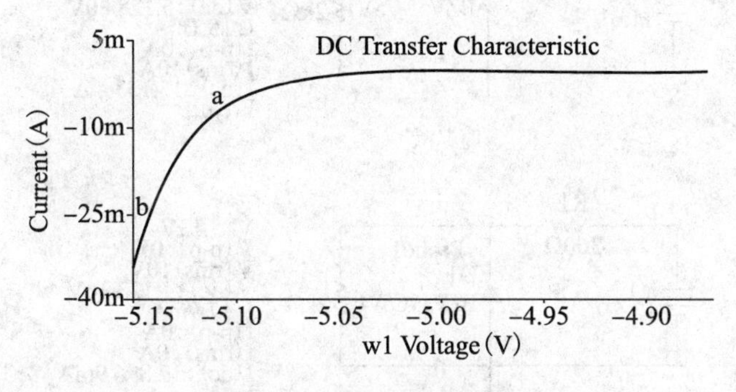

图 10-11　例 10.2 的图 2

确定电路的 Q 点：令 V2＝0，求从稳压管两端看入的戴维南等效电路。求得

开路电压：$U_{OC}=10.2\text{V}$；等效电阻：$R_o=0.3\text{k}\Omega$。

由此得到图 10-10 的直流等效电路，如图 10-12 所示。

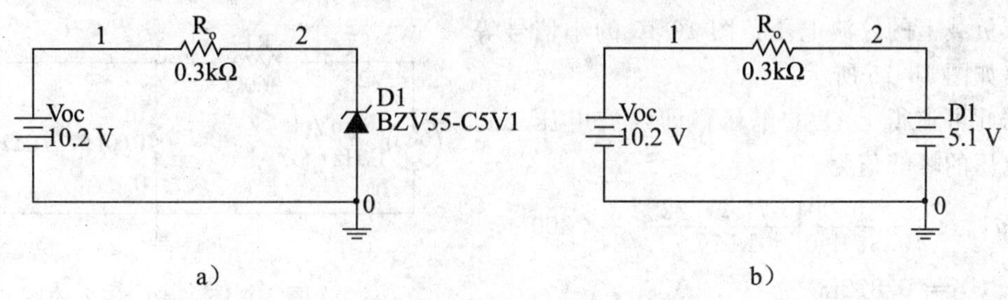

图 10-12　例 10.2 的图 3

不妨假设稳压管已工作在反向击穿区，D1 两端的电压为 5.1V。于是，求得流过 D1 的电流为 $I_{D1}=(10.2-5.1)/0.3=17\text{mA}$。因此，D1 的 Q 点为(5.1V，17mA)，可判断 Q 点处于 VCR 的反向击穿区，符合要求。这种估算避免了在 VCR 上作图。

稳压管 Q 点的仿真测试，如图 10-13 所示。从仿真探针上可以看出，D1 的 Q 点为(5.13V，16.5mA)，与估算基本一致。

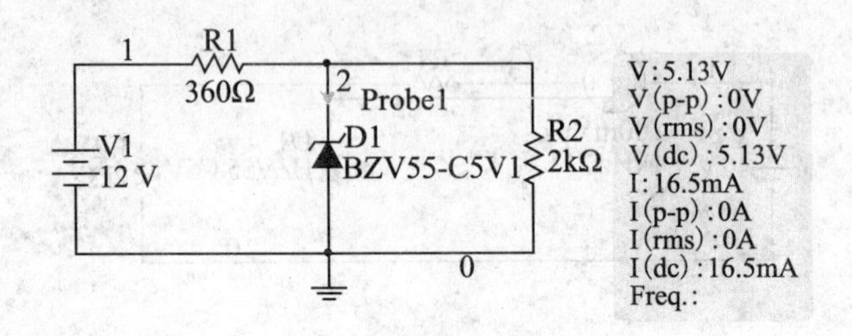

图 10-13 例 10.2 的图 4

求 Q 点处的动态电阻：为简单起见，我们在 Q 点附近找两个点，测出对应的电压和电流，然后计算出动态电阻 r_d。仿真测试如图 10-14 所示。

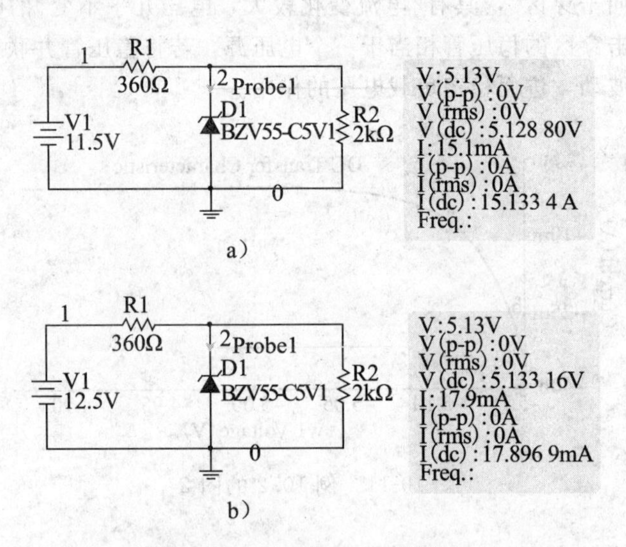

图 10-14 例 10.2 的图 5

根据仿真探针的读数，计算 r_d 的值。

$$r_d=(5.13316-5.1288)/(17.8969-15.1334)=0.00157771\text{k}\Omega$$

求负载上的纹波电压：图 10-10 的小信号等效电路如图 10-15 所示。

据此可求得 r_d 上的电压，即纹波电压 Δu。纹波电压的峰峰值为

$$\Delta u|_{p\text{-}p}=\frac{0.00157771//2}{0.36+0.00157771//2}\times 200$$
$$=0.872\text{mV}$$

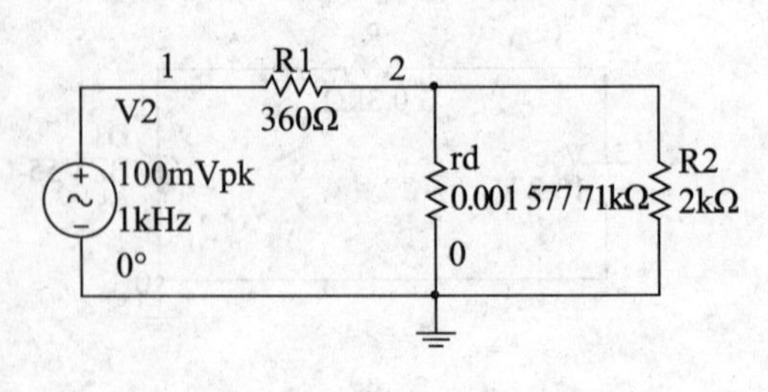

图 10-15 例 10.2 的图 6

仿真验证，如图 10-16 所示。探针显示纹波电压的峰峰值为 871μV，与理论值基本一致。

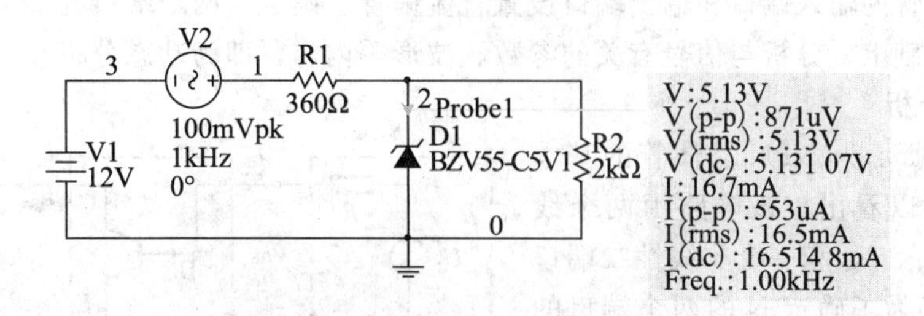

图 10-16　例 10.2 的图 7

10.2　含晶体管的电阻电路

晶体管是电子电路中常用的一种三端器件，也是构成各种功能电路的核心器件，有关晶体管的结构、原理及其应用等方面的内容，将在后续相关课程中予以介绍。作为非线性电阻电路分析的一个例子，本节仅就一种晶体管——NPN 型晶体管，从其端钮和特性出发，采用图解法，分静态和动态两方面进行分析。

NPN 型晶体管的电路符号如图 10-17a 所示。其中，三个端钮分别为发射极 E、基极 B 和集电极 C。图 10-17b 说明晶体管的三个端钮可构成对外具有两个端口的网络，即二端口网络。我们把基极-发射极端口称为晶体管的输入端口，集电极-发射极端口称为晶体管的输出端口。每个端口应有自己的 VCR，其中输入端口的 VCR，即 $i_B \sim u_{BE}$ 曲线称为输入特性曲线；输出端口的 VCR，即 $i_C \sim u_{CE}$ 曲线称为输出特性曲线。

图 10-17c、d 给出了某一 NPN 型晶体管的输入、输出特性曲线。其中，输入特性曲线是在给定 u_{CE} 值条件下而得到的，其中为 $u_{CE} \geqslant 1V$ 时的输入特性曲线；输出特性曲线是在给定不同 i_B 值条件下而得到的曲线族。

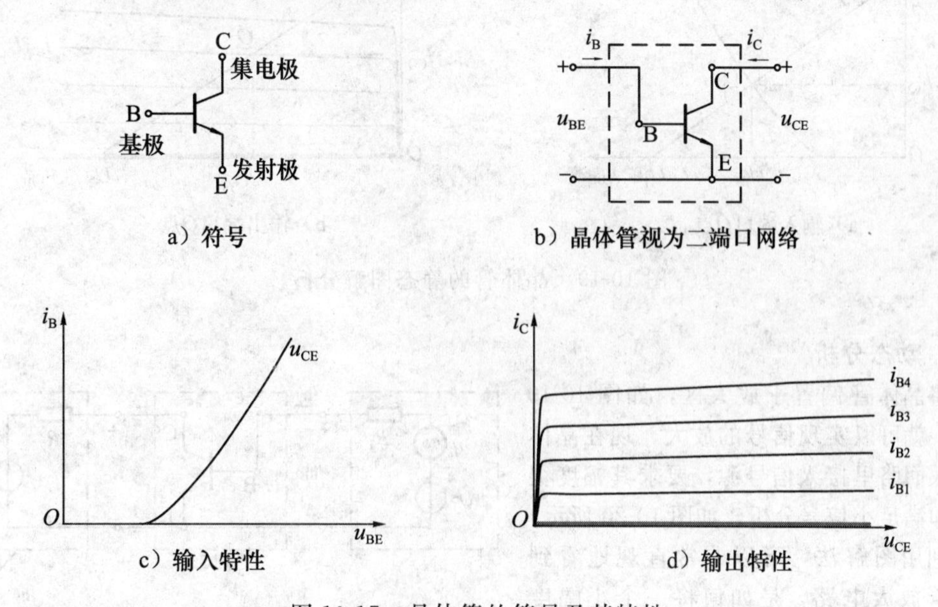

图 10-17　晶体管的符号及其特性

可以看出，晶体管的输入、输出特性曲线均为非线性的。人们把输出特性分为放大、截止和饱和三个工作区域，晶体管工作在不同的区域，可以实现不同的电路功能。为此，就需要给晶体管的输入端口和输出端口设置直流偏置。确定这两个端口的 Q 点，即为静态分析；在此基础上，分析与信号有关的参数、波形等内容，即为动态分析。

1. 静态分析

图 10-18 所示为 NPN 晶体管的基本偏置电路，可以看出，该电路由两个线性单口网络 N_1、N_2 和一个非线性二端口网络 N 组成。为了确定 N 的两个端口的 Q 点，可采用图解法。

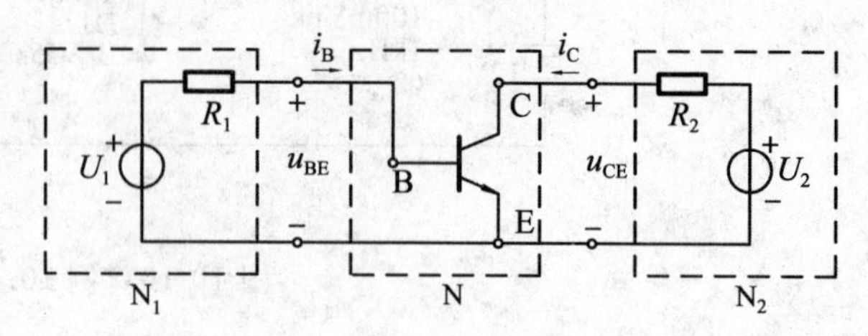

图 10-18 NPN 晶体管的基本偏置电路

由 N_1 和 N 的输入端口构成晶体管的输入回路，根据 N_1，在 $i_B \sim u_{BE}$ 平面上作出负载线

$$i_B = -\frac{u_{BE}}{R_1} + \frac{U_1}{R_1}$$

可确定输入端口的 Q 点，即 I_{BQ} 和 U_{BEQ}，如图 10-19a 所示。

由 N_2 和 N 的输出端口构成晶体管的输出回路，根据 N_2，在 $i_C \sim u_{CE}$ 平面上作出负载线

$$i_C = -\frac{u_{CE}}{R_2} + \frac{U_2}{R_2}$$

可确定输出端口的 Q 点，即 I_{CQ} 和 U_{CEQ}，如图 10-19b 所示。

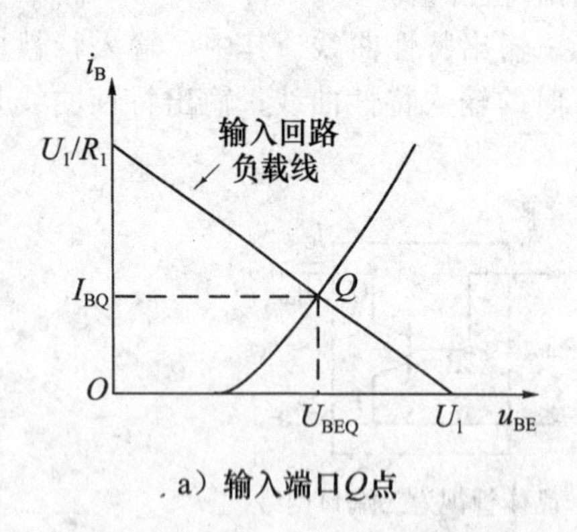

a）输入端口Q点

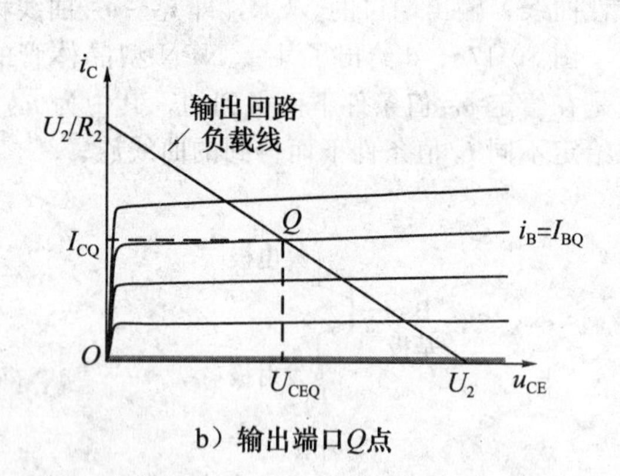

b）输出端口Q点

图 10-19 晶体管的静态图解分析

2. 动态分析

将晶体管偏置于放大区，如图 10-19 所示，就可以实现信号的放大。现在晶体管输入回路里接入信号源，要求其幅度很小，即满足小信号分析，如图 10-20 所示。

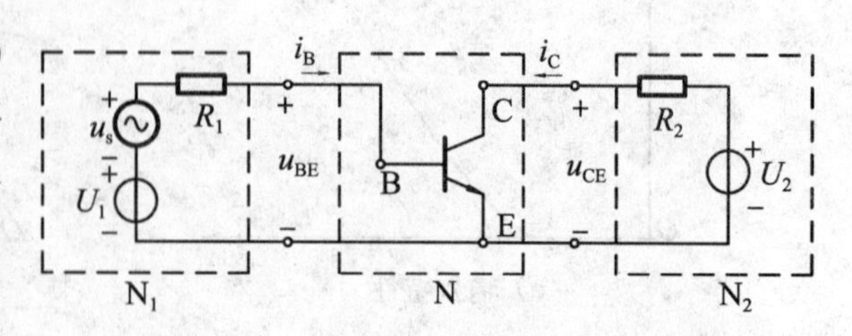

图 10-20 信号源作用于输入回路

利用图解法，可以非常直观地看到晶体管放大电路，是如何将一个小幅度信号“放大”为一个大幅度信号的。如

图 10-21a所示，输入的电压信号在输入 Q 点附近“摆动”，引起输入的电流信号。如图 10-21b所示，这个电流信号通过晶体管，在输出 Q 点附近引起了输出的电流信号和电压信号。显然，输出端口的电压电流信号远大于输入端口的电压电流信号，这就是晶体管的放大作用。

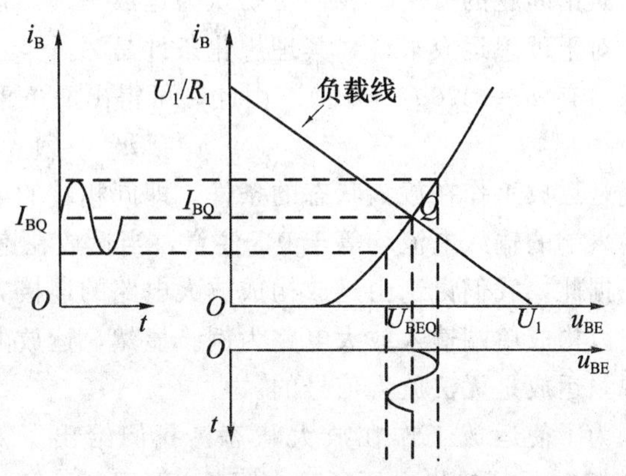

a）输入回路的工作波形

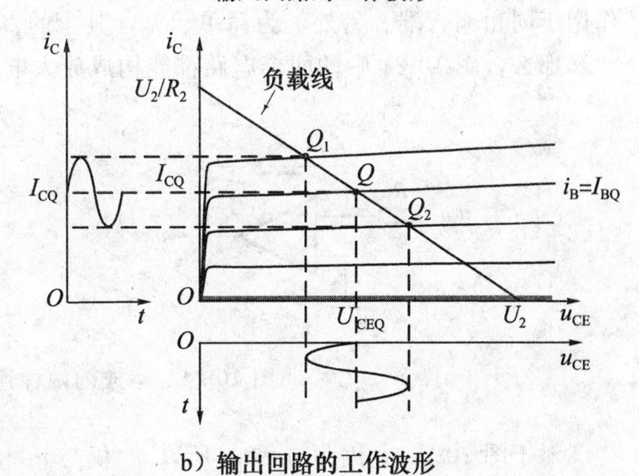

b）输出回路的工作波形

图 10-21　晶体管的动态图解分析

10.3　含运算放大器的电阻电路

运算放大器简称运放，本节将从运放的主要端钮和特性出发，介绍如何利用运放构成放大电路及其计算方法。至于运放的内部结构及原理、应用电路等内容，读者可参阅相关资料。

运放是利用集成电路技术制作的一种多端器件，其电路符号如图 10-22a 所示。这里只画出了 5 个主要端钮。一般运放采用双电源供电模式，其中，$+V$ 和$-V$ 端分别接入双直流电源的正极与负极，双电源的公共端(即接地端)是运放工作时的公共端。其余的三个端分别为两个输入端和一个输出端，其中，标有“+”(指同相)的端钮为同相输入端，是指该端的输入信号与经运放后的输出信号相位相同；标有“－”(指反相)的端钮为反相输入端，是指该端的输入信号与经运放后的输出信号相位相反。两个输入电压与输出电压之间的关系曲线，称为电压传输特性，如图 10-22b 所示。

可以看出，运放的特性曲线是非线性的。当运放工作在线性区(放大状态)时，输出电压 u_O 与差分输入电压($u_+ - u_-$)成正比，即满足 $u_O = A_d(u_+ - u_-)$，式中，A_d 为电压放大倍数，即线性区直线的斜率。可见，运放工作在线性区时相当于一个电压控制型电压源，其电路模型如图 10-23 所示。其中，R_i 称为运放的输入电阻，R_o 称为运放的输出电阻。

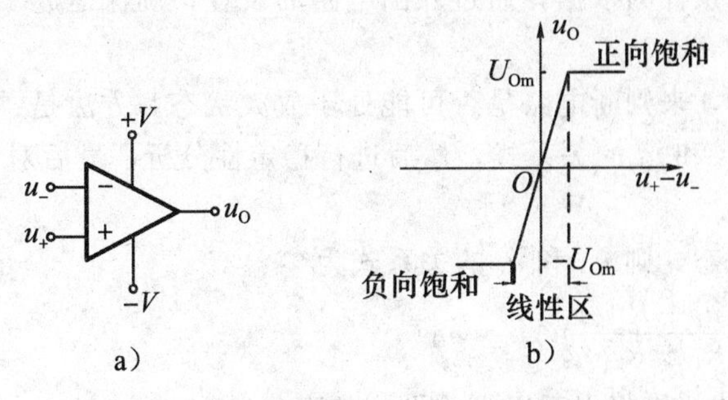

图 10-22　运放电路符号和电压传输特性曲线

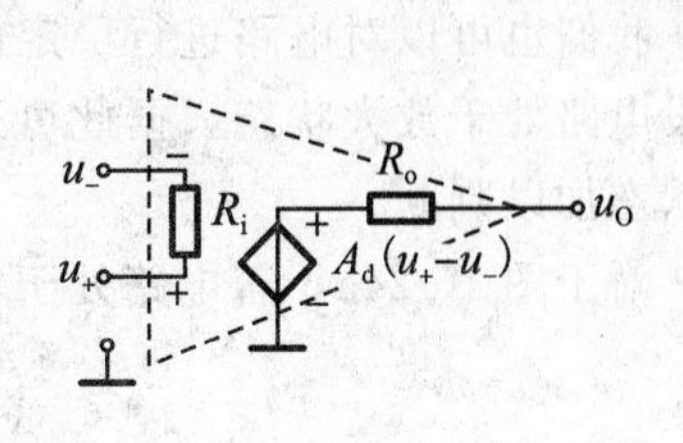

图 10-23　线性运放的电路模型

类似地，欲使运放工作在线性区，必须通过外围电路的设置，以满足线性区的要求。为了讨论问题的方便，我们不妨认为运放是理想运放。

对于理想运放来说，其理想化条件是 $A_d \to \infty$、$R_i \to \infty$ 和 $R_o \to 0$。根据运放线性放大的要求，有 $u_O = A_d(u_+ - u_-)$。由此，可得出两条重要结论：

$$u_+ = u_- \quad 和 \quad i_i = 0$$

这就是运放工作在放大状态的条件，即同相端的电压(对地)等于反相端的电压(对地)；两个输入端的输入电流均等于0。注意，当运放在饱和区工作时，u_+ 与 u_- 的差不为零。

据此，我们讨论由运放构成放大电路的连接方式。

以构成单端输入放大电路为例。显然，运放的一个输入端接地，另一个输入端接入信号源，运放是无法放大信号的。

为了使运放工作在放大状态，我们给出了两种连接方式，如图 10-24 所示。注意，图 10-24a 是将输出电压通过电阻 R_2 作用于反相输入端，图 10-24b 是将输出电压通过 R_2 作用于同相输入端。另外，为简单起见，其中的直流电源未画出。

那么，图 10-24 中的两个电路都能构成放大电路吗?

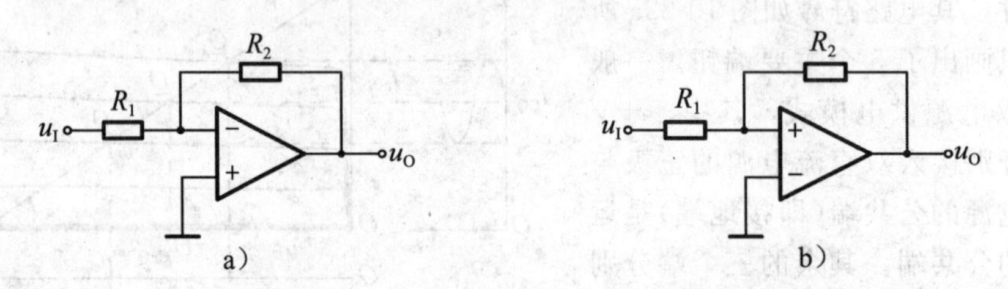

图 10-24 运放的两种连接方式分析

对于图 10-24a：因为 $i_i = 0$，所以 u_- 仅与 u_I 和 u_O 有关。当 $u_I > 0$ 时，由于 u_I 加在运放的反相端，因此 $u_O < 0$。这样，在 u_I 和 u_O 的共同作用下，u_- 有可能等于 0，而 $u_+ = 0$，所以，可满足 $u_+ = u_-$，反之亦然。因此，图 10-24a 电路可构成放大电路。这就是电子电路中所讨论的由运放所构成的反相输入放大电路。电路通过 R_2 将输出电压 u_O 作用于反相输入端，称为负反馈，因此该电路也是一种负反馈放大电路。

对于图 10-24b：同理，u_+ 仅与 u_I 和 u_O 有关。当 $u_I > 0$ 时，由于 u_I 加在运放的同相端，因此 $u_O > 0$。这样，在 u_I 和 u_O 的共同作用下，u_+ 不可能等于 0，而 $u_- = 0$，所以，不满足 $u_+ = u_-$ 的条件，反之亦然。因此，图 10-24b 电路不能构成放大电路。电路通过 R_2 将输出电压 u_O 作用于同相输入端，称为正反馈，该电路在电子电路中是一种正反馈电路。

以上我们以运放工作在放大状态的条件为依据，通过外围电路的设置，确保运放工作在线性区，从而构成放大电路。

我们也可以对电路进行稳定性分析，来判断电路是否可能处于放大状态。方法是：先假设电路处于放大状态，据此可列出 u_O 和 u_I 的关系式，然后进行稳定性分析，最后对 u_O 的状态加以判断。

对于图 10-24a，若电路处于放大状态，则 u_O 和 u_I 的关系式为

$$\left(0 - \frac{R_2 u_I + R_1 u_O}{R_1 + R_2}\right) A_d = u_O$$

假设由于某种原因，导致 u_O 的变化，则将引起以下一系列的变化：

$$u_O\uparrow\ \rightarrow\ \frac{R_2u_I+R_1u_O}{R_1+R_2}\uparrow\ \rightarrow\left(0-\frac{R_2u_I+R_1u_O}{R_1+R_2}\right)\downarrow\ \rightarrow u_O\downarrow$$

这表明 u_O 是稳定的，即当输入 u_I 时，电路可以输出稳定的 u_O。

对于图 10-24b，若电路处于放大状态，则 u_O 和 u_I 的关系式为

$$\left(\frac{R_2u_I+R_1u_O}{R_1+R_2}-0\right)A_d=u_O$$

假设由于某种原因，导致 u_O 的变化，则将引起以下一系列的变化：

$$u_O\uparrow\ \rightarrow\ \frac{R_2u_I+R_1u_O}{R_1+R_2}\uparrow\ \rightarrow\left(\frac{R_2u_I+R_1u_O}{R_1+R_2}-0\right)\uparrow\ \rightarrow u_O\uparrow$$

这表明 u_O 是不稳定的，即当输入 u_I 时，电路不可能输出稳定的 u_O。

在电子电路中，是用反馈的观点来分析计算电路的，读者可查阅有关资料。

当把运放设置在放大状态时，我们就可以画出它的小信号等效电路，以便讨论输出电压与输入电压的关系了。

【例 10.3】 图 10-25a 所示为反相输入放大电路，试求输出电压与输入电压的关系。

解：该电路的小信号等效电路如图 10-25b 所示。正如前面对小信号等效电路的讨论，尽管运放本身没有“真正”的接地点，但当我们讨论其小信号等效电路时，把直流电压源短接了，于是交流源就有了接地点，或者说，交流源是通过直流源接地的。这一点在后续的课程里还会遇到的。

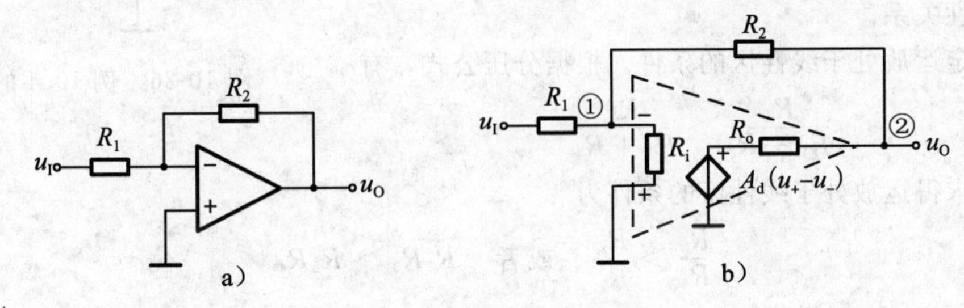

图 10-25　例 10.3 的图

对节点①、②列写节点方程，有

$$(G_1+G_2+G_i)u_1-G_2u_O=G_1u_I$$

$$(G_2+G_o)u_O-G_2u_1=G_oA_d(-u_1)$$

消去 u_1，整理，得

$$u_O=\frac{-A_d+(G_2/G_o)}{(G_2/G_1)(G_i/G_o+1+A_d)+1+(G_2/G_o)+(G_i/G_1)}u_I$$

或者，得

$$u_O=\frac{-A_d+(R_o/R_2)}{(R_1/R_2)(R_o/R_i+1+A_d)+1+(R_o/R_2)+(R_1/R_i)}u_I$$

对于理想运放来说，上式可简化为

$$u_O=-\frac{R_2}{R_1}u_I$$

下面我们以实际运放与理想运放的计算结果作一比较。

实际运放中三个参数的典型值分别是：$A_d=10^5$，$R_i=10^6\Omega$，$R_o=100\Omega$。以设计 10

倍放大器为例，取 $R_1=10^3\Omega$，$R_2=10^4\Omega$。代入上面二式，分别得

$$u_O=-9.9989u_I \quad 和 \quad u_O=-10u_I$$

其相对误差为 0.011%。

在实际应用中，人们将实际运放当作理想运放进行设计计算，由于理想运放条件的特殊性，我们没有必要去画小信号等效电路，可以直接利用原图列出简单的方程式，即可求出输出电压与输入电压的关系，而不必列写方程组。

在上例中，由于 $i_I=0$，且 $u_+=u_-=0$，因此有

$$\frac{u_I}{R_1}=-\frac{u_O}{R_2}$$

稍加整理，即可得到与上面一致的结果。

由此可以看出，理想运放在设计计算放大电路方面的优越性，利用它来设计放大器时，只需设计其外围电阻值即可。

【例 10.4】 运放电路如图 10-26 所示，试求输出电压与输入电压的关系。

解： 从图 10-26 中可以看出，输出电压通过 R_2、R_1 分压作用于运放的反相输入端，同时又通过 R_3、R_4 分压作用于运放的同相输入端。只有当前者的分压作用大于后者时，运放才可能处于线性区，输出电压与输入电压之间才会有确定的线性关系。

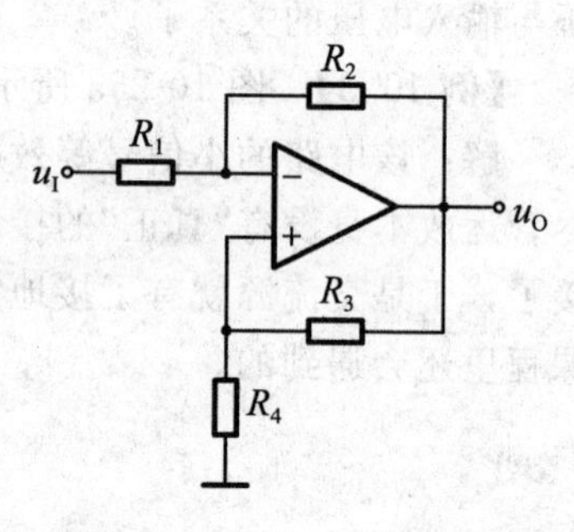

图 10-26　例 10.4 的图 1

先确定运放处于线性区的条件。根据分压公式，有

$$\frac{R_1}{R_1+R_2}>\frac{R_4}{R_3+R_4}$$

整理，可求得运放处于线性区的条件为

$$\frac{R_3}{R_4}>\frac{R_2}{R_1} \quad 或者 \quad R_1R_3>R_2R_4$$

在满足线性区的条件下，求解输出电压与输入电压的关系。

因为运放处于线性区，所以有 $i_I=0$ 和 $u_+=u_-$，而

$$u_+=\frac{R_4}{R_3+R_4}u_O$$

$$u_-=\frac{\dfrac{u_I}{R_1}+\dfrac{u_O}{R_2}}{\dfrac{1}{R_1}+\dfrac{1}{R_2}}=\frac{u_IR_2+u_OR_1}{R_1+R_2}$$

由此，得

$$u_O=\frac{R_2R_3+R_2R_4}{R_2R_4-R_1R_3}u_I \quad (在 R_1R_3>R_2R_4 条件下)$$

根据 $R_1R_3>R_2R_4$ 条件，可知

$$u_O=-\left|\frac{R_2R_3+R_2R_4}{R_2R_4-R_1R_3}\right|u_I$$

式中，“－”号表明该运放电路为反相放大器。

Multisim 仿真：图 10-27 给出了图 10-26 的仿真电路图以及仿真输入输出波形图。仿真采用了理想运放，运放的工作直流电源是默认的，图 10-27 中未显示。

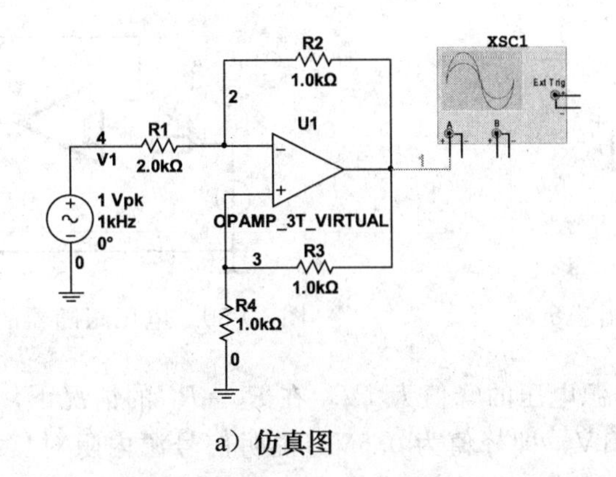

a）仿真图

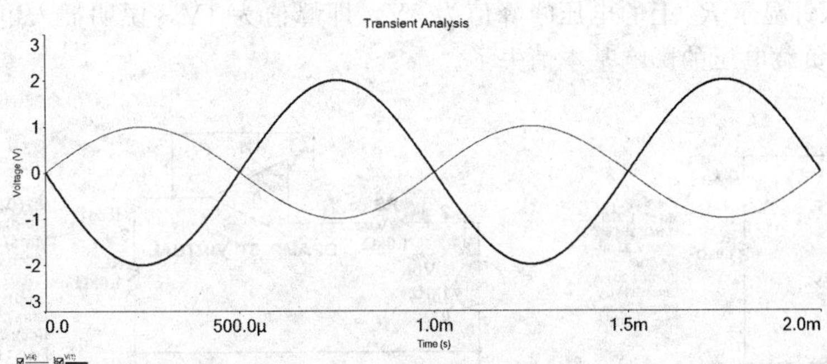

b）输入（细线）和输出（粗线）波形图

图 10-27　例 10.4 的图 2

将图 10-27a 中电阻的阻值代入上式，可求得 $u_O=-2u_I$，并从图 10-27b 的波形中可以看出，仿真结果与理论计算结果吻合很好。

【例 10.5】 运放电路如图 10-28 所示，试求输出电压与输入电压的关系。

解：从电路结构上看，运放可工作在线性区。根据 $i_i=0$ 和 $u_+=u_-$，而 $u_+=u_I$，$u_-=u_O$，因此有

$$u_O=u_I$$

图 10-28　例 10.5 的图

这表明该电路具有输出电压与输入电压完全相同的特点，因此称为电压跟随器。再加上 $R_i\to\infty$ 和 $R_o\to 0$，这种电路的优势就显示出来了。

比如，如图 10-29 所示的电路，由于信号源内阻 R_S 的影响，使负载 R_L 上的电压 u_L 小于电源电压 u_S，并且 R_S 越大，u_L 与 u_S 相差越多。此时，u_L 与 u_S 的关系为

$$u_L=\frac{R_L}{R_L+R_S}u_S$$

若在信号源与负载之间插入一个电压跟随器，如图 10-30 所示，其效果就迥然不同。首先，由于运放的 $R_i\to\infty$，比 R_S 远远大，因此电压跟随器的输入电压与 u_S 近似相等；其次，由于运放的 $R_o\to 0$，因此 u_L 与电压跟随器的输出电压近似相等。于是，就有 $u_L\approx u_S$。这就是电压跟随器的隔离作用。

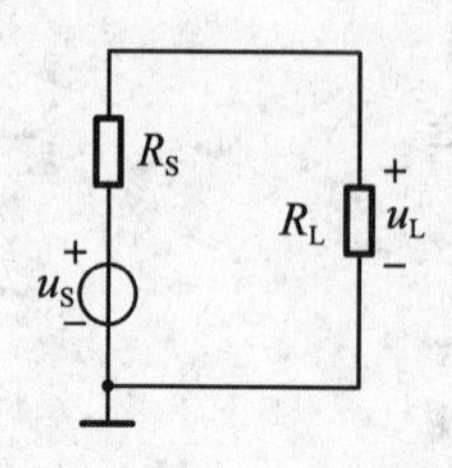

图 10-29 信号源作用于负载

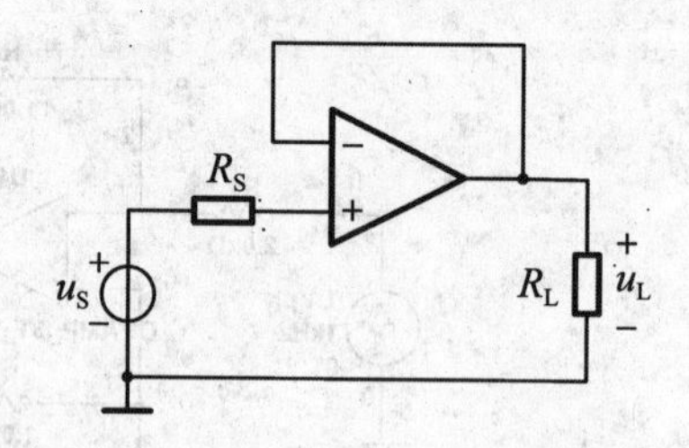

图 10-30 电压跟随器的隔离作用

Multisim 仿真：设信号源电压的峰值为 1V，在 $R_S = R_L$ 的情况下，图 10-31a 中探针显示 R_L 上的电压峰峰值为 1V，即峰值为 0.5V，说明信号源内阻对负载电压影响较大；图 10-31b 中探针显示 R_L 上的电压峰峰值为 2V，即峰值为 1V，说明插入电压跟随器后，信号源内阻对负载电压的影响基本消失了。

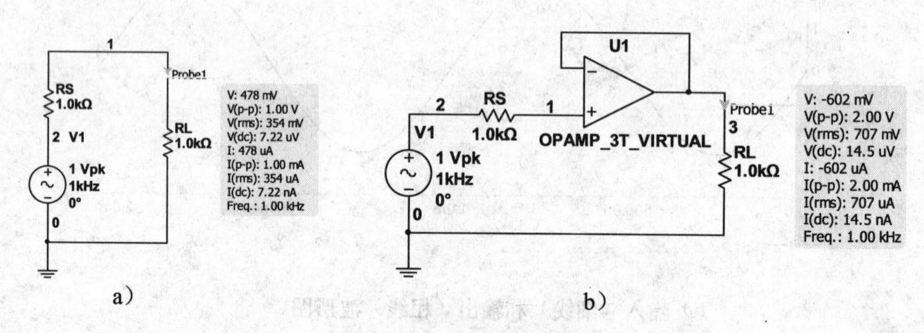

图 10-31 电压跟随器的隔离作用

【例 10.6】 运放电路如图 10-32 所示，试求从电路的 a 点看入的输入电阻 R_i。

解：采用加压求流法求解输入电阻 R_i，如图 10-33 所示。从图 10-33 中可以看出，运放的同相端(即 a 点)接入电压源 u，并将 a 点电位 u_a 固定于 u 而不受运放输出端 b 点电位 u_b 的影响。同时，u_b 通过电阻 R_1、R_2 分压，作用于运放的反相端，可使运放的反相端电位与其同相端电位相等，以确保运放处于放大状态。考虑到运放的输入电流为零，可求得

$$u_b = \left(1 + \frac{R_2}{R_1}\right)u$$

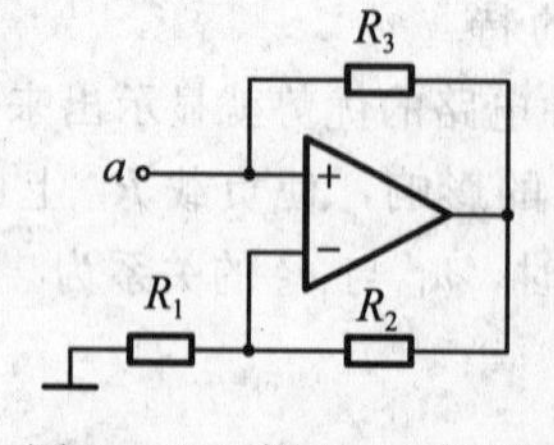

图 10-32 例 10.6 的图

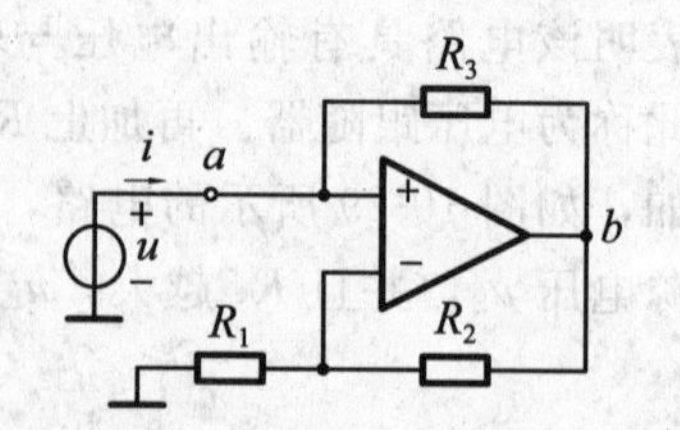

图 10-33 利用加压求流法求 R_i

于是，求得输入电流 i 为

$$i = \frac{u_a - u_b}{R_3} = \frac{u - \left(1 + \frac{R_2}{R_1}\right)u}{R_3} = -\frac{R_2}{R_1 R_3}u$$

最后，电路的输入电阻 R_i 为

$$R_i = \frac{u}{i} = -\frac{R_1 R_3}{R_2}$$

这表明该电路的输入电阻为负值，或者说，图 10-32 所示电路从端口 a 来看表现为负阻特性。因此该电路称为负阻变换器。

如果令电路中的 $R_2 = R_3$，则有

$$R_i = -R_1$$

即电路的输入电阻恰为电阻 R_1 的负值。

Multisim 仿真：图 10-32 所示电路的仿真图如图 10-34 所示。其中，令 $R_2 = R_3 = 1\text{k}\Omega$，外加直流电源 V1=1V。

值得注意，在对 R_1 进行参数扫描时，要根据 V1 的值，来决定 R_1 的取值范围。比如，若选 V1=1V，则运放的输出电压为$(1+R_2/R_1)$V1，而运放的输出电压摆幅(即最大输出电压范围)，一般约为$-15\text{V} \sim +15\text{V}$。若取 R_1 的值从 100Ω 开始进行参数扫描，则不会使输出电压超出运放的输出电压摆幅。如果选 V1=2V，R_1 的值仍从 100Ω 开始，则输出电压超出了运放的输出电压摆幅，运放将不能工作于放大状态。当然，也可以根据 R_1 的取值范围，来决定 V1 的值。总之，运放的输出电压不能超出其输出电压摆幅。

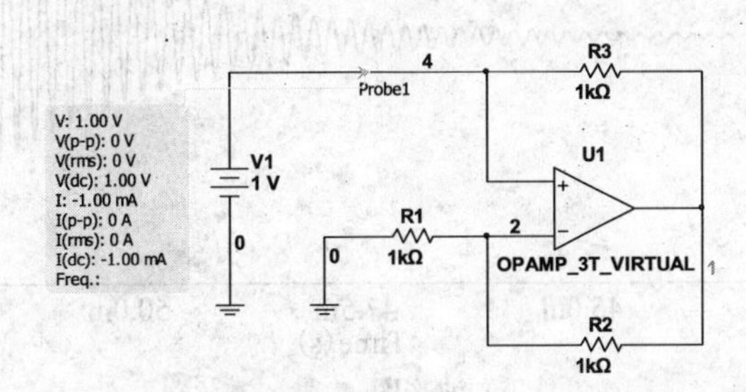

图 10-34　图 10-32 所示电路的仿真图

按照图 10-34 所示电路进行参数扫描，R_1 的值介于 100Ω～1kΩ 之间，间隔为 100Ω，共 10 个取值，对应的输入电流值如表 10-1。用 V1 的值分别除以表中电流值，可求得输入电阻分别为

$$-100\Omega, -200\Omega, \cdots, -1\text{k}\Omega$$

与理论分析结果一致。

表 10-1　输入电流值

1	I(Probe1), rr1 resistance=100	-9.999 99 m
2	I(Probe1), rr1 resistance=200	-5.000 00 m
3	I(Probe1), rr1 resistance=300	-3.333 33 m
4	I(Probe1), rr1 resistance=400	-2.500 00 m
5	I(Probe1), rr1 resistance=500	-2.000 00 m
6	I(Probe1), rr1 resistance=600	-1.666 67 m
7	I(Probe1), rr1 resistance=700	-1.428 57 m
8	I(Probe1), rr1 resistance=800	-1.250 00 m
9	I(Probe1), rr1 resistance=900	-1.111 11 m
10	I(Probe1), rr1 resistance=1000	-999.999 80 u

由此可见，图 10-32 所示电路是一个具有负值输入电阻的放大电路。我们知道，正值电阻是消耗能量的。与之对应，负值电阻则可以提供能量。8.3 节曾经讨论了 RLC 电路的三种情况，其中，只有在无阻尼情况下，才会产生等幅振荡。现在我们将图 10-32 所示电路与 LC 电路相连接，以此来弥补 LC 电路中的能量消耗。这样，就可以产生等幅振荡了。图 10-35 给出了该电路的仿真图及其输出波形图，其中，运放的型号为 741，由±15V 双电源供电。你可以从波形图中看到输出波形逐步稳定的全过程。有关这方面的内容在电子电路的课程中有详细介绍。

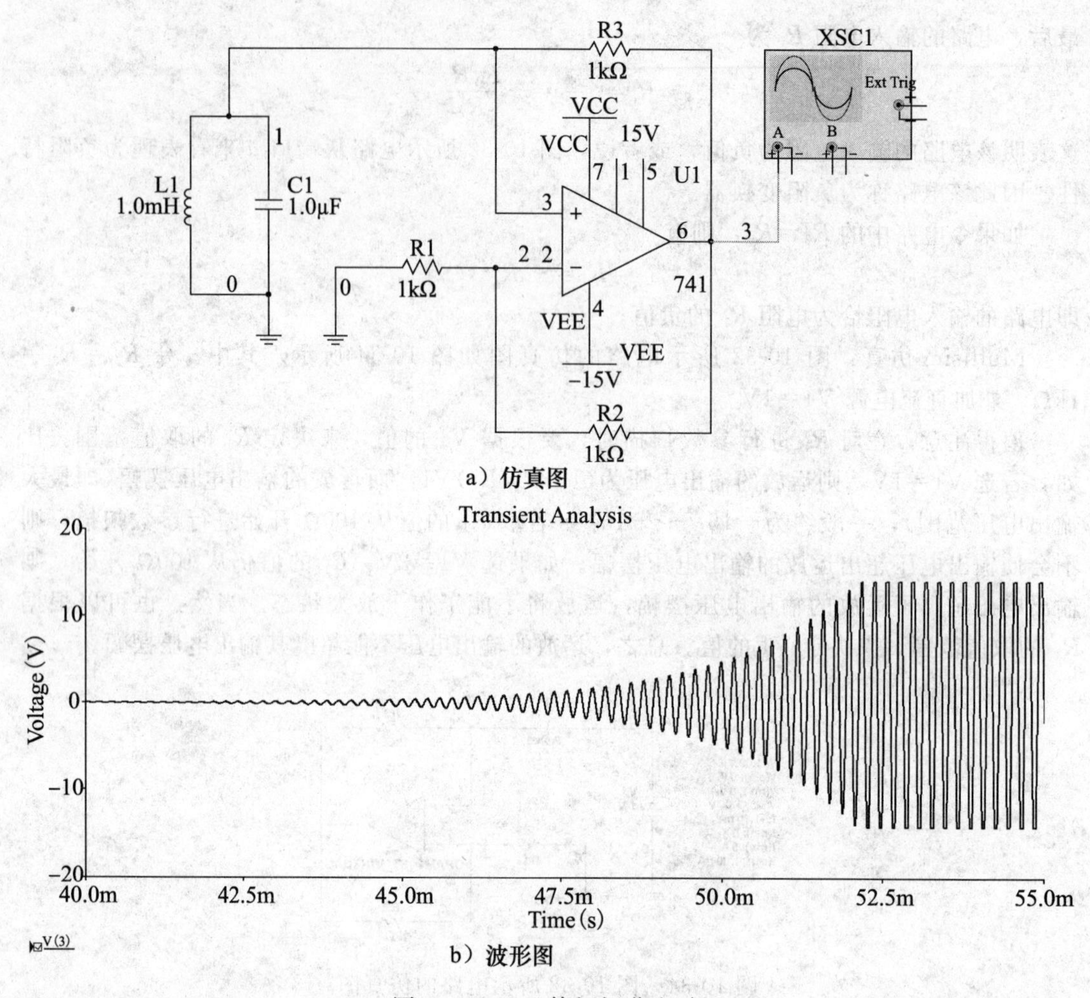

a）仿真图

b）波形图

图 10-35　LC 等幅振荡电路

习题

10-1　试求图 10-36 所示电路中二极管的端电压和流过二极管的电流，并对结果进行仿真验证。提示：利用仿真中的 DC 扫描，可得到二极管 1N4148 的 VCR。

10-2　试求图 10-37 所示电路中 a 点的电位。其中，二极管 D1 采用以下模型：

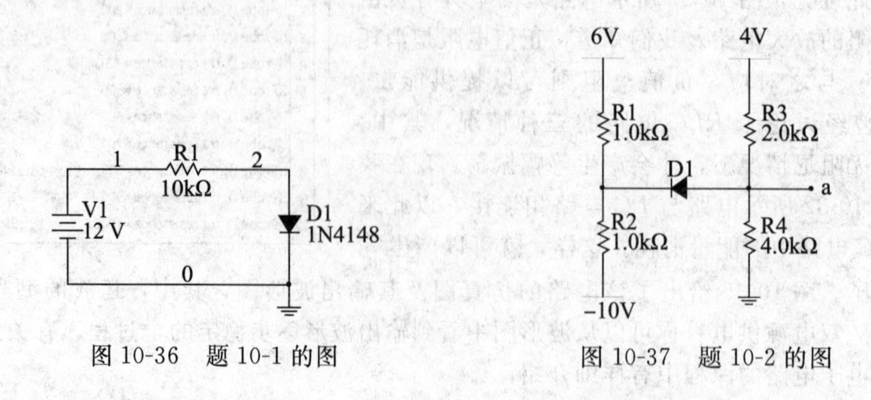

图 10-36　题 10-1 的图　　　　图 10-37　题 10-2 的图

1）理想二极管模型；

2）恒压降二极管模型，其正向压降为 675mV。

10-3　画出图 10-38 电路的 vi～vo 电压传输特性，并利用仿真中的 DC 扫描加以验证。其中，二极管 D1 的正向压降为 0.7V。

10-4　如图 10-39 所示，是一个由稳压二极管构成的基本稳压电路。试分析负载 R2 上的纹波电压。其中，输入电压 V1 上叠有电压峰值为 100mV、频率为 1kHz 的正弦波交流信号。

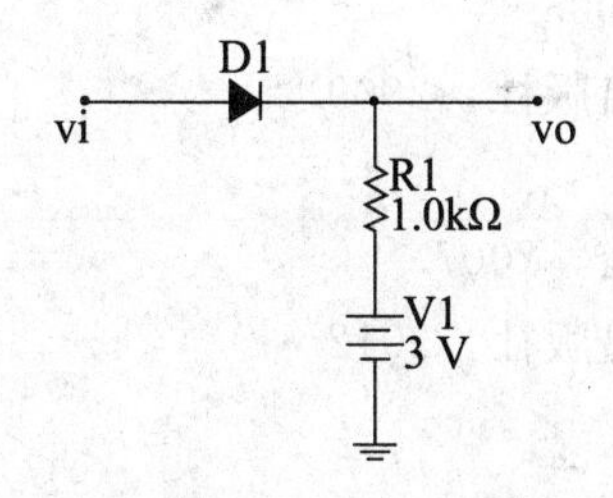

图 10-38　题 10-3 的图

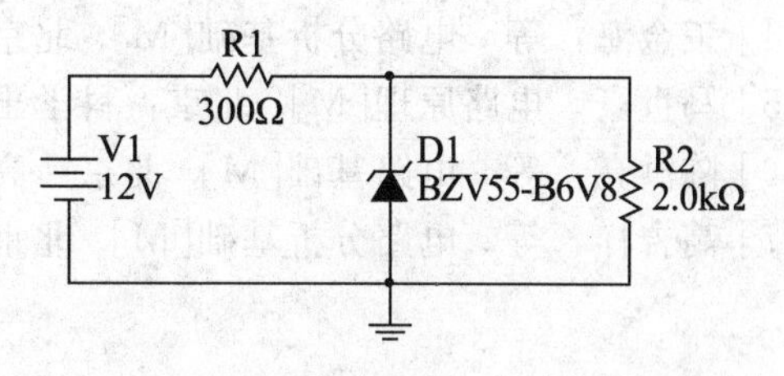

图 10-39　题 10-4 的图

10-5　判断图 10-40 所示电路是否处于放大状态。

1）根据运放处于放大状态的条件；

2）根据电路的稳定性分析。

10-6　计算图 10-40a 所示电路的输出电压 u_O 与输入电压 u_I 的关系。

10-7　计算图 10-41 所示电路的输出电压 vo 与二输入电压 vi1、vi2 的关系，并说出该电路具有何种运算功能。

10-8　计算图 10-42 所示电路的输出电压 vo 与二输入电压 vi1、vi2 的关系。

1）说出该电路具有何种运算功能？

2）在何种条件下，电路具有最简的 vo 与 vi1、vi2 关系。

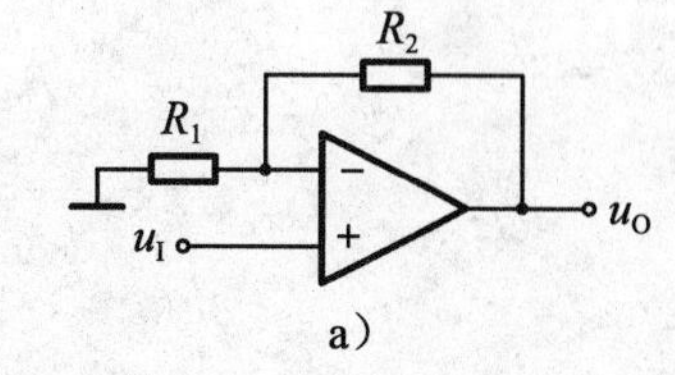

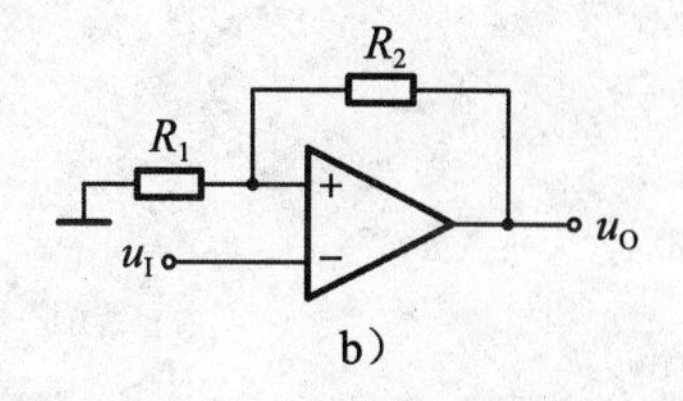

图 10-40　题 10-5 的图

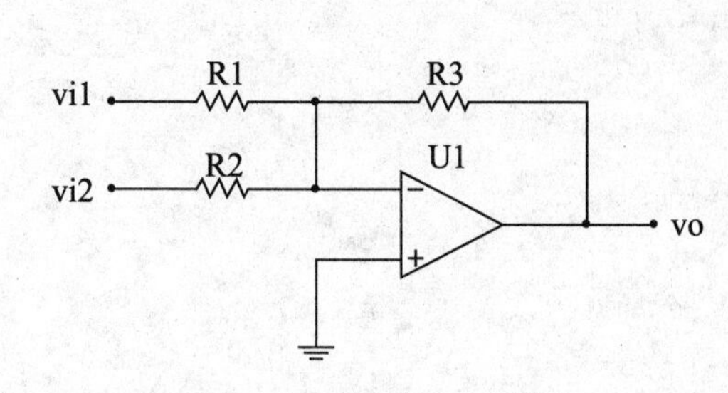

图 10-41　题 10-7 的图

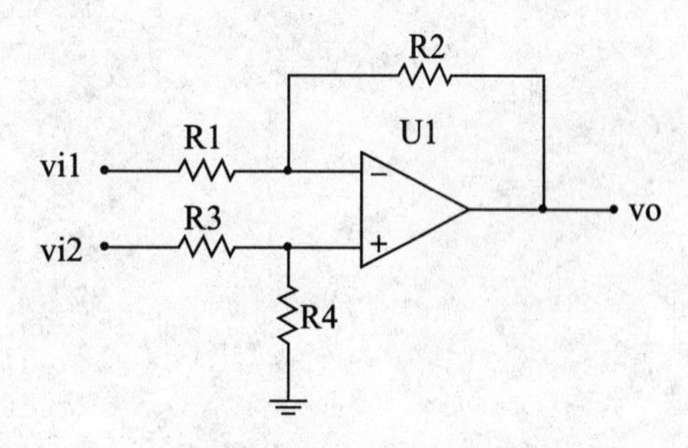

图 10-42　题 10-8 的图

参考文献

[1] 李瀚荪 . 电路分析基础[M]. 4 版 . 北京：高等教育出版社，2006.
[2] 刘健 . 电路分析[M]. 2 版 . 北京：电子工业出版社，2010.
[3] 胡建萍，等 . 电路分析[M]. 北京：科学出版社，2006.
[4] 王金海，等 . 电路分析基础[M]. 北京：高等教育出版社，2009.
[5] 马世豪 . 电路原理[M]. 北京：科学出版社，2006.
[6] 陈洪亮，等 . 电路基础[M]. 北京：高等教育出版社，2007.
[7] 高吉祥，等 . 电路分析基础[M]. 北京：电子工业出版社，2012.

推荐阅读

模拟电子技术基础（第2版）

作者：黄丽亚 杨恒新 ISBN：978-7-111-38699-5 出版时间：2012年8月 定价：39.00元

本书精选内容，突出重点，强化三基。以分立元件电路为基础，以集成电路为重点，强调概念的物理本质和含义。注重培养电路设计能力。注重模拟电路与数字电路教学内容的衔接，将集成门电路内容纳入模拟电路部分。第2版在第1版的基础上，增加有源滤波器设计举例、滤波器设计软件FilterPro简介；更新Multisim 8至Multisim 11，增加Multisim 11应用举例；删除了ispPAC芯片相关内容。可作为电子信息、电气、自动化、控制类等专业“模拟电子技术”课程教材。

信号与系统：使用变换方法和MATLAB分析（原书第2版）

作者：（美）M. J. Roberts 译者：胡剑凌 ISBN：978-7-111-42188-7 出版时间：2013年6月 定价：89.00

信号与系统课程是数字信号处理和控制理论等课程的基础课程，本书以主要涵盖傅里叶变换、傅里变换分析、拉普拉斯变换、拉普拉斯变换分析、离散时间系统的z变换、z变换分析等。书中给出了大量的例子，并介绍实现分析方法的MATLAB函数和运算。可作为电子信息类相关专业的本科生教材。

数字信号处理：系统分析与设计（原书第2版）

作者：（巴西）Paulo S. R. Diniz 等 译者：张太镒 等 ISBN：978-7-111-41475-9 出版时间：2013年4月 定价：85.00元

英文版 ISBN：978-7-111-38253-9 出版时间：2012年6月 定价：79.00元

本书全面、系统地阐述了数字信号处理的基本理论和分析方法，详细介绍了离散时间信号及系统、傅里叶变换、z变换、小波分析和数字滤波器设计的确定性数字信号处理，以及多重速率数字信号处理系统、线性预测、时频分析和谱估计等随机数字信号处理，使读者深刻理解数字信号处理的理论和设计方法。本书不仅可以作为高等院校电子、通信、电气工程与自动化、机械电子工程和机电一体化等专业本科生或研究生教材，还可作为工程技术人员DSP设计方面的参考书。